高职高专电气信息类“十三五”规划教材

电气控制及 PLC 应用技术项目教程

——欧姆龙 CP1H 机型

主　编　汤　平　李　纯
副主编　高　益

西安电子科技大学出版社

内容简介

本书以项目为载体，系统地介绍了低压电气控制与PLC技术的相关基础知识及应用技术。全书共八个项目，其中项目一至项目三主要介绍了常用的低压电器的基础知识、选型及典型的低压电气控制电路。项目四至项目八主要介绍了PLC的基础知识，欧姆龙CP1H小型机硬件选型、指令系统、编程软件、编程方法及其典型应用等。

本书可供高职高专电气自动化、机电一体化、智能控制、应用电子、智能楼宇等专业使用，也可作为电气控制工程技术人员的参考书。

图书在版编目(CIP)数据

电气控制及PLC应用技术项目教程：欧姆龙CP1H机型/汤平，李纯主编．—西安：西安电子科技大学出版社，2019.3

ISBN 978-7-5606-5185-9

Ⅰ．①电…　Ⅱ．①汤…　②李…　Ⅲ．①电气控制—教材　②PLC技术—教材
Ⅳ．①TM571.2　②TM571.61

中国版本图书馆CIP数据核字(2019)第014727号

策划编辑　刘玉芳
责任编辑　王　静
出版发行　西安电子科技大学出版社(西安市太白南路2号)
电　　话　(029)88242885　88201467　　邮　　编　710071
网　　址　www.xduph.com　　电子邮箱　xdupfxb001@163.com
经　　销　新华书店
印刷单位　咸阳华盛印务有限责任公司
版　　次　2019年3月第1版　2019年3月第1次印刷
开　　本　787毫米×1092毫米　1/16　印张21.5
字　　数　511千字
印　　数　1～2000册
定　　价　45.00元
ISBN 978-7-5606-5185-9/TM

XDUP 5487001-1

前　　言

本书是国家首批现代学徒制试点、省级优质校建设项目的研究成果，书中根据高等职业教育产教融合、服务经济转型升级，服务国家“中国制造2025”战略规划的需要，以职业岗位对专业知识和技能的需要确定知识深度和范围；按照高职高专培养高素质技术技能型人才的要求，突出应用型知识的学习和应用技能的培养；结合低压电器、PLC控制技术的实际应用和发展趋势，做到“吐故纳新”，在PLC部分以欧姆龙新型高功能小型机——CP1H为学习对象，具有很强的针对性、实用性和先进性。全书每个项目采用“学知识—会应用—善总结—勤练习—多阅读”的模式编写，层次清晰、主次分明，充分体现了高职高专教材的特色。

本书项目一至项目三主要介绍了常用的低压电器的基础知识、选型及典型的低压电气控制电路分析。项目四至项目八主要介绍了PLC的基础知识，欧姆龙CP1H小型机硬件选型、指令系统、编程软件、编程方法及典型应用等。

本书由重庆航天职业技术学院汤平和李纯任主编，高益任副主编，汤平编写了项目一、项目七、项目八；高益编写了项目二、项目三；李纯编写了项目四至项目六。在本书的编写过程中得到了重庆航天职业技术学院和重庆市松澜科技有限公司、重庆长安汽车有限公司、重庆凯峰仪器有限公司等单位的大力支持，在此一并表示感谢。

为了方便广大教师教学，本书配有电子教案和习题参考答案（电子版及部分参考程序），如有需要请联系出版社下载。

由于编者学识水平和时间有限，书中难免会存在疏漏和不足，敬请广大读者不吝赐教。作者联系方式:492357042@qq.com。

编　者

2018年12月

目录
Contents

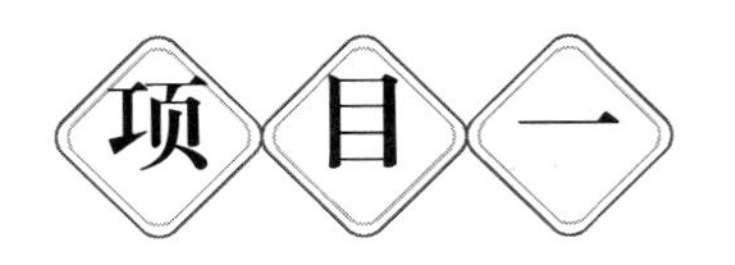

项目一　常用低压电器选型

❖ **项目导读**

低压电器(Low Voltage Apparatus)通常是指工作在交流电压 1200 V 以下、直流电压 1500 V 以下的电路中，起通断、控制、保护和调节作用的电气设备。本项目主要介绍常用的接触器、继电器、低压断路器、按钮开关、熔断器等低压电器的基本结构、功能及工作原理，以及常用低压电器的选型知识和技能。

【知识目标】 了解低压电器；会列举生产、生活中常用的低压电器；熟记常用低压电器的用途。

【能力目标】 能识别常用低压电器实物；能识别常用低压电器的电路图符号；能根据用电要求进行常用低压电器选型。

【素质目标】 具备安全用电常识；耐心细致。

任务 1　常用低压电器知识

一、低压电器的结构

从结构上来看，低压电器分为两个基本组成部分：感测机构和执行机构。

感测机构接收外界输入的信号，并通过转换、放大、判断，作出有规律的反应，使执行部分动作，输出相应的指令，实现控制的目的。

执行机构则是触点及其灭弧装置。

对于有触点的电磁式电器，感测机构大都是电磁机构。对于非电磁式的自动电器，感测机构因其工作原理不同而各有差异，但执行机构仍和电磁式相同，是触点。下面对电磁式电器的机构进行分析。

（一）电磁机构

电磁机构是各种自动化电磁式电器的主要组成部分，它的主要作用是将电磁能转换成机械能，带动触点使之闭合或断开，从而完成接通或分断电路的功能。电磁机构由吸引线圈、铁芯和衔铁组成，如图 1.1 所示。

（二）执行机构

低压电器的执行机构一般由触点及其灭弧装置组成。

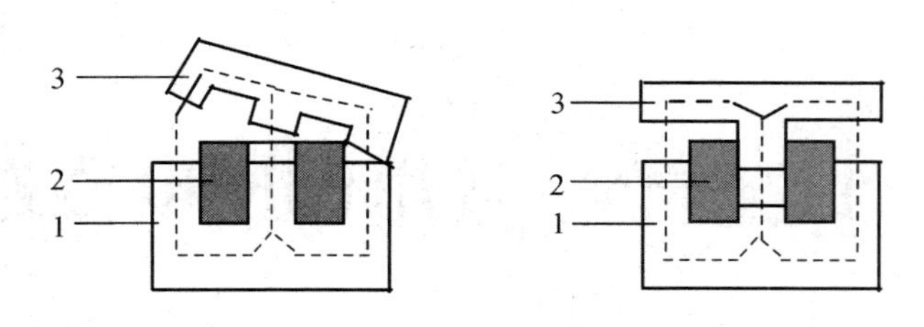

1—铁芯；2—线圈；3—衔铁

图 1.1 常用电磁机构的形式

1. **触点**

触点的用途是根据指令接通或断开被控制的电路。它的结构形式很多，按其接触形式可分为三种，即点接触、线接触和面接触，如图 1.2 所示。

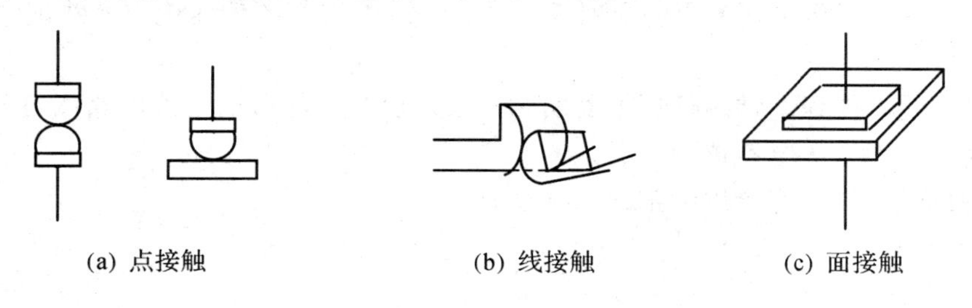

(a) 点接触　(b) 线接触　(c) 面接触

图 1.2 触点的三种接触方式

图 1.2(a)所示为点接触，它由两个半球形触点或一个半球形与一个平面形触点构成，常用于小电流的电器中，如接触器的辅助触点或继电器触点。

图 1.2(b)所示为线接触，它的接触区域是一条直线。触点在通断过程中是滚动接触，这样，可以自动清除触点表面的氧化膜，同时长期工作的位置不是在易烧灼的起始点而是在终点，保证了触点的良好接触。这种滚动线接触多用于中等容量的触点，如接触器的主触点。

图 1.2(c)所示为面接触，它可允许通过较大的电流。这种触点一般在接触面上镶有合金，以减小触点接触电阻和提高耐磨性，多用作较大容量接触器或断路器的主触点。

2. **电弧的产生与灭弧装置**

当断路器或接触器触点切断电路时，如电路中电压超过 10～20 V 和电流超过 80～100 mA，在拉开的两个触点之间将出现强烈火花，这实际上是一种气体放电的现象，通常称为“电弧”。

根据上述电弧产生的物理过程可知，欲使电弧熄灭，应设法降低电弧温度和电场强度，以加强消电离作用。当电离速度低于消电离速度，则电弧熄灭。根据上述灭弧原则，常用的灭弧装置有如下几种。

(1) 磁吹式灭弧装置。这种灭弧装置是利用电弧电流产生的磁场来灭弧，因而电弧电流越大，吹弧的能力也越强。它广泛应用于大电流的直流接触器中。

(2) 灭弧栅。灭弧栅灭弧原理：灭弧栅片由许多镀铜薄钢片组成，片间距离为 2～3 mm，安放在触点上方的灭弧罩内。一旦发生电弧，电弧周围产生磁场，使导磁的钢片上有涡流产生，将电弧吸入栅片，电弧被栅片分割成许多串联的短电弧，当交流电压过零时电弧自然熄灭，两栅片间必须有 150～250 V 电压，电弧才能重燃。这样一来，一方面电源

电压不足以维持电弧，同时由于栅片的散热作用，电弧自然熄灭后很难重燃。这是一种常用的交流灭弧装置。

（3）灭弧罩。比灭弧栅更为简单的是采用一个用陶土和石棉水泥做的耐高温的灭弧罩，用以降温和隔弧，可用于交流和直流灭弧。

（4）多触点灭弧。在交流电路中可采用桥式触点，如图 1.3 所示。其有两处断开点，相当于两对电极，若有一处断点，要使电弧熄灭后重燃需要 150～250 V 电压，若有两处断点就需要 2×（150～250）V 电压，所以有利于灭弧。若采用双极或三极触点控制一个电路，根据需要可灵活地将两个极或三个极串联起来当做一个触点使用，这组触点便成为多断点，加强了灭弧效果。

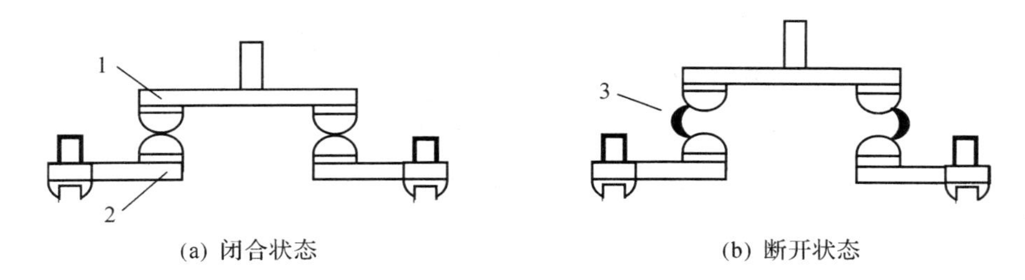

(a) 闭合状态　　　　(b) 断开状态

1—动触点；2—静触点；3—电弧

图 1.3　桥式触点

二、常用低压电器

低压电器种类繁多，常用的低压电器如表 1.1 所示。

表 1.1　常用低压电器

序号	类别	主要品种	用途
1	断路器	塑料外壳式断路器	主要用于电路的过负荷、短路、欠电压、漏电压保护，也可用于不频繁接通和断开的电路
		框架式断路器	
		限流式断路器	
		漏电保护式断路器	
		直流快速断路器	
2	隔离器	开关板用刀开关	主要用于电路的隔离，有时也能分断负荷
		负荷开关	
		带熔断器式刀开关	
3	转换开关	组合开关	主要用于电源切换，也可用于负荷通断或电路的切换
		换向开关	

续表

序号	类别	主要品种	用途
4	主令电器	按钮	主要用于发布命令或程序控制
		限位开关	
		微动开关	
		接近开关、光电开关	
		万能转换开关	
5	接触器	交流接触器	主要用于远距离频繁控制负荷，切断带负荷电路
		直流接触器	
6	启动器	磁力启动器	主要用于电动机的启动
		星三角启动器	
		自耦减压启动器	
7	控制器	凸轮控制器	主要用于控制回路的切换
		平面控制器	
8	继电器	电流继电器	主要用于控制电路中，将被控量转换成控制电路所需电量或开关信号
		电压继电器	
		时间继电器	
		中间继电器	
		温度继电器	
		热继电器	
9	熔断器	有填料熔断器	主要用于电路短路保护，也用于电路的过载保护
		无填料熔断器	
		半封闭插入式熔断器	
		快速熔断器	
		自复熔断器	
10	电磁铁	制动电磁铁	主要用于起重、牵引、制动等
		起重电磁铁	
		牵引电磁铁	

（一）熔断器

熔断器(Fuse)是一种利用熔体熔化作用而切断电路的、最初级的保护电器，适用于交

流低压配电系统，作为线路的过负载及系统的短路保护用。熔断器俗称保险。

1. **熔断器的结构与符号**

熔断器的作用原理可用安秒特性来表示。所谓安秒特性，是指熔断电流与熔断时间的关系，如表 1.2 和图 1.4 所示。

表 1.2 安秒特性表

熔断电流	1.25 I_{RN}	1.6 I_{RN}	2 I_{RN}	2.5 I_{RN}	3 I_{RN}	4 I_{RN}
熔断时间	∞	1 h	40 s	8 s	4.5 s	2.5 s

其中，I_{RN}为熔体额定电流。如熔断电流为 1.25I_{RN}，熔体电流为 10 A 的熔体，在 12.5 A时不会熔断。熔断器作为过负载及短路保护电器，具有分断能力高、限流特性好、结构简单、可靠性高、使用维护方便、价格低，又可与开关组成组合电器等许多优点，所以得到了广泛的应用。

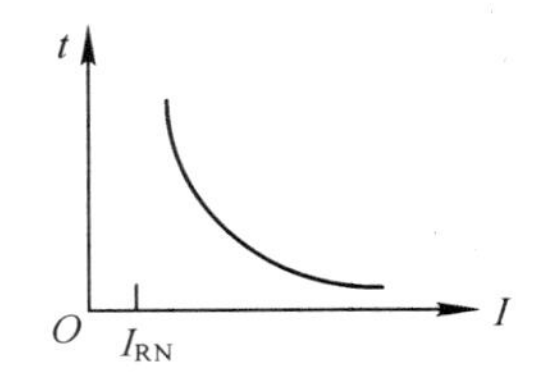

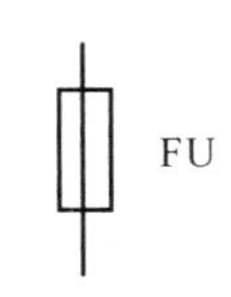

图 1.4 熔断器安秒特性和熔断器电路图符号

熔断器是由熔断体及支持件组成的。熔断体常制成丝状或片状，其材料一般有两种：一种是低熔点材料，如铅锡合金、锌等；另一种是高熔点材料，如银、铜等。支持件是底座与载熔件的组合。支持件的额定电流表示配用熔断体的最大额定电流。

熔断器有很多类型和规格，图 1.5 所示为各种熔断器的实物，熔体额定电流从最小的 0.5 A(FA4 型)到最大的 2100 A(RSF 型)，按不同的形式有不同的规格。

(a) 有填料封闭管式RT型

(b) 无填料封闭管式RM型

(c) 螺旋式RL型

(d) 快速式RS型

(e) 插入式RC型

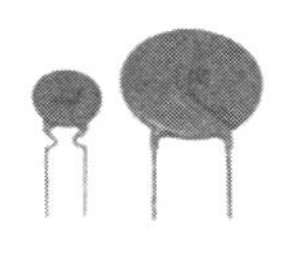

(f) PPTC自动恢复型

图 1.5 各种熔断器实物

有填料封闭管式熔断器具有较好的限流作用，因此，各种形式的有填料封闭管式熔断器得到了广泛的应用。

目前，较新式的熔断器有取代 RL1 的 RL6、RL7 型螺旋式熔断器，取代 RT0 的 RT16、RT17、RT20 型有填料封闭管式熔断器，取代 RS0、RS3 的 RS、RSF 型快速式熔断器以及取代 RLS 的 RLS2 型螺旋式快速熔断器。另外，还有取代 R1 型可用于二次回路的 RT14、RT18、RT19B 型有填料封闭管式圆筒形熔断器。

2. **熔断器的型号与选择**

熔断器的型号含义如图 1.6 所示。

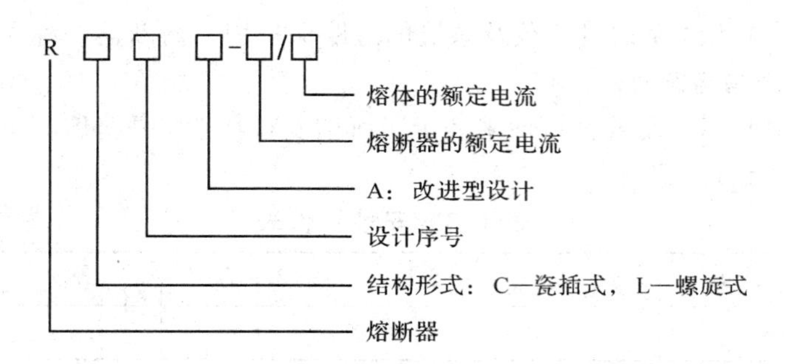

图 1.6　熔断器型号的含义

选择熔断器的依据是结构形式和熔体额定电流(I_{RN})。

(1) 对电流较为平稳的负载(如照明、信号、热电电路等)，熔体额定电流就取线路的额定电流。

(2) 对具有冲击电流的负载(如电动机)，熔体额定电流可按表 1.3 的计算公式计取。

表 1.3　熔断器选型计算

负载性质		熔体额定电流(I_{RT})
电炉和照明等电阻性负载		$I_{RN} \geqslant I_N$(电动机额定电流)
单台电动机	线绕式电动机	$I_{RN} \geqslant (1 \sim 1.25) I_N$
	笼型电动机	$I_{RN} \geqslant (1.5 \sim 2.5) I_N$
	启动时间较长的某些笼型电动机	$I_{RN} \geqslant 3 I_N$
	连续工作制直流电动机	$I_{RN} = I_N$
	反复短时工作制直流电动机	$I_{RN} = 1.25 I_N$
多台电动机		$I_{RN} \geqslant (1.5 \sim 2.5) I_{Nmax} + \Sigma I_{de}$ I_{Nmax}为最大一台电动机的额定电流 ΣI_{de}为其他电动机的额定电流之和

(二) 隔离器

隔离器是指在断开位置符合规定隔离功能要求的低压机械开关电器，而隔离开关的含义是在断开位置能满足隔离器隔离要求的开关。

1. 结构与符号

(1) 开关板用刀开关(不带熔断器式刀开关)：用于不频繁地手动接通、断开电路和隔离电源。其实物和电路图符号如图 1.7 所示。

(a) 开关板用刀开关实物图

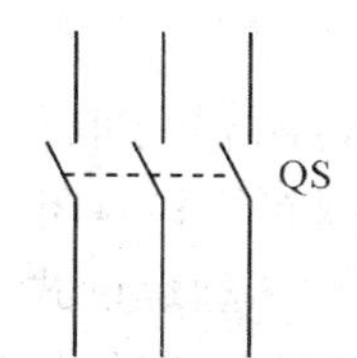

(b) 开关板用刀开关电路图符号

图 1.7　开关板用刀开关实物图和符号

（2）带熔断器式刀开关：用作电源开关、隔离开关和应急开关，并作电路保护用。其实物和电路图符号如图 1.8 所示。

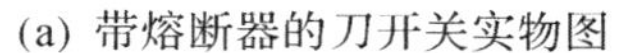

(a) 带熔断器的刀开关实物图

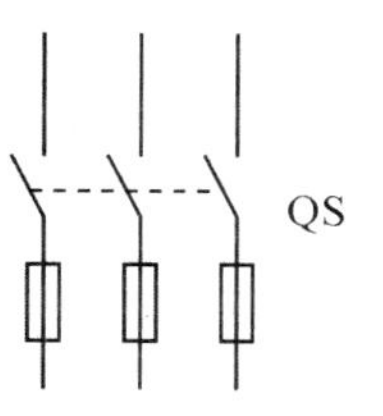

(b) 带熔断器式刀开关电路图符号

图 1.8　带熔断器的刀开关实物图和符号

（3）负荷开关。

① 开启式负荷开关。

• 用途：不频繁带负荷操作和短路保护。

• 结构：由刀开关和熔断器组成。瓷底板上装有进线座、静触点、熔丝、出线座及刀片式动触点，工作部分用胶木盖罩住，以防电弧灼伤人手。

• 分类：单相双极和三相三极两种，如图 1.9 所示。

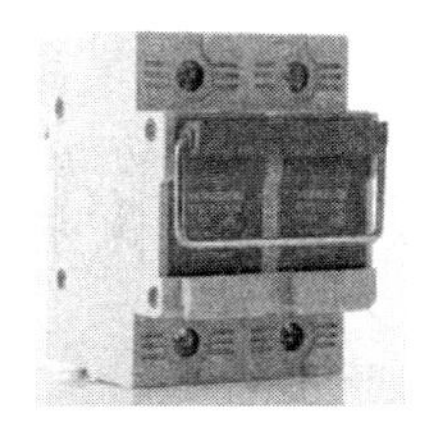

(a) 单相双极负荷开关

(b) 三相三极负荷开关

图 1.9　开启式负荷开关实物图

② 封闭式负荷开关。

• 作用：手动通断电路及短路保护。

• 结构：如图 1.10 所示，和开启式负荷开关类似，只是外壳是铁壳。

图 1.10　封闭式负荷开关实物图

2. 刀开关的型号含义

刀开关的型号含义如图 1.11 所示。

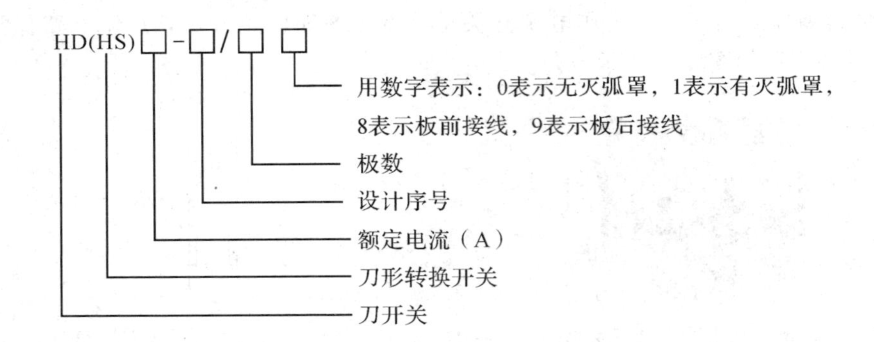

图 1.11　刀开关的型号含义

（三）断路器

断路器(Automatic Cicuit Breaker)按结构形式可分为万能式和塑料外壳式两类。其中，万能式原称为框架式断路器，为与 IEC 标准使用的名称相符合，已改称为万能式断路器。

1. 断路器结构和符号

断路器又称为自动空气断路器，简称自动空气开关或自动开关。它相当于闸刀开关、熔断器、热断器、热继电器和欠电压继电器的组合，是一种自动切断故障电路的保护电器。断路器与接触器都能通断电路，不同的是，断路器虽然允许切断短路电流，但允许的操作次数少，不适宜频繁操作。断路器实物图和电路图符号如图 1.12 所示。

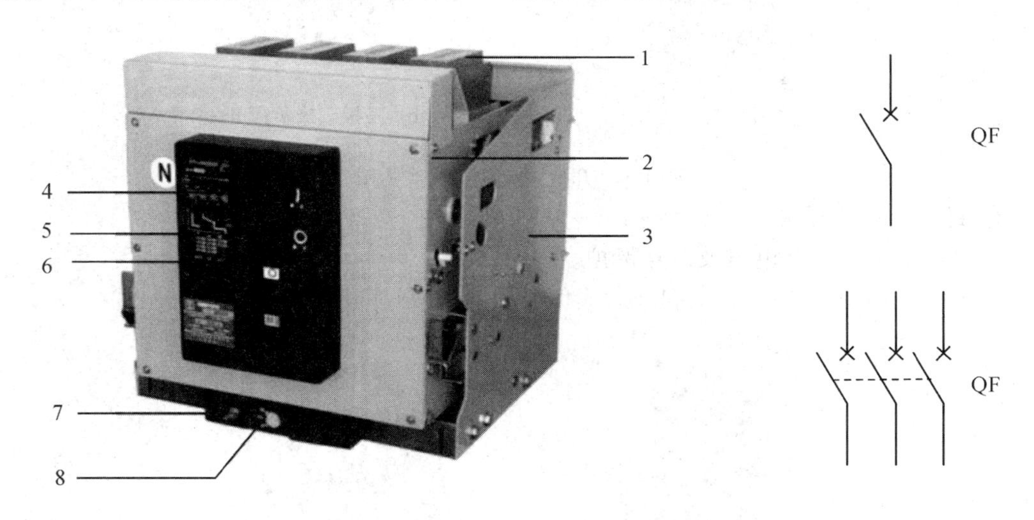

1—灭弧罩；2—开关本体；3—抽屉座；4—合闸按钮；5—分闸按钮；
6—智能脱扣器；7—摇匀柄插入位置；8—连接/试验/分离指示

图 1.12　断路器实物图和电路图符号

2. 断路器的型号含义

断路器的型号含义如图 1.13 所示。

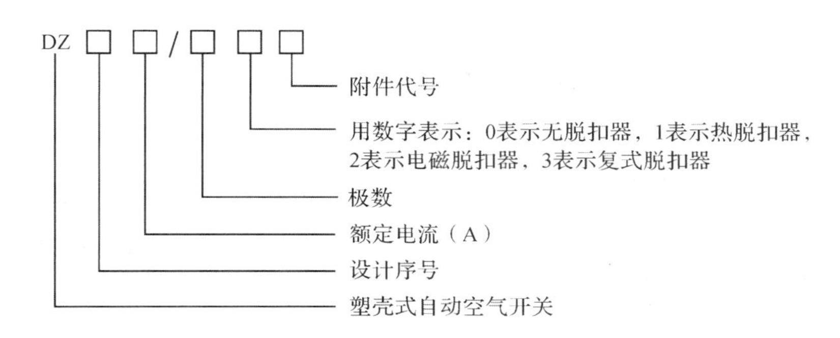

图 1.13　断路器的型号含义

断路器的新型号很多，有用引进技术生产的，如 C45、S250S、E4CB、3VE、ME、AE 等系列，有国内开发研制的，如 CM1、DZ20 系列。

C45、DPN、NC100 小型塑料外壳系列断路器是中法合资天津梅兰有限公司的产品，适用于交流 50 Hz 或 60 Hz、额定电压为 240/415 V 及以下的电路中，作为线路、照明及动力设备的过负载与短路保护，以及线路和设备的通断转换。该系列断路器也可用于直流电路。

DZ20 系列断路器是目前国内应用得最多的断路器。DZ20 系列断路器适用于交流 50 Hz、额定电压 380 V 及以下、直流电压 220 V 及以下网络中，作配电和保护电机用。

（四）主令电器

主令电器(Master Switch)是电气控制系统中用于发送控制指令的非自动切换的小电流开关电器。在控制系统中用主令电器控制电力拖动系统的启动与停止，以及改变系统的工作状态，如正转与反转。主令电器可直接作用于控制线路，也可以通过电磁式电器间接作用。由于它是一种专门发号施令的电器，故称主令电器。

主令电器种类繁多，应用广泛，主要有控制按钮、行程开关、接近开关、光电开关、万能转换开关等。

1. 控制按钮

控制按钮(Push-button)是一种结构简单、应用广泛的主令电器，在控制回路中用于远距离手动控制各种电磁机构，也可以用来转换各种信号线路与电气连锁线路等。

(1) 按钮的结构与符号。控制按钮的基本结构如图 1.14(a)所示，一般由按钮帽、复位弹簧、桥式动触点和静触点等组成。

如图 1.14(b)所示，当按下按钮时，动合(常开)按钮闭合(常用于启动)；动断(常闭)按钮断开(常用于停止)。按下复合按钮时先断开常闭触点，然后接通常开触点；当释放复合按钮后，在恢复弹簧的作用下使按钮自动复原(先断开常开触点，再接通常闭触点)。这种按钮通常称为自复式按钮。

市场上也有带自保持机构的按钮(自锁功能)，第一次按下后，由机械结构锁定，手松开后不复原；第二次按下后，锁定机构脱扣，手松开后自动复原。

生产控制中，按钮常常成组使用。为了便于识别各个按钮的作用，避免误操作，通常在按钮上作出不同标志或涂以不同的颜色。一般情况下：启动使用绿色按钮；停止使用红色按钮；紧急操作使用红色蘑菇式按钮。

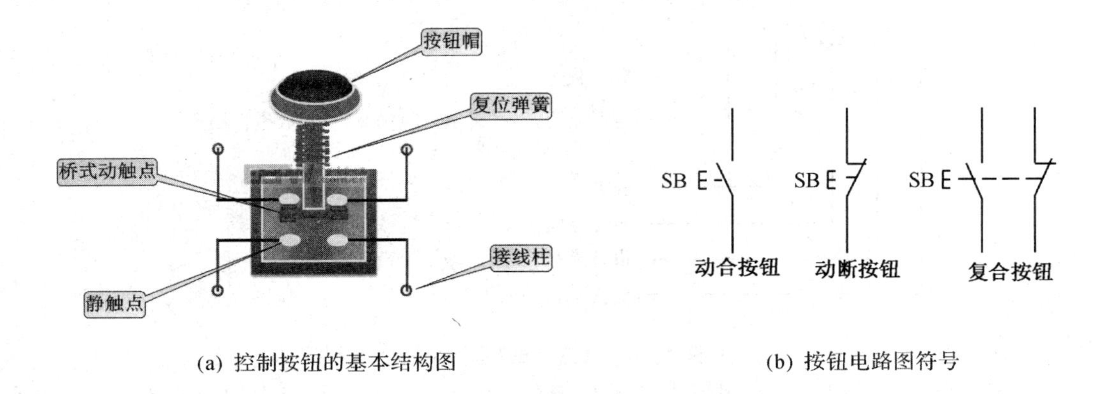

(a) 控制按钮的基本结构图　　(b) 按钮电路图符号

图 1.14　控制按钮的基本结构图和符号

(2) 按钮的型号含义如图 1.15 所示。

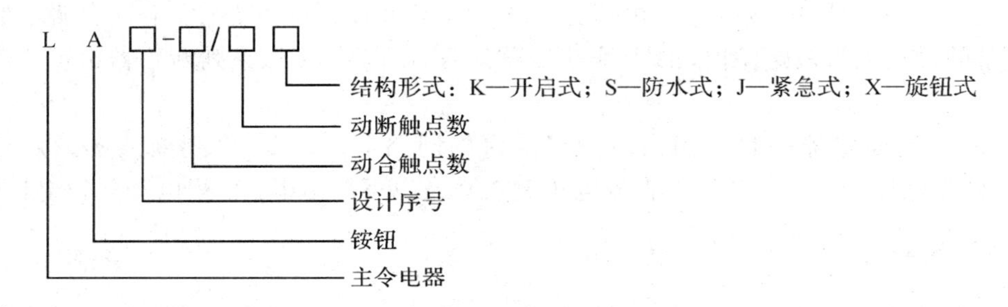

图 1.15　按钮的型号含义

国产按钮种类很多，目前用得最多的是 LA18、LA19、LA20 系列。

2. **行程开关**

行程开关(Travel Switch)又称限位开关，是一种根据生产机械运动的行程位置而动作的小电流开关电器。它是通过其机械结构中可动部分的动作，将机械信号变换为信号，以实现对机械的电气控制。

结构上，行程开关由 3 个部分组成：操作头、触点系统和外壳。操作头是开关的感测部分，它接收机械结构发出的动作信号，并将此信号传递到触点系统。触点系统是开关的执行部分，它将操作头传来的机械信号通过本身的转换动作变换为电信号，输出到有关控制回路，使之能按需要作出必要的反应。

1) 行程开关的工作原理

习惯上把尺寸甚小且极限行程甚小的行程开关称为微动开关(Sensition Switch)，图1.16为 JW 系列基本型微动开关外形及结构示意图。JW 系列微动开关由带纯银触点的动静触点、作用弹簧、操作钮和胶木外壳等组成。当外来机械力加于操作钮时，操作钮向下运动，通过拉钩将作用弹簧拉伸，

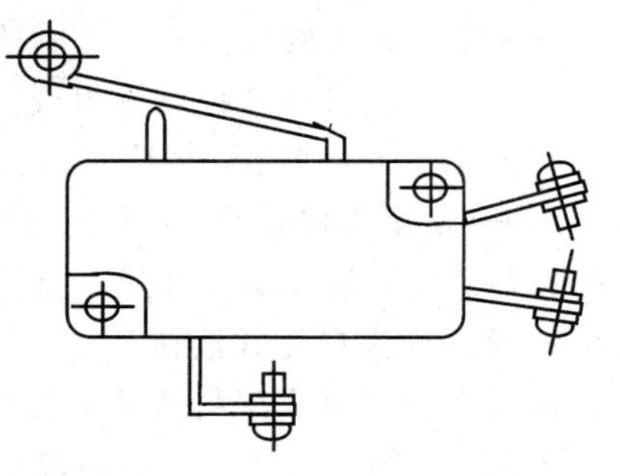

图 1.16　JW 系列基本型微动开关外形及结构示意图

弹簧拉伸到一定位置时触点离开常闭触点，转而同常开触点接通。当外力除去后，触点借弹簧力自动复位。微动开关体积小，动作灵敏，适用于小型机构。由于操作钮允许压下的极限行程很小，开关的机械强度不高，使用时必须注意避免撞坏。

2）常见的行程开关

国产行程开关的种类很多，目前常用的有 LX21、LX23、LX32、LXK3 等系列。近年来，国外生产技术不断引入，引进生产德国西门子公司的 3XE3 系列行程开关，规格全、外形结构多样、技术性能优良、拆装方便、使用灵活、动作可靠，有开启式、保护式两大类。图 1.17(a)所示为常见行程开关实物图，图 1.17(b)所示为电路图符号。

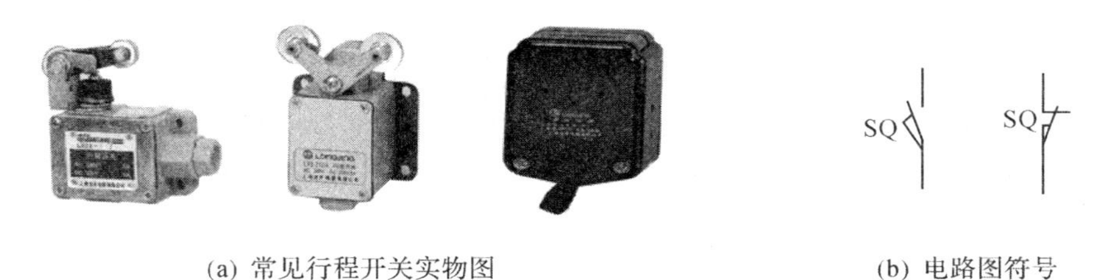

(a) 常见行程开关实物图　　(b) 电路图符号

图 1.17　行程开关实物图和符号

3. **接近开关与光电开关**

1）接近开关

接近开关是一种非接触式的位置开关，简称接近开关，一般由感应头、高频振荡器、放大器和外壳组成。运动部件与感应头接近，就使接近开关输出一个电信号。

接近开关分为电感式和电磁式接近开关。电感式接近开关只能检测金属体；电容式接近开关可以检测金属或非金属及液体。常用的电感型接近开关有 LJ1、LJ2 等系列；电容型的接近开关有 LXJ15、TC 等。图 1.18 所示为一些接近开关的实物图。

图 1.18　接近开关实物图

2）光电开关

按照工作原理，光电开关分为直射型、反射型(漫反射和镜反射)、对射型和光纤型。光线可以是红外线或者激光。

(1) 直射型光电开关，它包含在结构上相互分离且光轴相对放置的发射器和接收器，发射器发出的光线直接进入接收器，当被检测物体经过发射器和接收器之间且阻断光线时，光电开关就产生了开关信号，如图 1.19(a)所示，当检测物体为不透明时，直射型光电开关的工作最可靠，其检测距离最大可达十几米。

(2) 反射型光电开关：利用物体将光电开关发出的光线反射回去，由光电开关接收，从而判断物体是否存在。有物体存在，光电开关触点动作，否则其触点复位。

如图1.19(b)所示，镜反射型光电开关集发射器与接收器于一体，光电开关发射器发出的光线经过反射镜，反射回接收器，当被检测物体经过且完全阻断光线时，光电开关就产生了检测开关信号。镜反射型光电开关在使用时需要单侧安装，但安装时应根据被测物体的距离调整反射镜的角度以取得最佳的反射效果，它的检测距一般为几米。

如图1.19(c)所示，漫反射型光电开关是一种集发射器和接收器于一体的传感器，当有被检测物体经过时，被测物体将光电开关发射器发射的足够量的光线反射到接收器，于是光电开关就产生了开关信号。当被检测物体的表面光亮或其反光率极高时，漫反射型光电开关是首选的检测传感器。只要不是全黑的物体均能产生漫反射，散射型的检测距离更小，只有几百毫米。

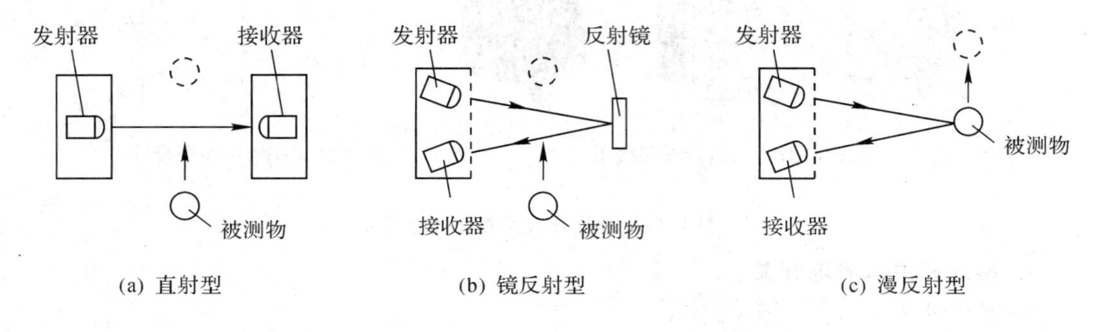

图1.19　光电开关类型

(3) 对射型光电开关：利用物体对光电开关发出的光线进行遮挡，光电开关通过判断光信号来判断物体是否存在。有物体存在，光电开关触点动作，否则其触点复位。

图1.20(a)所示为槽型光电开关，通常采用标准的U形结构，其发射器和接收器分别位于U形槽的两边，并形成一光轴，当被检测物体经过U形槽且阻断光轴时，光电开关就产生了开关量信号。槽型光电开关比较适合检测高速运动的物体，并且它能分辨透明与半透明物体，使用安全可靠。

(4) 光纤型光电开关：它采用塑料或玻璃光纤传感器来引导光线，可以对距离远的被检测物体进行检测，如图1.20(b)所示。通常光纤型传感器分为对射式和漫反射式。

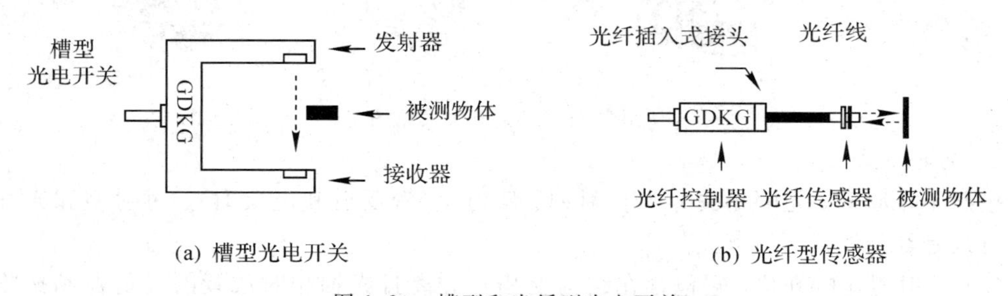

图1.20　槽型和光纤型光电开关

目前，光电开关和接近开关的用途已经远远超出了行程控制和限位保护，可应用于高速计数、测速、液位控制、检测物体的存在、检测零件尺寸等诸多场合，是自动化设备上应用广泛的自动开关。

4. **万能转换开关**

万能转换开关(Control Switch)是一种多挡式、控制多回路的主令电器。它一般可用于各种配电装置的远距离控制，也可作为电压表、电流表的转换开关，或作为小容量电动机的启动、调速和换向之用。由于其换接的线路多、用途广，故有“万能”之称。常见的万能开关如图 1.21 所示。

图 1.21 万能开关实物图

近年来，新材料、新技术不断推广，一批新型开关已经上市，其中最有代表性的有国内技术生产的 LW12—16 系列万能转换开关以及引进 ABB 技术生产的 ABG10 系列开关、ADA10 转换开关、ABG12 万能转换开关等。

(五) 接触器

接触器(Contactor)是用来频繁接通和切断电动机或其他负载主电路的一种自动切换电器。

1. **接触器的结构、符号，主要技术参数及分类**

1) 接触器的结构和符号

接触器一般由电磁系统、触点系统、灭弧装置和其他部件等组成。图 1.22(a)所示为交流接触器实物；图 1.22(b)所示为接触器的电路图符号。接触器一般由一个电磁线圈、三对主触点、若干对动合(常开)触点、动断(常闭)触点构成；图 1.22(c)所示为交流接触器工作原理图。

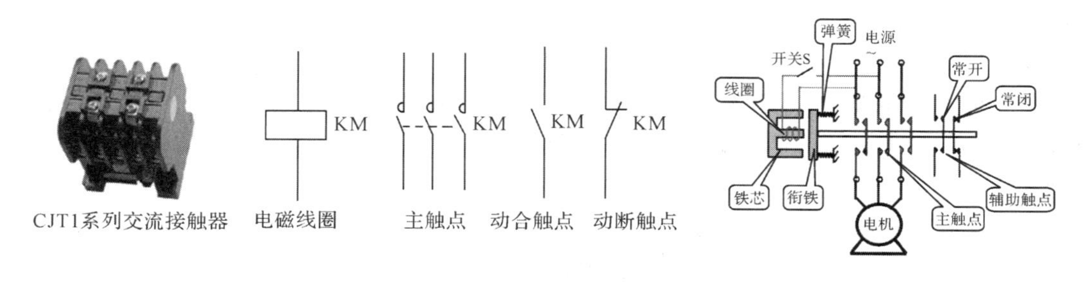

图 1.22 交流接触器

接触器的工作原理：当开关 S 接通，线圈通电时，静铁芯被磁化产生磁场，并把动铁芯（衔铁）吸上，带动转轴使主触点闭合，从而接通电路；在接通主触点的同时，接触器的辅助常开触点闭合，辅助常闭触点断开。当开关断开，线圈断电时，线圈失电，磁场消失，主触点断开，辅助常开触点断开，辅助常闭触点闭合。

2）接触器的主要技术数据

（1）额定电压。接触器铭牌额定电压是指主触点上的额定电压。通常用的电压等级如下：

- 直流接触器：220 V、440 V、660 V。
- 交流接触器：220 V、380 V、500 V。

按规定，在接触器线圈已发热稳定时，加上 85% 的额定电压，衔铁应可靠地吸合；反之，如果工作中电网电压过低或者突然消失，衔铁亦应可靠地释放。

（2）额定电流。接触器铭牌额定电流是指主触点的额定电流。通常用的电流等级如下：

- 直流接触器：25 A、40 A、60 A、100 A、150 A、250 A、400 A、600 A。
- 交流接触器：5 A、9 A、12 A、16 A、20 A、25 A、32 A、40 A、52 A、63 A、75 A、110 A、170 A、250 A、400 A、630 A。

当接触器安装在箱柜内时，由于冷却条件变差，电流要降低 10%～20% 使用。当接触器保持长期工作制时，其通电持续率不应超过 40%；敞开安装时，电流允许提高 10%～25%；箱柜安装，允许提高 5%～10%。

（3）线圈的额定电压。通常用的电压等级如下：

- 直流线圈：24 V、48 V、110 V、220 V、440 V。
- 交流线圈：24 V、36 V、120 V、220 V、380 V。

一般情况下，交流负载用交流接触器，直流负载用直流接触器，但交流负载频繁动作时也可采用直流吸引线圈的接触器。

（4）额定操作频率。额定操作频率指每小时接通次数。通常接触器的允许接通次数为 150～1500 次/h。

（5）电寿命和机械寿命。电寿命是指接触器的主触点在额定负载条件下，所允许的极限操作次数。机械寿命是指接触器在不需修理的条件下，所能承受的无负载操作次数。一般接触器的电寿命可达 50～100 万次，机械寿命可达 500～1000 万次。

3）接触器的分类

接触器按应用场合分为交流接触器和直流接触器。

（1）交流接触器。交流接触器（Alternating Current Contactor）一般有 3 对主触点、两个动合（常开）辅助触点和两个动断（常闭）辅助触点。中等容量及以下为直动式，大容量为转动式。

（2）直流接触器。直流接触器（Direct Current Contactor）是一种通用性很强的电器产品，除用于频繁控制电动机外，还用于各种直流电磁系统中。随着控制对象及其运行方式不同，接触器的操作条件也有较大差别。接触器铭牌上所规定的电压、电流、控制功率及电气寿命，仅对应于一定类别的额定值。

2. **接触器的型号含义**

接触器的型号含义如图 1.23 所示。

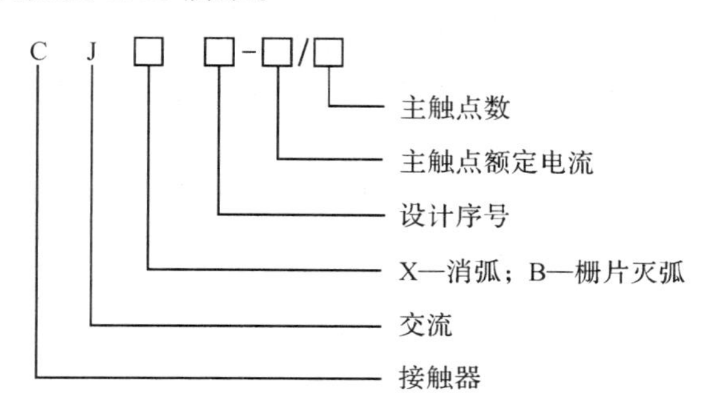

图 1.23　接触器的型号含义

（六）继电器

1. **继电器的结构及分类**

继电器(Relay)是一种根据特定形式的输入信号而动作的自动控制电器。一般来说，继电器由承受机构、中间机构和执行机构三部分组成。承受机构反映继电器输入量，并传递给中间机构，将它与预定的量(即整定值)进行比较，当达到整定值时(过量或欠量)，中间机构就使执行机构产生输出量，用于控制电路的通、断。

继电器和接触器原理相似，二者的区别是:继电器通常触点容量较小，接在控制电路中，主要用于反映控制信号，是电气控制系统中的信号检测元件；而接触器触点容量较大，直接用于开、断主电路，是电气控制系统中的执行元件。

继电器有以下几种分类方法：按输入量的物理性质分为电压继电器、电流继电器、功率继电器、时间继电器、温度继电器、速度继电器等；按动作原理分为电磁式继电器、感应式继电器、电动式继电器、热继电器、电子式继电器等；按动作时间分为快速继电器、延时继电器、一般继电器；按执行环节作用原理分为有触点继电器、无触点继电器。下面主要介绍控制继电器中的电磁式(电压、电流、中间)继电器、时间继电器、热继电器等。

2. **电磁式继电器**

常用的电磁式继电器有电流继电器、电压继电器、中间继电器和时间继电器。中间继电器实际上也是一种电压继电器，只是它具有数量较多、容量较大的触点，起到中间放大(触点数量及容量)作用。电磁式继电器的结构与原理与接触器类似，是由铁芯、衔铁、线圈、释放弹簧和触点等部分组成的，如图 1.24 所示。

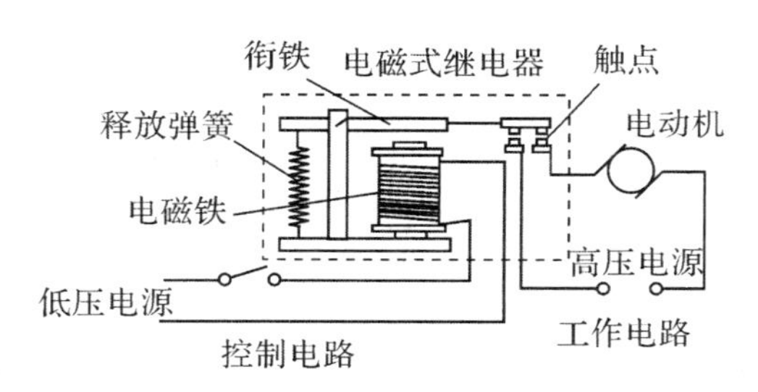

图 1.24　电磁式继电器的工作原理

电磁式继电器的工作原理：当接通低压电源开关时，电磁铁上的线圈得电，产生磁场，吸附衔铁，从而闭合常开触点，接通右侧的电动机。当低压电源开关断开时，线圈失电，衔铁在弹簧的作用下复位，常开触点复位，电机停止转动。

电磁式继电器的种类很多，下面仅介绍几种较典型的电磁式继电器。

1）中间继电器

中间继电器(Auxiliary Relay)在结构上是一个电压继电器，是用来转换控制信号的中间元件。它输入的是线圈的通电、断电信号，输出信号为触点的动作。其触点数量较多，各触点的额定电流相同。中间继电器的实物、电路图符号及型号规格如图1.25所示。从图中可知，中间继电器有一个线圈、若干组常开和常闭触点。

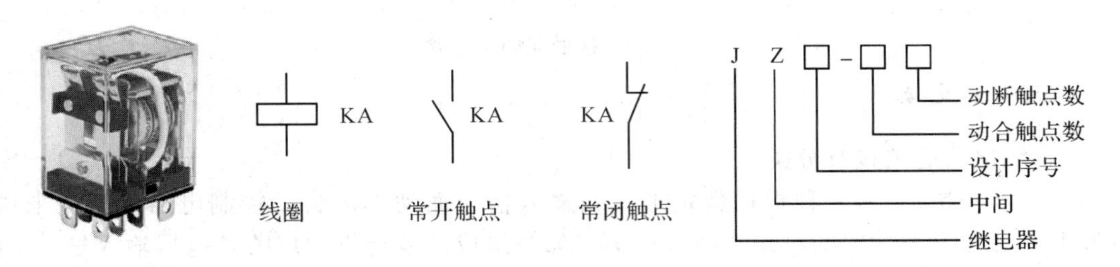

图1.25　中间继电器

中间继电器通常用来放大信号，增加控制电路中控制信号的数量，以及作为信号传递、连锁、转换以及隔离用。

2）电流/电压继电器

电流继电器(Current Relay)与电压继电器(Voltage Relay)在结构上的区别主要是线圈不同。电流继电器的线圈与负载串联以反映负载电流，故它的线圈匝数少而导线粗，这样通过电流时的压降很少，不会影响负载电路的电流，而导线粗电流大仍可获得需要的磁势，其电路图符号如图1.26所示。电压继电器的线圈与负载并联以反映负载电压，其线圈匝数多而导线细，其电路图符号如图1.27所示。

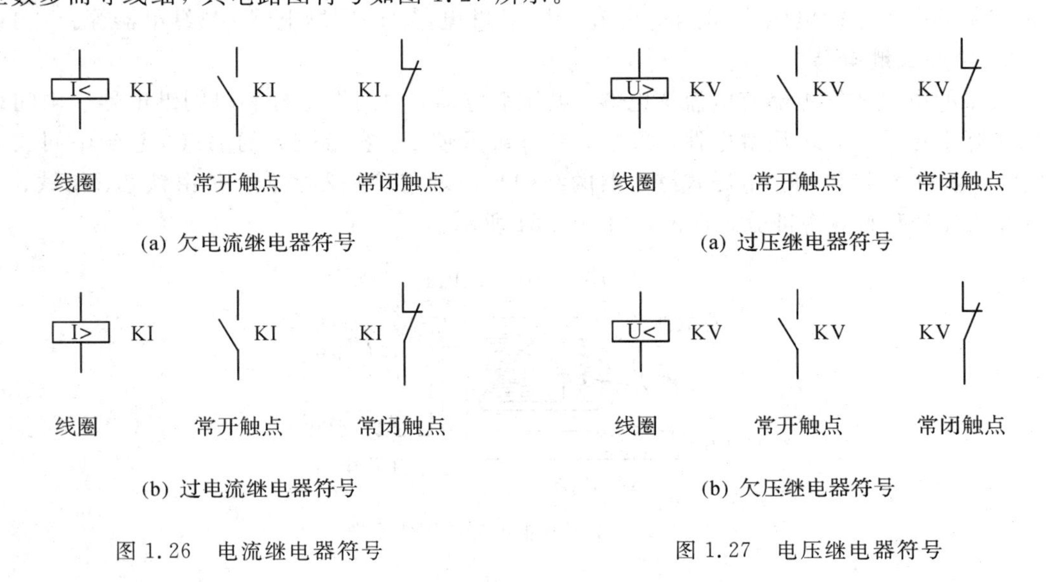

图1.26　电流继电器符号　　　　图1.27　电压继电器符号

3）时间继电器

凡是在敏感元件获得信号后，执行元件要延迟一段时间才动作的继电器叫时间继电器（Time Delay Relay）。一般需要通过时间继电器的“＋”或“－”按键或其他方式进行设置延时时间。

时间继电器一般有通电延时型和断电延时型，其电路图符号如图 1.28 所示。时间继电器种类很多，常用的有电磁阻尼式、空气阻尼式和电动式，新型的有电子式、数字式等时间继电器。

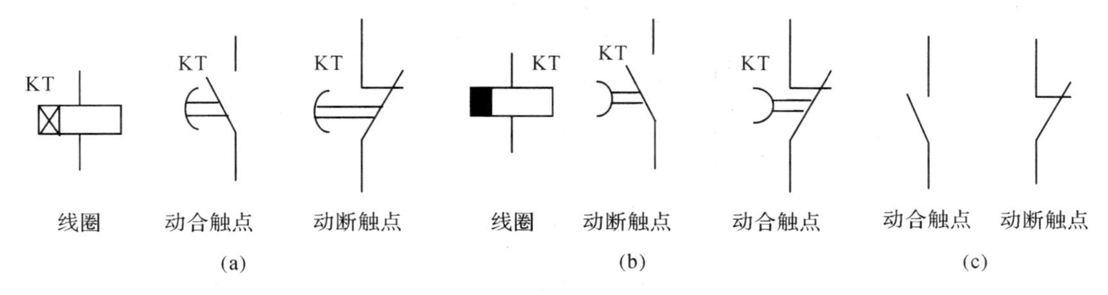

图 1.28　时间继电器

（1）通电延时型继电器（On Delay Relay）。动作原理：当线圈通电时，衔铁被吸合，活塞杆在宝塔形弹簧的作用下移动，移动的速度要根据进气孔的节流程度而定，各延时触点不立即动作，而要通过传动机构延长一段整定时间才动作，线圈断电时延时触点迅速复原。其电路图符号如图 1.28(a)所示。

（2）断电延时型继电器（Off Delay Relay）。动作原理：当线圈通电时，衔铁被吸合，各延时触点瞬时动作，而线圈断电时触点延时复位。其电路图符号如图 1.28(b)所示。

通电延时型和断电延时继电器的共同点：由于两类时间继电器（其电路图符号如图 1.28(c)所示）。均有瞬动触点，瞬动触点因不具有延时作用，故通电时立即动作，断电时立即复位，恢复到原来的常开或常闭状态。

时间继电器的型号含义如图 1.29 所示。

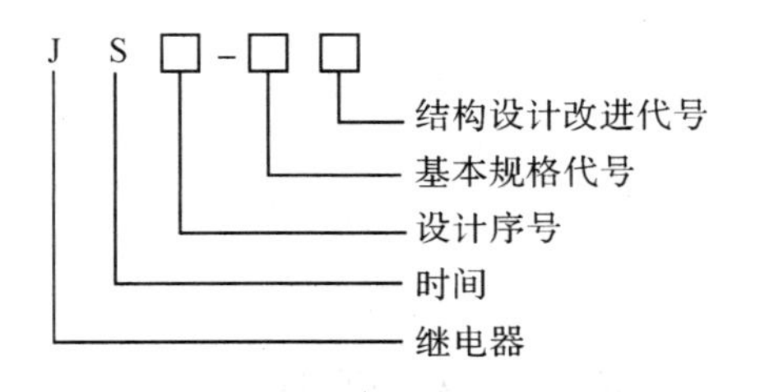

图 1.29　时间继电器的型号含义

4）热继电器

热继电器（Thermal Over-load Relay）是利用电流的热效应原理来工作的保护电器，它在电路中用做三相异步电动机的过载保护。

如图 1.30 所示，热继电器由三对主触点、热元件、导板、双金属片和一个动断（常闭）触点组成。热继电器的测量元件通常用双金属片，它是由主动层和被动层组成的。

主动层材料采用较高膨胀系数的铁镍铬合金，被动层材料采用膨胀系数很小的铁镍合金。因此，这种双金属片在受热后将向膨胀系数较小的被动层一面弯曲。发热元件串联于电动机工作回路中，电机正常运转时，热元件仅能使双金属片弯曲，还不足以使触点动作。当电动机过载时，即流过热元件的电流超过其整定电流时，热元件的发热量增加，使双金属片弯曲得更厉害，位移量增大，经一段时间后，双金属片推动导板使热继电器的动断触点断开，切断电动机的控制电路，使电机停车。

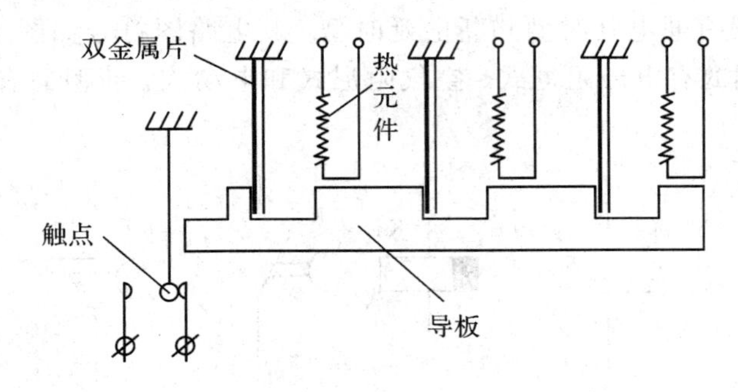

图 1.30　热继电器的结构

热继电器的电路图符号如图 1.31(a)所示，其型号含义如图 1.31(b)所示。

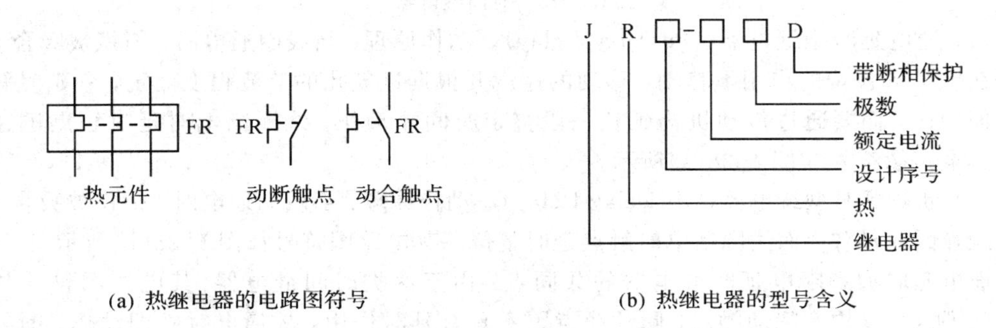

(a) 热继电器的电路图符号　　(b) 热继电器的型号含义

图 1.31　热继电器的电路图符号及型号含义

热继电器分为两相式、三相式、三相带缺相保护式三种形式。

任务 2　低压电器选型

一、获取低压电器选型资料

1. 低压电器网站

http://www.edianqi.com/　　中国低压电器网

http://www.cnelc.com/　　中国工业电器网

http://www.513dq.com/　　国际电器网

http://www.e10000.cn/　　　　中国亿万电器网

http://www.fa.omron.com.cn/product/ProductClass.jsp　　　欧姆龙中国

http://www.schneider-electric.com/site/home/index.cfm/cn/　　　施耐德中国

2. **知名企业**

- 常熟开关
- 施耐德电气
- ABB公司
- 西门子
- 德力西
- 许继电气
- 正泰
- 欧姆龙
- LG
- 深圳泰永科技
- 天水213
- TCL
- 上海人民电器
- 常州森源
- 杭州之江
- 施耐德万高
- 士林电机
- 江阴长江电器
- 中国人民电器
- 沈阳斯沃电器

3. **低压电器手册**

GB1497—1985《低压电器基本标准》列出了低压电器常见的使用类别及其代号，详见电气工程手册。

二、选型实战

1. **家庭用电**

一个家庭有如表1.4所示的用电设备，试为其选择空气开关。

表1.4　某家庭用电设备表

编号	名称	功率	数量
1	电视机		
2	电冰箱		
3	空调		
4	洗衣机		
5	电饭锅		
6	微波炉		
7	照明灯		
	合计		

2. **工厂低压电器选型**

某工厂有一个工业控制柜，需要控制如表1.5所示的设备，试为电机选择热继电器，为整个控制柜选择刀开关、熔断器、断路器。

表 1.5　工业控制柜用电设备表

编号	名称	功率	数量
1	电动机	4.5 kW	4
2	电动机	7.5 kW	1
3	电动机	18.5 kW	1
	合计		

1) 电机额定电流速算口诀

电动机额定电流(A)："电动机功率加倍"，即"一个千瓦两安培"，通常指常用的 380 V、功率因数在 0.8 左右的三相异步电动机，"将千瓦数加一倍"即电动机的额定电流。

经验公式：

电动机额定电流(A)＝电动机容量(kW)数×2

上述速算口诀和经验公式的使用结果都是一致的，所算出的额定电流与电动机铭牌上的实际电流数值非常接近，符合实用要求，例如一台 Y132S1－2、10 kW 电动机，用速算口诀或经验公式算得其额定电流为 10×2＝20 A。

2) 电动机配用断路器的选择

低压断路器一般分为塑料外壳式(又称装置式)和框架式(又称万能式)两大类。380 V、245 kW 及以下的电动机多选用塑壳断路器。断路器按用途可分为保护配电线路用、保护电动机用、保护照明线路用和漏电保护用等。

(1) 电动机保护用断路器选用原则：

• 长延时电流整定值等于电动机额定电流。

• 瞬时整定电流：对于保护笼型电动机的断路器，瞬时整定电流等于 8～15 倍电动机额定电流，取决于被保护笼型电动机的型号、容量和启动条件。对于保护绕线转子电动机的断路器，瞬时整定电流等于 3～6 倍电动机额定电流，取决于被保护绕线转子电动机的型号、容量及启动条件。

• 6 倍长延时电流整定值的可返回时间大于或等于电动机的启动时间。按启动负载的轻重，可选用返回时间 1 s、3 s、5 s、8 s、15 s 中的某一挡。

(2) 断路器脱扣器整定电流的速算口诀："电动机瞬动，千瓦 20 倍"；"热脱扣器，按额定值"。该口诀是指控制保护一台 380 V 三相笼型电动机的断路器，其电磁脱扣瞬时动作整定电流，可按"千瓦数的 20 倍"选用。对于热脱扣器，则按电动机的额定电流选择。

3) 电动机配用熔断器的选择

熔断器类别及容量要根据负载的保护特性、短路电流的大小和使用场合的工作条件来选择。

大多数中小型电动机采用轻载全压或减压启动，启动电流一般为额定电流的 5～7 倍；电源容量较大，低压配电主变压器 1000～400 kVA(包括并列运行容量)，系统阻抗小，当发生短路故障时，短路电流较大；工作场合如窑、粉磨场合，通风条件差，致使工作环境温度较高。因此，选用熔断器的分断能力和熔体的额定电流，较之一般工业使用要适当加大一点。

(1) 熔体额定电流的经验公式：

熔体额定电流(A)=电动机额定电流(A)×3

(2) 熔体额定电流的速算口诀:“熔体保护,千瓦乘6”。该速算口诀指的是一台380 V笼型电动机,轻载全压启动或减压启动,操作频率较低,适合于90 kW及以下的笼型电动机。

若实际使用的电动机启动频繁,或者启动时间长,则上述经验公式或速算口诀所算的结果可适当加大一点,但又不宜过大。总之要达到在电动机启动时,熔体不被熔断;在发生短路故障时,熔体必须可靠熔断,切断电源,达到短路保护之目的。

4) 电动机配用接触器的选择

(1) 接触器的选用原则。

① 按使用类别选用:生产实际中,绝大多数笼型电动机可按AC-3使用类别选用。

② 确定容量等级:接触器的容量即主触点在额定电压等技术条件下,其额定电流的确定应注意如下几点:

• 工作制及工作频率的影响:选用接触器时,应注意其控制对象是长期工作制还是重复短时工作制。当操作频率高时,还必须考虑增加接触器额定电流的容量。应尽可能选用银、银合金或镶银触点的接触器,如采用KSDZ-U系列产品。

• 环境条件的影响:生产环境比较恶劣的、粉尘污染严重、通风条件差、工作场所温度较高的,接触器的选择宜采取降容使用的技术措施。

(2) 接触器额定电流的对表速查。例如一台Y180L-4,22 kW电动机,从速查表1.6中查得应配用U60型接触器。该电机额定电流60 A,接触器额定电流60 A,按一般AC-3工作类别,该接触器可控制380 V、30 kW的电动机,现在控制380 V、22 kW的电动机,属于降容使用。

表1.6　接触器额定电流速查表

接触器型号	三相电机功率															
	10	20	30	40	50	60	70	80	90	100	120	140	170	200	250	300
KSDZ-U40	•	•														
KSDZ-U63	•	•	•													
KSDZ-U80		•	•	•												
KSDZ-U125			•	•	•	•										
KSDZ-U160					•	•	•	•								
KSDZ-U200							•	•	•	•						
CKJ5-250								•	•	•	•					
CKJ5-400										•	•	•	•	•		
CKJ5-600												•	•	•	•	•

5）电动机配线

电动机配线口诀：

1.5加二，2.5加三
4后加四，6后加六
25后加五，50后递增减五
百二导线，配百数

该口诀是按三相380V交流电动机容量直接选配导线的。

（1）“1.5加二”表示1.5 mm^2 的铜芯塑料线，能配3.5 kW及以下的电动机。由于4 kW电动机接近3.5 kW的选取范围，而且该口诀又有一定的余量，所以在速查表中，4 kW以下的电动机所选导线皆取1.5 mm^2。

（2）“2.5加三”“4后加四”，表示2.5 mm^2 及4 mm^2 的铜芯塑料线分别能配5.5 kW、8 kW电动机。

（3）“6后加六”，是说从6 mm^2 开始，能配“加大六”kW的电动机，即6 mm^2 的可配12 kW，选相近规格即配11 kW电动机，10 mm^2 可配16 kW，选相近规格即配15 kW的电动机，16 mm^2 可配22 kW的电动机。这中间还有18.5 kW的电动机，亦选16 mm^2 的铜芯塑料线。

（4）“25后加五”，是说从25 mm^2 开始，加数由六改为五了，即25 mm^2 可配30 kW的电动机，35 mm^2 可配40 kW，选相近规格即配37 kW电动机。

（5）“50后递增减五”，是说从50 mm^2 开始，由加大变成减少了，而且是逐级递增减五的，即50 mm^2 可配制45 kW的电动机（50－5），70 mm^2 可配60 kW的电动机（70－10），选相近规格即配备55 kW电动机，95 mm^2 可配80 kW电动机（95－15），选相近规格即配75 kW的电动机。

（6）“百二导线，配百数”，是说120 mm^2 的铜芯塑料线可配100 kW电动机，选相近规格即90 kW的电动机。

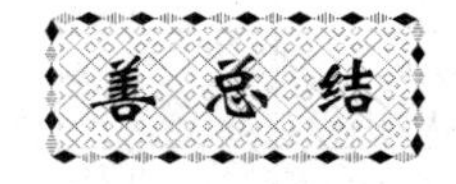

项目小结

本项目主要内容：

• 低压电器的概念。

• 常用低压电器（交流接触器、空开、保险、中间继电器、通电延时时间继电器、断电延时时间继电器、开关和按钮）的识别（中、英文名称；电路图符号）及应用（选型）。

• 安全用电的知识和技能。

• 核心概念有：常开（动合）触点、常闭（动断）触点、线圈；安全电压、三相四线制、火线、零线、地线、触电；短路、过载、过电压、欠电压等。

项目一的知识结构如图1.32所示。

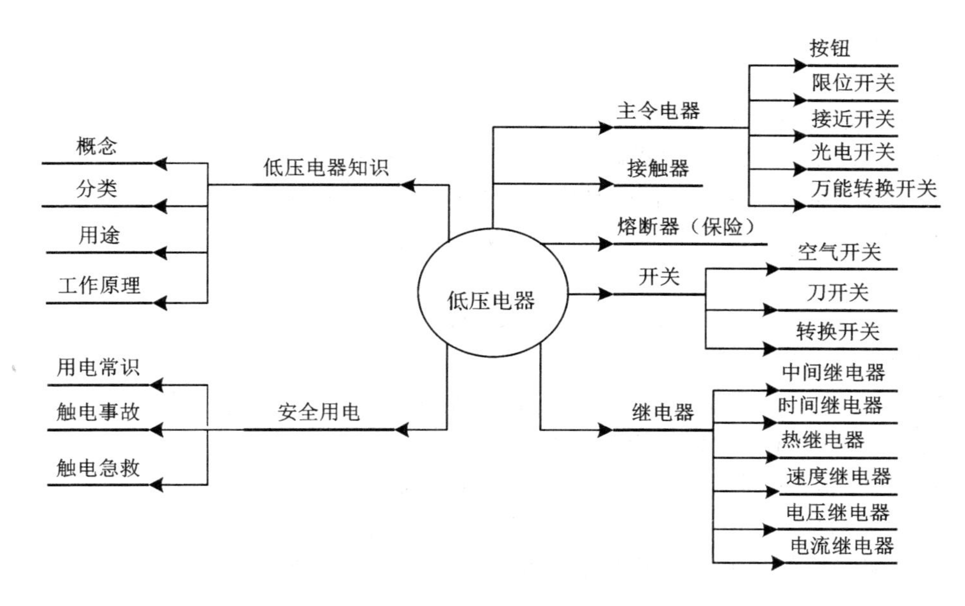

图 1.32　项目一知识结构图

勤练习

习　题　1

一、填空题

1. 低压电器通常指工作在交流________V 以下、直流电压________V 以下的电路中起通断、控制、保护和调节作用的电气设备。

2. 熔断器俗称__________；低压断路器俗称__________。

3. 交流接触器线圈得电，其主触点________、辅助常开触点________、辅助常闭触点________。

4. 中间继电器线圈得电，其辅助常开触点________、辅助常闭触点________。

5. 时间继电器分为________型和________型；时间继电器定时时间到，其辅助常开触点________、辅助常闭触点________。

6. 运动物体碰到限位开关，则限位开关的辅助常开触点________、辅助常闭触点________。

7. 继电器与接触器比较，继电器触点的________很小，一般不设________。

8. 空气开关相当于闸刀开关、熔断器、热断器、热继电器和欠电压继电器的组合，是一种________用的保护电器。

9. 电流继电器分为________型和________型；电压继电器分为________型和________型。

10. 三相四线制中，两条相线之间的低压是________V；一条相线和零线之间的电压为________V；工业生产上人体安全电压是________V；工业控制柜上使用的控制电压一般是________V。

二、选择题

1. 按复合按钮时，(　　)。

A. 动合触点先闭合，动断触点后断开　　B. 动断触点先断开，动合触点后闭合

C. 动合触点、动断触点同时动作　　D. 动断触点动作，动合触点不动作

2. 熔断器的电气文字符号是(　　)；刀开关的电气文字符号是(　　)；交流接触器的电气文字符号是(　　)。

A. FU　　B. QS　　C. QF　　D. KM

3. 起保护作用的低压电器有(　　)。

A. 熔断器　　B. 接触器　　C. 空气开关　　D. 急停按钮

4. 热继电器中的双金属片弯曲是由于(　　)。

A. 机械强度不同　　B. 热膨胀系数不同

C. 温差效应　　D. 受到外力的作用

5. 交流接触器的主触点电路图符号是(　　)；刀开关的触点符号是(　　)；空气开关的电路图符号是(　　)。

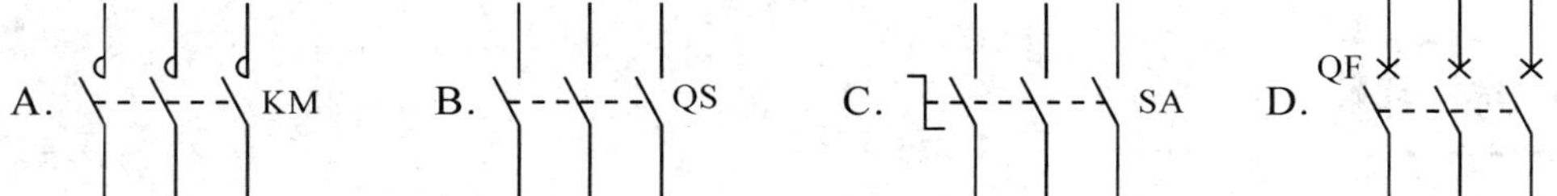

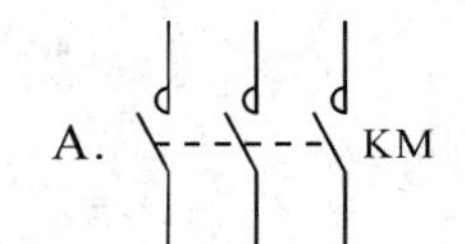
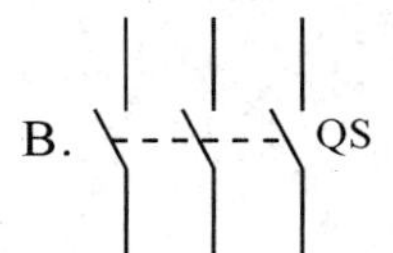

6. 起控制作用的低压电器是(　　)

A. 刀开关　　B. 空气开关　　C. 接触器　　D. 继电器

三、填表题

填写题表 1.1。

题表 1.1　低压电器

低压电器名称	字母代号	电路图符号	用 途
熔断器			
空开			
刀开关			
交流接触器			
中间继电器			
热继电器			
时间继电器			
速度继电器			
按钮开关			

四、简答题

1. 列举出五种常用的低压电器。

2. 简述交流接触器的工作原理。

3. 简述中间继电器的工作原理。

安全用电常识

1. **用电常识**

1）电的相关概念

电看不见、听不见、嗅不着，广泛应用于工业农业、生产生活中。工业和照明电是导体切割磁力线来产生的。电按照方向分为直流电（方向不变的电，如电池供电）和交流电（方向交替变化的电，如工频电）。

• 电压是相对电压差。

• 电流是电在物体中流通的大小。

• 电阻是物体阻碍电流在它里面流通的强弱，物体按电阻值分为超导体、导体、半导体和绝缘体（人体的电阻值通常为 1 kΩ～20 MΩ，它存在很大的不确定性，手足潮湿时只有几百欧姆，甚至更小）。

• 功率是电压和电流的积，是表现导体消耗电能的能力。

2）电线的一般颜色

(1) A 相——黄色；　(2) B 相——绿色；　(3) C 相——红色；

(4) 火线——红色；　(5) 零线——蓝色或黑色；　(6) 地线——黄绿相间色。

注意：以上颜色是一般的约定，但是在实际中有可能会有用错或应急的情况，应该以测量结果为准。

3）各类插座的接线示意图

各类插座的接线示意图如图 1 所示。

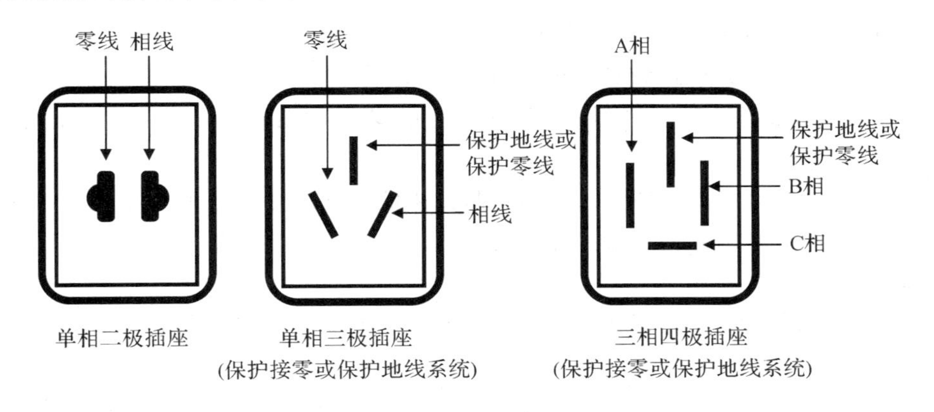

图 1　各类插座的接线示意图

2. 触电事故

触电是指人体触及带电体后，电流对人体造成的伤害。

1）触电事故种类

(1) 电击(内伤)。人们通常所说的触电就是指电击，大部分触电死亡事故都是由电击造成的。电击分为单线电击、两线电击和跨步电击三种，如图 2 所示。

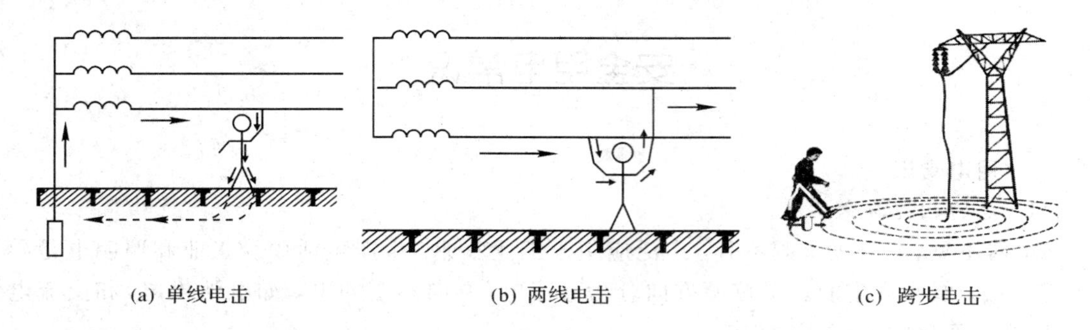

(a) 单线电击　(b) 两线电击　(c) 跨步电击

图 2　各类触电事故示意图

万一电力线恰巧断落在离自己很近的地面上，那么首先不要惊慌，更不能撒腿就跑。这时候应该用单腿跳跃着离开现场，否则很可能会在跨步电压的作用下使人身触电。

(2) 电伤(外伤)。电伤是指电流的热效应、化学效应、机械效应及电流本身作用造成的人体伤害、电弧烧伤(温度可达 8000℃)，如高压电击。对于高于 1000 V 的高压电气设备，当人体过分接近它时，高压电可将空气电离，然后通过空气进入人体，此时还伴有高温电弧，能把人烧伤。

电伤有电灼伤、皮肤金属化、电烙印、机械损伤、电光眼等几种类型。

2）电流对人体作用的相关因素

(1) 电流强度。电流强度越大，人体在电流作用下受到的伤害越大。

① 感知电流。它是指引起人体感知的最小电流。人体平均感知电流有效值约为 0.7～1.1 mA。感知电流一般不会对人体造成伤害。

② 摆脱电流。人触电后能自行摆脱的最大电流称为摆脱电流。人体的平均摆脱电流约为 10～16 mA。摆脱电流是人体可以忍受而一般不会造成危险的电流。

③ 致命电流。致命电流指在短时间内危及生命的最小电流，若电流在 100 mA 以上，则足以致人死亡；而直流 50 mA 以下、工频 30 mA 以下的电流通常不会有生命危险(可视为安全电流)。

(2) 通电时间。通电时间越长，人体电阻就越低，电击的危险性越大。

(3) 电流途径。电流纵向通过人体比横向通过人体的危险性大。

3）安全电压

触电死亡的直接原因，不是由于电压，而是由于电流的缘故，但在制订保护措施时，还应考虑电压这一因素。

安全电压：6 V、12 V、24 V、36 V、42 V 五种(GB3805—1983)。42 V 一般用于三类手持电动工具的电源，36 V 一般用于机床照明和普通手持照明灯，24 V 一般用于控制回路，12 V 及以下用于特殊情况下照明等用途，6 V 可用于水下环境。当设备采用超过 24 V

的安全电压时，必须采取防直接接触带电体的保护措施。

4）安全措施

安全措施有保护接地、保护接零和安全用电。

3．触电急救

电流通过人体的心脏、肺部和中枢神经系统的危险性比较大，特别是电流通过心脏时，危险性最大。

1）处理步骤

（1）立即切断电源，尽快使伤者脱离电源。

（2）轻者神志清醒，但感心慌、乏力、四肢麻木者，应就地休息 1、2 小时，以免加重心脏负担，招致危险。

（3）心跳呼吸停止者，应立即进行口对口人工呼吸和胸外心脏按压抢救生命，并且要注意伤者可能出现的假死状态，如未确定死亡，千万不要随便放弃积极的抢救。

（4）经过紧急抢救后迅速送医院。

2）如何使触电者脱离电源

（1）低压触电时脱离电源的方法。

低压触电时脱离电源的方法如图 3 所示，有以下 5 种。

(a) 拉开开关或拔掉插头

(b) 绝缘的锋利工具割断电源线

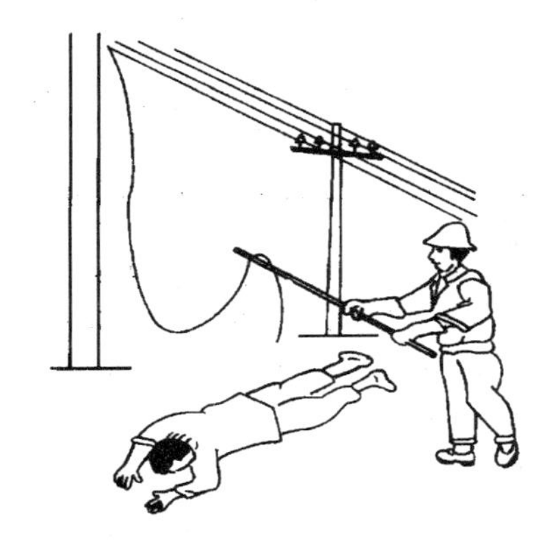

(c) 用绝缘体挑、拉电源线

(d) 带绝缘手套拉开触电者

(e) 使用绝缘钳子剪断电源线

图 3　各类触电者脱离低压电源方法示意图

① “拉”——拉开电源开关，拔掉电源插头。

② “切”——使用有绝缘柄的电工钳或有干燥木柄的斧头、铁锹等利器切断电线。

③ “挑”——使用干燥的手套、绳索、皮带、木板、木棒等绝缘物挑开搭落在触电者身上的电线。

④ “拽”——可戴上绝缘手套或用干燥衣服、帽子、围巾等物把一只手缠包起来去拽触电者干燥的衣服。

⑤ “垫”——若电流通过触电者入地且其紧握导线，可设法用干燥的木板塞进触电者身下与地绝缘，然后采取其他方法切断电源。

(2) 脱离高压电源的方法。

高压触电时脱离电源的方法如图4所示，有以下3种。

① 救护人员可用适合该电压等级的绝缘工具(戴绝缘手套、穿绝缘靴并用绝缘棒)拉开电源或触电者。

② 当有人在架空线路上触电时，救护人应尽快用电话通知当地电业部门迅速停电，以备抢救；否则可采取应急措施，抛掷足够截面、适当长度的裸金属软导线，使电源线路短路，迫使断路器跳闸。

③ 如果触电者触及断落在地上的带电高压导线，在尚未确认线路无电且救护人员未采取安全措施(如穿绝缘靴等或临时双脚并紧跳跃地接近触电者)前，不能走进断线点8～10 m范围内，防止跨步电压伤人。若想救人，可戴绝缘手套、穿绝缘靴并用与触电电压等级相一致的绝缘棒将电线挑拉。

(a) 戴绝缘手套，穿绝缘靴救护

(b) 抛掷裸金属线使电源短路

(c) 未采取安全措施前不能接近断线

图4 各类触电者脱离高压电源方法示意图

3) 心搏呼吸骤停的快速判断三大主要指标

(1) 突然倒地或意识丧失。

(2) 自主呼吸停止。

(3) 颈动脉搏动消失：触摸颈动脉搏动，颈动脉在喉结旁2～3 cm处。

判断动作要快，三大指标检查要求在10 s内完成。

心搏呼吸骤停的快速判断方法示意图如图5所示。判断动作要快，三大指标检查要求在10秒钟完成。

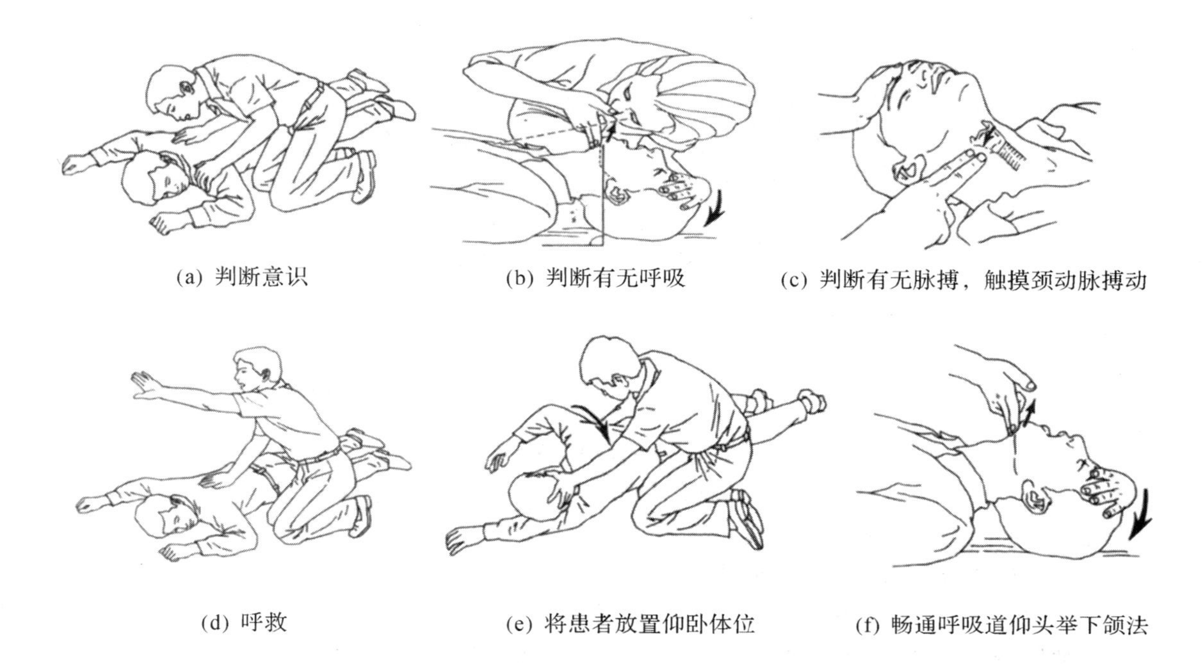

(a) 判断意识　　(b) 判断有无呼吸　　(c) 判断有无脉搏，触摸颈动脉搏动

(d) 呼救　　(e) 将患者放置仰卧体位　　(f) 畅通呼吸道仰头举下颌法

图 5　心搏呼吸骤停的快速判断方法示意图

4）心肺复苏法步骤

心肺复苏步骤示意图如图 6 所示。

（1）畅通气道：在实施人工呼吸和胸外挤压法之前，必须迅速地将触电者身上妨碍呼吸的衣领、上衣扣、裤带等解开；清理口腔，将病人的头侧向一边，用手指探入口腔清除分泌物及异物，取出口中的假牙、血块、粘液等异物，使呼吸道畅通。仰头抬颏后，随即低下头判断呼吸，眼（看）、耳（听）、面（感）。

（2）胸外按压：右手中指放在胸骨中下三分之一交界处，左手掌根压在右手食指上，右手与左手重叠，频率为 100 次/分钟，按压时大声数出来，胸外按压与人工呼吸的比例 15∶2；每次按压都能触摸到颈动脉搏动为适度、有效，按压时肘部不能弯曲。

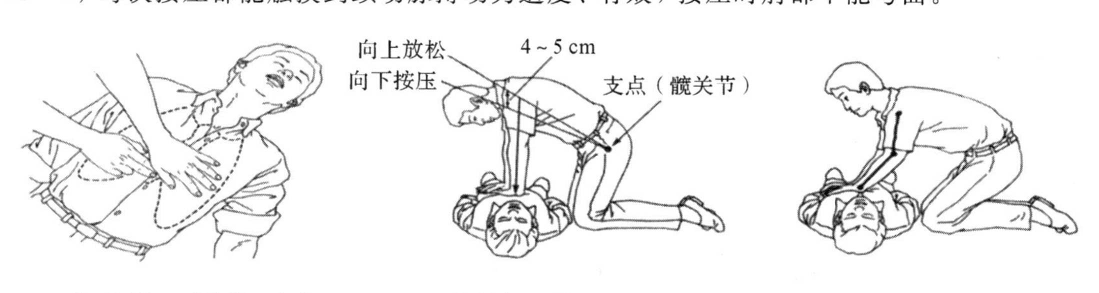

(a) 快速测定正确的按压部位　　(b) 抢救者双臂绷直向下按压　　(c) 按压时肘部不能弯曲

图 6　心肺复苏法步骤示意图

（3）人工呼吸：人工呼吸分为口对口人工呼吸和口对鼻人工呼吸，如图 7 所示。其中口对口人工呼吸需要捏紧两侧鼻翼，防止嘴唇之间的缝隙漏气，频率是 15 次/分钟左右。

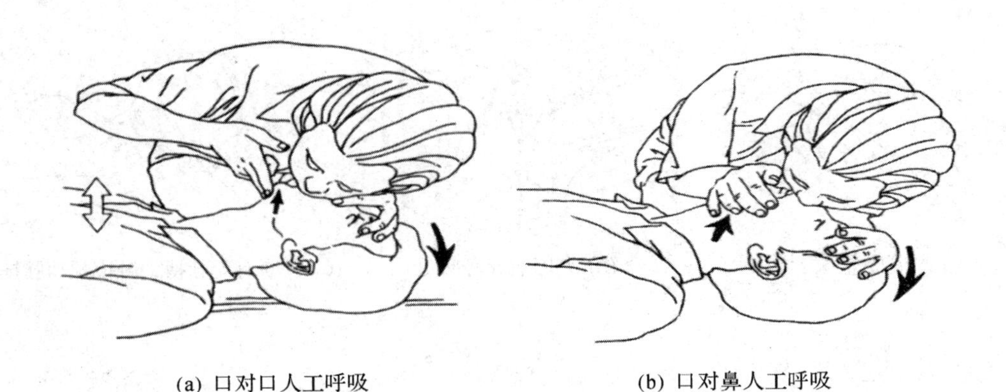

(a) 口对口人工呼吸　　　　(b) 口对鼻人工呼吸

图 7　人工呼吸示意图

5）小知识：心肺复苏的“黄金 8 分钟”

心搏骤停 1 分钟内实施——成功率大于 90％；

心搏骤停 4 分钟内实施——成功率约 60％；

心搏骤停 6 分钟内实施——成功率约 40％；

心搏骤停 8 分钟内实施——成功率约 20％，且侥幸存活者可能已“脑死亡”；

心搏骤停 10 分钟外实施——成功率很小。

绝对不可以轻易放弃现场心肺复苏。

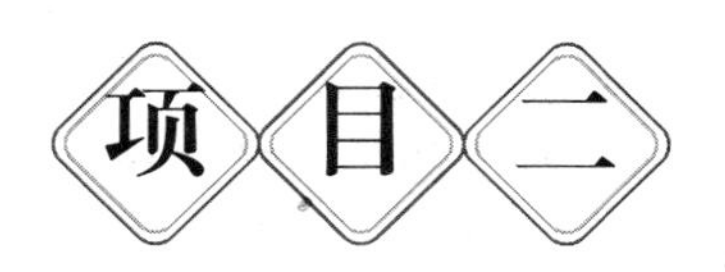

三相交流电动机控制

❖ **项目导读**

三相交流电动机是各种生产机械的主要动力源之一。在生产上较多的采用自动方式来进行控制，即采用微机(单片机、可编程控制器或工控机)进行控制。传统的控制方式是继电器-接触器控制方式，即电气控制方式，仍然是学习自动控制方式的基础。

本项目介绍了电气控制图的基本知识；三相电机的基础知识及控制电路；三相交流异步电机的电气控制电路，采用导线将低压电器、电机连接起来组成控制线路，实现电力拖动系统的启停、调速、正反转、制动的控制，实现生产设备的保护，满足生产工艺要求，实现生产过程自动化。

【知识目标】 识别电气控制图常用的图形符号和文字符号；熟记三种电气图的组成、用途；了解三相交流异步电机的结构、工作原理，熟记其主要技术参数；会解释什么是自锁、互锁、长动、点动、顺序启停、星三角降压启动、反接制动、能耗制动；熟记三相异步电机转速公式。

【能力目标】 能做(接线)会说(原理)：能读懂三相交流异步电机的电气控制图纸，并说出长动、点动、正反转控制、顺序启停、星三角降压启动、反接制动、能耗制动等典型三相异步电动机控制电路的工作原理，并能根据这些电路的原理图完成接线、调试。

【素质目标】 安全用电；团队合作；布线规范、美观。

任务1　电气控制图知识

一、电气识图、制图基础知识

1. 电气控制图的基本概念

电气控制图(简称电气图)是电气技术人员统一使用的工程语言。电气制图应根据国家标准，用规定的图形符号、文字符号以及规定的画法绘制。

电气图中的图形符号通常是指用于图样或其他文件表示一个设备或概念的图形、标记或字符。图形符号由符号要素、一般符号及限定符号构成。

电气图中的文字符号是用于标明电气设备、装置和元器件的名称、功能、状态和特征的，可在电气设备、装置和元器件上或其近旁使用，以表明电气设备、装置和元器件种类的字母代码和功能字母代码。电气技术中的文字符号分为基本文字符号和辅助文字符号。基本文字符号中的单字母符号按英文字母将各种电气设备、装置和元器件划分为23个大类，每个大类用一个专用单字母符号表示。如“K”表示继电器、接触器类；“F”表示保护器件类等，单字母符号应优先采用。双字母符号是由一个表示种类的单字母符号与另一字母组成的，其组合应以单字母符号在前，另一字母在后的次序列出。

电气控制线路是由许多电器元件按一定的要求连接而成的。为了表达生产机械的电气控制系统的结构、原理等设计意图，便于电气系统的安装、调试、使用和维修，需要将电气控制系统中各电器元件及其连接线路用一定的图形表达出来，这种图就是电气控制系统图。

2. 电气控制图的分类

电气控制图一般有三种：电气原理图、电器布置图、电气安装接线图。

3. 电气控制图的绘制

1）绘图工具

电气控制图可以采用AutoCAD软件绘制，也可采用天正电气等专门软件进行绘制。

2）图纸画法

各种图纸有其不同的用途和规定画法，应根据简明易懂的原则，采用统一规定的图形符号、文字符号和标准画法来绘制。

(1) 选择图纸尺寸。在保证图面布局紧凑、清晰和使用方便的原则下选择图纸幅面尺寸。图纸分横图和竖图，按国家标准GB 2988.2—1986规定，图纸幅面尺寸及其代号见表2.1。应优先选用A4～A0号幅面尺寸，若需要加长的图纸，可采用A4×5～A3×3的幅面，若上述所列幅面仍不能满足要求，可按照GB 4457.1—1984《机械制图图纸幅面及格式》的规定加大幅面。或者考虑采用模块化设计，将大图分解为小图绘制，再组装的方法进行设计。

表2.1 电气图幅面尺寸及其代号

代 号	尺 寸/mm	代 号	尺 寸/mm
A0	841×1189	A3×3	420×891
A1	594×841	A3×4	420×1189
A2	420×594	A4×3	297×630
A3	297×420	A4×4	297×841
A4	210×297	A4×5	297×1051

(2) 图纸分区。为了便于确定图上的内容、补充、更改和组成部分等的位置，可以在各种幅面的图纸上分区，如图2.1所示。分区数应该是偶数。每一分区的长度一般不小于25 mm，不大于75 mm。每个分区内竖边方向用大写拉丁字母，横边方向用阿拉伯数字分别编号。编号的顺序应从标题栏相对的左上角开始。分区代号用该区域的字母和数字表示，如B3、C5。

(3) 相关绘图标准。电气控制系统图、电气元件的图形符号和文字符号必须符合国家标准规定。国家标准局参照国际电工委员会(IEC)颁布的标准，制定了我国电气设备有关国家标准：GB 4728—1984《电气图用图形符号》及 GB 6988—1987《电气制图》和GB 7159—1987《电气技术中的文字符号制订通则》。规定从 1990 年 1 月 1 日起，电气控制线路中的图形和文字符号必须符合最新的国家标准。一些常用电气图形符号和文字符号可以参考《电气控制线路中常用图形符号和文字符号》。

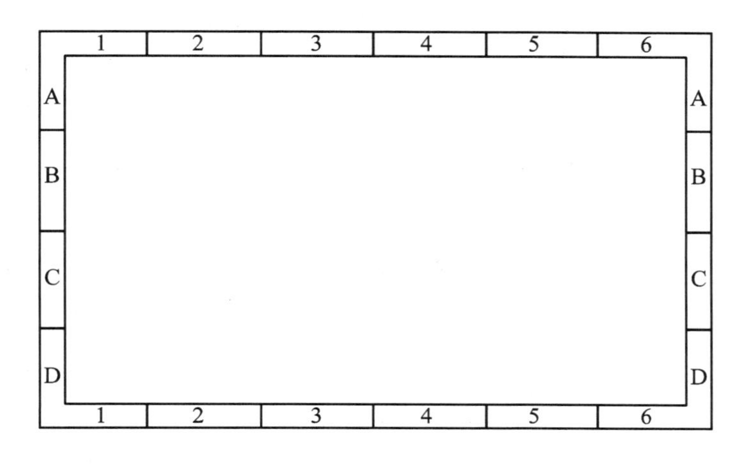

图 2.1　图幅分区

二、电气控制图纸

电气控制图纸主要分为电气原理图、电器元件布置图和电器安装接线图。

(一) 电气原理图

绘制电气原理图目的是便于阅读和分析控制线路，应根据结构简单、层次分明清晰的原则，采用电器元件展开形式绘制。它包括所有电器元件的导电部件和接线端子，但并不按照电器元件的实际布置位置来绘制，也不反映电器元件的实际大小。下面以图 2.2 所示的某机床的电气原理图为例，来说明电气原理图的规定画法和应注意的事项。

1. 绘制电气原理图时应遵循的原则

(1) 电气原理图的组成。电气原理图一般分为主电路和辅助电路两部分。

主电路是电气控制线路中大电流通过的部分，包括从电源到电机之间相连的电器元件，一般由组合开关、主熔断器、接触器主触点、热继电器的热元件和电动机等组成。

辅助电路是控制线路中除主电路以外的电路，其流过的电流比较小，辅助电路包括控制电路、照明电路、信号电路和保护电路等。

(2) 电气原理图中所有电器元件都应采用国家标准中统一规定的图形符号和文字符号表示。

(3) 电气原理图中电器元件的布局，应根据便于阅读的原则安排。主电路安排在图面左侧或上方，辅助电路安排在图面右侧或下方。无论主电路还是辅助电路，均按功能布置，尽可能按动作顺序从上到下，从左到右排列。

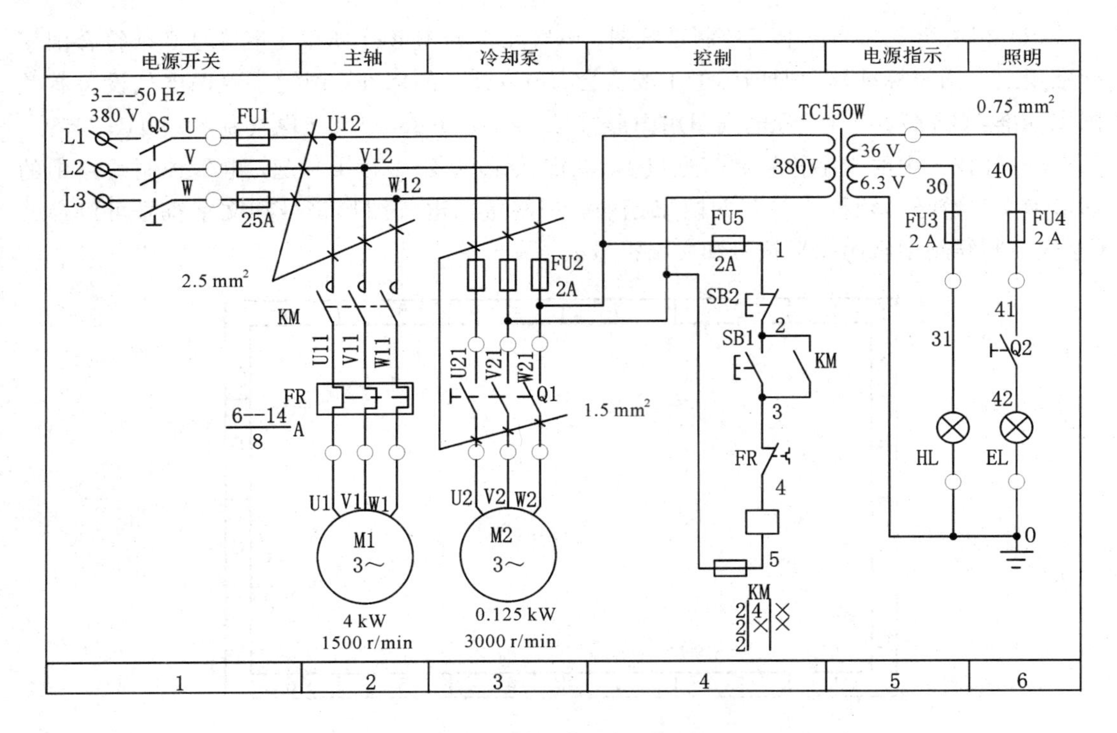

图 2.2　某机床电气原理图

(4) 电气原理图中，当同一电器元件的不同部件(如线圈、触点)分散在不同位置时，为了表示是同一元件，要在电器元件的不同部件处标注统一的文字符号。特别是对于交流接触器、中间继电器以及时间继电器等器件，更需要特别注意器件的各个不同部件在电路的什么位置(如接触器的线圈在控制回路、主触点在主电路、辅助常开触点和常闭触点在控制回路)。对于同类器件，要在其文字符号后加数字序号来区别。如两个接触器，可用 KM1、KM2 文字符号区别。

(5) 电气原理图中，所有电器的可动部分均按没有通电或没有外力作用时的状态画出。对于继电器、接触器的触点，按其线圈不通电时的状态画出，控制器按手柄处于零位时的状态画出；对于按钮、行程开关等触点按未受外力作用时的状态画出。

(6) 电气原理图中，应尽量减少线条和避免线条交叉。各导线之间有电联系时，在导线交点处画实心圆点。根据图面布置需要，可以将图形符号旋转绘制，一般逆时针方向旋转 90°但文字符号不可倒置。

(7) 动力电路的电源线应水平画出；主电路应垂直于电源线画出；控制电路和辅助电路应垂直于两条或几条水平电源线；耗能元件(如线圈、电磁阀、照明灯和信号灯等)应接在下面一条电源线的一侧，而各种控制触点应接在另一条电源线上。

(8) 在电气原理图上应标出各个电源电路的电压值、极性或频率及相数；对某些元器件还应标注其特性(如电阻、电容的数值等)；不常用的电器(如位置传感器、手动开关等)还要标注其操作方式和功能等。

(9) 为方便阅图，在电气原理图中可将图幅分成若干个图区，图区行的代号用英文字母表示，一般可省略；列的代号用阿拉伯数字表示，其图区编号写在图的下面，并在图的

顶部标明各图区电路的作用。

(10) 在继电器、接触器线圈下方均列有触点表以说明线圈和触点的从属关系，即“符号位置索引”。也就是在相应线圈的下方，给出触点的图形符号(有时也可省去)，对未使用的触点用“×”标注(或不作标注)。

2. **图面区域的划分**

图纸上方的 1、2、3…数字是图区的编号，它是为了便于检索电气线路，方便阅读分析、避免遗漏而设置的。图区编号也可设置在图的下方。

图区编号下方的文字表明它对应的下方元件或电路的功能，使读者能清楚地知道某个元件或某部分电路的功能，以利于理解全部电路的工作原理。

3. **符号位置的索引**

当某一元件相关的各符号元素出现在只有一张图纸的不同图区时，索引代号只用“图区”表示。

电气原理图中，接触器和继电器线圈与触点的从属关系使用如图 2.3 所示的方式表示。即在原理图中相应的线圈的下方，给出触点的图形符号，并在下面标明相应触点的索引代码，且对未使用的触点用“×”表明，有时也可采用上述省略触点的表示方法。通过索引，可以快速地找到元器件的位置，这对于交流接触器以及继电器这样有多个图形符号的器件来讲，非常重要。

KM1

2	5	×
2	×	×
2		

KA

9	×
13	×
×	×
×	×

图 2.3　接触器和继电器的索引代号

对接触器，上述表示方法中各栏的含义如表 2.2 所示。

表 2.2　交流接触器符号位置索引

左 栏	中 栏	右 栏
主触点所在的图区号	辅助常开触点所在的图区号	辅助常闭触点所在的图区号
表示 KM1 的主触点在 2 区	表示 KM1 辅助常开触点在 5 区	X 表示没有使用

图 2.2 中接触器 KM 线圈下方的文字是接触器 KM 相应触点的索引，其主触点在 2 区，常开触点在 4 区。

对继电器，上述表示方法中各栏的含义如表 2.3 所示。

表 2.3　继电器符号位置索引

左 栏	右 栏
常开触点所在的图区号	常闭触点所在的图区号

（二）电器元件布置图

电器元件布置图中绘出了机械设备上所有电气设备和电器元件的实际位置，是生产机械电气控制设备制造、安装和维修必不可少的技术文件。在图中，电器元件用实线框表示，而不必按其外形形状画出；图中往往还留有10％以上的备用面积及导线管（槽）的位置，以供走线和改进设计时使用；体积大的和较重的电器元件应该安装在电气安装板下面，发热元件应安装在电气安装板的上面；各电器代号应与有关电路图和电器元件清单上所列的元器件代号相同；经常要维护、检修、调整的电器元件安装位置不宜过高或过低，还需要标注出必要的尺寸，如图2.4所示。

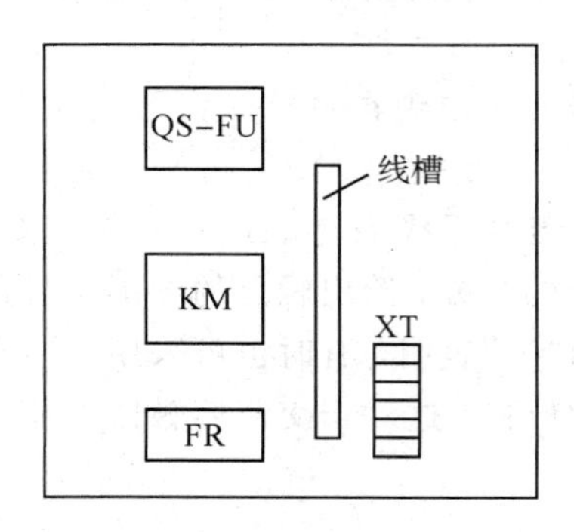

图2.4　电器元件布置图

元器件布置图根据设备的复杂程度可集中绘制在一张图上或控制柜、操作台的电器元件布置图分别绘出。

绘制布置图时，机械设备轮廓用双点画线画出，所有可见的和需要表达清楚的电器元件及设备，用粗实线绘出其简单的外形轮廓。

注意：在绘制前，最好测量好元件的尺寸，安排好安装的位置。要注意在满足电器布线规则的情况下，尽可能注意安装和调试方便。

（三）电器安装接线图

电器安装接线图用以表明所有电器元件、电器设备的连接方式，为电气控制设备的安装和检修调试提供必要的资料。其绘制遵循以下原则：

（1）接线图中，各电器元件的相对位置与实际安装的相对位置一致，如图2.3所示。且所有部件都画在一个与实际尺寸成比例绘制的虚线框中。

（2）各电器元件的接线端子都有与电气原理图中一致的编号。

（3）接线图中应详细标明配线用的导线型号、规格、标称面积及连接导线的根数，所穿管子的型号、规格等，以及电源的引入点。如图2.4所示，图中还应标注出连接导线的型号、根数、截面积，如BVR5×1 mm^2 表示为聚氯乙烯绝缘软电线，5根导线，导线截面积为1 mm^2。

（4）安装在电气板内、外的电器元件之间需通过接线端子板连线。

接线图主要用于安装接线、线路检查、线路维护和故障处理，它表示在设备电控系统各单元和各元器件间的接线关系，并标注出所需数据，如接线端子号、连接导线参数等。实际

应用中，通常与电路图和位置图一起使用。图 2.5 是根据图 2.2 机床电路图绘制的接线图。

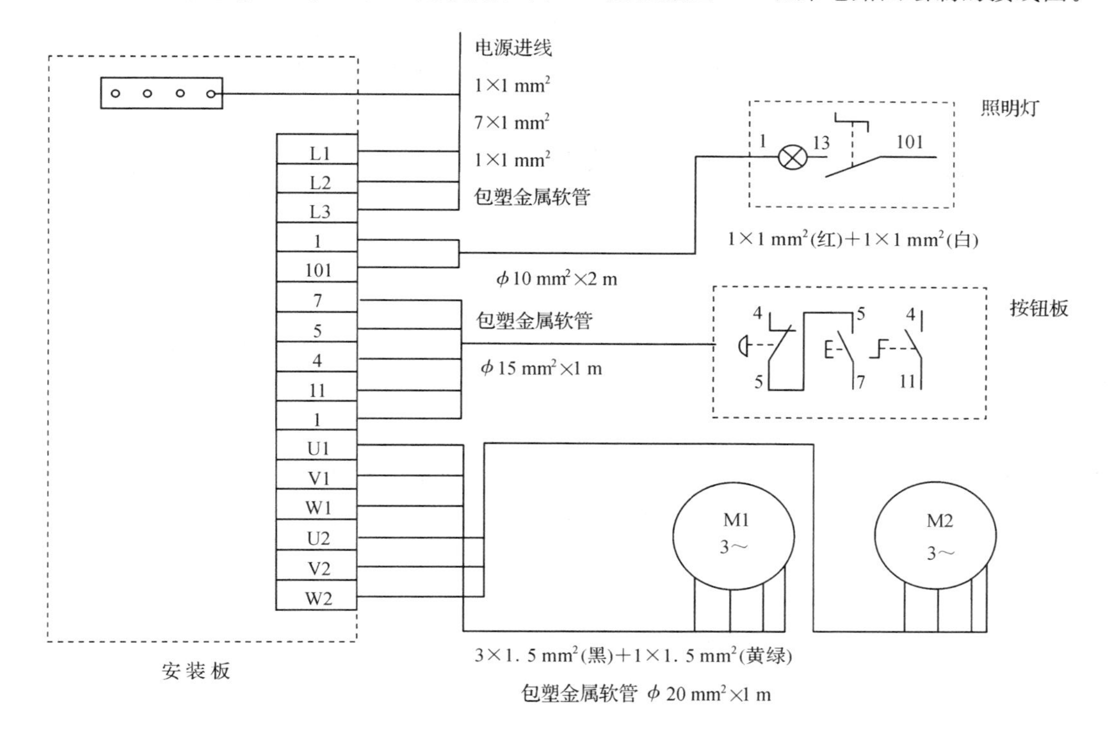

图 2.5　某机床电控系统接线图

三、阅读和分析电气控制线路图的方法

1. 查线读图法

1）了解生产工艺与执行电器的关系

电气线路是为生产机械和工艺过程服务的，不熟悉被控对象和它的动作情况，就很难正确分析电气线路。因此，在分析电气线路之前，应该充分了解生产机械要完成哪些动作，这些动作之间又有什么联系，即熟悉生产机械的工艺情况，必要时，可以画出简单的工艺流程图，明确各个动作的关系。此外，还应进一步明确生产机械的动作与执行电器的关系，给分析电气线路提供线索和方便。例如，车床主轴转动时，要求油泵先给齿轮箱供油润滑，即应保证在润滑泵电动机启动后才允许主拖动电机启动，伺服控制对象对控制线路提出了按顺序工作的联锁要求。

2）分析主电路

在分析电气线路时，一般应先从电动机着手，即从主电路看有哪些控制元件的主触点、电阻等，然后根据其组合规律就大致可判断电动机是否有正反转控制、是否制动、是否要求调速等。这样，在分析控制电路的工作原理时，就能做到心中有数，有的放矢。

3）读图和分析控制电路

在控制电路中，根据主电路控制元件主触点的文字符号，找到有关的控制环节以及环节间的相互联系。通常对控制电路多半是由上往下或由左往右阅读。然后，设想按动了操作按钮（应记住各信号元件、控制元件或执行元件的原始状态），查对线路（跟踪追击）观察有哪些元件受控动作。逐一查看这些动作元件的触点又是如何控制其他元件动作的，进而驱动被控机械或被控对象有何运动。还要继续追查执行元件带动机械运动时，会使哪些信号元件状态发生变化，再查对线路；看执行元件如何动作……在读图过程中，特别要注意相互间的联系和制约关系，直至将线路全部看完为止。

无论多么复杂的电气线路，都是由一些基本的电气控制环节构成的。在分析线路时，要善于化整为零，积零为整。可以按主电路的构成情况，把控制电路分解成与主电路相对应的几个基本环节，逐个环节分析。还应注意那些满足特殊要求的特殊部分，然后把各环节串起来。这样，就不难读懂全图了。

对于图 2.2 所示电气线路的主电路，其控制过程如下：

合上刀开关 QS，通过开关 SA2 接通照明灯，通过开关 Q2 接通设备照明；通过开关 Q1 接通油泵电机 M2 提供冷却油；按下启动按钮 SB1，则位于 4 区的交流接触器线圈 KM 有电，位于 2 区的 KM 主触点接通，主电动机 M1 转动，开始加工处理，同时位于 2 区的 KM 辅助常开触点接通，构成自锁，保持对 KM 线圈供电，主电机一直转动。如果按下停止按钮 SB2 或者主轴电机过载引起热继电器的常闭触点 FR 断开，则 KM 线圈失电，KM 主触点断开，主电机停转。

这是一个简单的控制实例，工艺上往往要求主拖动电机必须在油泵电机 M2 正常运行后才能启动其他元件，这就需要操作者先开油泵电机 M2，再开主电机 M1。也可以采用双接触器自动控制，将冷却泵电机接触器 KM2 的常开触点串入主拖动电机接触器 KM1 的线圈中，从而保证接触器 KM1 仅在 KM2 通电后才能通电，即油泵启动后 M1 才能启动，以实现顺序控制，从而满足工艺要求。

查线读图法优点是直观易学，应用广泛；缺点是分析容易出错，叙述冗长。

总结成一句话："先机后电，先主后辅，化整为零，集零为整，统观全局，总结特点"。

2. 逻辑代数法

逻辑代数又叫布尔代数、开关代数。逻辑代数法是通过对电路的逻辑表达式的计算来分析控制电路的。

逻辑代数的变量只有"1"和"0"两种取值，"0"和"1"分别代表两种对立的、非此即彼的概念，如果"1"代表"真"，"0"即为"假"；"1"即为"有"，"0"即为"无"；"1"代表"高"，"0"代表"低"，逻辑代数法关键是正确写出电路的逻辑表达式。

机械电气控制线路中的开关触点只有"闭合"和"断开"两种截然不同的状态；电路中的执行元件如继电器、接触器、电磁阀的线圈也只有"得电"和"失电"两种状态；在数字电路中某点的电平只有"高"和"低"两种状态；等等。因此，这种对应关系使得逻辑代数在 50 多年前就被用来描述、分析和设计电气控制线路。随着科学技术的发展，逻辑代数已成为分析电路的重要数学工具。

这种读图方法的优点是，各电器元件之间的联系(串联与并联)和制约(互锁、自锁)关系在逻辑表达式中一目了然。通过逻辑代数的具体运算，一般不会遗漏或看错电路的控制功能。根据逻辑表达式可以迅速正确地得出电气元件是如何通电的，为故障分析提供了方便。该方法的主要缺点是，对于复杂的电气线路，其逻辑表达式很繁琐、冗长。但采用逻辑代数法以后，可以对电气线路进行计算机辅助分析。

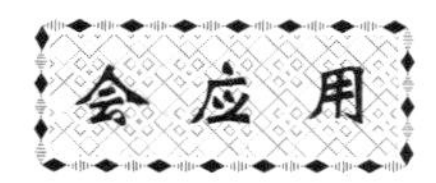

任务 2　三相异步电机基本电气控制电路

电机是能够实现电能与其他形式的能相互转换的装置。电机按供电类型分为交流电机和直流电机。按用电和发电的情况分为发电机和电动机。交流异步电机分为单相和三相交流异步电机。交流异步电机具有结构简单、制造方便、价格低廉、运行可靠、维修方便的特点，因此广泛应用在工农业生产、交通运输、国防工业和日常生活中。

一、三相交流异步电动机的基础知识

1. 三相交流异步电动机的结构

三相交流异步电动机主要由定子和转子构成，定子是静止不动的部分，转子是旋转部分，在定子与转子之间有一定的气隙。三相线绕式电动机结构如图 2.6 所示。

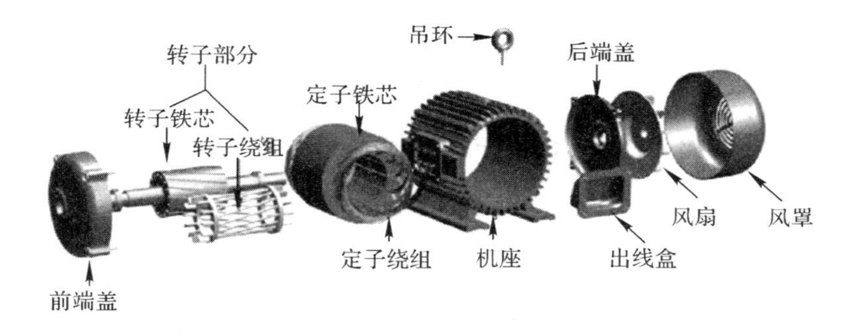

图 2.6　三相线绕式电动机结构图

定子由铁芯、绕组与机座三部分组成。转子由铁芯与绕组组成，转子绕组有鼠笼式和线绕式。鼠笼式转子是在转子铁芯槽里插入铜条，再将全部铜条两端焊在两个铜端环上；线绕式转子绕组与定子绕组一样，由线圈组成绕组放入转子铁芯槽里。鼠笼式与线绕式两种电动机虽然结构不一样，但工作原理是一样的。

2. 三相交流异步电动机的工作原理

三相交流异步电动机的定子绕组中通入对称三相电流后，就会在电动机内部产生一个与三相电流的相序方向一致的旋转磁场。这时，静止的转子导体与旋转磁场之间存在相对运动，切割磁感线而产生感应电动势，转子绕组中就有感应电流通过。有电流的转子导体受到旋转磁场的电磁力作用，产生电磁转矩，使转子按旋转磁场方向转动，其转速略小于旋转磁场的转速，所以称为“异步”电动机。

3. 三相交流异步电动机的铭牌和技术数据

（1）铭牌。每台电动机出厂前，机座上都钉有一块铭牌，如图 2.7 所示，它就是一个最简单的说明书，主要包括型号、额定值、接法等技术数据。

三相交流异步电动机			
型号	Y112M-4	功率	4 kW
电压	380 V	电流	8.8 A
接法	△	转速	1440 r/min
频率	50 Hz	绝缘等级	E
温升	80℃	工作方式	S1
防护等级	IP44	重量	45 kg
××电机厂		2006年×月×日	

图 2.7　三相交流异步电动机铭牌

(2) 技术数据。在购买前，及在使用电动机之前，应该要看懂铭牌上的技术数据。

① 型号。型号是电动机的类型和规格代号。国产的三相交流异步电动机型号由汉语拼音字母和阿拉伯数字组成。

如 Y112M－4 电动机，其中：

Y：三相交流异步电动机的代号(异步)；

112：机座中心高度(112 mm)；

M：机座长度代号(L：长机座，M：中机座，S：短机座)；

4：磁极数(4 极)。

② 功率。额定功率 4 kW，是指电动机在额定运行工作条件下，轴上输出的机械功率。

③ 电压。额定电压 380 V，是指电动机在额定运行工作条件下，定子绕组应加的线电压值。

④ 电流。额定电流 8.8 A，是指电动机在额定运行工作条件下，定子绕组的线电流值。

⑤ 接法。接法是指三相交流异步电机定子绕组与交流电源的连接方式，有星形(Y)和三角形(△)两种连接方式。

⑥ 转速。额定转速 1440 r/min，是指电动机在额定运行工作条件下的转速。

⑦ 频率。频率 50 Hz，是指三相交流异步电机使用的交流电源的频率，我国统一为 50 Hz。

⑧ 绝缘等级。绝缘等级 E，是指三相交流异步电机所用的绝缘材料等级。

⑨ 温升。温升 80℃，是指三相交流异步电机在运行时允许温度的升高值。最高允许温度等于室温加上此温升。

⑩ 工作方式。额定工作方式是指三相交流异步电机按铭牌额定值工作时允许的工作方式。分为：

S1：连续工作方式，表示可长期运行，温升不会超过允许值，如水泵、风机等。

S2：短时工作方式，按铭牌额定值工作时，只能在短时间内运行，时间为 10 s、30 s、60 s、90 s 四种，否则会引起电动机过热。

S3：断续工作方式，按铭牌额定值工作时，可长期工作于间歇方式，如吊车等。

⑪ 防护等级。防护等级 IP44，是指三相交流异步电机外壳防护等级。IP 是防护的英

文缩写。后两位数字分别表示防异物和防水的等级均为四级。

国家标准规定，3 kW 以下的三相交流异步电机均采用星形(Y)连接：如图 2.8(b)所示，将三相绕组的尾端 U2、V2、W2 接在一起，首端 U1、V1、W1 分别接到三相电源。注意：三角形(△)连接方式的启动电压为 220 V。

国家标准规定，4 kW 以上的三相交流异步电机均采用三角形(△)连接：如图 2.8(c)所示，将第一相的尾端 U2 接第二相的首端 V1，将第二相的尾端 V2 接第三相的首端 W1；将第三相的尾端 W2 接第一相的首端 U1，然后将三个接点分别接三相电源。注意：三角形(△)连接方式的启动电压为 380 V。

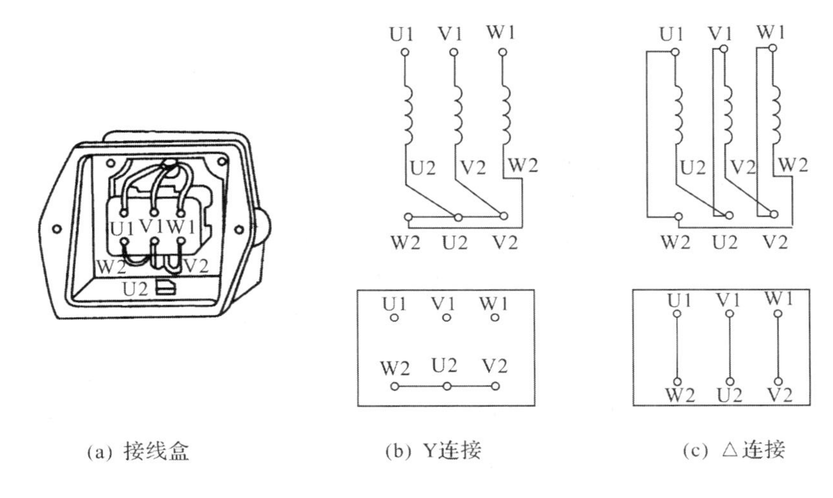

(a) 接线盒　　(b) Y连接　　(c) △连接

图 2.8　三相交流异步电机的两种接法

4. 三相交流异步电动机的选择

1) 容量的选择

电动机的容量是根据它的发热情况来选择的。在允许温度范围内，电动机的寿命约为 15～25 年。电动机的发热情况又与生产机械的负载大小及运行时间长短有关。如果电动机容量选择过小，则电动机会经常过载发热从而缩短寿命；如果电动机容量选择过大，又会经常工作在轻载状态，从效率和功率因素考虑，不经济。因此，应该按照不同的运行方式选择电动机容量。

(1) 对于恒定负载长期工作制的电动机，额定功率大于等于负载所需功率。

(2) 对于变动负载长期工作制的电动机，其容量的选择应保证当负载变到最大时，电动机仍然能给出所需功率，同时电动机温升不超过允许值。

(3) 对于短时工作制的电动机，其容量选择应该按照电动机的过载能力来选择。

(4) 对于重复短时工作制的电动机，其容量的选择，原则上可以按照电动机在一个工作循环内的平均功耗来进行。

2) 结构外形的选择

为保证电动机在不同环境中安全可靠地运行，电动机结构选择需要参照以下原则：

(1) 清洁、干燥的场合选用开启式；

(2) 灰尘少、湿度不高、无腐蚀性气体的场合选用防护式；

(3) 灰尘多、湿度高或含有腐蚀性气体的场合选用封闭式；

(4) 有爆炸性气体的场合选用防爆式。

3) 类型的选择

根据鼠笼型或绕线转子式三相交流异步电机的不同特点，应首先考虑鼠笼型，在需要调速和大启动转矩情况下(如起重机、卷扬机)，考虑选择绕线转子式。

4) 电压和转速的选择

电动机的额定电压一定要和所使用的电源线电压相等。

电动机的额定转速是根据生产机械的要求来选定的。在可能的情况下，一般选择高转速的电动机。因为在相同功率的情况下，转速越高，极对数越少，电动机的体积越小，价格越便宜。但是高速电机转矩小，启动电流大。若用在频繁启停的机械上，为缩短启动时间可考虑选择低速电动机。

二、三相交流异步电机的控制电路

在三相异步电机基本的控制电路中，既有利用刀开关直接手动控制电机的简单电路，也有利用各种低压电器控制的长动、电机正反转、星三角降压启动、制动控制、调速控制等典型控制电路。

★案例 1　手动启停控制电路

在城市的市场、乡村的农家，我们都会见到利用刀开关直接启、停交流电机的应用场景，该控制电路如图 2.9 所示。该电路只使用一个刀开关和一个熔断器，是最简单的交流电机启停控制电路。

该电路有以下几点不足：

(1) 只适用于不需要频繁启、停的小容量电动机。

(2) 只能就地操作，不便于远距离控制。

(3) 无失压保护和欠压保护的功能。

注意：

失压保护：电机运行后，由于外界原因突然断电后重新恢复正常供电，电机不会自行运转。

欠压保护：电机运行后，由于外界原因电压下降太多后重新恢复正常供电，电机不会自行运转。

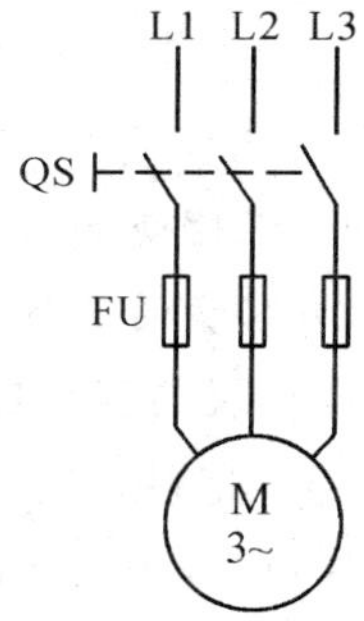

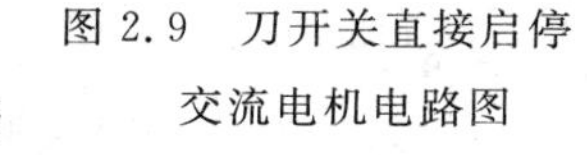

图 2.9　刀开关直接启停交流电机电路图

★案例 2　长动与点动控制电路

1. 点动控制

在设备安装调试、维护维修的情况下，我们需要使用到点动控制电路，即通过按下按钮让电机得电启动运转，松开按钮电机失电直到停转。

点动控制电路如图 2.10 所示。该电路由左侧的主回路(包含刀开关 QS、熔断器 FU、接触器 KM 的三对主触点以及电机 M 的定子绕组构成)和右侧的控制回路(按钮 SB 和接触器 KM 线圈串联)组成。

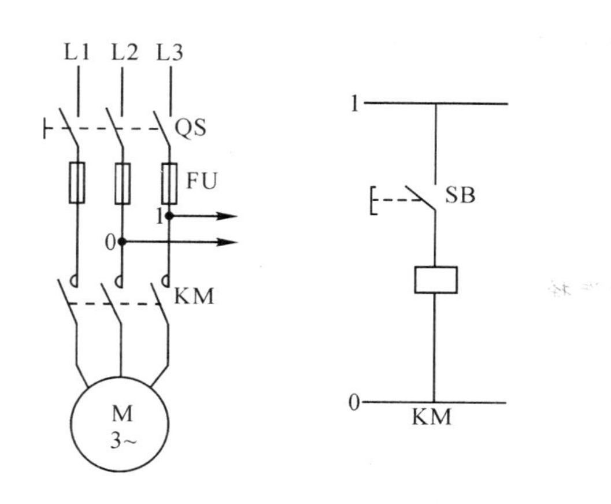

图 2.10　点动控制电路图

该电路的工作原理：

合上刀开关 QS，因为没有按下按钮 SB，控制回路中接触器 KM 线圈没有得电，KM 主触点断开，电机 M 不得电，不会转动；按下按钮 SB 后，控制回路中接触器 KM 线圈得电，KM 主触点闭合，电机 M 得电，电机得电转动；松开按钮 SB 后，控制回路中接触器 KM 线圈失电，KM 主触点断开，电机 M 断电停止转动。

该电路中，接通刀开关，不能直接启动电机，从而具备了失压保护和欠压保护功能。熔断器起短路保护作用，如果发生三相电路的任意两相电路短路，或任意一相发生对地短路，则熔断器熔断，切断主电路电源，实现对电机的保护。

控制过程也可以使用符号来表示，其方法规定为：各种电器在没有外力作用或者未通电的状态下记为“－”，电器在受到外力作用或者通电的状态下记为“＋”，并将它们相互的联系使用线段“—”表示，线段左边符号表示原因，线段右边符号表示结果，自锁状态用在接触器符号右下角写“自”表示。那么，上述三相异步电机点动控制过程可以表示为

启动过程：SB^+ — KM^+ — M^+(启动)。

停止过程：SB^- — KM^- — M^-(停止)。

其中，SB^+ 表示按下，SB^- 表示松开。

2. 长动控制电路

在设备正常运转的情况下，我们需要使用到长动控制电路(也叫起保停控制电路)，即通过按下按钮让电机得电启动运转，松开按钮电机继续运转，按下停止按钮，电机失电直到停转。

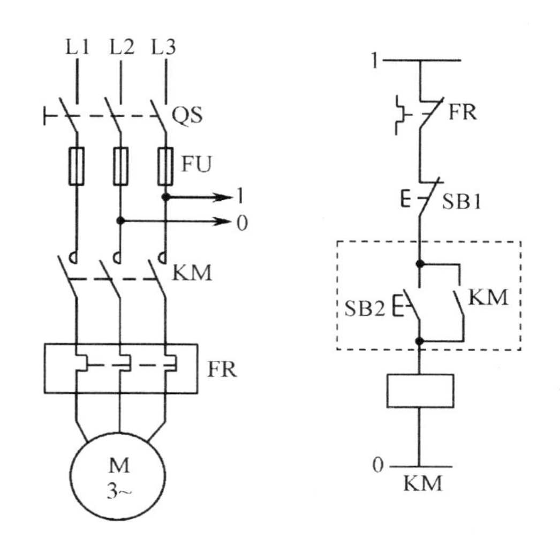

图 2.11　长动控制电路图

长动控制电路如图 2.11 所示。该电路由左侧的主回路(包含刀开关 QS、熔断器 FU、接触器 KM 的三对主触点、热继电器 FR 三对触点以及电机 M 的定子绕组构成)和右侧的控制回路(热继电器的常闭触点、按钮 SB1 常闭触点、SB2 常开触点和接触器

线圈 KM 串联；然后将接触器 KM 的常开触点和启动按钮并联)组成。

该电路的工作原理：

合上刀开关 QS。

启动过程：

$SB2^{\pm}$ — $KM^{+}_{自}$ — M^{+}(启动)

停止过程：

$SB1^{\pm}$ — KM^{-} — M^{-}(停止)

其中，$SB^{\pm}$ 表示先按下，后松开；$KM_{自}$ 表示“自锁”。所谓“自锁”，是指依靠接触器自身的辅助动合触点来保证线圈继续通电的电路结构。如图 2.11 所示的虚线框内，按钮 SB2 和接触器常开触点构成自锁电路结构。

该电路带有自锁功能，因而具有失压(零压)保护和欠压保护功能。即一旦发生断电或电源电压下降到一定值(额定电压值 85%以下)时，自锁触点断开，接触器线圈断电，电机停止转动。工作人员再次按下启动按钮 SB2，电机才能重新启动，从而保证了人身和设备的安全。

3. 长动与点动控制电路

有些设备既需要长动，也需要点动。如一般机床，在正常生产时，电机连续运转，即长动；而在试车调整、设备调试时，则需要点动。该控制电路有三种实现方法。

方法 1：利用选择开关控制，如图 2.12 所示，该电路由左侧的主回路(包含刀开关 QS、熔断器 FU、接触器 KM 的三对主触点以及电机 M 的定子绕组构成)和右侧的控制回路(由停止按钮 SB1、长动按钮 SB2、选择开关 SA、接触器 KM 常开触点和接触器 KM 线圈)组成。

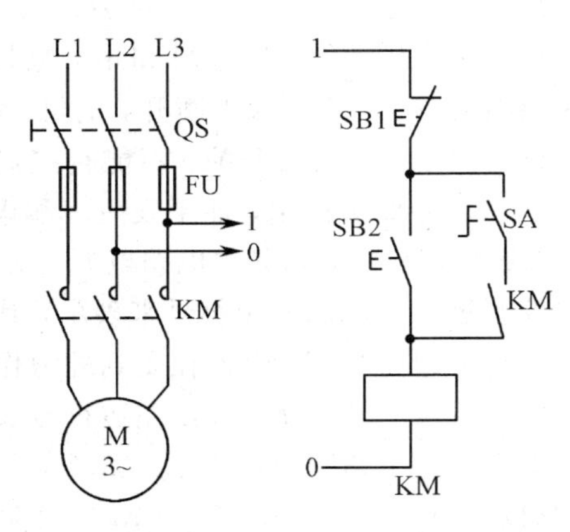

图 2.12 旋转开关控制长动与点动电路图

该电路的工作原理：

合上刀开关 QS。

点动(SA 断开)：

$SB2^{+}$ — KM^{+} — M^{+}(运转)

$SB2^{-}$ — KM^{-} — M^{-}(停止)

长动(SA 闭合)：

$SB2^{\pm}$ — $KM^{+}_{自}$ — M^{+}(启动)

$SB1^{\pm}$ — KM^{-} — M^{-}(停止)

方法 2：利用复合按钮控制，如图 2.13 所示，该电路左侧的主回路和方法 1 相同，右侧的控制回路由停止按钮 SB1、长动按钮 SB2、复合按钮 SB3(图中虚线表示这个常开触点和常闭触点同属于 SB3)、接触器 KM

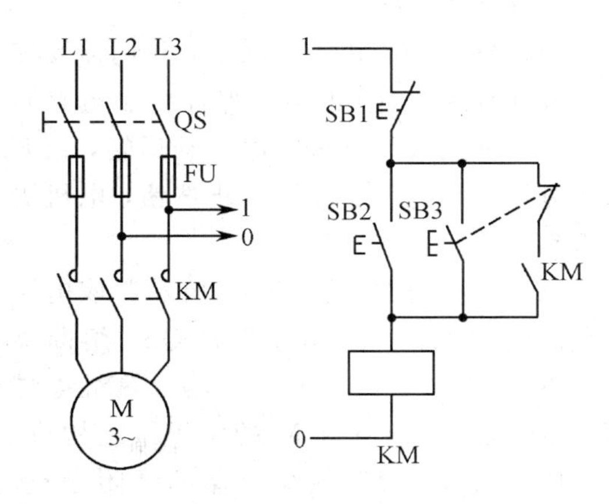

图 2.13 复合按钮控制长动与点动电路图

常开触点和接触器 KM 线圈组成。

该电路的工作原理：

合上刀开关 QS。

点动：

$SB3^{\pm}$ — $KM^{\pm}$ — $M^{\pm}$（运转、停止）

长动：

$SB2^{\pm}$ — $KM^{+}_{自}$ — M^{+}（启动）

在点动过程中，按下 SB3，它的动断触点先断开接触器的自锁电路，它的动合触点再闭合，接触器线圈接通有电，电机转动；松开 SB3，它的动合触点先恢复断开，切断接触器线圈电源，使其断电，电机停止，它的动断触点再闭合。

方法 3：利用中间继电器控制，如图 2.14 所示，该电路左侧的主回路和方法 1 相同，右侧的控制回路由停止按钮 SB1、长动按钮 SB2、点动按钮 SB3、中间继电器 KA 的常开触点及线圈、接触器 KM 常开触点和接触器 KM 线圈组成。

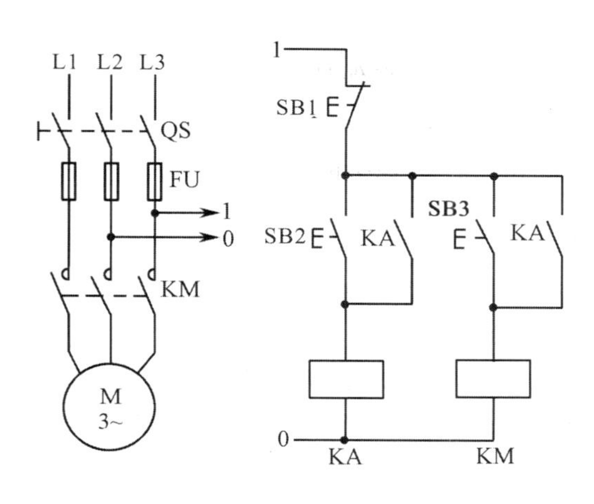

图 2.14　中间继电器控制长动与点动电路图

该电路的工作原理：

合上刀开关 QS。

点动：

$SB3^{\pm}$ — $KM^{\pm}$ — $M^{\pm}$（运转、停止）

长动：

$SB2^{\pm}$ — $KM^{+}_{自}$ — KM^{+} — M^{+}（运转）

在此电路中，SB3 是点动按钮；SB2 是长动按钮，接触器线圈的自锁是通过中间继电器 KA 常开触点以及线圈实现的。

★案例 3　时间控制与多点控制

1. 时间控制

某些生产设备需要延时接通，可以采用通电延时型时间继电器来进行控制。电路图如图 2.15 所示。

该电路的工作原理：

按下启动按钮 SB2，中间继电器 KA 的线圈与时间继电器 KT 的线圈同时通电，KA 的辅助常开触点接通，中间继电器自锁；而通电延时型继电器接通，经过一定的延时后，时间继电器 KT 常开触点动作，接触器 KM 线圈通电，即

$$SB2^{\pm} — KA^{+}_{自} — KT^{+} \xrightarrow{\Delta t} KM^{+}$$

某些生产设备需要延时断电，可以采用断电延时型时间继电器来进行控制，电路图如

图 2.16 所示。

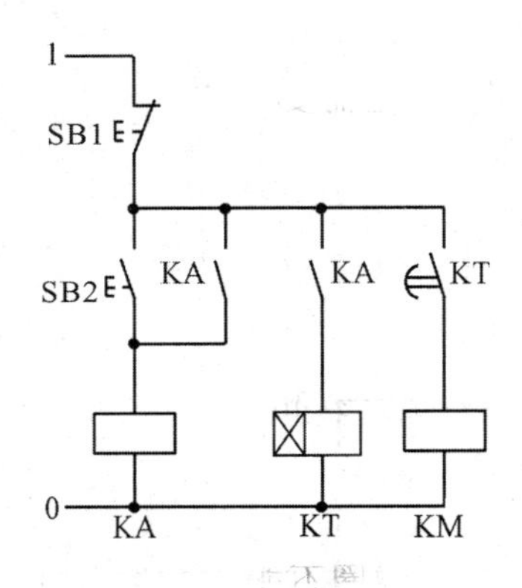

图 2.15　通电延时控制电路图

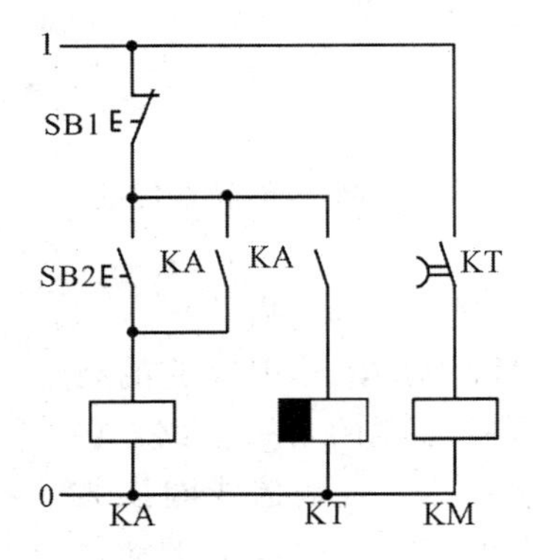

图 2.16　断电延时控制电路图

该电路的工作原理：

图中时间继电器 KT 为断电延时型时间继电器，其延时断开动合触点在 KT 线圈得电时闭合(相当于瞬动触点)，KT 线圈断电时，经延时后该触点断开。

$SB2^{\pm}—KA^{+}_{自}—KT^{+}—KM^{+}$

$SB1^{\pm}—KA^{-}—KT^{-}\xrightarrow{\Delta t}KM^{-}$

2. 多点控制

多点控制的特点是所有启动按钮(SB3 和 SB4)全部并联在自锁触点两端，按下任何一个都可以启动电动机；所有停止按钮(SB1 和 SB2)全部串联在接触器线圈回路，按下任何一个都可以停止电动机。

多点控制电路图如图 2.17 所示。该电路由左侧的主回路(与长动电路图 2.11 相同)和右侧的控制回路(热继电器的常闭触点串联按钮 SB1 和 SB2 常闭触点构成停止和过载保护电路；SB3 常开触点和 SB4 常开触点及接触器 KM 的常开触点并联，构成多点启动和自锁电路，再串联线圈 KM)组成。

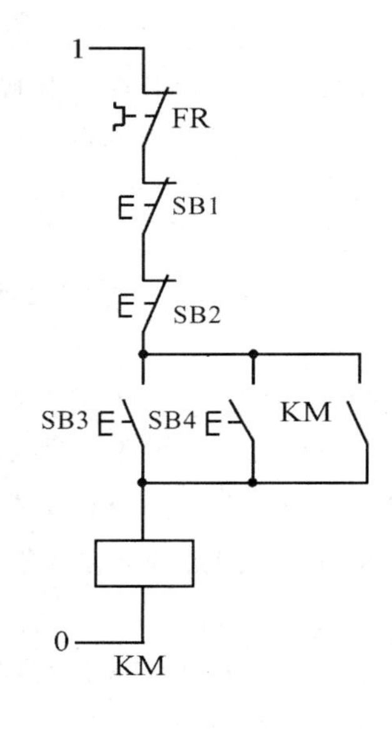

图 2.17　多点控制电路图

该电路的工作原理：

合上刀开关 QS。

启动过程：

$SB3^{\pm}$　或　$SB4^{\pm}—KM^{+}_{自}—M^{+}$(启动)

停止过程：

$SB1^{\pm}$　或　$SB2^{\pm}—KM^{-}—M^{-}$(停止)

其中，$SB^{\pm}$ 表示先按下，后松开。

可见，要实现多点启动，所有启动按钮(SB3 和 SB4)全部并联在自锁触点两端，构成逻辑上的“或”运算；所有停止按钮(SB1 和 SB2)全部串联在接触器线圈回路，构成逻辑上的“与”运算。

★案例 4　电机正反转控制电路

当我们要上下高楼大厦，电梯是一种常用的快捷上下交通工具，电梯的上下需要拖曳电机带动电机轿厢上下。另外，企业的加工中心在加工零件时也需要电机带动生产部件向正、反两个方向运动。通常，我们采用一部电机实现拖动，那么，怎样控制电机转向呢？

对于三相笼型异步电机，实现正反转控制只需要改变电机定子的三相电源相序，即将主回路中的三相电源线的任意两相对调即可。

常用两种方式进行对调：一种是使用倒顺开关(或组合开关)改变相序，主要适用于不需要频繁正反转的电动机；另一种方法是使用接触器的主触点改变相序，主要适用于需要频繁正反转的电动机。

需要注意的是，使用交流接触器换相时，KM1 和 KM2 的主触点中由于有一相是公共的，所以两组主触点不能同时闭合(即 KM1 和 KM2 接触器的线圈不能同时通电)，否则会引起电源短路。为了解决这个问题，常采用“互锁”电路结构，下面介绍三种正反转互锁控制电路。

方法 1：接触器互锁正反转控制电路图，如图 2.18 所示。该电路由左侧的主回路(和长动电路相比增加了接触器 KM2 的三对主触点，注意 KM2 的 L2 和 L3 对调换相)和右侧的控制回路(停止和过载保护电路：由热继电器常闭触点串联停止按钮 SB1 构成；正转控制电路：正转按钮 SB2 和接触器 KM1 常开触点并联，再串联接触器 KM2 的常闭触点，然后串联接触器 KM1 的线圈；反转控制电路：反转按钮 SB3 和接触器 KM2 常开触点并联，再串联接触器 KM1 的常闭触点，然后串联接触器 KM2 的线圈)组成。

“互锁”：在如图 2.18 所示的虚线框中，KM1 和 KM2 接触器的线圈分别串联对方的动断触点，任何一个接触器接通的条件是另一个接触器必须处于断电状态。两个接触器之间的这种相互关系叫接触器“互锁”(连锁)。采用电气元件来实现的互锁，也称为电气互锁。实现电气互锁的触点称为互锁触点。

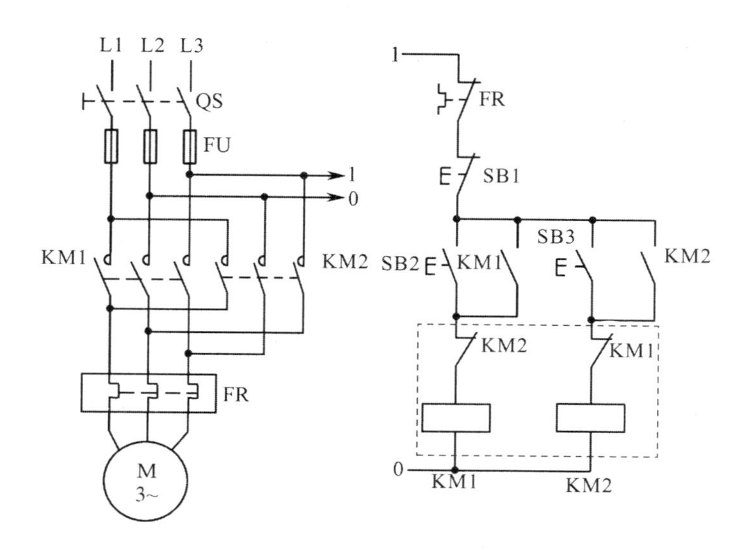

图 2.18　接触器互锁正反转控制电路图

该电路的工作原理：

合上刀开关 QS。

正转：

$SB2^{\pm}$ — $KM1^{+}_{自}$ — M^{+}（正转）

$KM2^{-}$（互锁）

反转：

$SB3^{\pm}$ — $KM2^{+}_{自}$ — M^{+}（反转）

$KM1^{-}$（互锁）

停止：

$SB1^{\pm}$ — $KM1/2^{-}$ — M^{-}（停止）

注意：接触器互锁正反转控制电路的主要问题是切换转向时，必须先按停止按钮 SB1，不能直接过渡，从而给操作带来了不便。

方法 2：按钮互锁正反转控制电路图，如图 2.19 所示。该电路左侧的主回路和方法 1 相同，右侧的控制回路有停止和过载保护电路：由热继电器常闭触点串联停止按钮 SB1 构成；正转控制电路：反转按钮 SB3 常闭触点，串联正转按钮 SB2 和接触器 KM1 常开触点并联构成的自锁电路，再串联接触器 KM1 的线圈；反转控制电路：正转按钮 SB2 常闭触点，串联反转按钮 SB3 和接触器 KM2 常开触点并联构成的自锁电路，再串联接触器 KM2 的线圈。

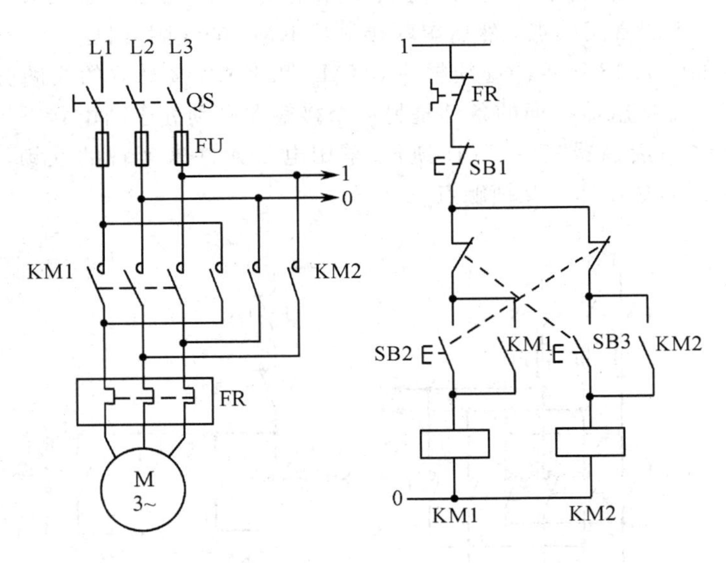

图 2.19　按钮互锁正反转控制电路图

由复合按钮 SB2、SB3 的动断触点分别串联在对方接触器线圈的供电回路中，按下 SB2，切断 SB3 对应的反转线圈供电回路，按下 SB3，切断 SB2 对应的正转线圈供电回路，实现互锁。这种利用按钮实现的互锁称为“按钮互锁”或“机械互锁”。

利用按钮互锁，可以直接从正转过渡到反转。其缺点是容易短路。如果正转接触器主触点因为老化或剩磁原因延迟释放，或被卡住不能释放，此时按下 SB3 反转，则会引起短路故障。

该电路的工作原理：

正转：$SB2^{\pm}$ — $KM2^{-}$（互锁）；$SB2^{\pm}$ — $KM1^{+}_{自}$ — M^{+}（正转）。

反转：$SB3^{\pm}$ — $KM2^{+}_{自}$ — M^{+}（反转）；$SB3^{\pm}$ — $KM1^{-}$（互锁）— M^{-}（停止）。

方法3：双重互锁正反转控制电路图，如图2.20所示，该电路左侧的主回路和方法1相同，右侧的控制回路有停止和过载保护电路：由热继电器常闭触点串联停止按钮SB1构成；正转控制电路：反转按钮SB3常闭触点，串联正转按钮SB2和接触器KM1常开触点并联构成的自锁电路，再串联接触器KM2的常闭触点，最后串联接触器KM1的线圈；反转控制电路：正转按钮SB2常闭触点，串联反转按钮SB3和接触器KM2常开触点并联构成的自锁电路，串联接触器KM1的常闭触点，最后再串联接触器KM2的线圈。

双重互锁：既采用按钮互锁，又采用接触器互锁的电路结构称为双重互锁。

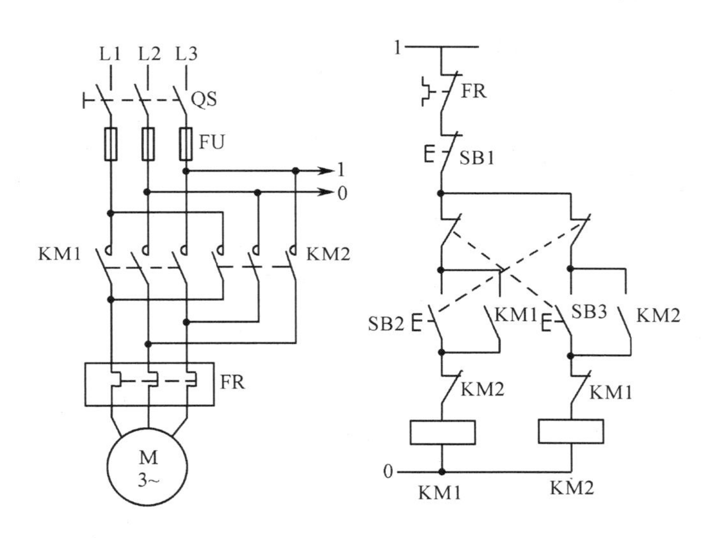

图2.20　双重互锁正反转控制电路图

该电路的工作原理：

合上刀开关QS。

正转：

$SB2^{\pm}$ — $KM2^{-}$（互锁）

$SB2^{\pm}$ — $KM1^{+}_{自}$ — M^{+}（正转）

反转：

$SB3^{\pm}$ — $KM2^{+}_{自}$ — M^{+}（反转）

$SB3^{\pm}$ — $KM1^{-}$（互锁）— M^{-}（停止）

本方法结合了方法1接触器互锁和方法2按钮互锁的优点，是一种比较完善的正反转控制电路，既能实现正反转，也具有较高的安全性。

★案例5　行程控制

某些生产机械的运动状态的转换，是靠部件运行到一定位置时由行程开关（位置开关）发出信号进行自动控制的。例如，行车运动到终端位置自动停车，工作台在指定区域内的自动往返移动，都是由运动部件运动的位置或行程来控制的，这种控制称为行程控制。

行程控制是以行程开关代替按钮用以实现对电动机的启动和停止控制，可分为限位断电(使用限位开关的常闭触点代替停止按钮)、限位通电(使用限位开关的常闭触点代替启动按钮)和自动往复循环等控制，控制电路图如图 2.21 所示。工作台在行程开关 SQ1 和 SQ2 之间自动往复运动，直到按下停止按钮 SB1 为止。

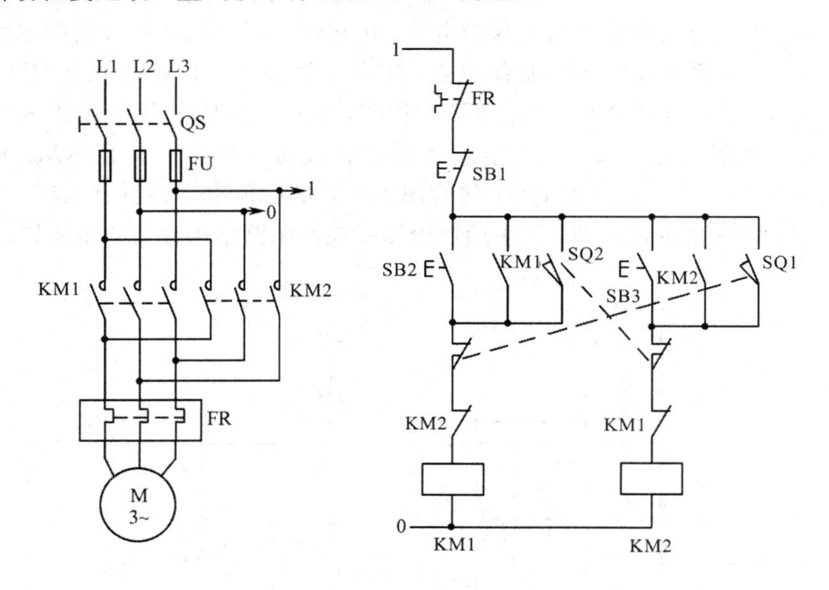

图 2.21 自动往复控制电路图

该电路的工作原理：

合上刀开关 QS。

按下 SB2 的工作过程如下：

$SB2^{\pm}$ —— $KM1^{+}_{自}$ ——┬ M^{+}(正转) $\xrightarrow{\Delta S}$ $SQ1^{+}$ ——┬ $KM1^{-}$ —— M^{-}(停车)

　　　　　　　　　　　　└ $KM2^{-}$(互锁)　　　　　　　└ $KM2^{+}_{自}$ ——┬ M^{+}(反转) $\xrightarrow{\Delta S}$ $SQ2^{+}$ ——┬ $KM2^{-}$…

　　　　　　　　　　　　　　　　　　　　　　　　　　　　　　　└ $KM1^{-}$(互锁)　　　　　　└ $KM1^{+}_{自}$ …

如果按下 SB3，则电机先反转，碰到 SQ2 停止，然后正转，碰到 SQ1 后反转，如此循环往复。可见，这个循环控制电路本质上是一个电机的正反转控制电路，只不过在启动后正反转的切换变成由限位开关自动控制。

★案例 6　顺序启停控制电路

顺序控制是指生产机械中多台电动机按预先设计好的次序先后启动或停止的控制。例如，当加工中心开始加工时，需要先开一个小功率的冷却油泵，然后再开主轴电机；停止时，通常先停止主轴电机，然后再停止冷却油泵。

1. 同时启动、同时停止

两个电机同时启动、同时停止的控制电路如图 2.22 所示。该电路由左侧的主回路(和单个电机控制电路相比增加了一个接触器 KM2 和一个热继电器 FR2)和右侧的控制回路(停止和过载保护电路：由热继电器 FR1 常闭触点串联 FR2 再串联停止按钮 SB1 构成；启动控制电路：启动按钮 SB2 和接触器 KM1 常开触点并联，再串联接触器 KM1 的线圈，接

触器 KM2 的线圈和 KM1 的线圈并联)组成。

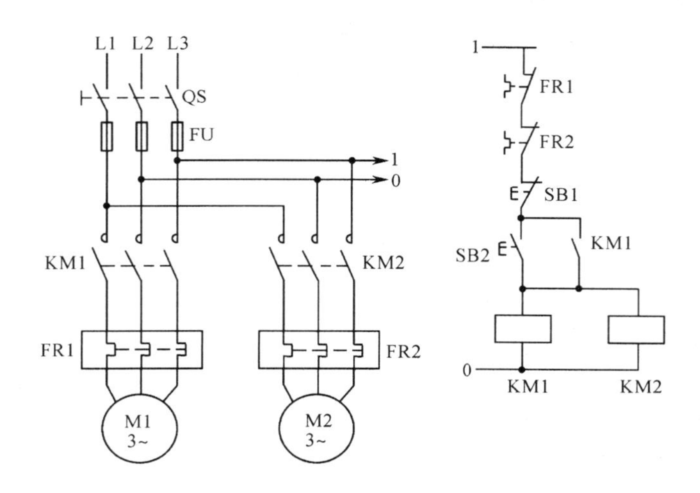

图 2.22　同时启动、同时停止控制电路

该电路的工作原理：

合上刀开关 QS。

启动：

$SB2^{\pm} — KM1^{+}_{自} — M1^{+}$

$SB2^{\pm} — KM2^{+}_{自} — M2^{+}$

停止：

$SB1^{\pm} — KM1^{-} — M1^{-} — M2^{-}$

2. 顺序启动、同时停止

两个电机顺序启动、同时停止的控制电路如图 2.23 所示。

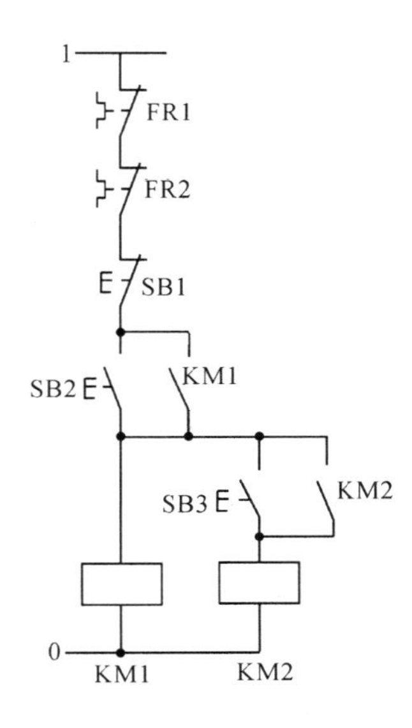

图 2.23　顺序启动、同时停止的控制电路

该电路构成分析：由主回路(与图 2.22 相同)和控制回路(停止和过载保护电路：由热继电器 FR1 常闭触点串联 FR2 再串联停止按钮 SB1 构成；启动控制电路：启动按钮 SB2 和接触器 KM1 常开触点并联，再串联接触器 KM1 的线圈；启动按钮 SB3 和接触器 KM2 常开触点并联，构成的电路再串联接触器 KM2 线圈，此电路和 KM1 线圈并联)组成。

该电路的工作原理：

合上刀开关 QS。

启动：

$SB2^{\pm}$ — $KM1^{+}_{\text{自}}$ — $M1^{+}$

在 M1 启动的情况下：

$SB3^{\pm}$ — $KM2^{+}_{\text{自}}$ — $M2^{+}$

停止：

$SB1^{\pm}$ — $KM1^{-}$ — $M1^{-}$ — $M2^{-}$

控制电路是通过接触器 KM1 的“自锁”触点来制约接触器 KM2 的线圈供电。只有在 KM1 动作后，KM2 才允许动作。

3. 同时启动、顺序停止

两个电机同时启动、顺序停止的控制电路如图 2.24 所示。

该电路构成分析：该电路由左侧的主回路(与图 2.22 相同)和右侧的控制回路(过载保护电路：由热继电器 FR1 常闭触点串联 FR2 常闭触点构成；启动控制电路：启动按钮 SB1 和接触器 KM1 常开触点并联，再串联停止按钮 SB2，再串联接触器 KM1 的线圈；接触器 KM2 的常开触点串联 SB1 常闭触点，构成的电路再并联接触器 KM1 的常开触点，构成的电路再串联 KM2 的线圈)组成。

电路中接触器 KM1 的动合触点串联在接触器 KM2 的线圈支路，不仅使接触器 KM1 与接触器 KM2 同时动作，而且只有 KM1 断电释放后，按下按钮 SB3 才可使接触器 KM2 断电释放。

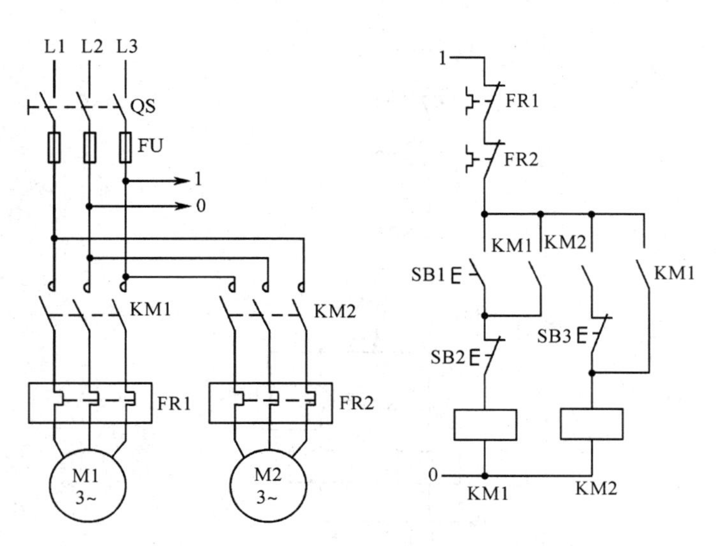

图 2.24　同时启动、顺序停止控制电路

该电路的工作原理：

合上刀开关 QS。

启动：

$SB1^{\pm}$ — $KM1^{+}_{自}$ — $M1^{+}$

$SB1^{\pm}$ — $KM2^{+}_{自}$ — $M2^{+}$

停止：

$SB2^{\pm}$ — $KM1^{-}$ — $M1^{-}$

在 M1 停止的情况下：

$SB3^{\pm}$ — $KM2^{-}$ — $M2^{-}$

★案例 7　三相异步电机"Y -△"降压启动控制

三相异步电动机降压启动控制常见电路有：星形-三角形降压启动、自耦变压器降压启动等，还有延边三角形降压启动、定子串电阻降压启动，后两种启动方式较少采用。

星形-三角形降压启动是指电动机启动时，将定子绕组接成星形，以降低启动电压(220 V)，减小启动电流；待电动机启动后，再把定子绕组改接成三角形，使电动机全压(380 V)运行。其控制电路图如图 2.25 所示。

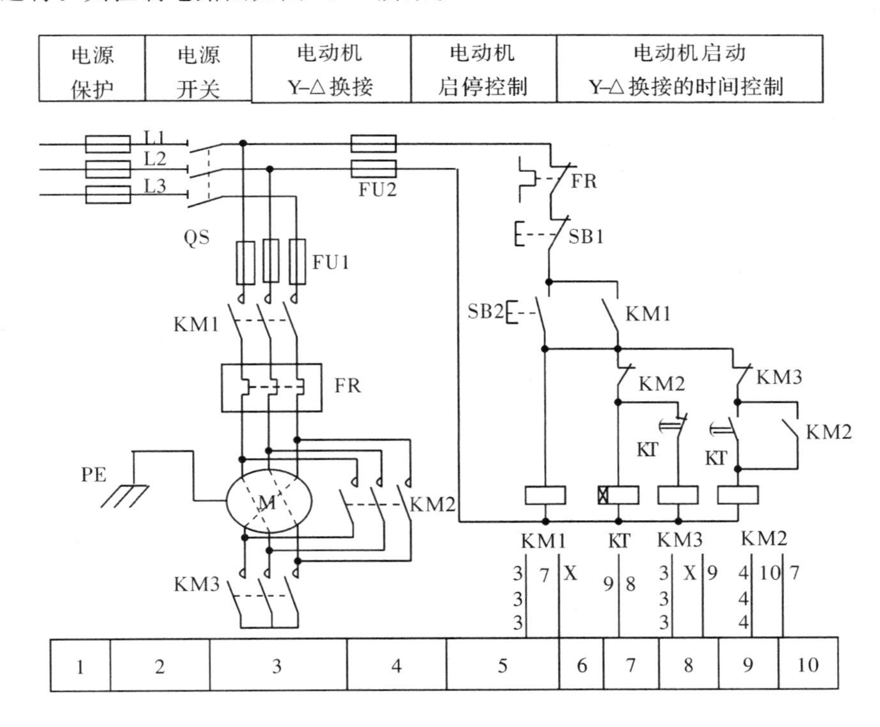

图 2.25　三相异步电动机 Y -△降压启动电路

该电路的工作原理：按下启动按钮 SB2，KM1、KM3 线圈得电吸合，电动机星形启动。同时通电延时时间继电器 KT 线圈得电，经过延时后，其常闭触点 KT 断开，使得 KM3 线圈失电，常开触点 KT 闭合，接通 KM2 线圈并自锁，电动机切换成三角形方式运行。

★案例 8　三相笼型异步电机制动控制

在生产过程中，有些生产机械往往要求电动机快速、准确地停车，而电动机在脱离电源后由于机械惯性的存在，完全停止需要一段时间，这就要求对电动机采取有效措施进行制动。电动机制动分两大类：机械制动和电气制动。

机械制动是在电动机断电后利用机械装置对其转轴施加相反的作用力矩(制动力矩)来进行制动。电磁抱闸就是常用方法之一，结构上，电磁抱闸由制动电磁铁和闸瓦制动器组成。断电制动型电磁抱闸在电磁线圈断电时，利用闸瓦对电动机轴进行制动；电磁铁线圈得电时，松开闸瓦，电动机可以自由转动。这种制动在起重机上被广泛采用。

电气制动是使电动机停车时产生一个与转子原来的实际旋转方向相反的电磁力矩(制动力矩)来进行制动。常用的电气制动有反接制动和能耗制动等。

1. 反接制动

速度继电器主要用做笼型异步电动机的反接制动控制，亦称反接制动继电器。

反接制动是在电动机的原三相电源被切断后，立即通上与原相序相反的三相交流电源，以形成与原转向相反的电磁力矩，利用这个制动力矩使电动机迅速停止转动。这种制动方式必须在电动机转速降到接近零时切除电源，否则电动机仍有反向力矩，可能会反向旋转，造成事故。

主电路中所串电阻 R 为制动限流电阻，防止反接制动瞬间过大的电流可能会损坏电动机。速度继电器 KV 与电动机同轴，当电动机转速上升到一定数值时，速度继电器的动合触点闭合，为制动做好准备。制动时转速迅速下降，当其转速下降到接近零时，速度继电器动合触点恢复断开，接触器 KM2 线圈断电，防止电动机反转。其电路图如图 2.26 所示。

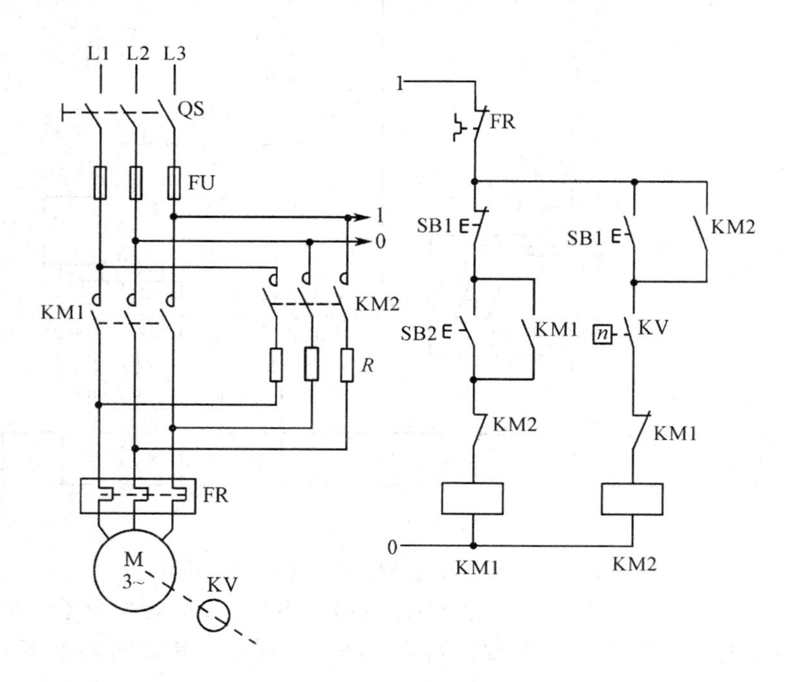

图 2.26　三相异步电动机单向运转反接制动控制线路

该电路工作原理：

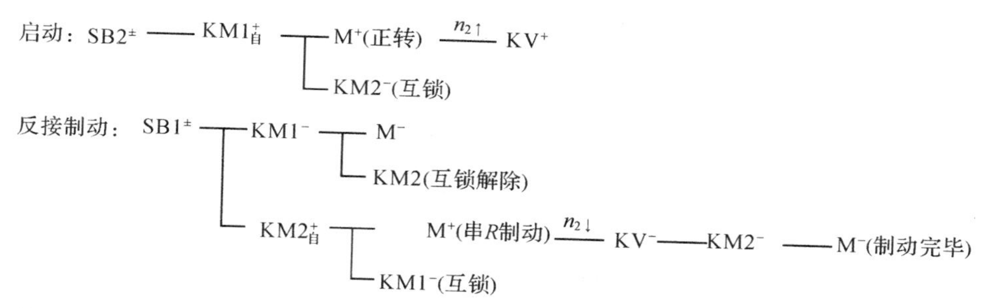

反接制动的优点是制动迅速，但制动冲击大，能量消耗也大，故常用于不经常启动和制动的大容量电动机。

2. **能耗制动**

能耗制动是将运转的电动机脱离三相交流电源的同时，给定子绕组加一直流电源，以产生一个静止磁场，利用转子感应电流与静止磁场的作用，产生反向电磁力矩而制动的。能耗制动时制动力矩大小与转速有关，转速越高，制动力矩越大，随转速的降低制动力矩也下降，当转速为零时，制动力矩消失。

1）时间原则控制的能耗制动控制电路

图 2.27 中，主电路在进行能耗制动时所需的直流电源由四个二极管组成单相桥式整流电路，通过接触器 KM2 引入，交流电源与直流电源的切换由 KM1 和 KM2 来完成，制动时间由断电延时时间继电器 KT 决定。

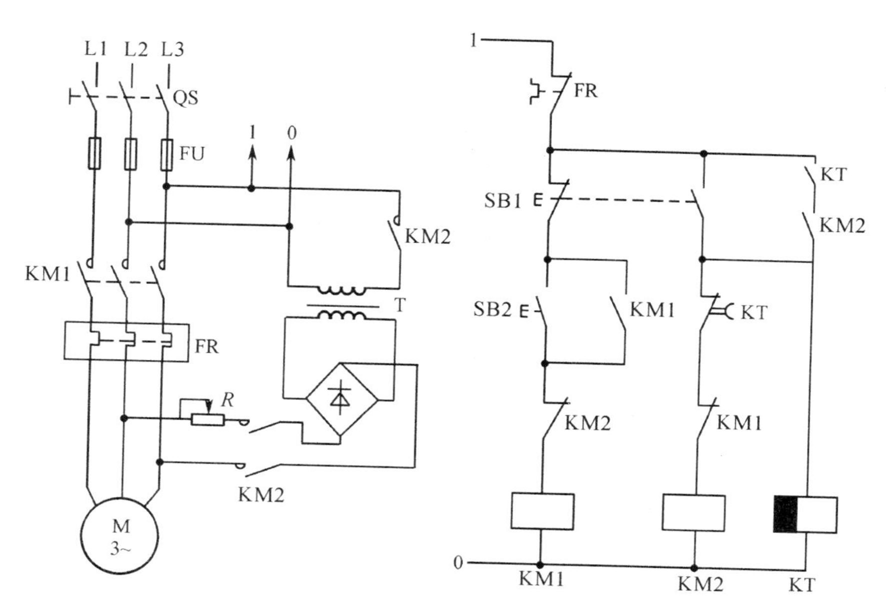

图 2.27　时间原则控制的能耗制动控制电路

该电路工作原理：

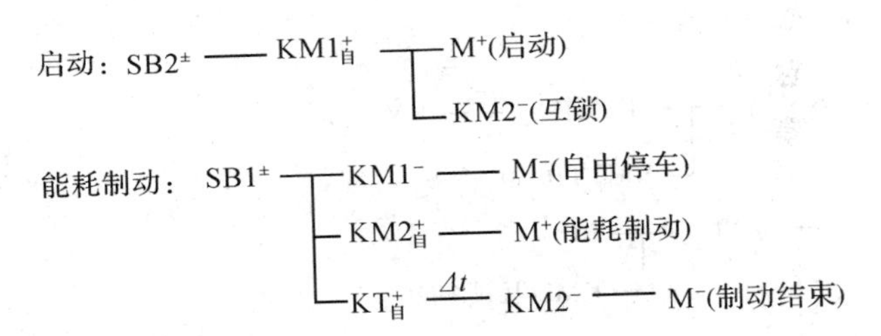

2）速度原则控制的能耗制动控制线路

图 2.28 为速度原则控制的能耗制动控制线路，其动作原理与图 2.27 单向运转反接制动控制线路相似，按下启动按钮 SB2，交流接触器 KM1 线圈得电，主电路 KM1 主触点接通，电机 M 转动，同时，交流接触器 KM1 的辅助触点接通，自锁，电机长动。按下复合按钮 SB1，则常闭按钮 SB1 先断开，交流接触器 KM1 线圈失电，主回路接触器主触点断开；常开按钮 SB1 接通，此时速度继电器由于电机还处于高速转动，其 KV 常开触点处于闭合状态，所以，交流接触器 KM2 线圈有电，给定子绕组加一直流电源，以产生一个静止磁场，利用转子感应电流与静止磁场的作用，产生反向电磁力矩而制动。随着电机转速降低，速度继电器 KV 常开触点断开，停止能耗制动。

能耗制动的优点是制动准确、平稳、能量消耗小，但需要整流设备，故常用于要求制动平稳、准确和启动频繁的容量较大的电动机。

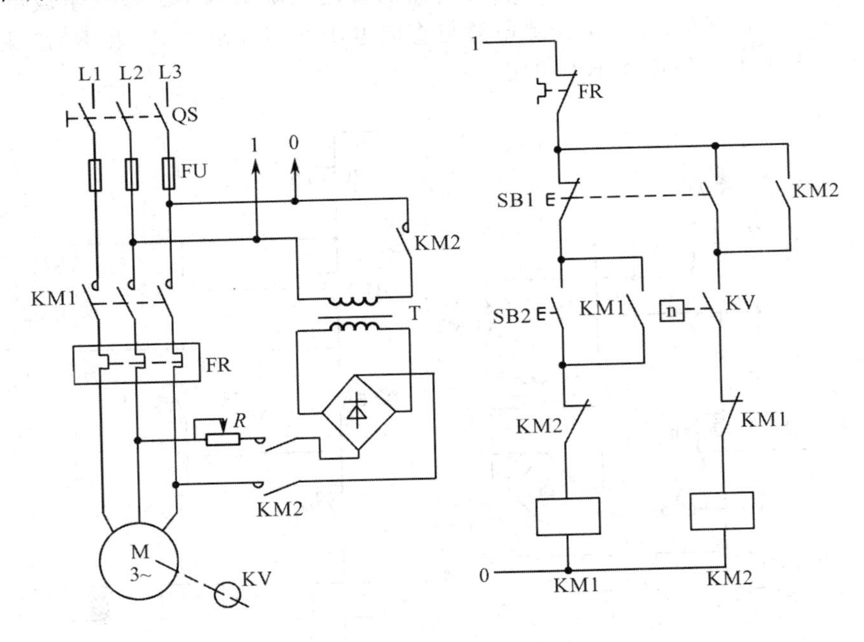

图 2.28 速度原则控制的能耗制动控制线路

★案例 9 三相交流异步电机调速控制

三相异步电机的转速公式为

$$n = \frac{60f}{p}(1-s) \tag{2-1}$$

其中，f 代表电源频率；p 为磁极对数；n 代表三相异步电机的同步转速；s 代表转差率。

三相异步电机转速是分级的，是由电机的“极数”决定的。

三相异步电机“极数”是指定子磁场磁极的个数。定子绕组的连接方式不同，可形成定子磁场的极数不同。电动机的极数是由负荷需要的转速来确定的。电动机的电流只跟电动机的电压、功率有关系。

三相交流电机每组线圈都会产生 N、S 磁极，每个电机每相含有的磁极个数就是磁极数。由于磁极是成对出现的，磁极对数 p 等于磁极数除以 2，所以电机有 2、4、6、8……极之分，那么对应的磁极对数 p 分别为 1、2、3、4……

在中国，电源频率为 50 Hz，所以二极电机的同步转速为 3000 r/min，四极电机的同步转速为 1500 r/min，以此类推。异步电机转子的转速总是低于或高于其旋转磁场的转速，异步之名由此而来。异步电机转子转速与旋转磁场转速之差(称为转差)通常在 10%以内。

因此三相异步电动机的实际转速会比上述的同步转速偏低。如极数为 6 的同步转速为 1000 r，其实际转速一般为 960 r/min。

从式(2－1)可知，三相异步电机调速方法有三种：改变电源频率 f；改变转差率 s；改变磁极对数 p。

实际应用的三相交流异步电机调速方法主要有变极调速、变阻调速和变频调速等几种。其中，变极调速是通过改变定子绕组的磁极对数以实现调速；变阻调速是通过改变转子电阻以实现调速；变频调速目前使用专用变频器，可以轻松实现异步电机的变频调速控制，因此，在工农业生产、家电中的空调、冰箱等大功率电器上广泛应用。

1. 变极调速控制线路

变极调速是通过改变定子空间磁极对数的方式改变同步转速，从而达到调速的目的。在恒定频率的情况下，电动机的同步转速与磁极对数成反比，磁极对数增加一倍，同步转速就下降一半，从而引起异步电动机转子转速的下降。显然，这种调速方法只能一级一级地改变转速，而不能平滑地调速。

双速电机定子绕组的结构及接线方式如图 2.29 所示。其中，图 2.29(a)为定子绕组结构示意图，改变接线方法可获得两种接法：图 2.29(b)为三角形接法，磁极对数为 2 对极，同步转速为 1500 r/min，是一种低速接法；图 2.29(c)为双星形接法，磁极对数为 1 对极，同步转速为 3000 r/min，是一种高速接法。

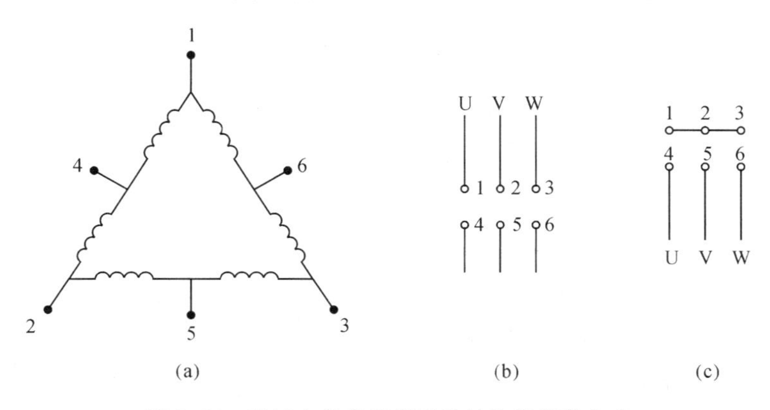

图 2.29　双速电机定子绕组的结构及接线方式

1）双速三相交流异步电机手动控制变极调速电路

双速三相交流异步电机的手动控制变极调速电路如图 2.30 所示。图中，KM1 主触点闭合，电动机定子绕组连接成三角形接法，磁极对数为 2 对极，同步转速为 1500 r/min；KM2 和 KM3 主触点闭合，电动机定子绕组连接成双星形接法，磁极对数为 1 对极，同步转速为 3000 r/min。

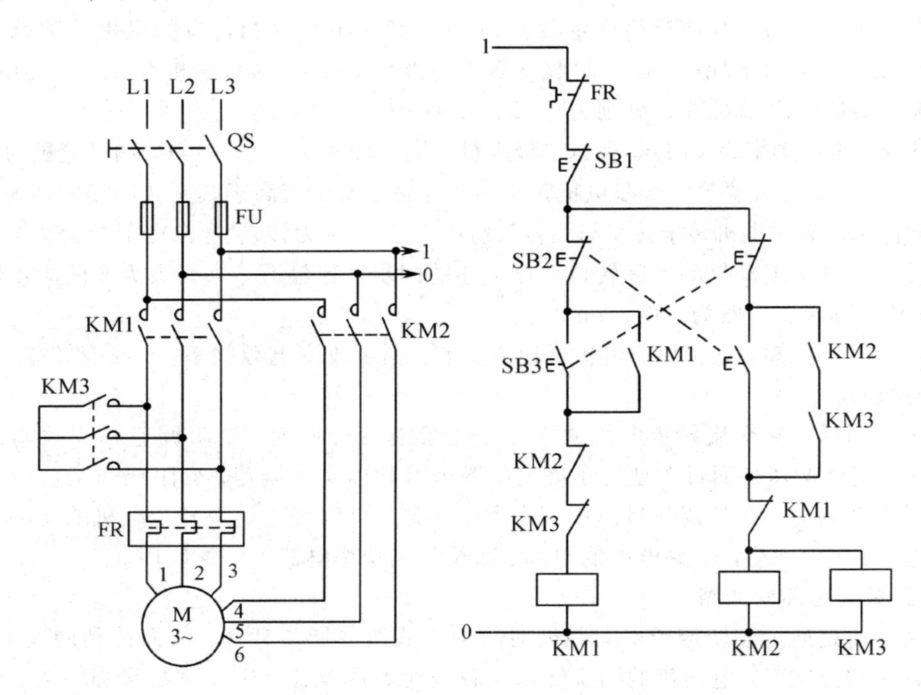

图 2.30　双速三相交流异步电机手动控制变极调速电路

该电路的工作原理：

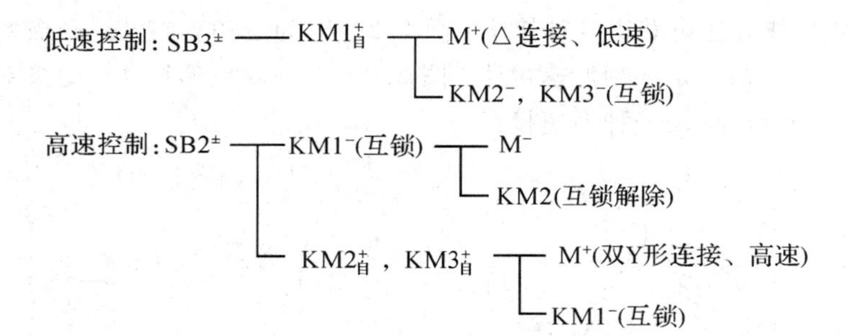

2）双速三相交流异步电机自动控制变极调速电路

双速三相交流异步电机自动控制变极调速线路如图 2.31 所示。SA 有三个位置：中间位置，所有接触器和时间继电器都不接通，电动机控制电路不起作用，电动机处于停止状态；低速位置，接通 KM1 线圈电路，其触点动作的结果是电动机定子绕组接成三角形，以低速运转；高速位置，接通 KM2、KM3 和 KT 线圈，电动机定子绕组接成双星形，以高速运转。但应注意的是，该线路高速运转必须由低速运转过渡。

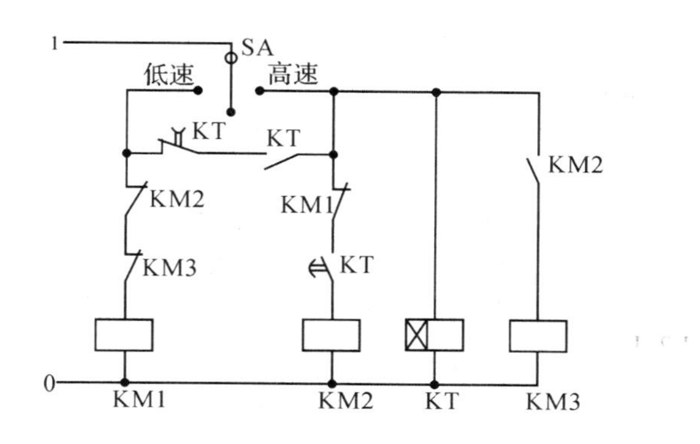

图 2.31　双速三相交流异步电机自动控制变极调速电路

2. 变频调速

1）变频器的基本知识

变频调速的功能是将电网电压提供的恒压恒频交流电变换为变压变频的交流电，它是通过平滑改变异步电机的供电频率 f 来调节异步电机的同步转速 n，从而实现异步电机的无级调速。

这种调速方法由于调节同步转速 n，故可以由高速到低速保持有限的转差率，效率高，调速范围大，精度高，是交流电机一种比较理想的调速方法。

由于电机每极气隙主磁通要受到电源频率的影响，所以实际调速控制方式中要保持定子电压与其频率为常数这一基本原则。

由于变频调速技术日趋成熟，故把实现交流电机调速的装置做成了产品，即变频器。按变频器的变频原理来分，可分为交-交变频器和交-直-交变频器。随着现代电力电子技术的发展，PMW(输出电压调宽不调幅)变频器已成为当今变频器的主流。

交-交变频器和交-直-交变频器的结构如图 2.32 所示。

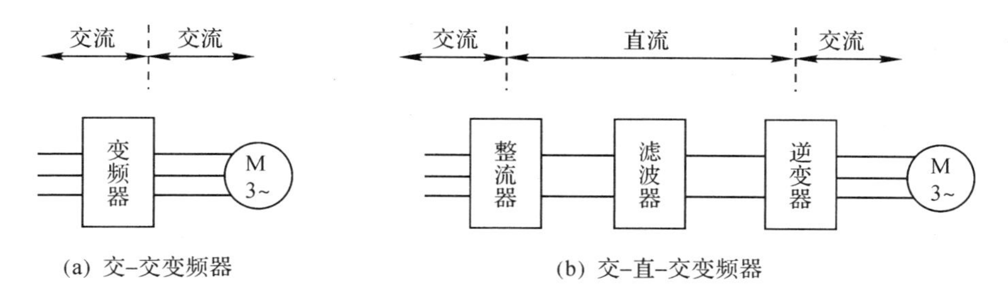

图 2.32　变频器的结构图

交-交变频器也称直接变频器，它没有明显的中间滤波环节，电网交流电被直接变成可调频调压的交流电。

交-直-交变频器也称间接变频器，它先将电网交流电转换为直流电，经过中间滤波环节之后，再进行逆变才能转换为变频变压的交流电。

2）变频器的继电器控制电路

变频控制电路一般采用可编程控制器进行控制，将在后面的课程中学习。当然，变频器也可以采用继电器控制电路进行控制，以森兰 BT12S 系列为例，先对变频器的功能预置：

- F01＝5：频率由 X4、X5 设定。
- F02＝1：使变频器处于外部 FWD 控制模式。
- F28＝0：使变频器的 FMA 输出功能为频率。
- F40＝4：设置电机极数为 4 极。
- FMA：模拟信号输出端，可在 FMA 和 GND 两端之间跨接频率表。
- F69＝0：选择 X4、X5 端子功能。即用控制端子的通断实现变频器的升降速。
- X5 与公共端 CM 接通时，频率上升；X5 与公共端 CM 断开时，频率保持。
- X4 与公共端 CM 接通时，频率下降；X4 与公共端 CM 断开时，频率保持。

这里我们使用 S1 和 S2 两个按钮分别与 X4 和 X5 相接，按下按钮 S2 使 X5 与公共端 CM 接通，控制频率上升；松开按钮 S2，X5 与公共端 CM 断开，频率保持。同样，按下按钮 S1 使 X4 与公共端 CM 接通，控制频率下降；松开按钮 S1，X4 与公共端 CM 断开，频率保持。电路如图 2.33 所示。

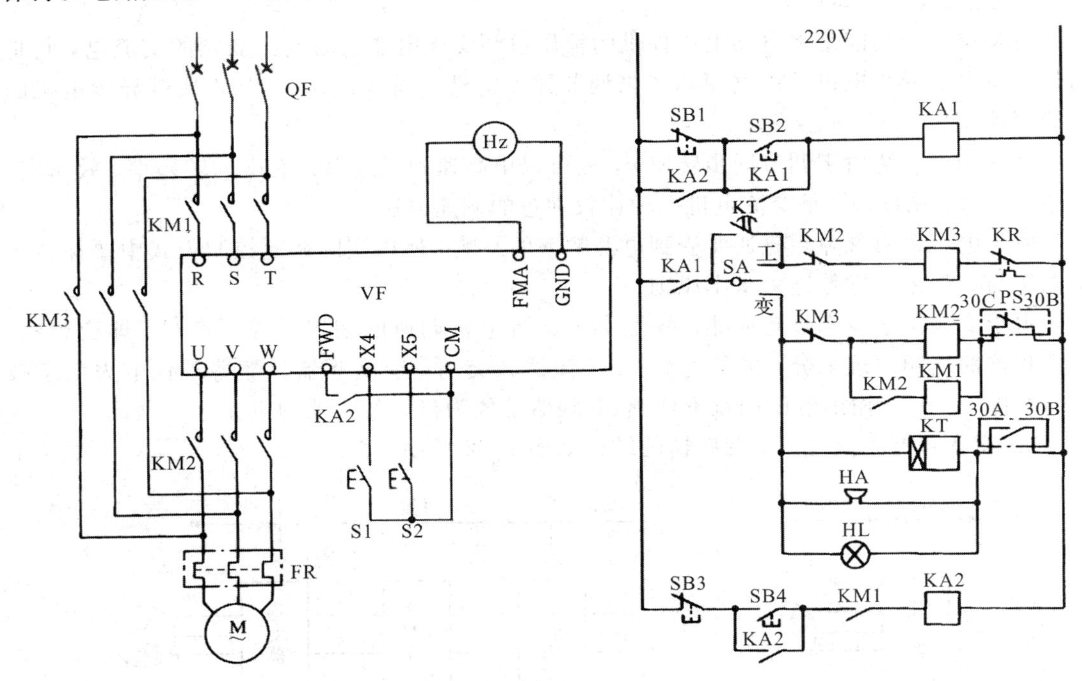

图 2.33　风机变频器控制电路

该电路工作原理：

（1）主电路。三相工频电源通过断路器 Q 接入，接触器 KM1 用于将电源接至变频器的输入端 R、S、T，接触器 KM2 用于将变频器的输出端 U、V、W 接至电动机，KM3 用于将工频电源直接接至电动机。注意，接触器 KM2 和 KM3 绝对不允许同时接通，否则会造成损坏变频器的后果，因此，KM2 和 KM3 之间必须有可靠的互锁。热继电器 FR 用于工频运行时的过载保护。

（2）控制电路。设置有“变频运行”和“工频运行”的切换，控制电路采用三位开关 SA 进行选择。当 SA 合至“工频运行”方式时，按下启动按钮 SB2，中间继电器 KA1 动作并自锁，进而使接触器 KM3 动作，电动机进入工频运行状态。接下停止接钮 SB1，中间继电器

KA1 和接触器 KM3 均断电，电动机停止运行。当 SA 合至“变频运行”方式时，按下启动按钮 SB2，中间继电器 KA1 动作并自锁，进而使接触器 KM2 动作，将电动机接至变频器的输出端。KM2 动作后使 KM1 也动作，将工频电源接至变频器的输入端，并允许电动机启动。同时使连接到接触器 KM3 线圈控制电路中的 KM2 的常闭触点断开，确保 KM3 不能接通。接下按钮 SB4，中间继电器 KA2 动作，电动机开始加速，进入“变频运行”状态。KA2 动作后，停止按钮 SB1 失去作用，以防止直接通过切断变频器电源使电动机停机。在变频运行中，如果变频器因故障而跳闸，则变频器的“30B－30C”保护触点断开，接触器 KM1 和 KM2 线圈均断电，其主触点切断了变频器与电源之间，以及变频器与电源之间的连接。同时“30B－30A”触点闭合，接通报警扬声器 HA 和报警灯 HL 进行声光报警。同时，时间继电器 KT 得电，其触点延时一段时间后闭合，使 KM3 动作，电动机进入工频运行状态。

项目小结

本项目主要内容：

- 电气控制图的分类、识图、绘图的基本知识；
- 三相交流异步电机的组成、原理、参数及选型；启动方法、制动方法及调速方法。
- 三相异步电机的控制电路(包含手动、点动、长动、点动与长动、多点控制、正反转控制、降压启动、制动、变频调速等经典控制电路)的工作原理及电路连接，做到能说(原理)会接(电路)。

本项目的知识结构图如图 2.34 所示。

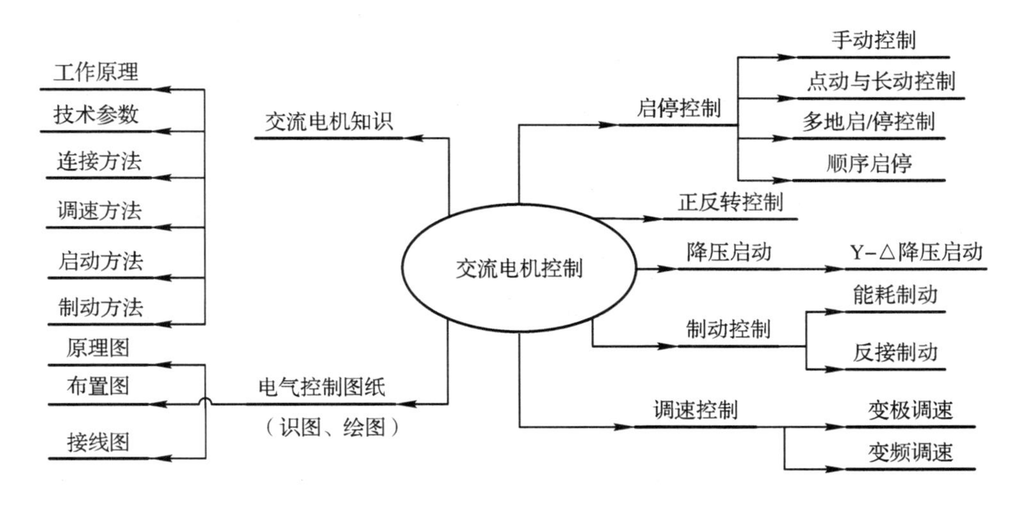

图 2.34　项目二知识结构图

特别需要注意：

- 常开触点、常闭触点、线圈的电路图符号与实物的对应；
- 低压器件的连接本质上就是元器件的串联(逻辑与)与并联(逻辑或)；逻辑运算在数字电路、单片机、低压电器控制、PLC 控制、EDA 等课程中都在用，只不过表现形式不同而已，需要同学们认真理解。

• 自锁、互锁两种常用电路的构成方法及用途。

习 题 2

一、填空题

1. 电气图中的图形符号通常是指用于图样或其他文件表示一个设备或概念的图形、标记或字符。图形符号由________、________及________构成。

2. 电气技术中的文字符号分为__________和__________。

3. 三相交流异步电动机的铭牌如下，根据铭牌填空：

三相交流异步电动机			
型号	Y112M－4	功率	4 kW
电压	380 V	电流	8.8 A
接法	△	转速	1440 r/min
频率	50 Hz	绝缘等级	E
温升	80℃	工作方式	S1
防护等级	IP44	重量	45 kg
××电机厂		2006 年×月×日	

该电机的功率是________；额定电压是________；额定电流是________；接法为________；转速为________，工作方式为________。

4. 根据公式(2－1)，当三相异步电机的磁极数为 4、电源频率 50 Hz 时，假定转差率为 0，则该电机的同步转速为________；当三相异步电机的磁极对数为 4、电源频率 50 Hz 时，假定转差率为 0，则该电机的同步转速为________。

5. 既采用________互锁，又采用________互锁的电路结构称为双重互锁。

6. Y－△形降压启动是指电动机启动时，把定子绕组接成________，以降低启动电压，限制启动电流，待电动机启动后，再把定子绕组改接成__________，使电动机全压运行。这种启动方法适用于在正常运行时定子绕组作__________连接的电动机。

二、选择题

1. 电气控制系统图一般有(　　)。

A. 电气原理图　　B. 电器布置图　　C. 电气安装接线图　　D. 设备装接图

2. 电气原理图一般分(　　)和(　　)两部分。

A. 主电路　　B. 辅助电路　　C. 控制电路　　D. 保护电路

3. 三相异步电机主要由(　　)构成。

A. 定子　　B. 风扇　　C. 转子　　D. 机座

4. 三相交流异步电动机调速方法主要有(　　)。

A. 变极调速　　B. 变阻调速　　C. 变频调速　　D. 变流调速

5. 按变频原理分，变频器主要有(　　)。
　A. 直-直变频器　　B. 交-直-交变频器　C. 交-交变频器　　D. 直-交变频器

三、问答题

1. 图 2.14 所示的点动与长动控制电路，使用了哪些低压器件？简述其工作原理。
2. 图 2.20 所示的点动与正反转控制电路，使用了哪些低压器件？简述其工作原理。
3. 图 2.21 所示的自动往复控制电路，使用了哪些低压器件？简述其工作原理。
4. 顺序启停控制有哪几种类型？
5. 图 2.25 所示的“Y—△”降压启动控制电路，使用了哪些低压器件？简述其工作原理。
6. 电动机能耗制动与反接制动控制各有何优缺点？分别适用于什么场合？
7. 什么是变频调速？变频调速有哪几种类型？

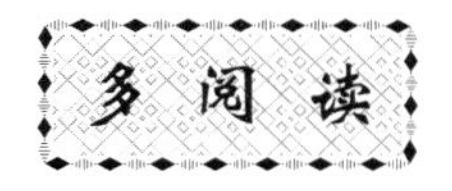

变频技术的发展情况

变频技术的迅速发展是建立在电力电子技术的创新、电力电子器件及材料的开发及器件制造工艺水平提高基础之上的，尤其是高压大容量绝缘栅双极型晶体管(IGBT)、集成门极换流晶闸管(IGCT)器件的成功开发，使大功率变频技术得以迅速发展，性能日益完善。由于变频器使用领域不断扩大，其所采用的技术也不断拓宽。

1. 电力电子器件的发展

电力电子器件作为现代化交流调速装置的支柱，其发展直接决定和影响交流调速的发展。电力电子器件的发展表现在器件的成功开发，如 GTR、GTO、SCR、IGBT、IGCT 及 IEGT，而且朝着高压大功率化、高频化、模块化、智能化发展。

20 世纪 80 年代中期以前，变频装置功率回路主要采用第 1 代电力电子器件，以晶闸管为主，这种装置的效率、可靠性、成本、体积均无法与同容量的直流调速装置相比。80 年代中期以后，采用第 2 代电力电子器件，如 CTR、GTO、VDMOS&IGBT 等制造的变频装置在性价比上可以与直流调速装置相媲美。随着向大电流、高电压、高频化、集成化、模块化方向继续发展，第 3 代电力电子器件成为 20 世纪 90 年代制造变频装置的主流产品，中小功率的变频调速装置(1～1000 kW)主要采用 IGBT，大功率的变频调速装置(100～10 000 kW)采用 CTO。20 世纪 90 年代末，电力电子器件的发展时代进入了第 4 代，如高压 IGBT、IGCT、IEGT、SGCT、智能功率模块(IPM)等。

变频器的逆变器普遍采用大功率场效应晶体管(MOSET)、功率晶体管(GTR)、门极关断(GTO)晶闸管等的自关断器件，其中 GTR 应用最为普遍。但是在调制策略发展和要求逆变器输出谐波分量更小的情况下，必须提高开关频率，GTR 满足不了这个要求，于是开发出了一种新器件——IGBT。IGBT 的全称是绝缘栅双极型晶体管，是一种把 MOSET 与 CTR 巧妙结合在一起的电压型双极/MOS 复合器件，IGBT 具有输入阻抗高、开关速度快、元器件损耗小、驱动电路简单、驱动功率小、极限温度高、热阻小、饱和压降和电阻低、电流容量大、抗浪涌能力强、安全区宽、并联容易、稳定可靠及模块化等一系列优点，是一种极理想的开关器件。目前，2400 A 电流、3300 V 电压、40 kHz 开关频率的 IGBT 已在小、中、大功率范围内使用。IGBT 不仅用于 500 V 以下低压变频器，还可以用于 1000 V 以上高压变频器以驱动高压电动机。此类中压、高压变频器采用多电平逆变器输出高压，也可用变压器降压—低压变频器—变压器升压的方式。由于 IGBT 具有性能较好的优势，预计近十年内不会被新开发的器件所取代。

目前，在交流电动机的传动控制中应用最多的功率开关器件是 IGBT 和 IPM，它们集 GTR 的低饱和电压特性和 MOSFET 的高频开关特性于一体。IGBT 于 1992 年前后在变频器中得到应用，并持续向开关损耗更低、开关速度更快、耐压更高、容量更大的方向发展。IPM 内包含了 IGBT 芯片及外围的驱动电路和保护电路，有的还集成了霍尔传感器和光耦合器。因此 IPM 是一种高度集成型功率开关器件。目前，模块的最大额定电流可达 60A，小型变频装置中基本上采用 IPM 作为主电路，采用 IPM 后的变频器的综合性能大大提高，其性价比已超过 IGBT，有很好的经济性。

当今交流变频传动装置大多采用正弦脉冲宽度调制(Sin Pulse Width Module，SPWM)方法，即三相交流经整流和电容滤波后，形成恒定幅值的直流电压，加在逆变器上，逆变器的功率开关器件按一定规律控制其导通和断开，使输出端获得一系列宽度不等的矩形脉冲电压波形。如改变脉冲宽度即可控制逆变器输出交流基波电压的幅值；改变调制周期即可控制其输出频率，这样就同时实现了调压和调频。随着变频器快速性、精确度及可靠性的不断提高，对功率开关器件的要求也越来越高，即要求开关频率在几十 kHz，导电损耗低，在各种应用领域的可靠性高。

2. 控制理论和控制技术的发展

控制理论的发展集中体现在：

(1) 矢量控制、直接转矩控制；

(2) 无速度传感器的矢量控制(SVC)，其模型参考自适应和扩展卡尔曼滤波法；

(3) 模糊控制(Fuzzy Control)及神经网络控制的应用。

第 1 代变频器以 U/f 恒定和正弦脉宽调制控制方式为代表，它根据异步电动机等效电路确定的线性 U/f 进行变频调速。其特点是：控制电路结构简单，成本较低，但系统性能不高，控制曲线会随负载变化，转矩响应慢，转矩利用率不高。

第 2 代变频器采用矢量控制方式，它实质上参照直流电动机的控制方式，将交流异步电动机经过坐标变换可以生成等效的直流电动机模型，模拟直流电动机的控制方法，求得直流电动机的控制量，经过相应坐标变换与反变换，就能控制交流异步电动机。由于进行坐标变换的是电流(代表磁动势)的空间矢量，因此实现的控制系统称为矢量控制系统。当今由矢量控制的交流变频器组成的传动系统已完全实现了数字化、智能化、模块化控制，即有一个集成高动态性能、优良控制特性、极高灵活性的模板来实现与电动机有关的控制任务，而且带有大量自由功能模块，用这些模块也可处理与传动有关的控制，如西门子公司 CUVC 控制模块等；同时在软件配置上也已实现了标准化和模块化，还提供了许多非标准功能，如手动/自动设定、输入设定值的通用性、自动重启动功能等，可以说，矢量控制的交流变频调速系统的动、静态性能已完全能够与直流调速系统相媲美，是目前最成熟、完善的技术。

继矢量控制系统以后，直接转矩控制(DTC)系统是近十几年发展起来的又一种高动态性能交流变频调速系统。在DTC系统中，定子磁通和转矩作为主要控制变量，在等效电动机自适应模型软件中，直接在定子坐标上计算与控制交流电动机的转矩，通过高速数字信号处理器，电动机状态每秒更新高达几万次。由于电动机状态连续不断地更新，实际值与参考值不断进行比较，由磁通和转矩调节器输出，实现对逆变器中每个开关状态单独确定，从而对负载突变或电源干扰所引起的动态变化作出迅速反应，故其动态特性好。DTC强调转矩的控制，在控制理论上属于Pang-Pang控制。在高速状态下，其控制水平与矢量控制没有差别；但在低速状态下，其转矩控制不稳定，易引起传动轴系振荡。直接转矩控制不需要坐标变换，直接转矩控制(DTC)是继矢量控制之后在交流传动控制理论上的又一次飞跃，它避免了对电动机参数的强烈依赖性，特别是不受转子参数的影响，控制器结构简单，具有良好的动、静态性能。

3. 微型计算机(简称微机)控制技术的发展

随着微机控制技术的迅速发展，交流调速控制领域出现了以微处理器为核心的微机控制系统。微机控制技术的应用，提高了交流调速系统的可靠性，操作、设置的多样性和灵活性，降低了交流调速系统的成本和体积。

采用微机控制技术同时可以对变频器进行控制和保护。在控制方面：计算确定开关器件的导通和关断时刻，使逆变器按调制策略输出要求的电压；通过不同的编码实现多种传动调速功能，如各种频率的设定和执行、启动、运行方式选择、转矩控制设定与运行、加减速设计与运行、制动方式设定和执行等；通过接口电路、外部传感器、微机构成调速传动系统，在保护方面，在外部传感器及I/O电路配合下，构成完善的检测保护系统，可完成多种自诊断保护方案。保护功能包括主电路、控制电路的欠电压、过电压保护；输出电流的欠电流、过电流保护；电动机或逆变器的过载保护；制动电阻的过热保护；失速保护。采用人工智能技术对变频器进行故障诊断，构成故障诊断系统，该系统由监控、检测、知识库(故障模式知识库或故障诊断专家系统知识库)、推理机构、人机对话接口和数据库组成，不仅在故障发生后能准确指出故障性质、部位，且在故障发生前也能预测发生故障的可能性。在变频器启动前对诊断系统本身及变频器主电路(包括电源)、控制系统等进行一次诊断，清查隐患，若发现故障现象则调用知识库推理、判断故障原因并显示不能开机，如无故障则显示可以开机，开机后，实时检测诊断。工作时，对各检测点进行循环查询，存储数据并不断刷新，若发现数据越限，则认为可能发生故障，立即定向追踪。若几次检查结果相同，说明确实出了故障，调用知识库进行分析推理，确定是何种故障及其故障部位，并显示出来，严重时则发出停机指令。

4. 分散式安装系统的出现

分散式安装系统的出现为多台变频器分散控制提供了新的设计理念，以往变频器作为电动机调速控制设备，是独立、自成一体的，变频器安装在控制柜内，与电动机相隔一定的距离，这样的集中控制方式的控制柜大、电缆多、设计施工周期长、维修不便。而分散式安装系统则把变频器和电动机做成一体，现场安装，现场布线，电动机到变频器的电缆短、干扰小，减少了设计、安装、调试的时间。这种分散安装系统的设计费用可以减少50%～57%，安装费用可减少40% ～ 60%。这种系统特别适用于机场行李分检、生产线内部物流、自动仓储等。SEW公司和西门子公司都推出了这种分散安装系统。

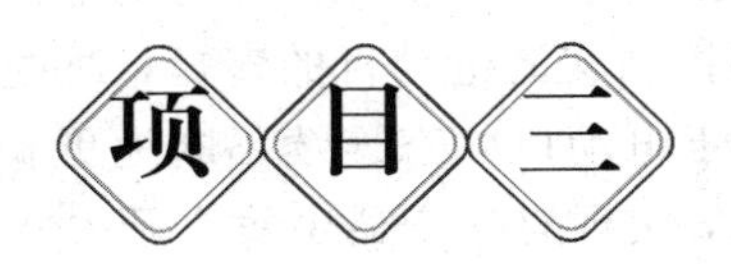

项目三 直流电动机控制电路

❖ 项目导读

直流电动机是将直流电能转换为机械能的电动机。直流电机分为直流电动机和直流发电机。直流电动机具有启动转矩大、调速范围广、调速精度高、调速平滑性好和易实现无极调速等一系列的优点，使得它在生产设备中得到了广泛应用。直流发电机则能提供无脉动的大功率直流电源，且输出电压可以精确调节和控制。

【知识目标】 了解直流电机的分类、结构、工作原理、主要技术参数；熟记他励直流电机的基本控制环节：启动、制动、调速和保护。熟记他励直流电机的启动方法、制动方法。

【能力目标】 能做(接线)会说(原理)：能读懂直流电机的电气控制图，并说出电路的工作原理；能根据他励直流电机的启动、反接制动、能耗制动的控制原理图完成接线、调试。

【素质目标】 安全用电；团队合作；布线规范、美观。

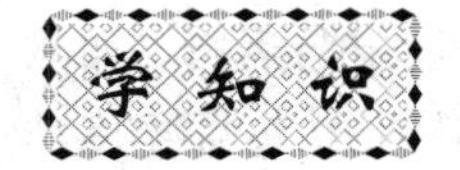

任务1 直流电动机基础知识

一、直流电动机的结构与工作原理

1. 直流电动机的结构

输出或输入为直流电能的旋转电机，称为直流电机，它是能实现直流电能和机械能互相转换的电机。当它作电动机运行时是直流电动机，将电能转换为机械能；作发电机运行时是直流发电机，将机械能转换为电能。直流电机由定子和转子两大部分组成。

直流电机运行时静止不动的部分称为定子，定子的主要作用是产生磁场，由机座、主磁极、换向极、端盖、轴承和电刷装置等组成。运行时转动的部分称为转子，其主要作用是产生电磁转矩和感应电动势，是直流电机进行能量转换的枢纽，所以通常又称为电枢，由转轴、电枢铁芯、电枢绕组、换向器和风扇等组成。直流电动机结构如图 3.1 所示。

2. 直流电动机的工作原理

直流电动机是依据载流导体在磁场中受力的原理而工作的。电动机的转子上绕有线圈，通入电流，定子作为磁场线圈也通入电流，产生定子磁场，通电流的转子线圈在定子磁场中，就会产生电动力，推动转子旋转。转子电流是通过整流子上的碳刷连接到直流电源的。

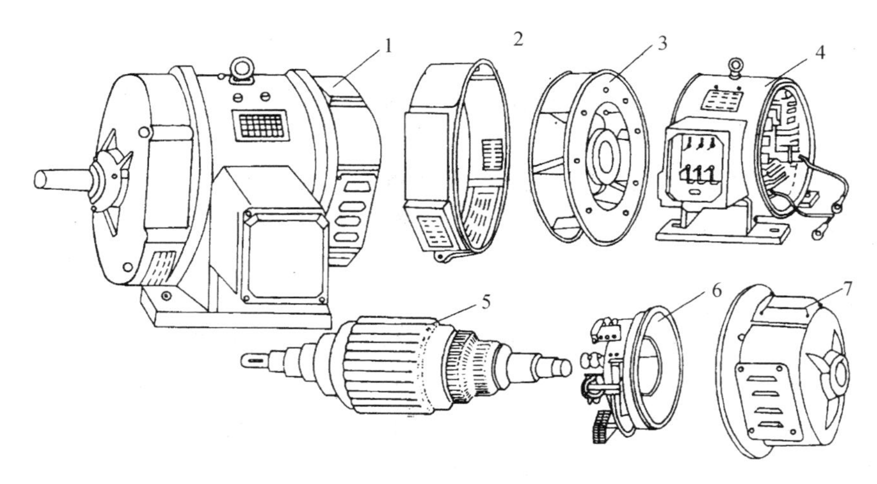

1—直流电机总成；2—后端盖；3—通风机；4—定子总成；
5—转子（电枢）总成；6—电刷装置；7—前端盖

图 3.1　直流电动机结构图

二、直流电动机的分类

直流电动机根据是否配置有常用的电刷-换向器可以将直流电动机分为两类，包括有刷直流电动机和无刷直流电动机。

1. 无刷直流电动机

无刷直流电动机是将普通直流电动机的定子与转子进行了互换。其转子为永久磁铁，产生气隙磁通；定子为电枢，由多相绕组组成。在结构上，它与永磁同步电动机类似。无刷直流电动机定子的结构与普通的同步电动机或感应电动机相同。在铁芯中嵌入多相绕组（三相、四相、五相不等），绕组可接成星形或三角形，并分别与逆变器的各功率管相连，以便进行合理换相。转子多采用钐钴或钕铁硼等高矫顽力、高剩磁密度的稀土料，由于磁极中磁性材料所放位置不同，可以分为表面式磁极、嵌入式磁极和环形磁极。由于电动机本体为永磁电机，所以习惯上把无刷直流电动机也叫做永磁无刷直流电动机。

无刷直流电机是近几年来随着微处理器技术的发展和高开关频率、低功耗新型电力电子器件的应用，以及控制方法的优化和低成本、高磁能级的永磁材料的出现而发展起来的一种新型直流电动机。

无刷直流电动机既保持了传统直流电动机良好的调速性能，又具有无滑动接触和换向火花，可靠性高、使用寿命长及噪声低等优点，因而在航空航天、数控机床、机器人、电动汽车、计算机外围设备和家用电器等方面都获得了广泛应用。

按照供电方式的不同，无刷直流电动机又可以分为两类：① 方波无刷直流电动机，其反电势波形和供电电流波形都是矩形波，又称为矩形波永磁同步电动机；② 正弦波无刷直流电动机，其反电势波形和供电电流波形均为正弦波。

2. 有刷直流电动机

（1）永磁直流电动机。永磁直流电动机分为稀土永磁直流电动机、铁氧体永磁直流电动机和铝镍钴永磁直流电动机。

• 稀土永磁直流电动机：体积小且性能更好，但价格昂贵，主要用于航天、计算机、井下仪器等。

• 铁氧体永磁直流电动机：由铁氧体材料制成的磁极体，廉价，且性能良好，广泛用于家用电器、汽车、玩具、电动工具等领域。

• 铝镍钴永磁直流电动机：需要消耗大量的贵重金属、价格较高，但对高温的适应性好，用于环境温度较高或对电动机的温度稳定性要求较高的场合。

(2) 电磁直流电动机。电磁直流电动机分为串励直流电动机、并励直流电动机、他励直流电动机和复励直流电动机。

• 串励直流电动机：电流串联，分流，励磁绕组是和电枢串联的，所以这种电动机内磁场随着电枢电流的改变有显著的变化。为了使励磁绕组中不致引起大的损耗和电压降，励磁绕组的电阻越小越好，所以直流串励电动机通常用较粗的导线绕成，它的匝数较少。

• 并励直流电动机：并励直流电机的励磁绕组与电枢绕组相并联，作为并励发电机来说，是电机本身发出来的端电压为励磁绕组供电；作为并励电动机来说，励磁绕组与电枢共用同一电源，从性能上讲，与他励直流电动机相同。

• 他励直流电动机：励磁绕组与电枢没有电的联系，励磁电路是由另外直流电源供给的。因此励磁电流不受电枢端电压或电枢电流的影响。

• 复励直流电动机：复励直流电动机有并励和串励两个励磁绕组，若串励绕组产生的磁通势与并励绕组产生的磁通势方向相同称为积复励。若两个磁通势方向相反，则称为差复励。

三、直流电动机的技术参数和用途

1. 技术参数

每台直流电动机出厂前，机座上都钉有一块铭牌，如表3.1所示，它就是一个最简单的说明书，主要包括型号、励磁方式、额定值、励磁电压、励磁电流等。

表3.1 直流电动机铭牌技术参数

型 号	Z4-112/2-1 A	励磁方式	并 励
额定功率	5.5 kW	励磁电压	180 V
额定电压	440 V	励磁电流	0.
额定电流		额定效率	81.2%
额定转速	3000 r/min	绝缘等级	B级
定额	连续	出厂日期	××××年××月

在购买或使用电动机之前，应该要看懂铭牌上的技术参数。

(1) 型号。型号是电动机的类型和规格代号。国产的直流电机型号由汉语拼音字母和阿拉伯数字组成。

如Z4-112/2-1A直流电动机，其中：

Z4：直流电机4系列；

112：机座中心高度(112 mm)；

2：磁极数(2 极)；

1：1 号铁芯长度；

A：A 类电动机。

注意：电动机按用途分为两类：第一类(A 类)：普通工业用直流电动机；第二类(B 类)：金属轧机用直流电动机。A 类和 B 类是指电动机的短时过载能力，B 类比 A 类的过载能力强。

生产机械对电机的要求是各种各样的，就需要有不同规格的电机。为了合理选用电机和不断提高产品的标准化和通用化程度，电机制造厂生产的电机有很多系列。

所谓系列电机就是在应用范围、结构形式、性能水平和生产工艺等方面有共同性，功率按一定比例递增并成批生产的一系列电机。

我国目前生产的直流电机主要系列有：

• Z，Z2，Z3，Z4 等系列：一般用途的小型直流电机系列，是一种基本系列。“Z”表示直流，“3”表示第三次改型设计。系列容量为 0.4 kW～200 kW，电动机的电压为 110 V、220 V，发电机的电压为 115 V、230 V。通风形式为防护式。

• ZF 和 ZD 系列：一般用途的中型直流电机系列。F 表示发电机，D 表示电动机。系列容量自 55 kW(320 r/min)到 1450 kW。电动机的电压为 220 V、330 V、440 V、600 V；发电机的电压为 230 V、350 V、460 V、660 V。发电机的通风形式为开启式和管道通风防护式；电动机为强迫通风式。

• ZZJ 系列：起重、冶金用直流电动机系列。电压有 220 V、440 V 两种。励磁方式有串励、并励、复励 3 种。工作方式有连续、短时和断续 3 种，基本形式为全封闭自冷式。

• ZQ 直流牵引电动机系列。

• Z－H 和 ZF－H 船用电动机和发电机系列等。

(2) 额定功率 P_N：电机在额定情况下允许输出的功率。

(3) 额定电压 U_N：在额定情况下，电刷两端输出或输入的电压，单位为 V。

(4) 额定电流 I_N：在额定情况下，电机流出或流入的电流，单位为 A。

(5) 额定转速 n_N：在额定功率、额定电压、额定电流时电机的转速，单位为 r/min。

(6) 额定励磁电压 U_{fN}：在额定情况下，励磁绕组所加的电压，单位为 V。

(7) 额定励磁电流 I_{fN}：在额定情况下，通过励磁绕组的电流，单位为 A。

注意：额定值是电机制造厂对电机正常运行时有关的电量或机械量所规定的数据。额定值是正确选择和合理使用电机的依据。

2. 直流电动机的用途

由于直流电动机具有良好的启动和调速性能，常应用于对启动和调速有较高要求的场合，如大型可逆式轧钢机、矿井卷扬机、宾馆高速电梯、龙门刨床、电力机车、内燃机车、城市电车、地铁列车、电动自行车、造纸和印刷机械、船舶机械、大型精密机床和大型起重机等生产机械中。

直流发电机主要用作各种直流电源，如直流电动机电源、化学工业中所需的低电压大电流的直流电源、直流电焊机电源等。

会应用

任务 2　直流电动机基本电气控制电路

直流电动机在直流电力拖动系统中，有着不可替代的作用，例如高精度的金属切削机床、轧钢机、造纸机等。在要求较宽的调速范围和较快过渡过程系统中和在要求有较大的启动转矩和一定的调速范围的设备中(如电气机车、电车)，都是使用直流电机拖动的。

由于各种设备和系统的控制要求不同，对直流电机的控制也就不同。从控制的角度出发，可以分为启动、制动、调速和保护等基本环节，这些环节和交流电机的控制环节类似，也是由按钮、接触器和继电器等低压电器组成的。

★案例 1　他励直流电动机启动控制

1. 他励直流电动机启动控制的方法

他励直流电动机的电枢绕组和励磁绕组必须有两个直流电源分别对它们进行供电，而且在他励直流电动机启动时，存在两个必须解决的问题：

一是必须先给励磁绕组加上电压，然后才能给电枢绕组加电压，否则会因为电枢回路没有反电动势平衡外加电源电压，使得电枢绕组中出现远远大于其额定值的电流，极易烧毁电机。

二是除非电动机容量很小，否则不允许全压启动。因为电动机刚启动瞬间转子转速为零，反电动势也为零，在额定电枢电压作用下，电枢电流可达到额定值的十几倍。所以，电枢电压必须分段、逐级增加，以免因为过流而损坏电动机及其他设备。

1）手动控制启动电路

他励直流电动机电枢电路串电阻降压启动是常用方法之一，先串入电阻启动，然后随启动过程的进行逐级短接启动电阻，直到启动完毕。图 3.2 所示为他励直流电动机使用三端启动器工作原理图。图中经刀开关 QS 给电枢绕组和励磁绕组供电，电枢绕组串联几段启动电阻，励磁绕组串入电磁铁线圈。

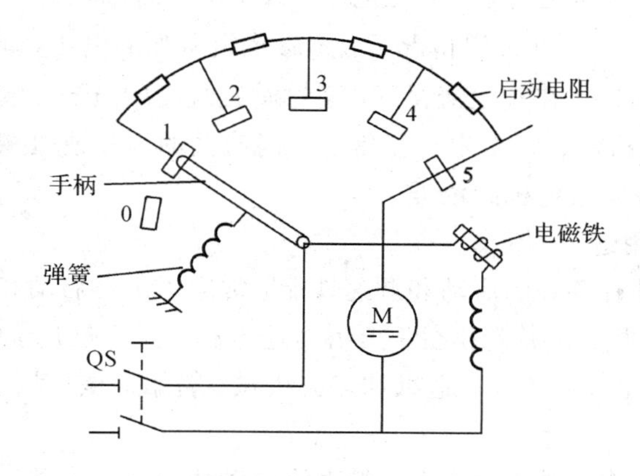

图 3.2　他励直流电动机使用三端启动器的工作原理图

该电路工作原理：

合上 QS 后，将手柄从“0”位置扳到“1”位置，他励直流电动机开始串入全部电阻启动，此时因串入电阻最多，故能够将启动电流限制在比额定工作电流略大一些的数值上。随着转速的上升，电枢电路中反电动势逐渐加大，这时再将手柄依次扳到“2”“3”“4”和“5”位置上，启动电阻被逐段短接，电动机的转速不断提高。当手柄达到“5”的位置时，电动机电枢绕组处于全电压运行状态，电机启动完毕。此时，手柄被电磁铁吸持，即只有具备足够的励磁电流，才能全压运行。因此，三端启动器还具有零励磁和欠励磁的保护功能。

2）接触器控制

利用接触器构成的他励直流电动机降压启动控制电路如图 3.3 所示。按下启动按钮 SB2，接触器线圈 KM 得电，KM 自锁触点闭合，实现自锁。KM 串联在电枢回路，常开触点闭合。电枢串入 $R1$、$R2$、$R3$ 电阻后接入直流电源，开始降压启动。随着电动机转速从零开始上升，接触器 KM1 线圈两端电压也随着上升，当达到接触器 KM1 动作值时动作，其常开触点闭合，将启动电阻 $R1$ 短接。电动机转速继续上升，随后 KM1、KM2 都达到动作值而动作，分别将 $R2$、$R3$ 电阻短接，电动机转速达到额定值，电动机启动完毕，进入正常全压运转。

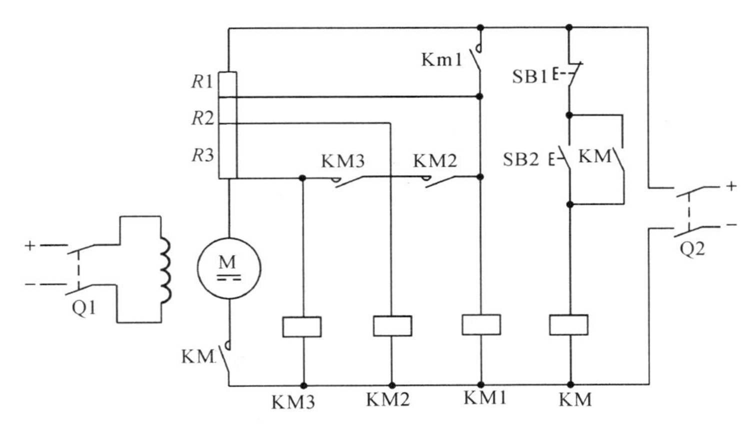

图 3.3　利用接触器构成的他励直流电动机降压启动控制电路

该电路工作原理：

$$Q1^{+} — SB2^{\pm} — KM1^{+}_{自} — M^{-}(串R1、R2、R3启动) \xrightarrow{n_2\uparrow、U_{KM1}\uparrow} KM1^{+} — R1^{-} \xrightarrow{n_2\uparrow\uparrow、U_{KM2}\uparrow}$$

$$KM2^{+} — R1^{-} \xrightarrow{n_2\uparrow\uparrow\uparrow、U_{KM3}\uparrow} KM3^{+} — R3^{-} — M^{-}(全压运行)$$

2. 利用时间继电器自动控制他励直流电动机启动控制电路

图 3.4 是利用接触器和时间继电器配合他励直流电动机电枢串电阻降压启动控制电路。图 3.4 中 KT1 和 KT2 为断电型时间继电器。在开关 SB2 闭合上后，KT1 和 KT2 线圈得电，它们的动断触点立即断开，使接触器 KM2，KM3 线圈断电，那么与电枢串联的电阻 $R1$，$R2$ 串入电路进行降压启动，其中，$\Delta t_1 < \Delta t_2$，即 KT1 整定时间短，其触点先动作；KT2 整定时间长，其触点后动作。图 3.4 所示电路和图 3.3 所示控制电路比较，前者不受电网电压波动的影响，工作可靠性较高，适用于较大功率直流电动机的控制。后者电路简单，所用元器件的数量少。

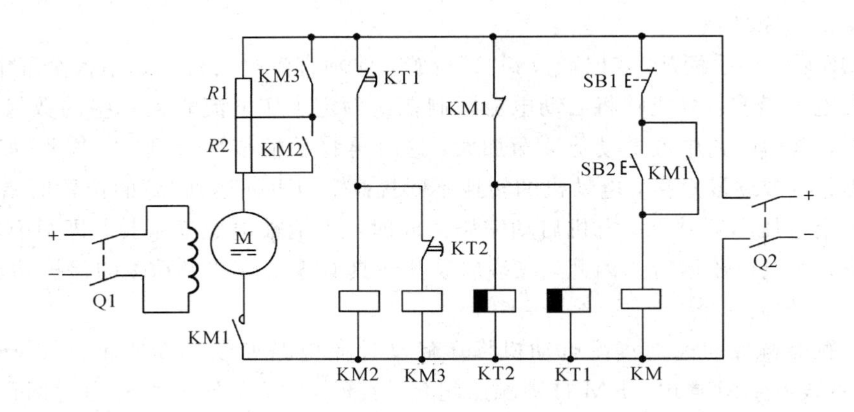

图 3.4　利用接触器和时间继电器配合他励直流电动机启动控制电路

该电路工作原理：

Q2⁺ ─┬─ KT1⁺ ── Km2⁻, Km3⁻ ─┬─ SB2± ── $KM1^{+}_{自}$ ── ①
　　　└─ KT2⁺ ── KM3⁻ ──────┘

① ─┬─ M⁺(串 $R1$、$R2$ 启动)
　　├─ KT1⁻ $\xrightarrow{\Delta t_1}$ KM2⁺ ── $R2$(先切除 $R2$) ── M⁺(串 $R1$ 启动)
　　└─ KT2⁻ $\xrightarrow{\Delta t_2}$ KM3⁺ ── $R1^-$(后切除 $R1$) ── M⁺(全压运行)

★案例 2　他励直流电动机正反转控制

他励直流电动机正反转控制，有两种实现方法，其一是改变励磁电流的方向，其二是改变电枢电流的方向。在实际应用中，改变励磁电流方向来改变电动势转向的方法使用较少，原因是励磁绕组的磁场，在换向时要经过零点，极易引起电动机飞车，另外，励磁绕组电感量较大，在换向时需要有一个放电过程，所以通常都采用改变电枢电流方向的方法来控制直流电动机的正反转。

1. 改变电枢电流方向控制他励直流电动机正反转控制电路

改变电枢电流方向控制他励直流电动机正反转控制电路如图 3.5 所示。图中，电枢电路电源由接触器 KM1 和 KM2 主触点分别接入，但方向相反，从而达到控制正反转的目的。

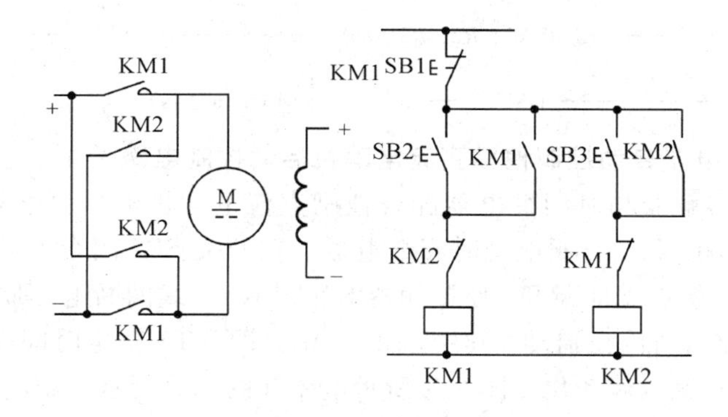

图 3.5　改变电枢电流方向控制他励直流电动机正反转控制电路

该电路工作原理：

正转：

$SB2^{\pm}$ —— $KM1^{+}_{自}$ —┬— M^{+}(正转)
　　　　　　　　　　　　└— $KM2^{-}$(互锁)

停车：

$SB1^{\pm}$ —— $KM1^{-}$ —— M^{-}(停车)

反转：

$SB3^{\pm}$ —— $KM2^{+}_{自}$ —┬— M^{+}(反转)
　　　　　　　　　　　　└— $KM2^{-}$(互锁)

图 3.6 为利用行程开关控制的他励直流电动机正反转控制电路。图中接触器 KM1、KM2 控制电动机正反转，接触器 KM3、KM4 短接电枢启动电阻，行程开关 SQ1、SQ2 可替代正反转启动按钮 SB2、SB3，实现自动往返控制，时间继电器 KT1、KT2 控制启动时间，分别短接启动电阻 $R1$、$R2$、$R3$ 为放电电阻，KA1 为过电流继电器，KA2 为欠电流继电器。

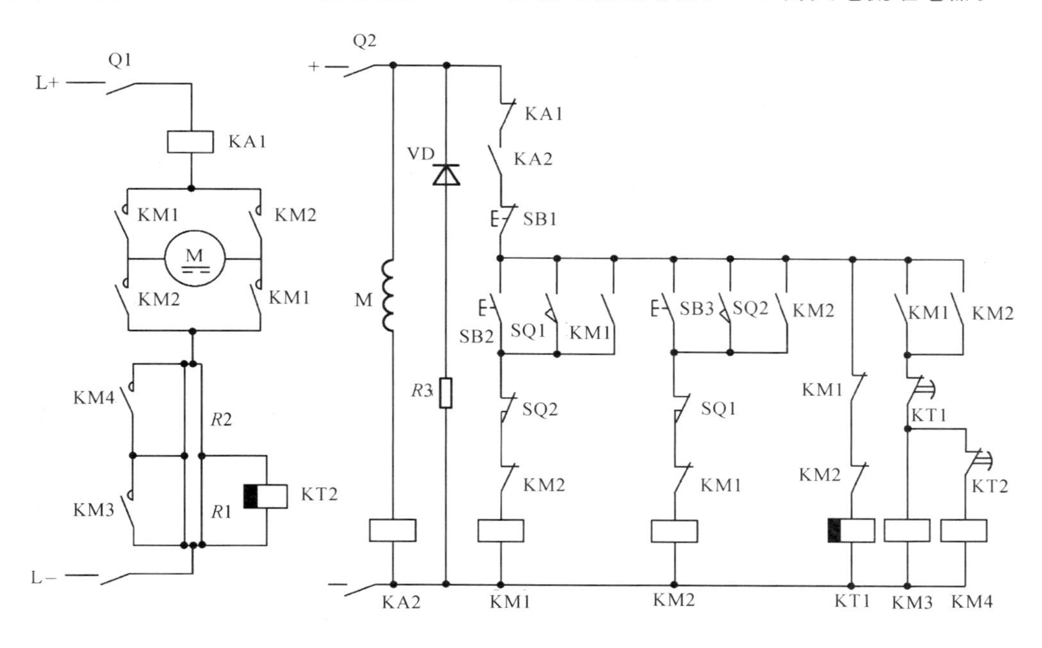

图 3.6　利用行程开关控制的他励直流电动机正反转控制电路

该电路工作原理：

接通电源后，按下启动按钮前，欠电流继电器 KA2 得电动作，断电型时间继电器 KT1 线圈得电，接触器 KM3、KM4 线圈断电。

按下正转启动按钮 SB2，接触器 KM1 线圈得电，时间继电器 KT1 开始延时。电枢电路直流电动机电枢电路串入 $R1$、$R2$ 电阻启动。

随着启动的进行，转速不断提高，经过 KT1 设置的时间后，接触器 KM3 线圈得电。电枢电路中的 KM3 动合主触点闭合，短接掉电阻 $R1$ 和时间继电器 KT2 线圈。$R1$ 被短接，直流电动机转速进一步提高，继续进行降压启动过程。时间继电器KT2被短接，相当于该线圈断电。KT2开始进行延时，经过KT2设置时间值，其触点闭合，使接触器KM4线圈得电。电枢电路中KM4的动合主触点闭合，电枢电路串联启动电阻$R2$被短接。正转启动过程结束，电动机电枢全压运行。

图3.6中的电动机拖动机械设备运动，在限位位置上压下行程开关SQ2，其动断触点断开，使接触器KM1线圈断电，其动合触点闭合接通接触器KM2线圈，电枢电路中的KM1主触点断开，正转停止；KM2主触点闭合，反转开始。该电路由SQ1和SQ2组成自动往返控制，电动机的正反转是由KM1和KM2主触点的闭合情况决定的。

过电流继电器KA1线圈串入电枢电路，起过载保护和短路作用，过载或短路时，过电流继电器因电枢电路电流过大而动作，其常闭触点断开，励磁和控制电路断电。二极管VD和电阻$R3$构成励磁绕组放电回路，防止励磁电流断电时产生过电压。欠电流继电器KA2线圈串联在励磁绕组中，当励磁电流不足时，KA2首先释放。其动合触点恢复断开，切断控制电路，达到欠磁场保护作用。

2. 改变励磁电流方向控制他励直流电动机正反转控制电路

改变励磁电流、改变直流电动机转向时，必须保持电枢电路方向不变，其控制电路如图3.7所示。图3.7中，KM1、KM2主触点的通断决定电流流入励磁绕组的方向，从而确定电动机的转向。电路工作原理与图3.6改变电枢电流方向控制他励直流电动机正反转控制电路基本一致。

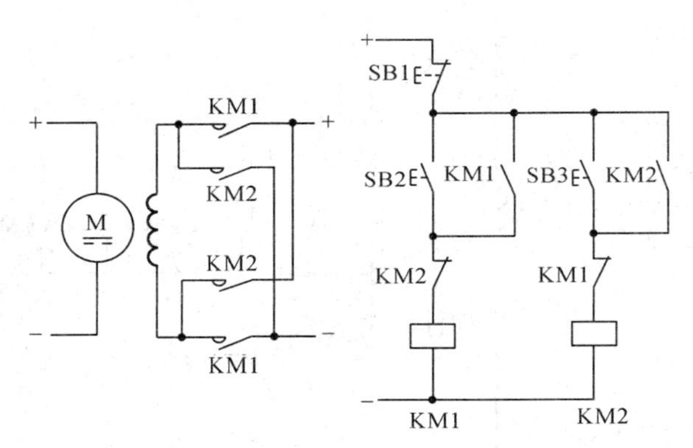

图3.7　改变励磁电流控制电路

★案例3　直流电动机制动控制

与交流电动机一样，直流电动机也可以采用机械制动或电气制动，就是使电动机产生的电磁转矩与电动机旋转方向相反，使电动机转速迅速下降。电气制动的特点是产生的转矩大、易于控制、操作方便。他励直流电动机的电气制动方法有反接制动、能耗制动等。

1. 反接制动控制电路

反接制动工作原理与交流电动机反接制动原理基本一致，将正在作运转的直流电动机电枢两端突然反接，但仍然维持其励磁电流方向不变，电枢将产生反向力矩，强迫电动机迅速停转。

直流电动机单向反接制动控制电路如图3.8所示。图中，接触器KM1控制电动机的正常运转，接触器KM2控制电动机的反接制动。电枢电路中电阻R为制动限流电阻，用于减

小过大的反接制动电流，因为此时电枢电路电流值是由电枢电压和反电动势之和建立的。

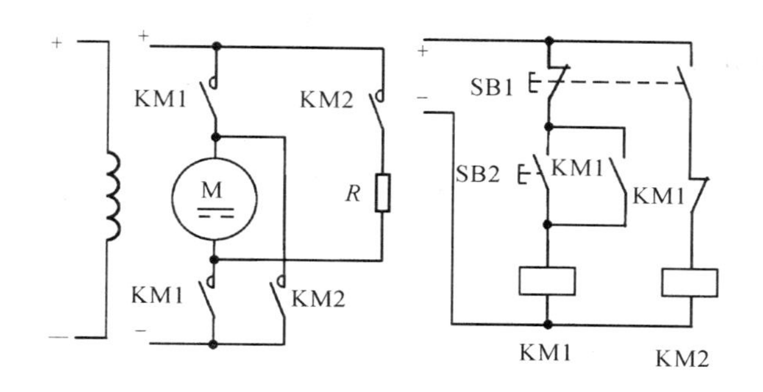

图 3.8　反接制动控制电路

该电路工作原理：

按下启动按钮 SB2，接触器 KM1 线圈得电，其自锁和互锁触点动作，分别对 KM1 线圈实现自锁、对接触器 KM1 线圈实现互锁。电枢电路中的 KM1 主触点闭合，电动机电枢接入电源，电动机运转。

按下制动按钮 SB1，其动断触点先断开，使接触器 KM1 线圈断电，解除 KM1 的自锁和互锁，主回路中的 KM1 主触点断开，电动机电枢惯性旋转。SB1 的动合触点后闭合，接触器 KM2 线圈得电，电枢电路中的 KM2 主触点闭合，电枢接入反方向电源，串入电阻进行反接制动。

反接制动必须在转速为零时切断制动电源，否则会引起电动机反向启动，为此，和异步电动机反接制动一样，采用与电枢同轴的速度继电器(图中未画出)控制，这样制动的准确性比手动控制高，另外，反接制动过程中冲击强烈，极易损害传动零件，但反接制动的优点也十分明显，自动力矩大、制动速度快、电路简单、操作较方便，鉴于反接制动的这些特点，反接制动一般适用于不经常启动与制动的场合。

2．能耗制动控制电路

能耗制动是将正在运转的电动机电枢从电源上断开，串入外接能耗制动电阻后，再与电枢组成回路，并且维持原来的励磁电流，使机械系统和电枢的惯性动能转换成电能消耗在电枢和外接电阻上，迫使电动机迅速停止转动。

直流电动机的能耗制动控制电路如图 3.9 所示。电枢电路中的 KM2 动合触点在能耗制动时将制动电阻 R 接入电路。

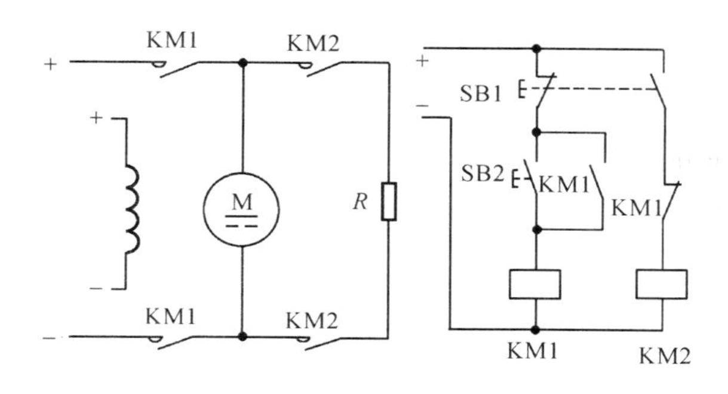

图 3.9　能耗制动控制电路

该电路工作原理：

SB2为启动按钮，它可以接通接触器KM1线圈。按下制动按钮SB1时，接触器KM2线圈得电，电枢电路中的电阻R串入，直流电动机进入能耗制动状态，随着制动的进行，电动机减速。

能耗制动所串入制动电阻的阻值大小选择十分重要，若阻值选择较大，致使制动电流小，制动缓慢，若制动电阻选择较小，制动电流大，制动迅速，但其电流可能会超过电枢电路的允许值。一般情况下，按最大制动电流小于两倍额定电流来选择比较合适。

能耗制动的优点是，准确平稳制动，能量消耗少，能耗制动的弱点是制动力矩小，制动速度不快。

★案例4　直流电动机的保护

直流电动机的保护是保证电动机正常运转，防止电动机或机械设备损坏，保护人身安全的需要，所以直流电动机的保护环节是电气控制系统中不可缺少的组成部分。这些保护环节包括短路保护、过压和失压保护、过载保护、限速保护、励磁保护等。有些保护环节与交流异步电动机保护环节完全一样，下面主要介绍过载保护和励磁保护。

1. 直流电动机的过载保护

直流电动机在启动制动或短时过载时，电流会很大，应将电流限制在允许过载的范围内。直流电动机的过载保护一般是利用过电流继电器来实现的。保护电路如图3.10所示，电枢电路串联过电流继电器KA2。

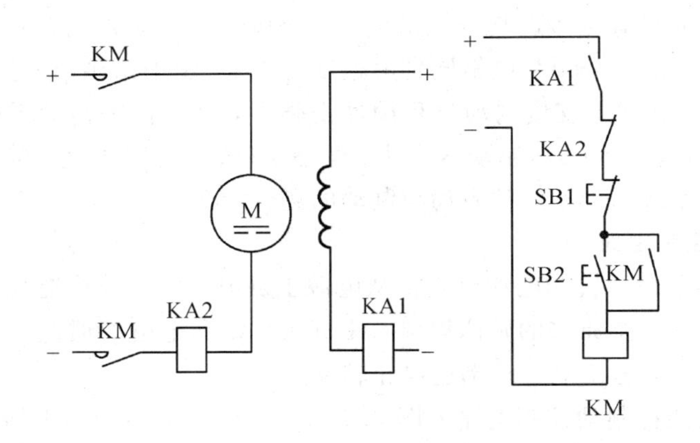

图3.10　直流电动机的保护电路

该电路工作原理：

电动机负载正常时，过电流继电器中通过的电枢电流正常，KA2不动作，其动断触点保持闭合状态，控制电路能够正常工作。一旦发生过载情况，电枢电路的电流会增大，当其值超过KA2的整定值时，过电流继电器KA2动作，其动断触点断开，切断控制电路，使直流电动机脱离电源，起到过载保护的作用。

2. 直流电动机的励磁保护

直流电动机在正常运转状态下，如果励磁电路的电压下降较多，或者突然断电，会引起电动机的速度急剧上升，出现“飞车”现象。“飞车”现象一旦发生，会严重损坏电动机或者机械设备，直流电动机防止丢失励磁或削弱励磁的保护，是采用欠电流继电器来实现

的，如图3.10所示。

图3.10中，励磁电路串联欠电流继电器KA1，当励磁电流合适时，欠电流继电器吸合，其动合触点闭合，控制电路能够正常工作。当励磁电流减小或为零时，欠电流继电器因电流过低而释放，其动合触点恢复断开状态，切断控制电路，使电动机脱离电源，起到励磁保护的作用。

项目小结

本项目主要内容：

• 直流电机的分类、结构、工作原理、主要技术参数；

• 他励直流电机的启动方法、制动方法、正反转控制方法；

• 他励直流电机的基本控制环节：启动、制动、正反转和保护电路的工作原理及接线。

项目三知识结构图如图3.11所示。

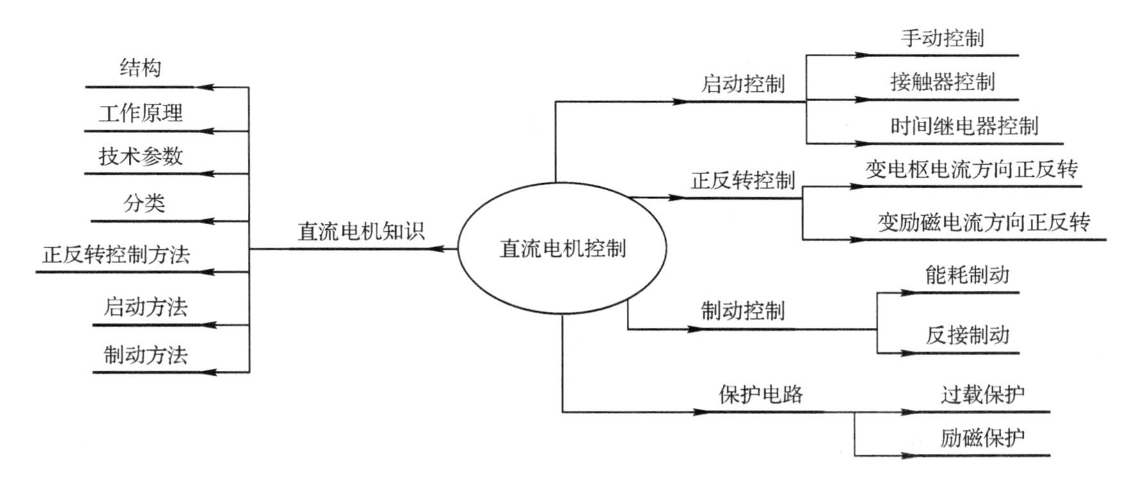

图3.11　项目三知识结构图

习　题　3

一、填空题

1. 直流电动机，将电能转换为________；直流发电机，将________转换为电能。

2. 直流电机由________和________两大部分组成。

3. 他励直流电动机正反转控制，有两种实现方法，其一是改变励磁电流的方向，其二是改变电枢电流的方向。实际常用的是________。

4. 他励直流电动机的电气制动方法有________、________等。

5. 直流电动机的保护环节包括短路保护、过压和失压保护、过载保护、________、

________等。

二、判断题

1. 由于反接制动消耗能量大、不经济，所以适用于不经常启动与制动的场合。(　　)

2. 要改变他励直流电动机的旋转方向，必须同时改变电动机电枢电压的极性和励磁的极性。(　　)

3. 直流电动机进行能耗制动时，必须将所有电源切断。(　　)

4. 直流电动机的弱磁保护采用欠电流继电器。(　　)

5. 直流电动机的过载保护采用热继电器。(　　)

三、选择题

1. 直流电动机反接制动时，当电动机转速接近零时，就应立即切断电源，防止(　　)。

A. 电流增大　　B. 电动机过载

C. 发生短路　　D. 电动机反转

2. 直流电动机的过载保护就是电动机的(　　)。

A. 过电压保护　　B. 过电流保护

C. 超速保护　　D. 短路保护

3. 改变直流电动机励磁电流方向的实质是改变(　　)。

A. 电压的大小　　B. 磁通的方向

C. 转速的大小　　D. 电枢电流的大小

四、问答题

1. 他励直流电动机降压启动控制电路中使用了哪些低压器件，其电路是如何工作的？

2. 他励直流电动机正反转控制有哪两种方法可以实现？图3.6所示的控制电路中使用了哪些低压器件，其电路是如何工作的？

3. 图3.8所示的他励直流电动机反接制动电路中使用了哪些低压器件，其电路是如何工作的？

控　制　电　机

1. 旋转变压器

旋转变压器一般有两极绕组和四极绕组两种结构形式。两极绕组旋转编码器的定子和转子各有一对磁极，四极绕组则各有两对磁极，主要用于高精度的检测系统。除此之外，还有多极式旋转变压器，用于高精度绝对式检测系统。

旋转变压器是一种电磁式传感器，又称同步分解器。它是一种测量角度用的小型交流电动机，用来测量旋转物体的转轴角位移和角速度，由定子和转子组成。其中定子绕组作为变压器的原边，接受励磁电压，励磁频率通常为400 Hz、3000 Hz及5000 Hz等。转子绕组作为变压器的副边，通过电磁耦合得到感应电压。旋转变压器的工作原理和普通变压器基本相似，区别在于普通变压器的原边、副边绕组是相对固定的，所以输出电压和输入电压之比是常数，而旋转变压器的原边、副边绕组则随转子的角位移发生相对位置的改变，因而其输出电压的大小随转子角位移而发生变化，输出绕组的幅值与转子转角成线性关系。

旋转变压器是一种精密角度、位置、速度检测装置，适用于所有使用旋转编码器的场合，特别是高温、严寒、潮湿、高速、高震动等信号编码器无法正常工作的场合。

2. 自整角机

自整角机主要包括力矩式自整角机、控制式自整角机、数字式自整角机。自整角机是利用自整步特性将转角变为交流电机或由交流电压转变为转角的感应式微型电机，在伺服系统中被用作测量角度的位移传感器。自整角机还可用以实现角度信号的远距离传输、变换、接收和指示。两台或多台电机通过电路的联系，使机械上互不相连的两根或多根转轴自动地保持相同的转角变化，或同步旋转。电机的这种性能称为自整步特性。在伺服系统中，产生信号一方所用的自整角机称为发送机，接收信号一方所用的自整角机称为接收机。自整角机广泛应用于冶金、航海等位置和方位同步指示系统和火炮、雷达等伺服系统中。

3. 测速发电机

测速发电机主要包括直流测速发电机、交流测速发电机、特种测速发电机。测速发电机的工作原理是将转速变为电压信号，它运行可靠，但体积大、精度低，且测量值是模拟量，必须经过A/D转换后读入计算机。脉冲发生器的工作原理是按发电机的转速高低，每转发出相应数目的脉冲信号。按要求选择或设计脉冲发生器，能够实现高性能检测。

4. 伺服电动机

伺服电动机分交、直流两类。交流伺服电动机的工作原理与交流感应电动机相同。在定子上有两个相空间位移90°电角度的励磁绕组和控制绕组接一恒定交流电压，通过交流电压或相位的变化，从而达到控制电动机运行的目的。

交流伺服电动机具有运行稳定、可控性好、响应快速、灵敏度高以及机械特性和调节特性的非线性度指标严格等特点，应用于各种包装机、焊接机、贴片机。

5. 微特同步电机

微特同步电机包括永磁同步电动机、磁阻同步电动机、磁滞同步电动机、低速同步电动机。

微特同步电机的特点：转速不随负载和电压而变化，只与频率有关；运行稳定性好，具有较强的过载能力；运行效率高，在低速时，同步电动机这一点尤为突出；能以超前功率因数运行，有利于改善电网功率因数。其缺点是不能连续启动。

微特同步电机的应用范围：微特同步电机的额定功率从零点几瓦到数百瓦，由于同步电动机的转速在一定的输出功率范围内是不随负载变化的，这种恒速特性使得微型同步电机在诸如纺织机械、医疗器械、智能门窗和自动记录装置等所有小功率恒转速大力矩设备中得到了广泛的应用。

6. **无刷直流电动机**

无刷直流电动机按照工作特性可以分为两大类：

(1) 具有直流电机特性的无刷直流电机。

(2) 具有交流电机特性的无刷直流电机。

无刷直流电动机的工作原理及应用范围：与普通结构的永磁直流电动机不同，在无刷直流电动机中，电枢绕组放置在定子上，永磁体则放置在转子上。定子各相电枢绕组相对于转子永磁体的位置，有转子位置传感器通过电子方式或电磁方式感知，并利用其输出信号，通过电子开关控制电路，按照一定的逻辑程序去驱动与电磁绕组相连接的电力电子开关器件，把电流导通到相应的电枢绕组。随着转子的连续旋转，位置传感器不断地发送转子位置信号，使电枢绕组不断地依次通电，不断改变通电状态，从而使得转子各磁极下电枢导体中流过电流的方向始终不变。这就是无刷直流电动机电子转向的实质，其应用于绕线机、跑步机、医用离心机、纺织机械等。

7. **步进电动机**

步进电动机的工作原理及应用范围：步进电机是一种将电脉冲转换为角位移的执行机构。当步进驱动器接收到一个脉冲信号，它就驱动步进电机按设定的方向转动一个固定的角度，它的旋转是以固定的角度一步一步运行的。可以通过控制脉冲个数来控制角位移量，从而达到准确定位的目的；同时可以通过控制脉冲频率来控制电机转动的速度和加速度，从而达到调速的目的。步进电机可以作为一种控制用的特种电机，其没有积累误差，广泛应用于各种开环控制。

随着新材料、新技术的发展及电子技术和计算机的应用，步进电动机及驱动器的研制和发展进入了新阶段。过去，人们认为伺服系统一定优于步进系统的观念也发生着很大的变化，现代的步进系统已完全不是过去的步进系统。定位驱动装置已经过“步进—直流伺服—交流伺服”，再度回到步进系统。步进系统的回归源自于其无需反馈就形成了开环控制系统，使系统结构大大简化、使用维护更加方便、工作可靠，在一般使用场合具有足够高的精度等特点。

步进电动机还有下列优点：

(1) 步距值不受各种干扰因素的影响。如电压的大小、电流的数值、波形及温度的变化等，相对来说都不影响步距值。也就是说，转子运动的速度主要取决于脉冲信号的频率，而转子运动的总位移量则取决于总的脉冲信号数。

(2) 误差不积累。步进电动机每走一步所转过的角度(实际步距值)与理论步距值之间总有一定的误差，从某一步到任何一步，也就是走任意步数以后，总有一定的误差。但因每转一圈的累积误差为零，所以步距的误差不是积累的。

(3) 控制性能好。启动、转向及其他任何运行方式的改变，都在少数脉冲内完成。在一定的频率范围内运行时，任何运行方式都不会丢失一步的。

由于步进电动机有上述特点和优点而广泛应用在机械、冶金、电力、纺织、电信、电子、仪表、化工、轻工、办公自动化设备、医疗、印刷以及航空航天、船舶、兵器、核工业等国防工业等领域。例如机械行业中，在数控机床上的应用是典型的例子。可以说，步进电动机是经济型数控机床的核心。由步进系统实现开环控制，使得改变加工对象快捷、系统调试方便、工作可靠、成本较低的数控机床成为当前机床发展的主要方向之一。其他行业中应用实例有如：印刷机械、包装机械、梭织机、电脑绣花机、钟表、户外自动广告牌、自动移靶机、计算机外设、自动绘图仪、吸脂机等。

步进电机伺服系统具有价格低、简单、可靠等交直流伺服系统无法比拟的优点，但由于它的运行速度低、驱动器效率低和发热量大等缺点，使它的使用范围受到限制。针对存在的问题，随着新材料、电机设计与制造技术、电力电子技术、微电子技术、控制技术等的进步，为步进电机驱动器性能的提高提供了条件，出现了许多步进电机驱动控制方式。步进电机控制系统由控制器、驱动器和步进电机组成。它们之间是相互配套的，目前的驱动器一般都为集成产品，而不是由分离产品构成，主要应用于各种工业场合，而对于小型水电站及对步进电机要求较低的场合，良好的步进电机驱动电路，能够使步进电机在较大的转速范围内都有很强的负载能力。而要运转平稳、降低噪声，还要在一定程度上提高步进精度。

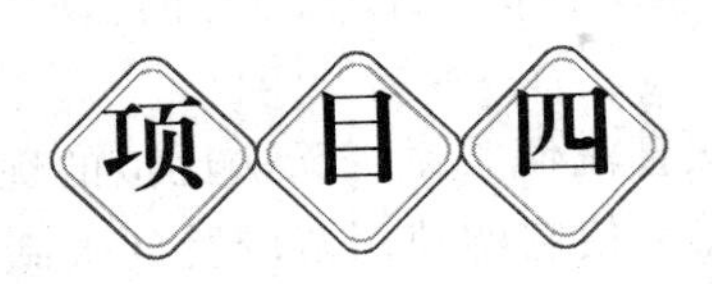

项目四 可编程控制器选型

❖ **项目导读**

可编程控制器是专用的带CPU的工业控制电子系统。在本项目中，我们将了解PLC的定义、分类、工作原理、主要参数及应用领域、PLC硬件系统主要由哪些部分组成。通过学习，做到能根据控制要求，查阅PLC手册，选型PLC硬件系统。

【知识目标】 了解PLC的定义、分类、结构、工作原理；熟记PLC的主要技术参数及应用领域；熟记欧姆龙CP1H硬件系统的组成；了解PLC的各个模块(CPU、开关量I/O模块、模拟量I/O模块以及特殊功能模块)及其参数，知道如何根据控制需要选型PLC。

【能力目标】 能查(手册)会选(硬件)：能根据控制要求，查找相关的PLC选型手册和硬件手册，选择高性价比的PLC硬件系统。

【素质目标】 工程师素质(现场调研、搜索手册、阅读手册)；团队合作。

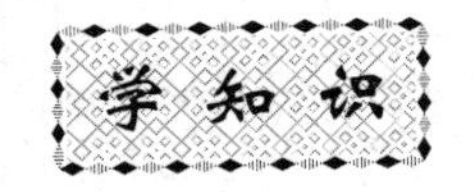

任务1 可编程控制器基础知识

一、可编程控制器概述

1. 可编程控制器的定义

最初可编程逻辑控制器(Programmable Logic Controller，简称PLC)，只能进行逻辑运算，主要用于顺序控制。随着计算机技术的发展，PLC的功能不断扩展和完善，所以美国电气制造商协会将其正式命名为可编程控制器(Programmable Logic Controller，简称PC)，但为区别于个人电脑(Programmable Controller，简称PC)，仍然简称PLC。

国际电工委员会于1987年对可编程控制器定义如下：可编程控制器是专为在工业环境下应用而设计的一种数字运算操作的电子装置，是带有存储器、可以编制程序的控制器，它能够存储和执行指令，进行逻辑运算、顺序控制、定时、计数和算术等操作，并通过数字式和模拟式的输入/输出控制各类的机械和生产过程。可编程控制器及其有关的外围设备，应该按易于与工业控制系统形成一体、易于扩展其功能的原则设计。

2. 可编程控制器的历史

20世纪60年代中期，美国通用汽车公司(GM)为适应生产工艺不断更新的需要，提出一种设想，把计算机的功能完善、通用灵活等优点和继电器控制系统的简单易懂、操作方便、价格低廉等优点结合起来，并由此提出了新型电气控制系统的十条招标要求，其中包

括：工作特性比继电器控制系统可靠；占位空间比继电器控制系统小；价格上能与继电器控制系统竞争；必须易于编程；易于在现场变更程序；便于使用、维护、维修；能直接推动电磁阀、电动机启动器及与此相当的执行机构；能向中央数据处理系统直接传输数据等。美国数字设备公司(DEC)根据这一招标要求，于1969年研制成功了第一台可编程控制器PDP-14，并在汽车自动装配线上试用成功。

这项新技术的使用，在工业界产生了巨大的影响，从此可编程控制器在世界各地迅速发展起来。1971年，日本造出了日本的第一台可编程控制器。1973—1974年，德国、法国相继研制成功可编程控制器。我国于1977年研制成功第一台可编程控制器并应用于工业生产控制。

可编程控制器的发展经历了四代。目前的第四代可编程控制器全面使用16位、32位处理器作为CPU，存储容量更大，可以直接用于一些规模较大的复杂控制系统；编程语言方面，除了可使用传统的梯形图、流程图等外，还可以使用高级语言；其外设也更加多样化。

现在PLC广泛应用于工业控制的各个领域。PLC技术、机器人技术和CAD/CAM技术共同构成了工业自动化的三大支柱。本书主要介绍日本欧姆龙公司CP1H小型机的使用。

3. **可编程控制器的发展趋势**

由于工业生产对自动控制系统需求的多样性，PLC的发展方向有两个：

一是朝着小型、简易、价格低廉的方向发展。单片机技术的发展，促进了PLC向紧凑型发展，体积减小，价格降低，可靠性不断提高。这种小型的PLC可以广泛取代继电器控制系统，应用于单机控制或小型生产线的控制，如欧姆龙的CP1X系列、三菱的FX系列以及西门子的S7-200、S7-1200等产品。

二是朝着大型、高速、网络化、多功能的方向发展。大型的PLC一般为多处理器系统，有较大的存储空间和功能强劲的输入/输出(I/O)接口；通过丰富的智能外设接口，可以实现流量、温度、压力、位置等闭环控制；通过网络接口(现场总线、以太网等)，可以级联不同类型的PLC和计算机，从而组成控制范围很大的局域网络，适用于大型的自动化控制系统，如欧姆龙的CS/CS1D系列、三菱的Q系列以及西门子的S7-300、S7-400等产品。

二、可编程控制器的分类与特点

1. **可编程控制器的分类**

PLC的种类很多，其功能、内存容量、控制规模、外形等方面差异较大，因此PLC的分类标准也不统一，但仍然可以按照其I/O点数、结构形式、实现功能进行大致的分类。

(1) 按I/O点数分类。PLC按I/O的总点数可分为小于256点的小型机、256～2048点的中型机及超过2048点的大型机。

(2) 按结构形式分类。PLC按硬件的结构形式可分为整体式PLC和组合式PLC。整体式PLC的CPU、存储器、I/O接口安装在同一机体内，其结构紧凑，体积小，价格低，但配置灵活性较差；组合式PLC在硬件配置上具有较高的灵活性，其模块可以像搭积木一样进行组合，以构成不同控制规模和功能的PLC，因此又被称为积木式PLC，如图4.1所示。

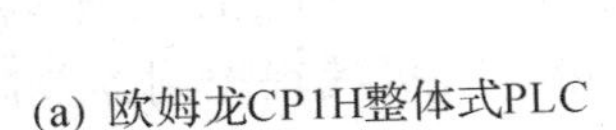

(a) 欧姆龙CP1H整体式PLC　　(b) 欧姆龙CS1D/1H组合式PLC

图 4.1　欧姆龙 PLC 实物

(3) 按所实现的功能分类。PLC 按所实现的功能分为低档、中档和高档三类。

• 低档机具有逻辑运算、定时、计数、移位、自诊断、监控等基本功能和一定的算术运算、数据传送、比较、通信和模拟量处理功能。

• 中档机除具有低档机的功能以外，还具有较强的算术运算、数据传送、比较、通信、中断处理和回路控制功能。

• 高档机在中档机的基础之上，增加了带符号的运算、矩阵运算以及函数、表格、CRT 显示、打印等功能。

一般来说，低档机多为小型 PLC，采用整体结构，中档机可为大、中、小型 PLC，且中小型 PLC 多为整体结构，大中型 PLC 为组合式结构。高档机多为大型 PLC，采用组合式结构，目前，得到广泛应用的都是中低档机。

2. 可编程控制器的特点

PLC 作为一种新型的控制装置，与传统的继电器控制系统相比，具有响应时间快、控制精度高、可靠性好、控制程序可随工艺改变、容易和计算机连接、维修方便、体积小、重量轻、功耗低等诸多高品质与功能。

PLC 是在按钮开关、限位开关和其他传感器等发出的监控输入信号作用下进行工作的。输入信号作用于用户程序，便产生输出信号，而这些输出信号可直接控制外部的控制系统，如电动机、接触器、电磁阀、指示灯等。

PLC 是微机技术与传统的继电接触控制技术相结合的产物，它克服了继电接触控制系统中的机械触点的接线复杂、可靠性低、功耗高、通用性和灵活性差的缺点，充分利用了微处理器的优点，又照顾到现场电气操作维修人员的技能与习惯，特别是 PLC 的程序编制，不需要专门的计算机编程语言知识，而是采用了一套以继电器梯形图为基础的简单指令形式，使用户程序编制形象、直观、方便易学；调试与查错也都很方便。

三、可编程控制器的基本结构

1. PLC 的结构及各部分的作用

PLC 的类型繁多，功能和指令系统也不尽相同，但结构与工作原理则大同小异，通常由主机、I/O 接口、电源、编程器(I/O)扩展器接口和外部设备接口等几个主要部分组成。PLC 的硬件系统结构如图 4.2 所示。

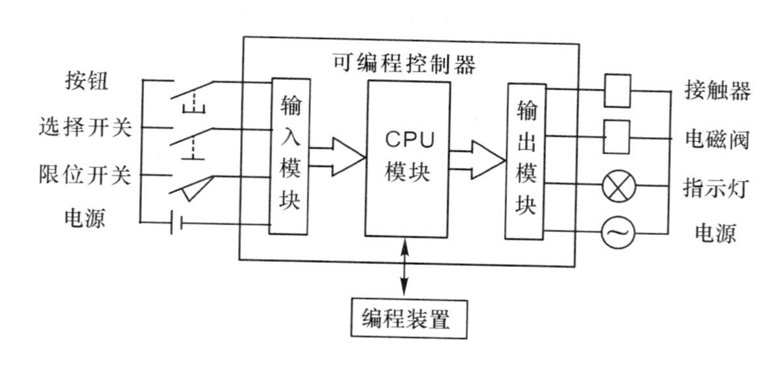

图 4.2　PLC 的硬件系统结构图

1）主机

主机部分包括中央处理器(CPU)、系统程序存储器和用户程序及数据存储器。CPU 是 PLC 的核心，它用以运行用户程序、监控 I/O 接口状态、作出逻辑判断和进行数据处理，即读取输入变量、完成用户指令规定的各种操作，将结果送到输出端，并响应外部设备(如编程器、电脑、打印机等)的请求以及进行各种内部判断等。PLC 的内部存储器有两类：一类是系统程序存储器，主要存放系统管理和监控程序及对用户程序作编译处理的程序，系统程序已由厂家固定，用户不能更改；另一类是用户程序及数据存储器，主要存放用户编制的应用程序及各种暂存数据和中间结果。

2）I/O 接口

I/O 接口是 PLC 与 I/O 设备连接的部件。输入接口接收输入设备(如按钮、传感器、触点、行程开关等)的控制信号。输出接口是将主机经处理后的结果通过功放电路去驱动输出设备(如接触器、电磁阀、指示灯等)。I/O 接口一般采用光电耦合电路，以减少电磁干扰，从而提高了可靠性。I/O 点数即 I/O 端子数，是 PLC 的一项主要技术指标，通常小型机有几十个点，中型机有几百个点，大型机超千点。

3）电源

电源是指为 CPU、存储器、I/O 接口等内部电子电路工作所配置的直流开关稳压电源，通常也为输入设备提供直流电源。

4）编程器

编程器是 PLC 的一种主要的外部设备，用于手持编程，用户可用以输入、检查、修改、调试程序或监示 PLC 的工作情况。除手持编程器外，还可通过适配器和专用电缆线将 PLC 与电脑连接，并利用专用的工具软件进行电脑编程和监控。

5）I/O 扩展接口

I/O 扩展接口用于连接扩充外部 I/O 端子数的扩展单元与基本单元(即主机)。

6）外部设备接口

此接口可将编程器、打印机、条码扫描仪等外部设备与主机相连，以完成相应的操作。

2. PLC 的工作原理

1）可编程控制器中的梯形图与继电器

梯形图是从继电器控制的电气原理图演变而来的，继电器控制电路的元件图如图

4.3(a)所示；PLC 梯形图所用器件与此类似，如图 4.3(b)所示。

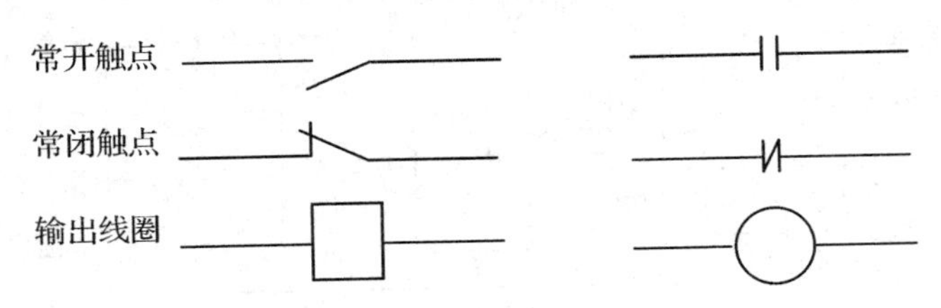

图 4.3　PLC 梯形图器件与继电器控制电路元件的对应关系

图 4.4 为三相鼠笼式异步电动机启停控制电路，若改用欧姆龙 CP1H 型 PLC 实现控制，按控制要求可设计如图 4.5 所示的 I/O 连线图。

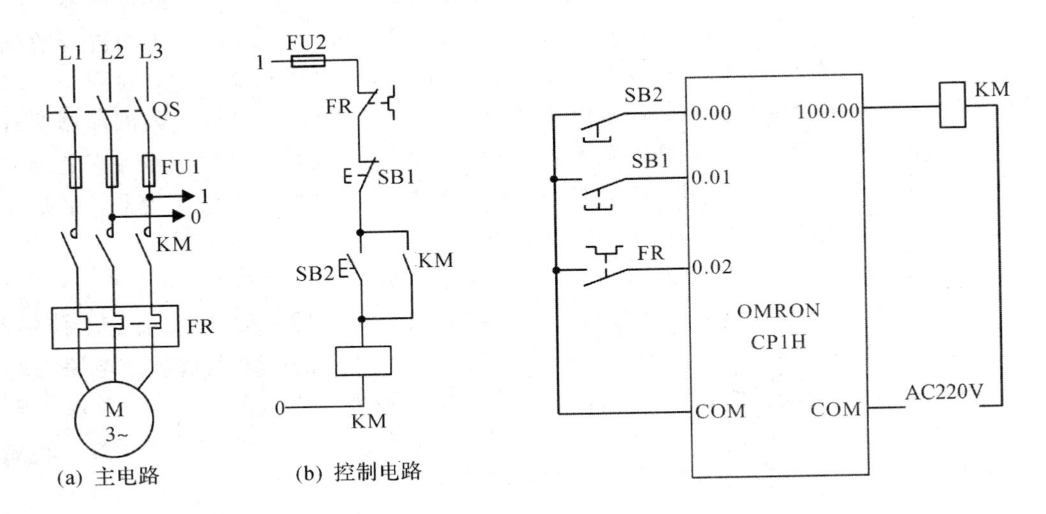

图 4.4　三相异步电动机的启停电路　　图 4.5　三相异步电动机 PLC 控制的 I/O 连线图

不难看出，图 4.5 所示的梯形图与图 4.4(b)所示的继电器控制电路很相似。梯形图是 PLC 的主要编程语言。对于使用者来说，在编制应用程序时，可不考虑 PLC 内部的复杂构成和使用的计算机语言，而把 PLC 看成是内部具有许多“软继电器”组成的控制器，用提供给使用者的近似于继电器控制线路图的梯形图进行编程。这些元件的符号在欧姆龙的 PLC 编程软件中经常用到，如表 4.1 所示。

表 4.1　欧姆龙编程软件常用的梯形图符号

常开触点	常闭触点	并联常开触点	并联常闭触点	输出线圈	输出常闭线圈	指令	功能模块调用	功能块参数

梯形图中触点在左边，与左侧垂直公共母线(左母线)相连，线圈在最右边，接右侧垂直公共母线，右母线可以省略。根据三相异步电动机的控制原理，编写如图 4.5 所示的

PLC控制电路图的梯形图，如图4.6所示。

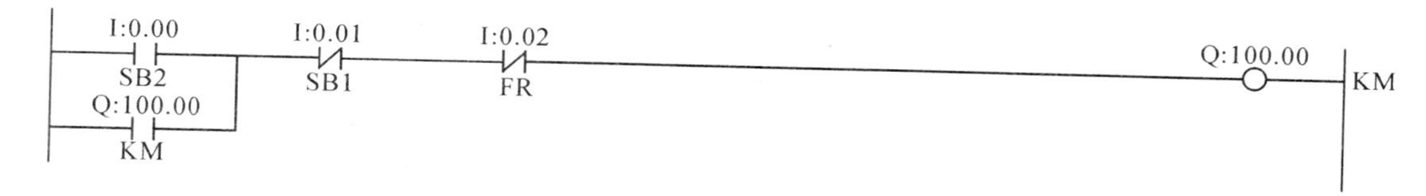

图4.6　三相异步电动机PLC控制电路图的梯形图

但要注意，PLC内部的继电器并不是物理继电器(硬件继电器)，其实质是存储器中的某些触发器。该触发器为状态"1"时，相当于继电器得电；该触发器为状态"0"时，相当于继电器失电。

前面提到，PLC的特点之一是控制程序可随工艺改变，当被控制对象、控制方案和工艺流程改变时，不需改变PLC硬件，只需改变程序就可实现不同的控制。假设根据生产工艺需要，按下启动按钮SB2后电动机只需运行1 min就自行停止，若遇紧急情况，可随时停止电动机运行。显然，若采用继电器控制，需要改变图4.4(b)才能实现。但若采用PLC控制，则根本不需改变任何连线和增加任何器件，只需修改梯形图和指令程序即可。修改后的梯形图如图4.7所示。

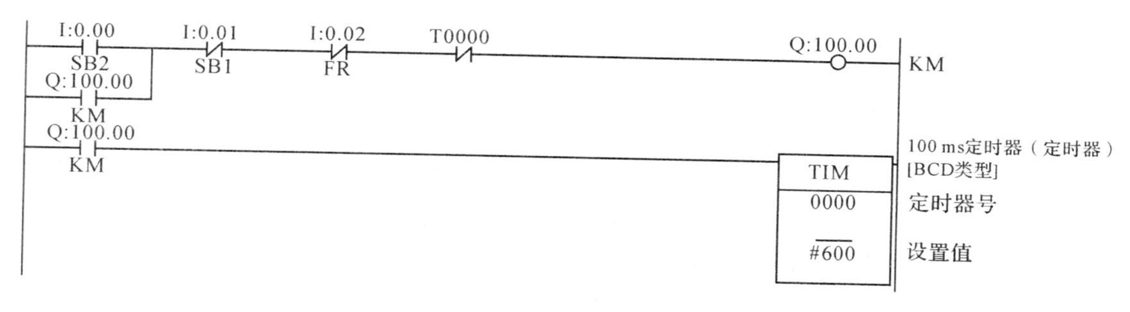

图4.7　修改后运行1 min停止的梯形图

2）可编程控制器的工作过程

可编程控制器实现某一用户程序的工作过程如图4.8所示，可分为三个阶段：输入采样阶段、程序执行阶段和输出处理阶段。

(1) 输入采样阶段。CPU将全部现场输入信号如按钮、限位开关、速度继电器等的状态(通/断)经PLC的输入端子读入映像寄存器，这一过程称为输入采样或扫描阶段。进入下一阶段即程序执行阶段时，输入信号若发生变化，输入映像寄存器也不予理睬，只有等到下一扫描周期输入采样阶段时才被更新。这种输入工作方式称为集中输入方式。

(2) 程序执行阶段。CPU从0000地址的第一条指令开始，依次逐条执行各指令，直到执行到最后一条指令。PLC执行指令程序时，要读入输入映像寄存器的状态(ON或OFF，即1或0)和其他编程元件的状态，除输入继电器外，一些编程元件的状态随着指令的执行不断更新。CPU按程序给定的要求进行逻辑运算和算术运算，运算结果存入相应的元件映像寄存器，把将要向外输出的信号存入输出映像寄存器，并由输出锁存器保存。程序执行阶段的特点是依次顺序执行指令。

(3) 输出处理阶段。CPU将输出映像寄存器的状态经输出锁存器和PLC的输出端子，传送到外部去驱动接触器、电磁阀和指示灯等负载。这时输出锁存器的内容要等到下一个扫描周期的输出阶段到来才会被刷新。这种输出工作方式称为集中输出方式。

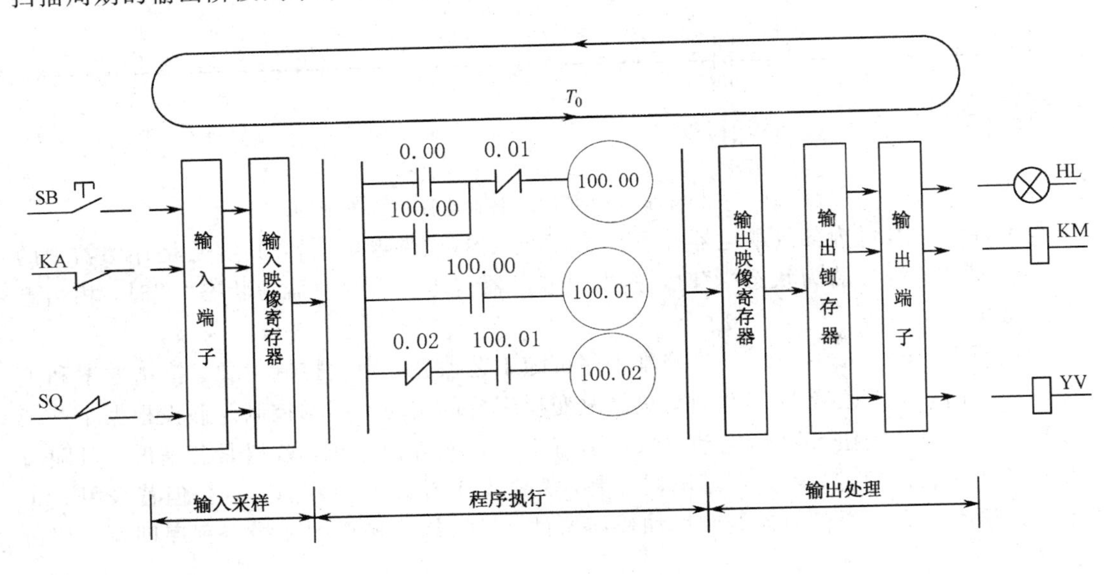

图 4.8 PLC的工作过程

由以上分析可知，可编程控制器采用串行工作方式，由彼此串行的三个阶段构成一个扫描周期，输入处理和输出处理阶段采用集中扫描工作方式。只要CPU置于“RUN”，完成一个扫描周期工作后，将自动转入下一个扫描周期，反复循环地工作，这种工作方式称为“循环扫描”工作方式。这种方式与继电器控制是大不相同的。

CPU完成一次包括输入处理阶段、程序执行阶段和输出处理阶段的扫描循环所占用的时间称为PLC的一个扫描周期，用 T_0 表示。其中输入和输出时间很短，约为1 ms。程序执行时间与指令种类和CPU扫描速度相关。欧姆龙C系列P型机的CPU指令执行的平均时间约为10 μs/指令，一个扫描周期只有几毫秒。

任务2 可编程控制器选型

一、可编程控制器的基本技术指标

1. 可编程控制器的基本技术指标

可编程控制器的技术指标很多，但作为使用可编程控制器的开发者、维护维修类用户，对其主要技术指标应了解清楚。

1) I/O点数

I/O点数是指可编程控制器外部输入、输出端子总数，这是可编程控制器最重要的一

项指标。一般按可编程控制器点数多少来区分机型的大小，小型机的I/O点数在256以下(无模拟量)，中型机的I/O点数为256～2048(模拟量64～128路)，大型机的I/O点数为2048(模拟量128～512路)以上。

2）扫描速度

扫描速度一般以执行1000步指令所需时间来衡量，故单位为ms/千步，也有以执行一步指令的时间计算的，例如μs/步。

3）指令条数

指令条数是衡量可编程控制器软件功能强弱的主要指标。可编程控制器的指令种类越多，说明其软件功能越强。

4）内存容量

内存容量是指可编程控制器内有效用户程序的存储器容量。在可编程控制器中，程序指令是按“步”存放的(一条指令往往不止一步)，一步占用一个地址单元，一个地址单元一般占用两个字节。

5）高功能模块

可编程控制器除了主机模块外，还可以配接各种高功能模块。主机模块实现基本控制功能，高功能模块则可实现某一种特殊的专门功能。衡量可编程控制器产品水平高低的重要指标是它的高功能模块的多少、功能的强弱。常见的高功能模块主要是A/D模块、D/A模块、高速计数模块、速度控制模块、温度控制模块、位置控制模块、轴定位模块、远程通信模块、高级语言编辑模块以及各种物理量转换模块等。

高功能模块使可编程控制器不仅能进行开关量控制，而且还能进行模拟量控制，可进行精确的定位和速度控制，可以和计算机进行通信，可以直接用高级语言进行编辑，给用户提供了强有力的工具。表4.2列出了常见可编程控制器的基本技术指标。

表4.2　常见可编程控制器的基本技术指标

公司名称	型号	最大开关量I/O点数	最大模拟量I/O点数	扫描速度/($ms\cdot 千步^{-1}$)	程序存储容量/B	数据存储容量/B	高级语言	运动控制	PID功能
GE	GE-90　20/211	28		18	1K	256			
	GE-90　30/311	80	96	18	3K	512			√
	GE-90　30/331	512	192	0.4	8K	2K	√		√
	GE-90　90/771	2048	1024	0.4	256K	16K	√	√	√
	GE-90　90/781	12K	4K	0.4	256K	16K	√	√	√
三菱	FX2	256		0.74	8K	128		√	
	AIS	256		1	8K	3308		√	
	A2C	512		1.25	8K			√	
	A3M	2048		0.2	30K		√	√	√
	A3A	2048		0.15	60K			√	√

续表

公司名称	型号	最大开关量 I/O 点数	最大模拟量 I/O 点数	扫描速度/(ms·千步$^{-1}$)	程序存储容量/B	数据存储容量/B	高级语言	运动控制	PID 功能
欧姆龙	C40H	160	36	0.75	2.8K	2K		√	√
	C200H	384	40	0.75	6.9K	2K		√	√
	C500	512	64	5	6.6K	512		√	√
	C1000H	1024	64	0.4	32K	4K		√	√
	C2000H	2048	64	0.4	32K	66K		√	√
西门子	S7-200	64	20	0.8	4K	2K	√		√
	S7-300	512	64	0.3	24K		√		√
	S5-100U	256	32	1.6	20K	20K	√		√
	S5-115U	2048	128	18	42K	42K	√	√	√
	S5-135U	2048	192	1.1	64K	64K	√	√	√
	S5-155U	10 000	384	1.4	2M	2M	√	√	√

注：“√”表示该型 PLC 具有相应的功能。

2. 可编程控制器的应用领域

可编程控制器在各行各业中应用十分广泛，可以从应用类型和应用领域来划分。

1）从应用类型划分

（1）用于开关逻辑控制。这种控制主要针对传统工业，例如各种自动加工机械设备、升降控制系统。其特点是被控对象是开关逻辑量，只需完成接通、断开开关动作，逻辑控制可由触点的串联和并联来实现，因此，在传统工业中应用可编程控制器控制是十分方便的。

（2）用于闭环过程控制。在工业控制系统的工作过程中，需大量使用 PID 调节器，以便准确、可靠地完成各种工业控制要求的动作。现代大型可编程控制器都配有 PID 子程序(制成软件，供用户调用)或 PID 智能模块，从而实现单回路、多回路的调节控制。例如，PID 调节器可应用于锅炉、冷冻、反应堆、水处理、酿酒等的控制。

可编程控制器可应用于闭环的位置控制和速度控制，例如连轧机的位置控制、自动电焊机控制等。

（3）用于机器人控制。由可编程控制器控制的 3～6 轴机器人可自动完成各种机械动作。

（4）用于组成多级控制系统。多级控制系统可以配合计算机等其他设备，组成工厂自动化网络系统。在这个系统中，可充分利用可编程控制器的通信接口和专用网络通信模块，使各自动化设备之间实现快速通信。

2）从应用领域划分

可编程控制器不仅应用于工厂，而且已深深地渗透到产业界的每个角落，其应用领域涉及机械、食品、造纸、货运、水处理、高层建筑、公共设施、农业和娱乐业等。可编程控制器应用领域的分类情况如表 4.3 所示。

表 4.3　可编程控制器应用领域分类情况表

序号	应用领域	应 用 实 例
1	机械	机床控制(特别是数控机床)；自动生产机械；自动装配机
2	食品	仓库管理；配料控制；包装机控制
3	造纸	包装纸运输线；瓦楞纸冲装机；自动包装机
4	货运	传送带生产线控制；装载输送机控制；吊车控制
5	水处理	水滤清控制；上下水道控制；滤液处理控制
6	楼宇	楼房空调控制；楼房防灾报警设备控制；立体车库控制
7	公共设施	隧道排气控制；垃圾处理设备控制；过滤、清洗设备控制
8	农业	喷灌控制；喷水控制；温室大棚控制
9	娱乐	照明控制；霓虹灯控制；剧场舞台自动控制；游乐场设施控制

二、可编程控制器硬件系统

下面以欧姆龙公司的 CP1H 为例讲解 PLC 的硬件结构、基本功能和型号规格，剖析基本 I/O 单元，介绍模拟量 I/O 单元和特殊扩展设备。通过对典型机型的学习，熟悉 PLC 的硬件配置，为进一步学习指令系统和设计 PLC 控制系统打好基础。

(一) CPU 单元

1. CPU 单元结构

欧姆龙 CP1H 的 CPU 单元包含 X(基本型)/XA(内置模拟 I/O 端子)/Y(带脉冲 I/O 专用端子)三种类型。其中 XA 型 CPU 单元结构如图 4.9 所示。

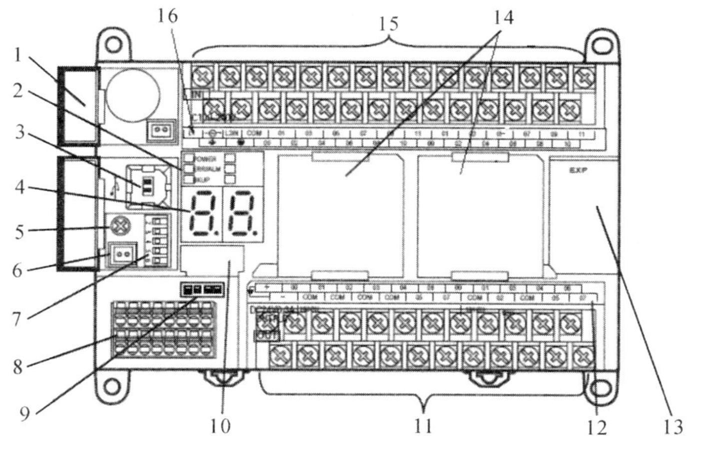

图 4.9　欧姆龙 CP1H 的单元结构

图 4.9 中，各部分名称及功能介绍如下：

(1) 电池盖：打开可以放入、取出电池。

(2) 工作指示 LED：指示 CP1H 工作状态的 LED，使用者可以通过这些 LED 判断

CPU的工作状态，便于安装调试、维修维护。其中：

• PWR(绿)：电源指示，接通时亮，断开时灭。

• RUN(绿)：工作状态指示，处在运行或监控状态时亮，处在编程状态或运行异常时灭。

• ERR/ ALM(红)：错误/警告指示，正常时灭，出现致命性错误时，指示灯亮；出现警告性错误时，指示灯闪烁。

• INH(黄)：负载切断(A500.15)为ON时亮。

• BKUP(黄)：程序、参数、数据内存向内置闪存(备份存储器)写入、访问和复位时亮；PRPHL(黄)在USB端口通信时闪烁，平时灭。

(3) 外围设备USB端口：用于和计算机连接，使用CX-P软件编程及监视。

(4) 7段LED显示：在2位的7段LED上显示CPU单元的异常信息及模拟定位器操作时的当前值等CPU单元的状态。

(5) 模拟电位器：通过旋转电位器，可使特殊辅助继电器(A642 CH)的当前值在0～255范围内任意变更。

(6) 外部模拟设定输入：通过外部施加0～10 V的电压，可将特殊发展继电器(A643 CH)的当前值在0～255范围内任意变更，该输入为不隔离。

(7) 拨动开关：用于用户存储器、存储盒、工具总线等的设置。

(8) 内置模拟I/O：模拟输入4点、模拟输出2点。

(9) 内置模拟输入切换开关：ON时为电流输入，OFF时为电压输入。

(10) 存储盒槽位：用于安装存储盒CP1W-ME05M。

(11) 供给电源/输出端子台：XA/A型的AC电源规格的机型中，带有24 V、最大300 mA的外部供给端子，可作为输入设备用的服务电源来使用。

(12) 输出指示LED：输出端子的触点为ON则灯亮。

(13) 扩展I/O单元连接器：可连接CPM1A系列的扩展I/O单元及扩展单元，最大7台。

(14) 选件板槽位：可分别将RS232C的选件板CP1W-CIF01、RS-422A/485的选件板CP1W-CIF11安装到槽位1、2上，进行串行通信。

(15) 电源、接地、输入端子：电源、接地、输入端子排。

(16) 输入指示LED：输入端子的触点为ON则灯亮。

2. 功能简介

CP1H的XA型CPU单元内置24点输入，16点输出；除普通输出外，还可实现4轴高速计数、4轴脉冲输出；内置模拟4点电压/电流输入、2点模拟电压/电流输出，分辨率1/6000，1/12 000可选；通过扩展CPM1A系列的扩展I/O单元，CP1H整体可以达到最大320点的输入/输出，通过扩展CPM1A系列的扩展单元，也能够进行功能扩展(温度传感器输入等)；通过安装选件板，可进行RS-232通信或RS-422A/485通信(PT、条形码阅读器、变频器等的连接用)，通过扩展CJ系列的高功能单元，可扩展向高位或低位计算机的通信功能等。

(1) 中断功能：CP1H机型具有输入中断(直接模式和计数器模式)、定时中断、高速计数器中断等功能，还有外部中断功能。

(2) 高速计数器功能：在内置输入上连接旋转编码器，可进行高速脉冲输入。输入高速脉冲计数器脉冲数的当前值，和目标值比较，有“目标值一致”和“区域比较”两种比较方法。经过比较，如符合条件则进行中断处理，通过 PRV 指令可测定输入脉冲的频率(仅 1 点)。使用者可以进行高速计数器的当前值的保持/更新的切换。作为计数器模式，可选择四种输入信号(X/XA 型)：相位差输入(4 倍频)50 kHz；脉冲＋方向输入 100 kHz；加/减法脉冲输入 100 kHz；加法脉冲输入 100 kHz。作为计数器值的复位方式，使用者可选择 Z 相信号＋软复位或软复位。

(3) 脉冲输出功能：从 CPU 单元内置输出中发出固定占空比的脉冲输出信号，并通过脉冲输入的伺服电动机驱动器进行定位、速度控制。X/XA 型脉冲输出分为 1～100 kHz 和 1～30 kHz，Y 脉冲输出分为 1～1 MHz 和 1～30 kHz。使用脉冲输出功能可进行三角控制，定位时可变更定位目标位置，可在速度控制中向定位变更，在加速或减速中变更目标速度，或加/减速速率比，可发出可变占控比的脉冲输出信号等。

(4) 快速响应输入：通过将 CPU 单元内置输入作为脉冲接收功能，与周期时间无关，可获得最小宽度为 30 μs 的输入信号，X/XA 型最大可使用 8 点，Y 形最大可使用 6 点。

(5) 模拟输入/输出：XA 型的 CP1H 的 CPU 单元，内置模拟输入 4 点及模拟输出 2 点，其分辨率分别为 1/6000 或 1/12 000 两种。输入/输出分别可选择 0～5 V、1～5 V、0～10 V、－10～10 V、0～20 mA 或 4～20 mA。

(6) 串行通信功能：CP1H 的 CPU 单元支持的串行通信功能有串行网关、串行 PLC 链接、NT 链接、上位链接、工具总线等。

(7) 模拟设定电位器/外部模拟设定输入功能：通过螺钉旋具旋转 CP1H CPU 单元的模拟设定电位器，可将特殊辅助继电器(A642 CH 和 A643 CH)的当前值在 0～255 的范围内自由地变更。

(8) 7 段 LED 显示：通过 2 位的 7 段 LED，可显示 PLC 的状态，便于把握设备运行中的故障状态，提高维护时的人机界面性能。它能显示单元版本、CPU 单元发生异常的故障代码、CPU 单元与存储盒间传送的进度状态以及模拟设定电位器值的变更状态，通过梯形图程序上的专用指令还可以显示用户定义的代码等。

(9) 无电池运行功能：CP1H 的 CPU 单元中，通过保存内置闪存中用于备份的数据，可在未安装电池的状态下运行。

(10) 存储盒功能：CP1H 的 CPU 单元有专用的存储盒，可用于进行装置的复制时向其他 CPU 单元复制数据，以进行数据备份，防止故障等导致的 CPU 单元更换时丢失数据；将已有装置版本升级时，进行数据的覆盖和更新。

(11) 程序保护功能：在编程软件中可以设定密码进行读取保护，如果向“密码解除”对话框内连续输入 5 次错误密码，则其后两小时内不再接受密码输入，以强化装置内 PLC 数据的安全性。

(12) 故障诊断功能：具有为检测用户定义异常的指令(FAL 指令和 FALS 指令)，可进行将特殊辅助继电器置位，将故障代码置于特殊辅助继电器，在异常记录区域中设置故障代码及发生时刻，使 CPU 单元的 LED 灯亮或闪烁。

(13) 时钟功能：CP1H 的 CPU 单元有内置时钟，可通过电池进行备份。

3. **编程工具**

CP1H 机型没有外设编程口，不使用编程器，可通过 USB 端口和计算机通信，如图 4.10所示。也可加装 RS-232 选件板 CP1W-CIF01 和计算机通信，通过编程软件 CX-Programmer 编程。建议选择 USB 编程，便宜好用。

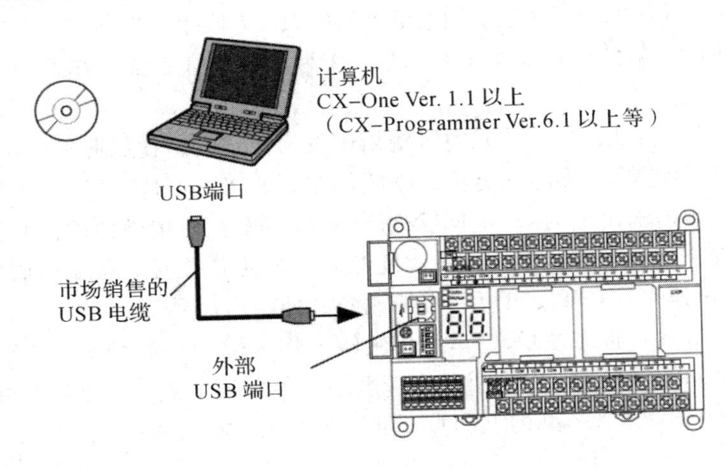

图 4.10　欧姆龙 CP1H 通过 USB 编程

4. **型号规格**

CP1H 是 CPU 单元的型号，X 表示基本型，XA 表示内置模拟量 I/O 端子型，Y 表示带脉冲 I/O 专用端子型，40 或 20 表示内置 I/O 点数，D 表示输入类型是 DC 输入，R 表示继电器输出，T 表示晶体管输出(漏型)，T1 为晶体管输出(源型)；A 表示电源类别是交流电源，D 表示电源类别是直流电源。

例如：CP1H-XA40DR-A。

- CP1H：CP1H 系列；
- XA：内置模拟量；
- 40：内置 I/O 点数；
- D：DC 输入；
- R：继电器输出；
- A：交流电源。

（二）I/O 单元

I/O 单元按信号的流向分类，可分为输入单元和输出单元；按信号的形式分类，可分为开关量 I/O 单元和模拟量 I/O 单元；按电源形式分类，可分为直流型和交流型、电压型和电流型；按功能分类，可分为基本 I/O 单元和特殊 I/O 单元。

在设计 PLC 控制系统时，经常需要选配 I/O 单元，下面主要介绍开关量基本 I/O 单元、扩展开关量 I/O 单元和模拟量 I/O 单元。

1. **开关量基本 I/O 单元**

1) 开关量输入单元

被控对象的现场信号通过开关、按钮或传感器，以开关量的形式，通过输入单元送入

CPU 进行处理，其信号流向如图 4.11 所示。通常开关量输入单元(模块)按信号电源的不同分为直流 12～24 V 输入、交流 100～120 V 或 200～240 V 输入和交直流 12～24 V 输入三种，常用的是直流 24 V 的输入单元。

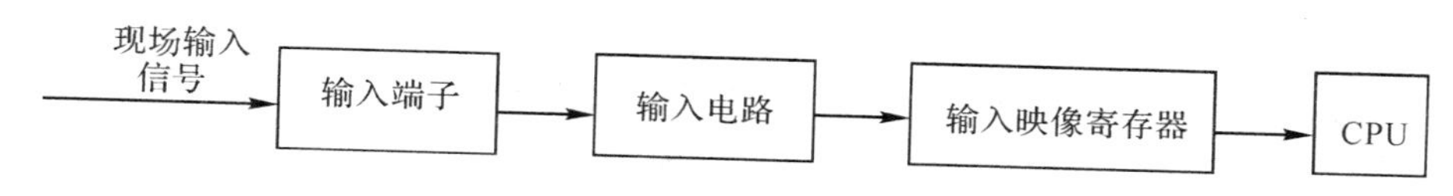

图 4.11　输入模块组成框图

开关量输入模块的作用是把现场的开关信号转换成 CPU 所需的 TTL 标准信号，各 PLC 的输入单元的电路都大同小异，图 4.12 所示为直流输入模块原理图。由于各输入点的输入电路都相同，图中只画出了一个输入端，COM 为输入端口的公共端。

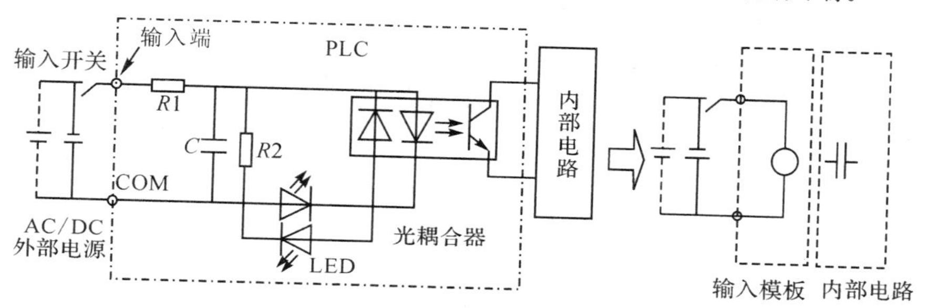

图 4.12　直流输入模块原理图

在图 4.12 所示的直流输入模块中，信号电源由外部供给直流电源，既可正向接入，也可反向接入。R1、R2、C 仍然起分压、限流和滤波作用，双向光电耦合器具有整流和隔离的双重作用，双向 LED 用做输入状态指示。在使用直流输入模块时，应严格按照相应型号产品《操作手册》的要求配置信号电源电压。

输入接线按 PLC 的输入模块与外部用户设备的接线形式来分，有汇点式输入接线和分隔式输入接线两种基本形式，如图 4.13 所示。

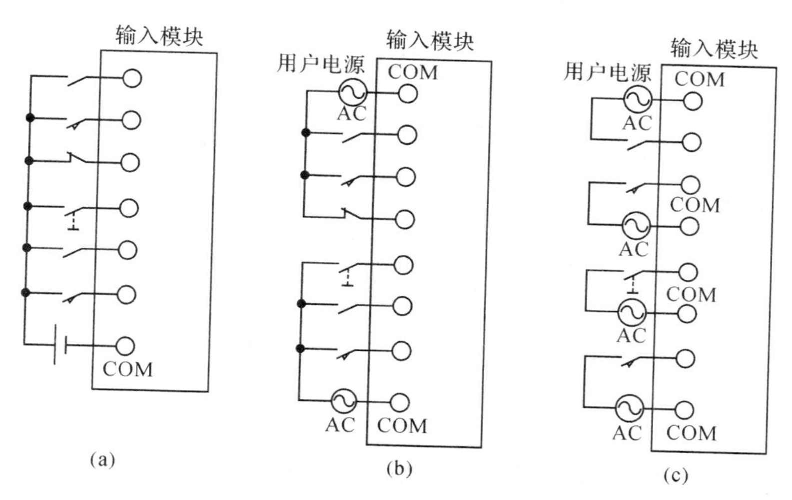

图 4.13　欧姆龙 PLC 输入接线示意图

汇点式输入是各输入回路共用一个公共端(汇集端)COM，根据 PLC 型号不同，输入电源可以是内部电源，也可以是外部电源，如图 4.13(a)所示。汇点式输入也可以将全部输入点分为 *n* 组，每组有一个公共端和一个单独电源，如图 4.13(b)所示。前述欧姆龙 CP 系列 PLC 输入单元均为汇点(1 组)电源外接直流输入，输入接线端子上都只有一个 COM 端。分隔式输入接线如图 4.13(c)所示，每一个输入回路有两个接线端，由单独的一个电源供电控制信号，通过用户输入设备(如开关、按钮、位置开关、继电器和传感器)的触点输入。

2) 开关量输出单元

PLC 所控制的现场执行元件有电磁阀、继电器、接触器、指示灯、电热器、电动机等，CPU 输出的控制信号，经输出模块驱动执行元件。输出模块的组成框图如图 4.14 所示，其中输出电路常由隔离电路和功率放大电路组成。

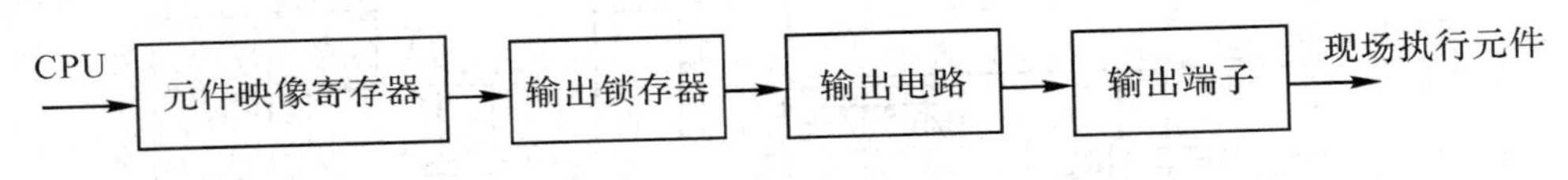

图 4.14　输出模块的组成框图

开关量输出模块的输出形式有三种：继电器输出、晶闸管输出和晶体管输出。目前常用的是继电器输出和晶体管输出。

(1) 继电器输出(交直流)模块。

继电器输出模块原理图如图 4.15 所示。在图中，继电器既是输出开关器件，又是隔离器件，电阻 *R*1 和 LED 指示灯组成输出状态显示器；电阻 *R*2 和电容器 *C* 组成 *RC* 灭弧电路，消除继电器触点火花。当 CPU 输出一个接通信号时，指示灯 LED 亮，继电器线圈得电，其动合触点闭合，使电源、负载和触点形成回路。继电器触点动作的响应时间约为 10 ms。继电器输出模块的负载回路，可选用直流电源，也可选用交流电源。外接电源及负载电源的大小由继电器的触点决定，通常在电阻性负载时，继电器输出的最大负载电流为 2A/点。

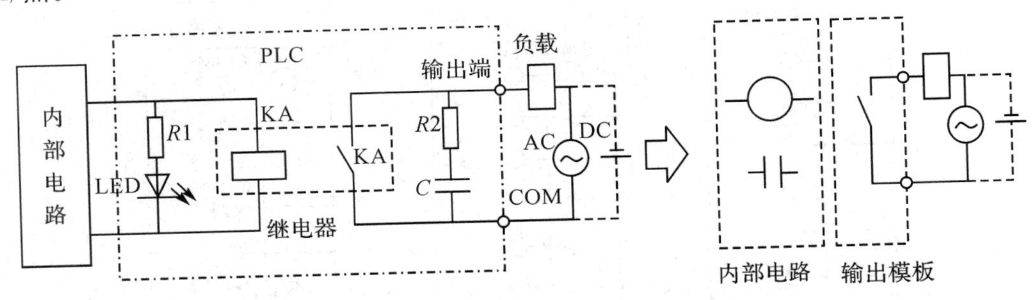

图 4.15　继电器输出模块原理图

(2) 晶闸管输出(交流)模块。

晶闸管输出模块原理图如图 4.16 所示，图中双向晶闸管为输出开关器件，由它组成的固态继电器(AC SSR)具有光电隔离作用，作为隔离元件。电阻 *R*2 和电容器 *C* 组成高频滤波电路，减小高频信号干扰。压敏电阻作为消除尖峰电压的浪涌吸收器。当 CPU 输出一个接通信号时，LED 指示灯亮，固态继电器中的双向晶闸管导通，负载得电。双向晶闸

管开通响应时间小于等于 1 ms，关断时间小于等于 10 ms。由于双向晶闸管的特性，在输出负载回路中的电源只能选用交流电源。

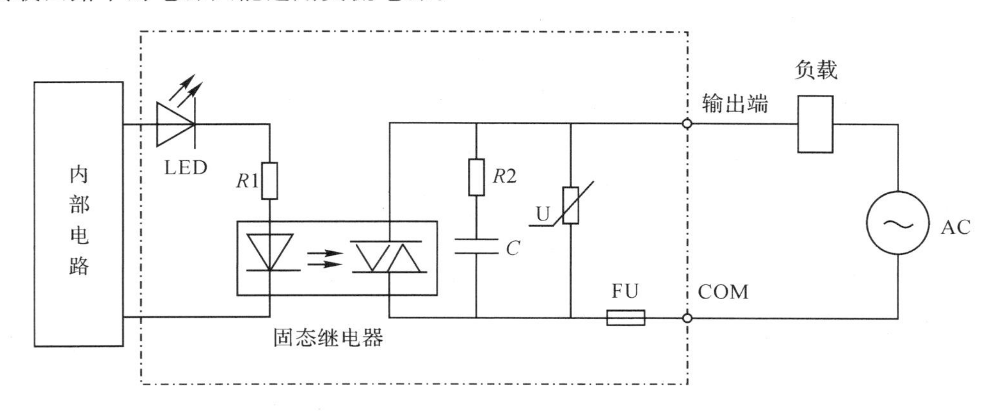

图 4.16　晶闸管输出模块原理图

(3) 晶体管输出(直流)模块。

晶体管输出模块原理图如图 4.17 所示，图中，晶体管 V_1 作为输出开关器件，光耦合器为隔离器件。稳压管 VS 和熔断器分别用于输出端的过电压保护和过电流保护，二极管 VD 可禁止负载电源反相接入。当 CPU 输出一个接通信号时，LED 指示灯亮。该信号通过光耦合器使 V_1 导通，负载得电。晶体管输出模块所带负载只能使用直流电源。在电阻型负载情况下，晶体管输出的最大负载电流通常为 0.5 A/点，通断响应时间均小于0.1 ms。

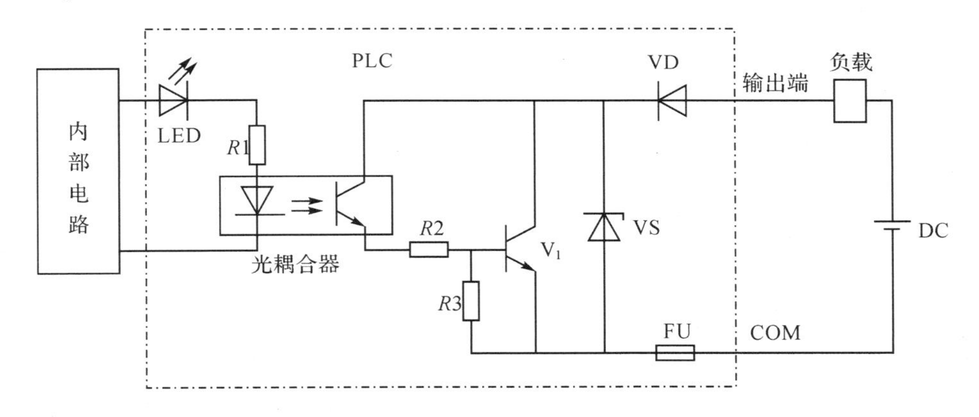

图 4.17　晶体管输出模块原理图

输出接线按输出模块与外部用户输出设备的连接形式分，也有汇点式输出接线和分隔式输出接线两种基本形式，如图 4.18(a)、(c)所示。

汇点式输出接线示意图如图 4.18(a)所示，把全部输出点汇集成一组，共用一个公共端 COM 和一个电源。4.18(b)表示将所有输出点分为两组，每一组有一个公共端 COM 和一个单独的电源，两种形式的电源均由用户提供，根据实际情况确定选用直流或交流电源。

分隔式输出接线示意图如图 4.18(c)所示，每个输出点构成一个单独的回路，由用户单独提供一个电源，每个输出点之间是相互隔离的负载电源，按实际情况可选用直流电源，也可选用交流电源。

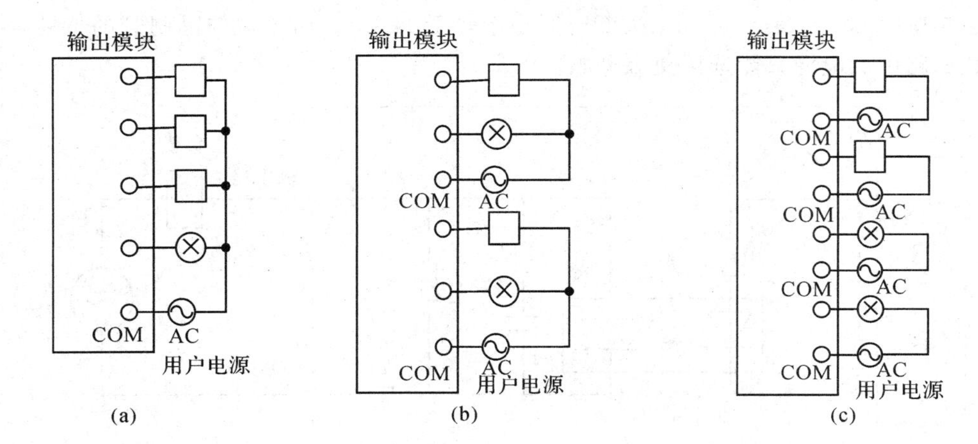

图 4.18 欧姆龙 PLC 输出接线示意图

以上介绍了几种开关量I/O模块的原理图。实际上，不同生产厂家生产的I/O模块电路各有不同，使用中应详细阅读相应型号产品的使用手册，按规格要求接线和配置电源。

3）I/O 单元的规格

（1）输入单元规格。

欧姆龙 CPM1A、CPM2A、CP1H 三种机型的 CPU 输入单元规格见表 4.4。

表 4.4　CPU 输入单元规格表

项 目	CPM1A	CPM2A	CP1H(XA)
输入电压	DC24 V+10%、−15%	DC24 V+10%、−15%	DC24 V+10%、−15%
输入电阻	IN0.00～0.02：2 kΩ 其他：4.7 kΩ	IN0.00～0.01：2.7 kΩ IN0.02～0.06：3.9 kΩ 其他：4.7 kΩ	IN0.04～0.11：3.3 kΩ IN0.00～0.03　1.00～1.03：3.0 kΩ 其他：4.7kΩ
输入电流	IN0.00～0.02:12 mA TYP 其他：5 mA TYP	IN0.00～0.01：8 mA TYP IN0.02～0.06：6 mA TYP 其他：5 mA TYP	IN0.04～0.11：7.5 mA TYP IN0.00～0.03　1.00～1.03:8.5 mA TYP 其他：5 mA TYP
ON 电压	最小 DC14.4 V	IN0.00～0.01：最小 DC17.0 V 其他：最小 DC14.4 V	IN0.00～1.03：最小 DC17.0 V 其他：最小 DC14.4 V
OFF 电压	最大 DC5.0 V	最大 DC5.0 V	最大 DC5.0 V
ON 响应时间 OFF 响应时间	1～128 ms 以下 （缺省 8 ms）	1～80 ms 以下 （缺省 10 ms）	IN0.04～0.11：2.5 μs 以下 IN0.00～0.03　1.00～1.03：50 μs 以下 其他：1 ms 以下

从表 4.4 可知，三种类型 PLC 的输入电压都是 DC 24V，但 CP1H 机型的响应速度最快（小于 1 ms），时间最短的在 2.5 μs 以下，CPM1A 响应速度最慢。

（2）输出单元规格。

① 继电器输出规格。欧姆龙 CPM1A、CPM2A、CP1H 三种机型的继电器输出规格见表 4.5。

表 4.5　继电器输出规格表

项　目			CPM1A、CPM2A	CP1H(XA)
最大开关能力			AC250 V 2 A(cosϕ=1) DC24 V 2 A(4 A/COM)	AC250 V 2A(cosϕ=1) DC24 V 2 A(4 A/COM)
最小开关能力			DC5 V、10 mA	DC5 V、10 mA
继电器寿命	电气	电阻负载	15 万次(DC 24 V)	10 万次(DC 24 V)
		感性负载	10 万次(AC 200 V、cos(ϕ=1))	4.8 万次(AC 250 V、cosϕ=1)
	机械		2000 万次	2000 万次
ON 响应时间			15 ms 以下	15 ms 以下
OFF 响应时间			15 ms 以下	15 ms 以下

② 晶体管输出规格。欧姆龙 CPM1A、CPM2A、CP1H 三种机型的晶体管输出规格见表 4.6。

表 4.6　晶体管输出规格表

项　目	CPM1A	CPM2A	CP1H
最大开关能力	DC24 V　0.3 A	DC4.5～30 V　0.2 A(10.00、10.01) DC4.5～30 V　0.3 A(其他)	DC4.5～30 V　0.3 A
漏电流	0.1 mA 以下	0.1 mA 以下	0.1 mA 以下
剩余电压	1.5 V 以下	1.5 V 以下	0.6 V 以下(100.00～100.07) 1.5 V 以下(其他)
ON 响应时间	0.1 ms 以下	20 μs 以下(10.00、10.01) 0.1 ms 以下(其他)	0.1 ms 以下
OFF 响应时间	1 ms 以下	40 μs 以下(10.00、10.01) 1 ms 以下(其他)	1 ms 以下(101.02～101.07) 0.1 ms 以下(其他)

2. 开关量扩展 I/O 单元

在 CPU 单元的右侧带有 I/O 扩展连接口，用于连接扩展单元，如 I/O 扩展单元、特殊功能单元和 I/O 链接单元。当 CPU 单元自带的输入或输出点数不够时，可考虑加装I/O扩展单元，也可以同时连接不同类型的扩展单元，但扩展的总点数因型号不同而不同。

1) 扩展 I/O 单元简介

欧姆龙 CPM1A 机型的扩展单元有 40 点 I/O、20 点 I/O、8 点 I、8 点 O 等几种型号。在 CPM1A 后分别后缀 40EDR、40EDT、20EDR、20EDT、8ED、8ER、8ED，其中 E 表示扩展单元。注意：虽然扩展单元的前缀是 CPM1A，也可以用于 CPM2A、CP1H 的 CPU 单元的扩展。

如图 4.19 所示，开关量扩展 I/O 扩展单元 CPM1A－20EDR，它有 12 个输入点，8 个输出点，分别位于面板的上半部和下半部，中间的 I/O LED 指示 I/O 点的状态。左侧的扩展 I/O 连接电缆用于连接 CPU 单元或扩展单元的扩展连接器，右侧的扩展连接器用于连接下一个扩展单元。

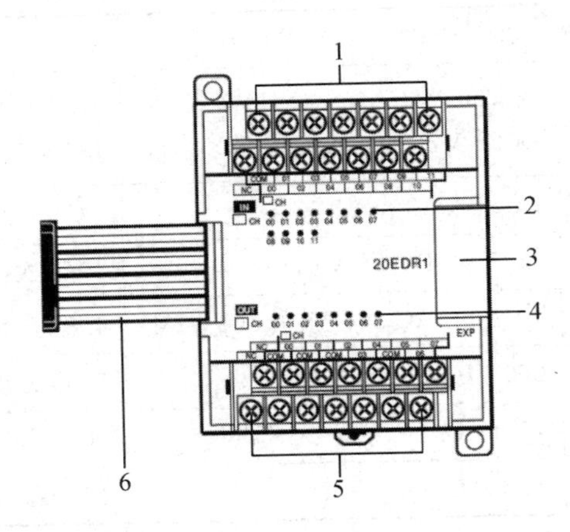

图 4.19　开关量扩展 I/O 单元 CPM1A－20EDR

(1) 图中各个部分：1—输入端子；2—输入 LED；3—扩展连接器；4—输出 LED；5—输出端子；6—扩展 I/O 连接电缆。

(2) 主要参数：① 点数 20 点；② 型号 20EDR1。

2) 扩展开关量 I/O 单元的使用

虽然扩展 I/O 单元能增加 PLC 的 I/O 点数，但不是无限制的，它受到系统软件和供电电源的限制。

CPM1A 10 点、20 点的 CPU 单元不能连接扩展单元；30 点、40 点的 CPU 单元可以连接扩展单元。其中 40 点的 CPU 单元，最多可连接三台 20 点扩展 I/O 单元，组合成 100 个 I/O 点。

CPM2A 因有 60 点的 CPU 单元，最多能扩展到 120 个点。

CP1H 机型的 CPU 单元上最大可连接 7 个 CPM1A 系列的扩展 I/O 单元或扩展单元。CP1H 的开关量扩展及地址分配如图 4.20 所示。在扩展 I/O 单元或扩展单元中，按 CP1H 的 CPU 单元的连续顺序分配 I/O CH 编号。输入 CH 编号，从 2CH 开始输出。输出 CH 编号从 102CH 开始，分配各自单元占有的 I/O CH 数。

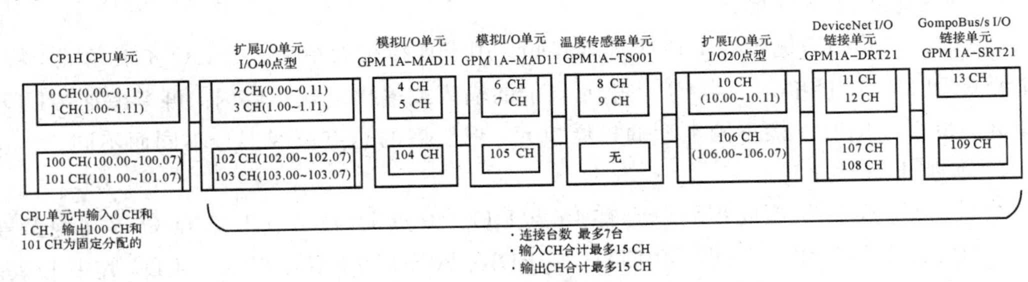

图 4.20　CP1H 的开关量扩展及地址分配

但可连接到 CP1H CPU 单元的 CPM1A 系列的扩展单元、扩展单元及 CJ 系列单元有

以下限制：

(1) 连接台数限制：最大可连接 7 个单元。

(2) 占用通道数的限制：所连接的扩展 I/O 单元，扩展单元的占用通道数(CH)的合计，输入、输出都必须在 15 个 CH 以下。

(3) 消耗电的电流限制：CP1H CPU 及扩展 I/O 单元、扩展单元、CJ 系列单元消耗的电流，合计不可以在 5 V/2 A、24 V/1 A 以上，合计消耗功率不可以在 30 W 以上。

(4) CJ 系列单元的连接限制：以 CJ 单元适配器为媒介，可在 CP1H 扩展的 CJ 系列单元，高功能 I/O 单元或 CPU 高功能单元合计不超过 2 台，不可以连接基本 I/O 单元。

(5) 环境温度的限制：CP1H－XA40DT1－D、CP1H－Y20DT－D 上连接继电器输出型的 CPM1A 系列扩展 I/O 单元时，在扩展 I/O 单元的连接台数超过 3 台以及使用环境温度超过 45℃的情况下，应保证供应的电源电压为直流 24(1±10%)V。

3) 开关量 I/O 扩展单元

CP1W 的开关量 I/O 扩展单元如表 4.7 所示。

表 4.7　CP1W 开关量 I/O 扩展单元

<table>
<tr><th>型　　号</th><th>类型及占用通道数(2CH)</th><th>输出形式</th><th>占用通道数(入/出)</th></tr>
<tr><td>CP1W－40EDR</td><td rowspan="3">40 点：
输入：24 点(2CH)
输出：16 点(2CH)</td><td>继电器</td><td rowspan="3">2/2</td></tr>
<tr><td>CP1W－40EDT</td><td>晶体管(漏型)</td></tr>
<tr><td>CP1W－40EDT1</td><td>晶体管(源型)</td></tr>
<tr><td>CP1W－32ER
CP1W－32ET
CP1W—32ET1</td><td>输出：32 点(4CH)</td><td>继电器
晶体管(漏型)
晶体管(源型)</td><td>1/4</td></tr>
<tr><td>CP1W－20EDR1</td><td rowspan="3">20 点
输入：12 点(1CH)
输出：8 点(1CH)</td><td>继电器</td><td rowspan="3">1/1</td></tr>
<tr><td>CP1W－20EDT</td><td>晶体管(漏型)</td></tr>
<tr><td>CP1W－20EDT1</td><td>晶体管(源型)</td></tr>
<tr><td>CP1W－16ER
CP1W－16ET
CP1W－16ET1</td><td>输出：16 点(2CH)</td><td>继电器
晶体管(漏型)
晶体管(源型)</td><td></td></tr>
<tr><td>CP1W－8ED</td><td>输入：8 点(1CH)</td><td>无</td><td>1/无</td></tr>
<tr><td>CP1W－8ER</td><td rowspan="3">输出：8 点(1CH)</td><td>继电器</td><td rowspan="3">无/1</td></tr>
<tr><td>CP1W－8ET</td><td>晶体管(漏型)</td></tr>
<tr><td>CP1W－8ET1</td><td>晶体管(源型)</td></tr>
</table>

3. 模拟量 I/O 单元

在实际的生产过程中，经常需要检测连续变化的模拟量信号，如将温度、流量、压力等转变为 PLC 能处理的数字信号；处理完成，又需要把数字信号变换成模拟信号，去控制现场设备。因此，PLC 需要具有模拟量处理的能力。模拟量处理模块按信号流向可分为输入型和输出型；还可以按是否在 PLC 内部分为内置型和外接型。常用的模拟量 I/O 单元如表 4.8 所示。

表 4.8 模拟量 I/O 单元表

名称	型号	规格			入/出通道
模拟量输入单元	CP1W-AD041	模拟输入：2 点	电流：0～20 mA/4～20 mA	分辨率 6000	4/无
模拟量输出单元	CP1W-DA041	模拟输出：4 点	电流：0～20 mA/4～20 mA	6000	无/4
模拟量 I/O 单元	CP1W-MAD11	模拟输入：2 点	电流：0～20 mA/4～20 mA	6000	
		模拟输出：1 点	电流：0～20 mA/4～20 mA		
温度传感器单元	CP1W-TS001	输入：2 点	热电偶输入 K、J 之间选一		2/无
	CP1W-TS002	输入：4 点			4/无
	CP1W-TS101	输入：2 点	铂热电阻输入 Pt100、JPt100 之间选一		2/无
	CP1W-TS102	输入：4 点			4/无

1）模拟量输入单元

生产现场中，连续变化的模拟量信号如温度、流量、压力，通过变送器转换成 DC 0～5 V、DC 1～5 V、DC 0～10 V、DC－10～10 V、DC 0～20 mA、DC 4～20 mA 等标准电压电流信号。模拟量输入单元的作用是把这些连续变化的电压电流信号转换成 CPU 能处理的数字信号。模拟量输入电路一般由变送器、模/数（A/D）转换和光电隔离等部分组成，如图 4.21 所示。

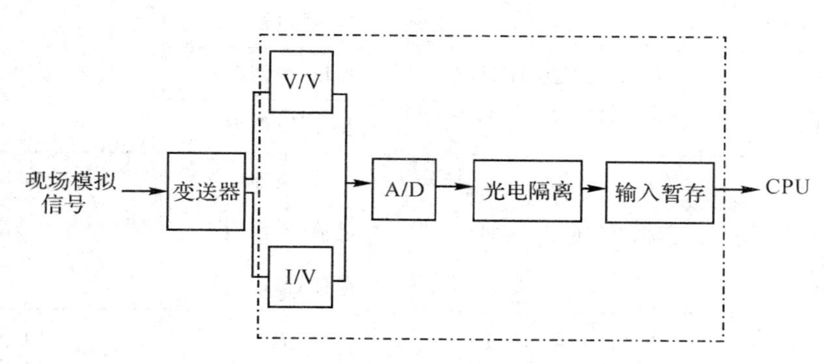

图 4.21 模拟量输入电路组成框图

2）模拟量输出单元

模拟量输出单元的作用是将 CPU 处理后的若干位数字信号，转换成相应的模拟量信号输出，以满足生产控制过程中需要连续信号的要求。模拟量输出电路组成框图如图 4.22 所示。CPU 的控制信号由输出锁存器经光电隔离、数/模（D/A）转换和运算放大器，变换成模拟量信号输出。模拟量输出为 DC 0～5 V、DC 1～5 V、DC 0～10 V、DC －10～10 V、DC 0～20 mA、DC 4～20 mA 等标准电压电流信号。

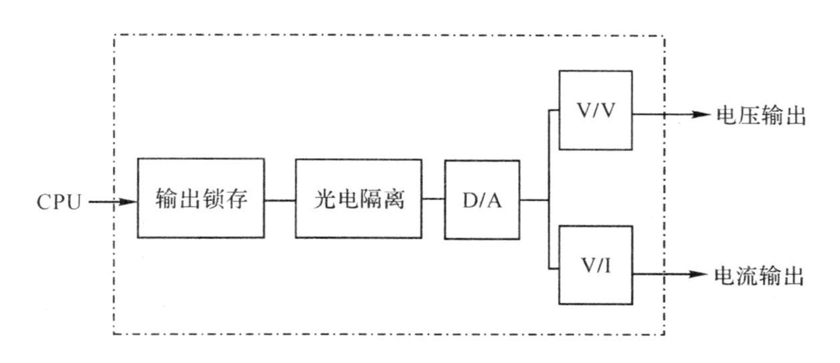

图 4.22　模拟量输出电路组成框图

A/D、D/A 模块的主要参数有分辨率、精度、转换速度、输入阻抗、输出阻抗、最大允许输入范围、模拟通道数、内部电流消耗等。

3）外置模拟量 I/O 扩展单元

为 CPM1A、CPM2A、CP1H 等机型配套的外置模拟量 I/O 扩展单元有 CPM1A－MAD01 和 CPM1A－MAD02 等，前者的面板如图 4.23 所示。CPM1A－MAD01 有 2 路模拟量输入和 1 路模拟量输出；CPM1A－MAD02 有 4 路模拟量输入和 2 路模拟量输出。

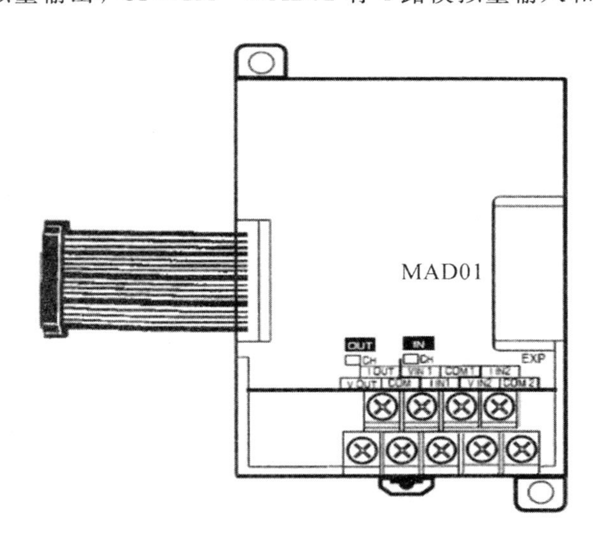

图 4.23　CPM1A－MAD01 的面板

4）内置模拟量单元

XA 型的 CPU 单元已内置具有 4 路输入、2 路输出的模拟量 I/O 单元，CPU 单元右下角的接线端子为模拟量接线端子，如图 4.24 所示。内置模拟量输入的范围可以设置为 DC 0～5 V、DC 1～5 V、DC 0～10 V、DC －10～10 V、DC 0～20 mA、DC 4～20 mA 六种，分辨率分别为 1/6000 或 1/12 000 两种，内置模拟量输出的范围也可设置成 DC 0～5 V、DC 1～5 V、DC 0～10 V、DC －10～10 V、DC 0～20 mA、DC 4～20 mA 六种。

4. 特殊扩展设备

特殊 I/O 功能单元作为智能单元，有自己的 CPU、存储器和控制逻辑，与 I/O 接口电路及总线接口电路组成一个完整的微型计算机系统。

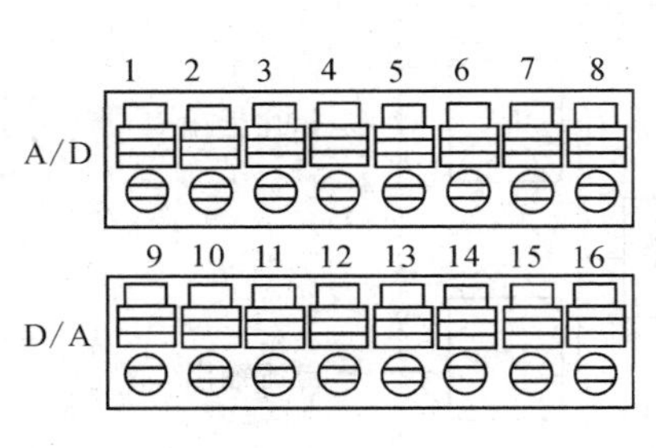

引脚号	功能	引脚号	功能
1	IN1+	9	OUT V1+
2	IN1-	10	OUTI1+
3	IN2+	11	OUT1-
4	IN2-	12	OUT V2+
5	IN3+	13	OUT I2+
6	IN3-	14	OUT2-
7	IN4+	15	IN AG*
8	IN4-	16	IN AG*

*: 不连接屏蔽线。

图 4.24 内置模拟量接线端子

智能单元一方面可以在自己的CPU和控制程序的控制下，通过I/O接口完成相应的输入、输出和控制功能；另一方面又通过总线接口与PLC单元的主CPU进行数据交换，接受主CPU发来的命令和参数，并将执行结果和运行状态返回主CPU。这样既实现了特殊I/O单元的独立运行，减轻了主CPU的负担，又实现了主CPU单元对整个控制系统的协调与控制，从而大大提高了系统的处理能力和运行速度。

CP1系列可连接的CJ1系列高功能单元如表4.9所示。

表 4.9 CJ1 系列高功能单元表

类　别	单元名称	型　号
CPU总线单元	Ethernet单元	CJ1W-ETN11/21
	Controller Link单元	CJ1W-CLK21-V1
	串行通信单元	CJ1W-SCU21-V1
		CJ1W-SCU31
		CJ1W-SCU41-V1
	DeviceNet单元	CJ1W-DRM21
特殊I/O单元	CompoBus/S主站单元	CJ1W-SRM21
	模拟输入单元	CJ1W-AD041-V1/AD081-V1
	模拟输出单元	CJ1W-DA041/042
		CJ1W-DA08V/08C
	模拟I/O单元	CJ1W-MAD42
	过程输入单元	CJ1W-PTS51/52
		CJ1W-PTS15/16
		CJ1W-PDC15
	温度调节单元	CJ1W-TC001～004/ TC101～104
	高速计数单元	CJ1W-CT021
	ID传感器单元	CJ1W-V600C11
		CJ1W-V600C12

下面主要介绍高速计数单元、位置控制单元、PID控制单元、温度传感器单元和通信

单元等特殊的扩展设备。

(1) 高速计数单元。高速计数单元用于脉冲或方波计数器、实时时钟、脉冲发生器、数字码盘等输出信号的检测和处理，用于快速变化过程中的测量和精确定位控制。

高速计数单元常设计为智能型模板，在与主令启动信号的连锁下，与 PLC 的 CPU 之间是互相独立的。它自行配置计数、控制、检测功能，占有独立的 I/O 地址，与 CPU 之间以 I/O 扫描的方式进行信息交换。有的计数单元还具有脉冲控制信号输出，用于驱动或控制机械运动，使机械运动到达要求的位置。

高速计数单元的主要技术参数有脉冲计数、脉冲频率、计数范围、计数方式、输入型号规格、独立计数器个数等。

(2) 位置控制单元。位置控制单元是用于控制位置的智能 I/O 单元，能改变被控点的位移速度和位置，适用于步进电机或脉冲输入的伺服电机驱动器。位置控制单元一般自带 CPU、存储器、I/O 接口和总线接口。它一方面可以独立地进行脉冲输出，控制步进电机或伺服电机，带动被控对象运动；另一方面可以接受主机 CPU 发来的控制命令和控制参数，完成相应的控制要求，并将结果和状态返回主机 CPU。

位置控制单元提供的功能：可以每个轴独立控制，也可以多轴同时控制；原点可分为机械原点和软原点，并提供了三种原点复位和停止方法；通过设定运动速度，方便地实现变速控制；采用线性插补和圆弧插补的方法，实现平滑控制；可实现试运行、单步、点动和连续等运行方式；采用数字控制方式输出脉冲，达到精密控制的要求。

位置控制单元的主要参数有：占用 I/O 点数、控制轴数、输出控制脉冲数、脉冲速率、脉冲速率变化、间隙补偿、定位点数、位置控制范围、最大速度、加/减速时间等。

(3) PID 控制单元。PID 控制单元多用于执行闭环控制的系统中。该单元自带 CPU、存储器、模拟量 I/O 点，并有编程器接口，既可以联机使用，也可以脱机使用。在不同的硬件结构和软件程序中，可实现多种控制功能：PID 回路独立控制、两种操作方式(数据设定和程序控制)、参数自整定、先行 PID 的控制和开关控制、数字滤波、定标、提供 PID 的参数供用户选择等。

PID 控制单元的主要技术指标：PID 算法和参数、操作方式、PID 回路数、控制速度等。

(4) 温度传感器单元。温度传感器单元实际为变送器和模拟量输入单元的组合，它的输入为温度传感器的输出信号，经过单元内的变送器和 A/D 转换器，将温度值转换为 BCD 码传给 PLC。

温度传感器单元配置的传感器：热电偶和热电阻。

温度传感器单元的主要参数：输入点数、温度检测元件、测温范围、数据转换范围及误差、数据转换时间、温度控制模式、显示精度、控制周期等。

(5) 通信单元。通信单元根据 PLC 连接的对象不同，可分为以下几类：

- 上位机连接单元，用于 PLC 与计算机的互联和通信。
- PLC 链接单元，用于 PLC 与 PLC 之间的互联和通信。
- 远程 I/O 单元，远程 I/O 单元有主站单元和从站单元两类，分别装在主站 PLC 机架和从站 PLC 机架上，实现主站 PLC 与从站 PLC 远程互联和通信。

通信单元的主要技术参数：数据通信的协议格式、通信接口传输距离、数据传输长度、数据传输速率、数据传输校验等。

三、可编程控制器选型

在PLC项目开发过程中，首先需要现场调研，弄清楚控制对象及其工作过程、I/O点数、是否有模拟量处理、是否要求通信、是否需要触摸屏等一系列的问题。然后查阅相关可编程控制器的选型手册和硬件手册，选择PLC硬件系统，形成硬件系统组成方案，为接下来的硬件电路设计做好准备。

（一）项目需求分析

随着PLC功能的不断完善，几乎可以用PLC完成所有的工业控制任务。但是，是否选择PLC控制？选择单台PLC控制，还是多台PLC的分散控制或分级控制？还应根据该系统所需完成的控制任务、对被控对象的生产工艺及特点进行详细分析，特别是从以下几方面进行考虑。

1. 控制规模

一个控制系统的控制规模可用该系统的输入、输出设备总数来衡量。当控制规模较大时，特别是开关量控制的输入、输出设备较多且联锁控制较多时，最适合采用PLC控制。

2. 工艺复杂程度

当工艺要求较复杂时，用继电器系统控制极不方便，而且造价会相应提高，甚至会超过PLC控制的成本。因此，采用PLC控制将有更大的优越性。特别是如果工艺要求经常变动或控制系统有扩充功能的要求时，则只能采用PLC控制。

3. 可靠性要求

虽然有些系统不太复杂，但对可靠性、抗干扰能力要求较高时，也需采用PLC控制。在20世纪70年代，一般认为I/O总数在70点左右时，可考虑PLC控制；到了80年代，一般认为I/O总数在40点左右就可以采用PLC控制；目前，由于PLC性能价格比的进一步提高，当I/O点总数在20点甚至更少时，就趋向于选择PLC控制了。

4. 数据处理速度

当数据的统计及计算规模较大，需很大的存储器容量，且要求很高的运算速度时，可考虑带有上位计算机的PLC分级控制；如果数据处理程度较低，而主要以工业过程控制为主时，宜采用PLC控制。

总之，PLC最适合的控制对象是工业环境较差，而对安全性、可靠性要求较高，系统工艺复杂，输入/输出以开关量为主的工业自控系统或装置。一般来说，能够反映生产过程的运行情况，能用传感器进行直接测量的参数，控制逻辑复杂的部分都由PLC完成。另外一部分，如主要控制对象的手动控制、紧急停车等环节则可不由PLC完成，这就需要在设计电气系统原理图与编程时统一考虑。

（二）可编程控制器选型

1. PLC的CPU型号

在满足控制要求的前提下，PLC的CPU选型应考虑以下几点。

1）性能与任务相适应

对于开关量控制的应用系统，当对控制速度要求不高时，可选用小型 PLC（如欧姆龙公司 C 系列 CPM1A/CPM2A/CP1H/CP1E 型 PLC）就能满足要求，如对小型泵的顺序控制、单台机械的自动控制等。

对于以开关量控制为主，带有部分模拟量控制的应用系统，如工业生产中常遇到的温度、压力、流量、液位等连续量的控制，应选用带有 A/D 转换的模拟量输入模块和带 D/A 转换的模拟量输出模块，配接相应的传感器、变送器（对温度控制系统，可选用温度传感器直接输入的温度模块）和驱动装置，并且选择运算功能较强的小型 PLC，如欧姆龙公司的 CQM1/CQM1H 型 PLC。

对于控制比较复杂的中大型控制系统，如闭环控制、PID 调节、通信联网等，特别是具有较多闭环控制的系统，则必须考虑可编程控制器的响应速度。此时可选用中、大型 PLC（如欧姆龙公司的 C200HE/C200HG/C200HX、CV/CVMl 等 PLC）。当系统的各个控制对象分布在不同的地域时，应根据各部分的具体要求来选择 PLC，以组成一个分布式的控制系统。

2）PLC 的处理速度应满足实时控制的要求

PLC 工作时，从输入信号到输出控制存在着滞后现象，即输入量的变化，一般要在 1～2个扫描周期之后才能反映到输出端，这对于一般的工业控制是允许的。但有些设备的实时性要求较高，不允许有较大的滞后时间。例如 PLC 的 I/O 点数在几十到几千点范围内，这时用户应用程序的长短对系统的响应速度会有较大的影响。滞后时间应控制在几十毫秒之内，应小于普通继电器的动作时间（普通继电器的动作时间约为 100 ms），否则就没有意义了。通常为了提高 PLC 的处理速度，可以采用以下几种方法：

（1）选择 CPU 处理速度快的 PLC，使执行一条基本指令的时间不超过 0.5 μs。

（2）优化应用软件，缩短扫描周期。

（3）采用高速响应模块，例如高速计数模块，其响应的时间可以不受 PLC 扫描周期的影响，而只取决于硬件的延时。

3）指令系统的选择

由于可编程控制器应用的广泛性，各种机型所具备的指令系统也不完全相同。从应用的角度看，有些场合仅需要逻辑运算，有些场合需要复杂的算术运算，而一些特殊场合还需要专用指令功能。从可编程控制器本身来看，各个厂家的指令差异较大，其差异性主要体现在指令的表达方式和指令的完整性上。在选择机型时，应从指令系统方面注意以下内容：

（1）总指令数。指令系统的总语句数反映了指令系统所包括的全部功能。

（2）指令种类。指令种类主要包括基本指令、运算指令和应用指令，具体的需求应与实际要完成的控制功能相适应。

（3）表达方式。指令系统表达方式有多种，包括梯形图、语句表、控制系统流程图、高级语言等。表达方式的多样性给程序的编写带来了方便，并且也表示了该 PLC 的成熟性。

（4）编程工具。PLC 的简易编程器价格最低，但功能有限；手持式液晶显示图形编程器价格较高，可直接显示梯形图。与简易编程器相比，采用计算机配以编程软件能适用于不同的 PLC，可明显提高程序的调试速度。

4）扩展能力

扩展能力即带扩展单元的能力，包括所能带扩展单元的数量、种类、扩展单元所占的通道数、扩展口的形式等。

5）特殊功能

新型的PLC有不少非常有用的特殊功能，如模拟量I/O功能、通信功能、高速计数器、高速脉冲输出等功能。应用这些特殊功能，可以解决一些较特殊的控制要求，若使用带有这些特殊功能的基本单元来处理，则不需要添加特殊功能模块，处理起来既简单成本又低。

6）通信功能

如果要求将该台PLC挂入工业控制网络，或连接其他智能化设备，则应考虑选择有相应通信接口的PLC，同时要注意通信协议。

2. PLC容量要求

PLC容量包括两个方面：一是I/O的点数，二是用户存储器的容量。

(1) I/O点数的要求。据被控对象的输入信号和输出信号的总点数，并考虑到今后调整和扩充，一般应加上10%～15%的备用量。

(2) 用户存储器容量的要求。用户应用程序占用多少内存与许多因素有关，如I/O点数、控制要求运算处理量、程序结构等。因此在程序设计之前只能粗略地估算。根据经验，每个I/O点及有关功能器件占用的内存大致如下。

- 开关量输入：所需存储器字数＝输入点数×10；
- 开关量输出：所需存储器字数＝输出点数×8；
- 定时器/计数器：所需存储器字数＝定时器/计数器数量×2；
- 模拟量：所需存储器字数＝模拟量通道数×100；
- 通信接口：所需存储器字数＝接口个数×300。

根据存储器的总字数再加上一个备用量。

3. I/O模块的选择

I/O模块的选择主要是根据输入信号的类型(开关量、数字量、模拟量、电压类型、电压等级和变化频率)，选择与之相匹配的输入模块。根据负载的要求(例如负载电压、电流的类型、是NPN型还是PNP型晶体管输出等)、数量等级以及对响应速度的要求等，选择合适的输出模块。根据系统要求安排合理的I/O点数，并有一定的余量(10%～20%)，考虑到增加点数的成本，在选型前应将输入/输出点做合理的安排，从而实现用较少的点数来保证设备的正常操作。

1）开关量输入模块的选择

PLC的输入模块用来检测来自现场(如按钮、行程开关、温控开关、压力开关等)的高电平信号，并将其转换为PLC内部的低电平信号。

(1) 按输入点数分：常用的有8点、12点、16点、32点等。

(2) 按工作电压分：常用的有直流5 V、12 V、24 V，交流110 V、220 V等。

(3) 按外部接线方式分汇点式输入、分隔式输入等。

选择输入模块主要考虑以下两点：

一是根据现场输入信号(如按钮、行程开关)与PLC输入模块距离的远近来选择电压

的高低。一般 24 V 以下属低电平，其传输距离不宜太远，如 12 V 电压模块一般不超过 10 m。距离较远的设备选用较高电压模块比较可靠。

二是高密度的输入模块，如 32 点输入模块，能允许同时接通的点数取决于输入电压和环境温度。一般同时接通的点数不得超过总输入点数的 60%。

2）开关量输出模块的选择

输出模块的任务是将 PLC 内部的控制信号，转换为外部所需电平的输出信号，驱动外部负载。输出模块有三种输出方式：继电器输出、晶闸管输出和晶体管输出。

（1）输出方式的选择。继电器输出价格便宜，使用电压范围广，导通压降小，承受瞬时过电压和过电流的能力较强，且有隔离作用。但继电器有触点，寿命较短，且响应速度较慢，适用于动作不频繁的交直流负载。当驱动电感性负载时，最大开闭频率不得超过 1 Hz。晶闸管输出（交流）和晶体管输出（直流）都属于无触点开关输出，适用于通断频繁的感性负载。感性负载在断开瞬间会产生较高的反压，必须采取抑制措施。

（2）输出电流的选择。模块的输出电流必须大于负载电流的额定值，如果负载电流较大，输出模块不能直接驱动时，应增加中间放大环节。对于电容性负载、热敏电阻负载，考虑到接通时有冲击电流，要留有足够的余量。

（3）允许同时接通的输出点数。在选用输出模块时，不但要看一个输出点的驱动能力，还要看整个输出模块的满负荷能力，即输出模块同时接通点数的总电流值不得超过模块规定的最大允许电流。如欧姆龙公司的 CQMI－OC222 是 16 点输出模块，每个点允许通过电流 2A（AC250V/DC24V），但整个模块允许通过的最大电流仅 8A。

3）模拟量模块的选择

除了开关量信号以外，工业控制中还有模拟量输入、模拟量输出以及温度控制模块等。这些模块中有自己的 CPU、存储器，能在 PLC 的管理和协调下独立地处理特殊任务，这样既可完善 PLC 的功能，又可减轻 PLC 的负担，提高处理速度。有关模拟量功能模块的应用参见模拟量模块的使用手册。

4）特殊功能模块

除了开关量信号、模拟量信号以外，高速计数器模块、高速脉冲输出模块、通信模块等特殊功能模块在一些项目中也有较多的应用。有关特殊功能模块的应用参见特殊功能模块的使用手册。

4．其他选择

（1）性价比。根据不同的控制要求，选择不同品牌的 PLC，不要片面追求高性能、多功能。对控制要求低的系统，提出过高的技术指标，只会增加开发成本。

（2）系列产品。考察该 PLC 厂家的其他系列产品，从长远和整体观点出发，一个企业最好优选一个 PLC 厂家的系列化产品，这样可以减少 PLC 的备件，以后建立自动化网络也比较方便，而且只需购置一台 PLC 的编程器或一套编程软件，并可实现资源共享。

（3）售后服务。选择机型时还要考虑有可靠的技术支持。这些支持包括必要的技术培训，帮助安装调试，提供备件备品，保证维护维修等，以减少后顾之忧。

5．选型资料网站

（1）欧姆龙中国：http://www.omron.com.cn/。

（2）三菱中国：http://www.5130cn.com/。

(3) 西门子中国：https://www.industry.siemens.com.cn。

注意：

① 西门子非现货产品的订货周期相对较长，所以选型西门子要注意是否能够满足工期要求。

② 西门子的选型要按照技术资料文档细心配置，每个配件都不能少。

③ 每个配件都需要订货号，不能弄错订货号。

(4) 工控人家园：http://www.ymmfa.com/。

(5) 中国工控网：http://www.gongkong.com/。

从以上网站可以下载到相关的硬件技术文档、选型手册，也可进行技术咨询。

四、可编程控制器选型案例

★案例 1　欧姆 PLC——PCB 电路清洗机

在如图 4.25 所示的 PCB 电路清洗机应用中，需要 12 路模拟量输入/输出、7～8 路温度控制及一个触摸屏显示和控制清洗机。

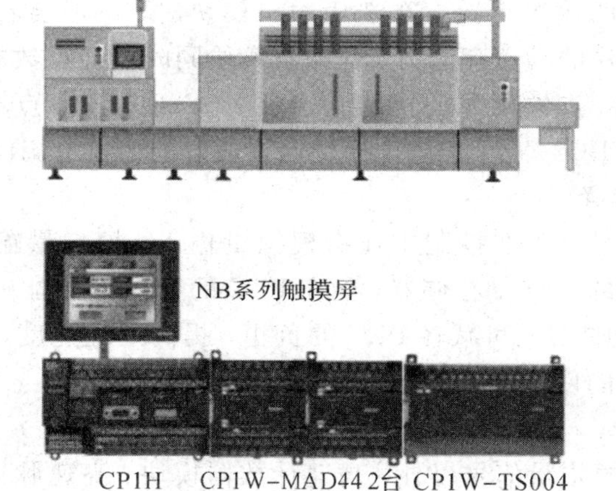

图 4.25　PCB 电路清洗机

根据控制要求，选择欧姆龙 PLC 作为主控器，该设备所需的主要模块如表 4.10 所示。

表 4.10　PCB 电路清洗机 PLC 控制选型表

序号	模块	型号	数量	单位	品牌
1	CPU	CP1H(XA)	1	台	欧姆龙
2	模拟量输入模块	CP1W-MAD44	2	个	欧姆龙
3	温度模块	CP1W-TS004	1	个	欧姆龙
4	触摸屏	NB 系列触摸屏	1	个	欧姆龙

★案例 2　西门子 PLC——超声波探伤

某石油管道生产车间需要对每根钢管进行超声波探伤，主要涉及钢管位置检测以及钢管运动控制、钢管是否合格判断等。采用单机控制，选型如表 4.11 所示。

表 4.11　西门子超声波探伤系统选型表

序号	型 号	用途/描述	数量	单位	品牌
1	6ES7 390 - 1AF80 - 0AA0	导轨(480 mm)	1	条	西门子
2	6ES7 307 - 1KA01 - 0AA0	电源模块	1	个	西门子
3	6ES7 312 - 5BD01 - 0AB0	CPU(2 通道计数器，双通道脉宽调制输出)	1	台	西门子
4	6ES7 321 - 1BL00 - 0AA0	数字量输入模块(32 点)	2	个	西门子
5	6ES7 322 - 1BL00 - 0AA0	数字量输出模块(32 点)	2	个	西门子
6	6ES7 332 - 5HD01 - 0AB0	模拟量输出模块(4 点)	2	个	西门子
7	H05V - K40×0.5 mm^2	前连接器	4	个	西门子
8	6AV6545 - 0CC10 - 0AX0	触摸屏(TP270)	1	个	西门子
9	6EP1334 - 2AA00	触摸屏电源	1	个	西门子

★案例 3　三菱 PLC——汽车生产车间信息采集

某汽车生产车间需要对每个工位的缺料、设备故障等按钮进行控制与前端处理，服务器将通过 RS485 与 PLC 通信，以获取所需信息，并统一进行处理，分别进行发布。本系统的逻辑控制主要为开关量的控制，不涉及模拟量和高速过程控制，但由于每工位需要进行缺料、设备故障、停线等报警，其 I/O 点数较多，为便于扩展及向下兼容，因此选用三菱 Q 系列中的基本型 Q02 CPU，具体选型如表 4.12 所示。

表 4.12　汽车生产车间信息采集选型表

序号	模块	型 号	数量	单位	品牌
1	PLC	Q02H	1	台	三菱
2	电源	Q61P - A2	1	个	三菱
3	主基板	Q312B	1	个	三菱
4	输入模块	QX81	4	个	三菱
5	输出模块	QY10	4	个	三菱
6	通信模块	QJ71C24N - R4 RS485 通信	1	个	三菱
7	通信模块	QJ71E71 - 100 以太通信	1	个	三菱
8	通信模块	QJ61BT11N CC - LINK 通信	1	个	三菱
9	连接器	A6TBX70	4	个	三菱

项目小结

本项目的主要内容：

• PLC 的定义、分类、结构、工作原理；

• PLC 的主要技术参数及应用领域；

• 欧姆龙 CP1H 的硬件系统的组成；

• PLC 的各个模块(CPU、开关量、模拟量、通信等)的功能、参数及选型。

项目四知识结构图如图 4.26 所示。

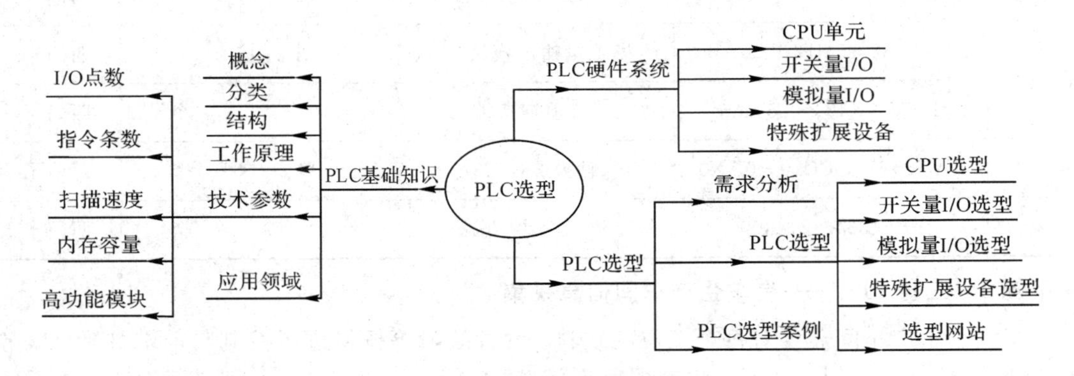

图 4.26　项目四知识结构图

勤 练 习

习　题　4

一、填空题

1. 可编程控制器基本结构是由________、________接口和电源、编程器扩展器接口和外部设备接口等几个部件组成的。

2. 可编程序控制器接收外部信号的端口为________接口。

3. PLC 的中文意思是________。

4. CP1H 的 CPU 单元内置________点输入、________点输出。

5. PLC 的输出形式可以是________输出、________输出和________输出。

6. PLC 的________输出可带交、直流负载，而晶闸管输出只能带________负载；晶体管只能带直流负载。

7. PLC 容量包括两个方面：一是________，二是________。

二、选择题

1. 可编程控制器就其本质来说是(　　)。

A. 一台专为工业应用而设计的计算机系统

B. 微型化的继电器-接触器系统

C. 一套编程软件

D. 必须配合个人计算机才能正常工作的设备

2. 工业自动化的三大支柱是(　　)。

A. PLC 技术　　B. 机器人技术　　C. CAD/CAM 技术　　D. 计算机网络技术

3. 可编程控制器的工作过程可分为(　　)三个阶段。

A. 输入采样阶段　　B. 程序执行阶段　　C. 输出处理阶段　　D. 程序监控阶段

4. 关于 CP1H 工作状态的 LED，以下说法正确的有(　　)。

A. PWR(绿)：电源指示，接通时亮，断开时灭

B. RUN(绿)：工作状态指示，处在运行或监控状态时亮，处在编程状态或运行异常时灭

C. ERR/ ALM(红)：错误/警告指示，正常时灭，出现致命性错误时，指示灯亮；出现警告性错误时，指示灯闪烁

D. INH(黄)：负载切断(A500.15)为 ON 时亮

5. PLC 项目需求分析从(　　)方面进行。

A. 控制规模　　B. 工艺复杂程度　　C. 可靠性要求　　D. 数据处理速度

6. PLC 的 I/O 模块选型，需要从(　　)模块中进行选择。

A. 开关量 I/O　　B. 高速计数　　C. 模拟量 I/O　　D. 通信模块

三、问答题

1. 什么是 PLC? PLC 由哪几个部分组成?

2. 举例说明可编程控制器的现场输入元件的种类。

3. 举例说明可编程控制器的现场执行元件的种类。

4. 根据题图 4.1 填空。

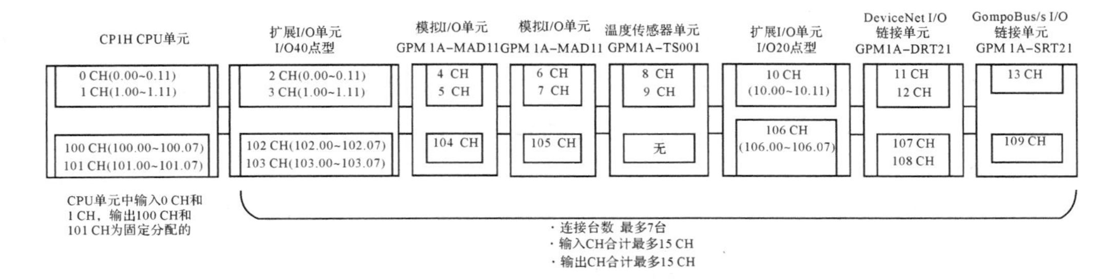

题图 4.1　欧姆龙 CP1H 通道地址分配图

(1) CPU 单元固定的开关量输入通道为(　　)和(　　)；开关量输出通道为(　　)和(　　)。

(2) 扩展的 I/O 单元 40 点模块输入通道为(　　)和(　　)；开关量输出通道为(　　)和(　　)。

(3) 扩展模拟量 I/O 单元的输入通道为(　　)和(　　)；模拟量输出通道为(　　)和(　　)。

(4) 扩展的温度传感器单元的输入通道为(　　)和(　　)。

5. PLC 具体选型时主要进行哪四个方面的选择?

中国制造2025

1. **背景**

制造业是国民经济的主体，是立国之本、兴国之器、强国之基。18世纪中叶工业文明开启以来，世界强国的兴衰史和中华民族的奋斗史一再证明，没有强大的制造业，就没有国家和民族的强盛。打造具有国际竞争力的制造业，是我国提升综合国力、保障国家安全、建设世界强国的必由之路。

新中国成立尤其是改革开放以来，我国制造业持续快速发展，建成了门类齐全、独立完整的产业体系，有力地推动了工业化和现代化进程，显著增强了综合国力，支撑起世界大国地位。然而，与世界先进水平相比，中国制造业仍然大而不强，在自主创新能力、资源利用效率、产业结构水平、信息化程度、质量效益等方面差距明显，转型升级和跨越发展的任务紧迫而艰巨。

当前，新一轮科技革命和产业变革与我国加快转变经济发展方式形成历史性交汇，国际产业分工格局正在重塑。必须紧紧抓住这一重大历史机遇，按照“四个全面”战略布局要求，实施制造强国战略，加强统筹规划和前瞻部署，力争通过三个十年的努力，到新中国成立一百年时，把我国建设成为引领世界制造业发展的制造强国，为实现中华民族伟大复兴的中国梦打下坚实基础。

就在2018年4月，美国总统特朗普为了保持美国在技术上的领先地位，打压中国的发展，压制中国的“中国制造2025”发展战略，定点对中兴通讯和华为为代表的中国高科技企业进行打击，引起国人深思，又到“为中华之崛起而读书”时。

2. **概念**

《中国制造2025》是中国政府实施制造强国战略第一个十年的行动纲领。

《中国制造2025》提出，坚持“创新驱动、质量为先、绿色发展、结构优化、人才为本”的基本方针，坚持“市场主导、政府引导，立足当前、着眼长远，整体推进、重点突破，自主发展、开放合作”的基本原则，通过“三步走”实现制造强国的战略目标：第一步，到2025年迈入制造强国行列；第二步，到2035年中国制造业整体达到世界制造强国阵营中等水平；第三步，到新中国成立一百年时，综合实力进入世界制造强国前列。

“一二三四五五十”的总体结构。

“一”就是从制造业大国向制造业强国转变，最终实现制造业强国的一个目标。

“二”就是通过两化融合发展来实现这一目标。党的十八大提出了用信息化和工业化两化深度融合来引领和带动整个制造业的发展，这也是我国制造业所要占据的一个制高点。

“三”就是要通过“三步走”的一个战略，大体上每一步用十年左右的时间来实现我国从制造业大国向制造业强国转变的目标。

“四”就是确定了四项原则。第一项原则是市场主导、政府引导。第二项原则是既立足

当前，又着眼长远。第三项原则是全面推进、重点突破。第四项原则是自主发展和合作共赢。

“五五”就是有两个“五”。第一就是有五条方针，即创新驱动、质量为先、绿色发展、结构优化和人才为本。还有一个“五”就是实行五大工程，包括制造业创新中心建设的工程、强化基础的工程、智能制造工程、绿色制造工程和高端装备创新工程。

“十”即十个领域，包括新一代信息技术产业、高档数控机床和机器人、航空航天装备、海洋工程装备及高技术船舶、先进轨道交通装备、节能与新能源汽车、电力装备、农机装备、新材料、生物医药及高性能医疗器械等十个重点领域。

3. 五大工程

1）制造业创新中心(工业技术研究基地)建设工程

围绕重点行业转型升级和新一代信息技术、智能制造、增材制造、新材料、生物医药等领域创新发展的重大共性需求，形成一批制造业创新中心(工业技术研究基地)，重点开展行业基础和共性关键技术研发、成果产业化、人才培训等工作。制定完善制造业创新中心遴选、考核、管理的标准和程序。

到2020年，重点形成15家左右制造业创新中心(工业技术研究基地)，力争到2025年形成40家左右的制造业创新中心(工业技术研究基地)。

2）智能制造工程

紧密围绕重点制造领域关键环节，开展新一代信息技术与制造装备融合的集成创新和工程应用。支持政产学研用联合攻关，开发智能产品和自主可控的智能装置并实现产业化。依托优势企业，紧扣关键工序智能化、关键岗位机器人替代、生产过程智能优化控制、供应链优化，建设重点领域智能工厂/数字化车间。在基础条件好、需求迫切的重点地区、行业和企业中，分类实施流程制造、离散制造、智能装备和产品、新业态新模式、智能化管理、智能化服务等试点示范及应用推广。建立智能制造标准体系和信息安全保障系统，搭建智能制造网络系统平台。

到2020年，制造业重点领域智能化水平显著提升，试点示范项目运营成本降低30%，产品生产周期缩短30%，不良品率降低30%。到2025年，制造业重点领域全面实现智能化，试点示范项目运营成本降低50%，产品生产周期缩短50%，不良品率降低50%。

3）工业强基工程

开展示范应用，建立奖励和风险补偿机制，支持核心基础零部件(元器件)、先进基础工艺、关键基础材料的首批次或跨领域应用。组织重点突破，针对重大工程和重点装备的关键技术和产品急需，支持优势企业开展政产学研用联合攻关，突破关键基础材料、核心基础零部件的工程化、产业化瓶颈。强化平台支撑，布局和组建一批“四基”研究中心，创建一批公共服务平台，完善重点产业技术基础体系。

到2020年，40%的核心基础零部件、关键基础材料实现自主保障，受制于人的局面逐步缓解，航天装备、通信装备、发电与输变电设备、工程机械、轨道交通装备、家用电器等产业急需的核心基础零部件(元器件)和关键基础材料的先进制造工艺得到推广应用。到2025年，70%的核心基础零部件、关键基础材料实现自主保障，80种标志性先进工艺得到推广应用，部分达到国际领先水平，建成较为完善的产业技术基础服务体系，逐步形成整机牵引和基础支撑协调互动的产业创新发展格局。

4）绿色制造工程

组织实施传统制造业能效提升、清洁生产、节水治污、循环利用等专项技术改造。开展重大节能环保、资源综合利用、再制造、低碳技术产业化示范。实施重点区域、流域、行业清洁生产水平提升计划，扎实推进大气、水、土壤污染源头防治专项。制定绿色产品、绿色工厂、绿色园区、绿色企业标准体系，开展绿色评价。

到2020年，建成千家绿色示范工厂和百家绿色示范园区，部分重化工行业能源资源消耗出现拐点，重点行业主要污染物排放强度下降20%。到2025年，制造业绿色发展和主要产品单耗达到世界先进水平，绿色制造体系基本建立。

5）高端装备创新工程

组织实施大型飞机、航空发动机及燃气轮机、民用航天、智能绿色列车、节能与新能源汽车、海洋工程装备及高技术船舶、智能电网成套装备、高档数控机床、核电装备、高端诊疗设备等一批创新和产业化专项、重大工程。开发一批标志性、带动性强的重点产品和重大装备，提升自主设计水平和系统集成能力，突破共性关键技术与工程化、产业化瓶颈，组织开展应用试点和示范，提高创新发展能力和国际竞争力，抢占竞争制高点。

到2020年，上述领域实现自主研制及应用。到2025年，自主知识产权高端装备市场占有率大幅提升，核心技术对外依存度明显下降，基础配套能力显著增强，重要领域装备达到国际领先水平。

4. 十大领域

1）新一代信息技术产业

(1) 集成电路及专用装备：着力提升集成电路设计水平，不断丰富知识产权(IP)核和设计工具，突破关系国家信息与网络安全及电子整机产业发展的核心通用芯片，提升国产芯片的应用适配能力；掌握高密度封装及三维(3D)微组装技术，提升封装产业和测试的自主发展能力；形成关键制造装备供货能力。

(2) 信息通信设备：掌握新型计算、高速互联、先进存储、体系化安全保障等核心技术，全面突破第五代移动通信(5G)技术、核心路由交换技术、超高速大容量智能光传输技术、“未来网络”核心技术和体系架构，积极推动量子计算、神经网络等发展；研发高端服务器、大容量存储、新型路由交换、新型智能终端、新一代基站、网络安全等设备，推动核心信息通信设备体系化发展与规模化应用。

(3) 操作系统及工业软件：开发安全领域操作系统等工业基础软件；突破智能设计与仿真及其工具、制造物联与服务、工业大数据处理等高端工业软件核心技术，开发自主可控的高端工业平台软件和重点领域应用软件，建立完善工业软件集成标准与安全测评体系；推进自主工业软件体系化发展和产业化应用。

2）高档数控机床和机器人

(1) 高档数控机床：开发一批精密、高速、高效、柔性数控机床与基础制造装备及集成制造系统；加快高档数控机床、增材制造等前沿技术和装备的研发；以提升可靠性、精度保持性为重点，开发高档数控系统、伺服电机、轴承、光栅等主要功能部件及关键应用软件，加快实现产业化；加强用户工艺验证能力建设。

(2) 机器人：围绕汽车、机械、电子、危险品制造、国防军工、化工、轻工等工业机器人、特种机器人，以及医疗健康、家庭服务、教育娱乐等服务机器人应用需求，积极研发新

产品，促进机器人标准化、模块化发展，扩大市场应用；突破机器人本体、减速器、伺服电机、控制器、传感器与驱动器等关键零部件及系统集成设计制造等技术瓶颈。

3）航空航天装备

（1）航空装备：加快大型飞机研制，适时启动宽体客机研制，鼓励国际合作研制重型直升机；推进干支线飞机、直升机、无人机和通用飞机产业化。突破高推重比、先进涡桨（轴）发动机及大涵道比涡扇发动机技术，建立发动机自主发展工业体系；开发先进机载设备及系统，形成自主完整的航空产业链。

（2）航天装备：发展新一代运载火箭、重型运载器，提升进入空间能力；加快推进国家民用空间基础设施建设，发展新型卫星等空间平台与有效载荷、空天地宽带互联网系统，形成长期持续稳定的卫星遥感、通信、导航等空间信息服务能力；推动载人航天、月球探测工程，适度发展深空探测；推进航天技术转化与空间技术应用。

4）海洋工程装备及高技术船舶

大力发展深海探测、资源开发利用、海上作业保障装备及其关键系统和专用设备；推动深海空间站、大型浮式结构物的开发和工程化；形成海洋工程装备综合试验、检测与鉴定能力，提高海洋开发利用水平；突破豪华邮轮设计建造技术，全面提升液化天然气船等高技术船舶国际竞争力，掌握重点配套设备集成化、智能化、模块化设计制造核心技术。

5）先进轨道交通装备

加快新材料、新技术和新工艺的应用，重点突破体系化安全保障，节能环保，数字化、智能化、网络化技术，研制先进可靠适用的产品和轻量化、模块化、谱系化产品；研发新一代绿色智能、高速重载轨道交通装备系统，围绕系统全寿命周期，向用户提供整体解决方案，建立世界领先的现代轨道交通产业体系。

6）节能与新能源汽车

继续支持电动汽车、燃料电池汽车发展，掌握汽车低碳化、信息化、智能化核心技术，提升动力电池、驱动电机、高效内燃机、先进变速器、轻量化材料、智能控制等核心技术的工程化和产业化能力，形成从关键零部件到整车的完整工业体系和创新体系，推动自主品牌节能与新能源汽车同国际先进水平接轨。

7）电力装备

推动大型高效超净排放煤电机组产业化和示范应用，进一步提高超大容量水电机组、核电机组、重型燃气轮机制造水平；推进新能源和可再生能源装备、先进储能装置、智能电网用输变电及用户端设备发展；突破大功率电力电子器件、高温超导材料等关键元器件和材料的制造及应用技术，形成产业化能力。

8）农机装备

重点发展粮、棉、油、糖等大宗粮食和战略性经济作物育、耕、种、管、收、运、储等主要生产过程使用的先进农机装备，加快发展大型拖拉机及其复式作业机具、大型高效联合收割机等高端农业装备及关键核心零部件；提高农机装备信息收集、智能决策和精准作业能力，推进形成面向农业生产的信息化整体解决方案。

9）新材料

以特种金属功能材料、高性能结构材料、功能性高分子材料、特种无机非金属材料和先进复合材料为发展重点，加快研发先进熔炼、凝固成型、气相沉积、型材加工、高效合成等新材料制备关键技术和装备，加强基础研究和体系建设，突破产业化制备瓶颈；积极发展军民共用特种新材料，加快技术双向转移转化，促进新材料产业军民融合发展；高度关注颠覆性新材料对传统材料的影响，做好超导材料、纳米材料、石墨烯、生物基材料等战略前沿材料提前布局和研制；加快基础材料升级换代。

10）生物医药及高性能医疗器械

（略）

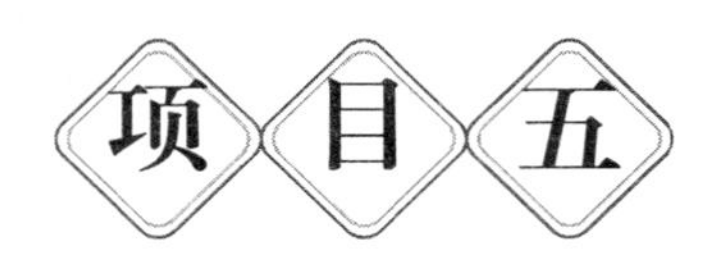

项目五　可编程控制器编程基础

※ **项目导读**

在本项目中，我们将学习 PLC 的主要编程语言——梯形图语言。

工欲善其事必先利其器，要能熟练地编写梯形图程序，一是要熟悉 PLC 的编程地址；二是要熟练应用编程软件、仿真平台及硬件平台；三是要熟练地应用 PLC 的基本指令和程序控制类指令，基本指令是建造房屋的水泥、河沙等基本建材，程序控制指令(包含分支、循环、步进、子程序、中断等指令)则是构成房屋的钢筋，二者相辅相成，缺一不可。对于不常用的指令，则要学会查阅手册，即学即用。

【知识目标】 熟记常用的欧姆龙 CP1H 型 PLC 的编程地址；熟记 PLC 的常用基本指令和程序控制类指令(包含分支、循环、步进、子程序、中断等指令)的功能及助记符。

【能力目标】 能查(手册)会编(程序)：熟练应用编程软件和仿真平台；熟练应用基本指令和控制指令；能根据控制要求，应用常用的基本指令和应用指令编写简单的 PLC 应用程序。

【素质目标】 工程师素质(查阅编程手册、严密的逻辑思维)；团队合作。

任务 1　可编程控制器编程基础

一、可编程控制器的编程语言

IEC(国际电工委员会)于 1994 年 5 月公布了可编程控制器标准(IEC1131)。IEC1131-3 标准中定义了 5 种 PLC 编程语言的表达方式：

(1) 梯形图(Ladder Diagram，LD)。梯形图是在传统的电气控制系统电路图的基础上演变出来的一种图形语言，形象、直观，易学易用，如图 5.1(a)所示。

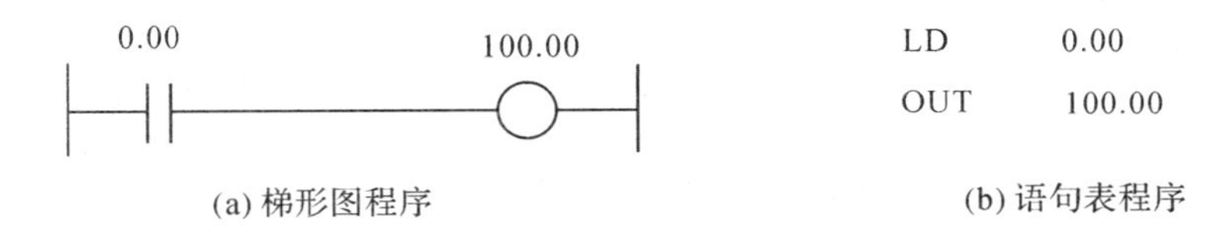

图 5.1　编程语言

(2) 语句表(Instuction List，IL)。PLC 的指令又称为语句，它是用英文名称的缩写来表示 PLC 各种功能的助记符。由若干条指令构成的能完成控制任务的程序叫作语句表程序，如图 5.1(b)所示。

(3) 功能块图(Function Block Diagram，FBD)。

(4) 结构文本(Structured Text，ST)。

(5) 顺序功能图(Sequential Function Chart，SFC)。

对于初学者来讲，梯形图是常用的选择；对于熟练的程序员，可以选择语句表编程。后面三种是辅助性质的语言。随着 PLC 技术的发展，还可以使用高级语言编程。对于 CP 系列的 PLC 来讲，常用的编程语言是梯形图和语句表。

二、欧姆龙 CP1H 存储器分配

1. CP1H 存储器地址分配

在学习高级编程语言的时候，我们需要定义变量，而在 PLC 内部有大量由软件组成的软元件，这些软元件要按一定的规则进行地址编号。程序员需要了解其存储器的这些地址编号，才能熟练应用。

描述 PLC 软元件的术语主要有位(bit)、数字(digit)、字节(byte)、字(word)。它们之间的关系如图 5.2 所示。

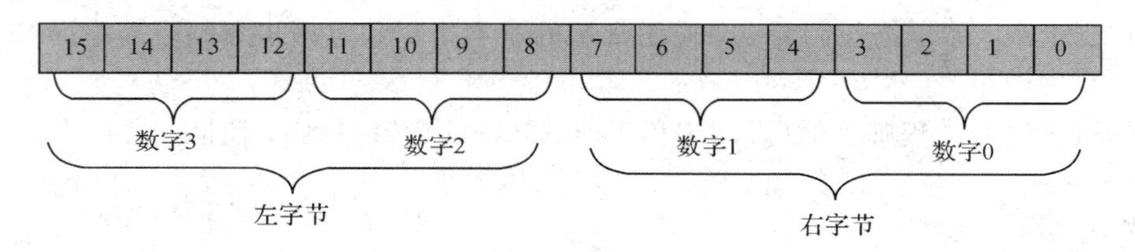

图 5.2　位、数字、字节、字(通道)之间的关系

(1) 位(bit)：二进制数的一位(l/0)，分别对应继电器线圈得/失电(ON /OFF)或触点的通/断(ON/ OFF)。

(2) 数字(digit)：由 4 位二进制数构成，可以是十进制 0～9，也可是十六进制 0～F。

(3) 字节(byte) ：由 8 位二进制数构成。

(4) 字(word)：又称为通道(channel)，由 2 个字节构成。

存储器是字元件，按字使用，每个字 16 位。

继电器是位元件，按位使用，地址按通道(CH)进行管理。

CP1H 系列 PLC 的地址表示方法如图 5.3 所示。

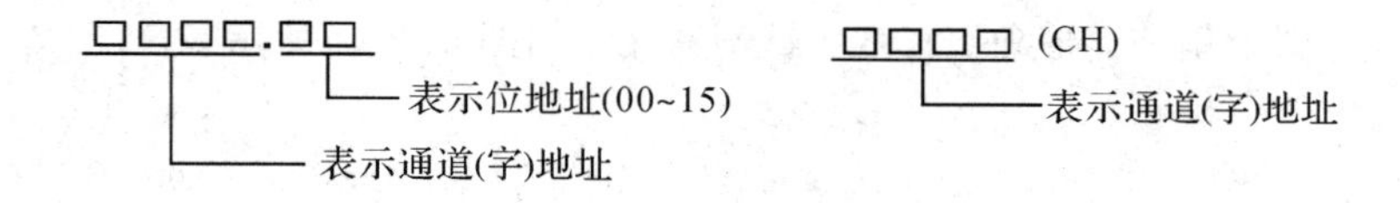

图 5.3　地址的表示方法

位地址＝通道(CH)号 ＋ 通道内序号，　　例如：W0.15、0.00、100.00 等。

通道地址：通道(字地址)，　　例如：W0、D1000 等。

其中通道(CH)号高位的 0 可省略。

2. CP1H 系列 PLC 的地址分配

CP1H 系列 PLC 的内部继电器和数据区以通道形式进行编号，通道号用 3～5 位数表示。一个通道内有 16 个继电器，一个继电器对应通道中的一位，16 个位的序号为 00～15。所以一个继电器的编号由两部分组成，一部分是通道号，另一部分是该继电器在通道中的位序号。

CP1H 系列 PLC 的 I/O 存储器区是指通过指令的操作数可以进入的区域。I/O 存储器区分为通道 I/O(CIO)区、内部辅助继电器区(W)、保持继电器区(H)、特殊辅助继电器区(A)、暂存继电器区(TR)、定时器区(TIM)、计数器区(CNT)、数据存储器区(D)、变址寄存器区(IR)、数据寄存器区(DR)、任务标志(TK)等。

I/O 存储器区主要是用来存储输入、输出数据和中间变量，提供定时器、计数器、寄存器等，还包括系统程序所使用和管理的系统状态和标志信息。I/O 存储器区的分配见表 5.1。

在对数据区进行操作时，D 区和 DR 区只能读取字，不能定义其中的某一位。而在 CIO、H、A 和 W 区中可以存取数据的字或位，这取决于操作数的指令。

表 5.1　I/O 存储器区分配表

类 型	X 型	XA 型	Y 型
输入继电器	272 点(17CH)　0.00～16.15		
输出继电器	272 点(17CH)　100.00～116.15		
内置模拟量输入继电器区域	—	200～203 CH	—
内置模拟量输出继电器区域	—	210～211 CH	—
串行 PLC 链接继电器	1440 点(3100～3189 CH)		
内部辅助继电器	4800 点(1200～1499 CH) 37504 点(3800～6143 CH) 8192 点(W0～W511 CH)		
暂时存储继电器	16 点 TR0～TR15		
保持继电器	8192 点(512 CH)　H0.00～H511.15(H0～H511 CH)		
特殊辅助继电器	只读 7168 点(448 CH)　A0.00～A447.15(A0～A447CH) 可读/写 8192 点(512CH)　A448.00～A959.15(A448～A959)		
定时器	4096 点 T0～T4095		
计数器	4096 点 C0～C4095		
数据内存	32K 字 D0～D32767		
数据寄存器	16 点(16 位)　DR0～DR15		

1) I/O 通道继电器区(CIO 区)

通道 I/O 继电器区(CIO 区)：0 通道记为 0000CH 或 0000，不是 CIO0000，其他继电器区通道的前面要加相应区域的符号。CIO 区分为 8 部分：

(1) 内置/扩展开关量输入/输出继电器区(输入：0～16 CH，输出：100～116 CH)：可以直接对外 I/O 的继电器区域。内置开关量 I/O 继电器区：CP1H CPU 主机单元固有的 I/O 点，共 40 点：

- 24 个输入点，占输入 2 个通道：0.00～0.11，1.00～1.11；

• 16 个输出点，占输出 2 个通道：100.00～100.07，101.00～101.07。

扩展开关量 I/O 继电器区：CP1H 主机连接 CP1W /CPM1A 扩展单元时，扩展单元占的通道号。

• 扩展输入单元，可占输入通道：15 CH(2～16 CH)；

• 扩展输出单元，可占输出通道：15 CH(102～116 CH)。

不使用的继电器编号可作为内部辅助继电器使用。

(2) 内置模拟量 I/O 继电器区(仅限 XA 型)，用于分配 CP1H CPU 单元 XA 型的内置模拟输入/输出的继电器区域。内置模拟量输入占用 4CH：200～203 CH，输出占用 2CH：210～211 CH。

(3) 数据链接继电器，占用 3200 位(200 CH)：1000～1199 CH，数据链接继电器用于 Controller Link 中的数据链接，或 PLC 链接系统中的 PC 链接。数据链接是指通过安装在各 PLC 上的 Controller Link 单元所构成的网络，自动地访问网络中其他 PLC，实现链接区的数据共享。

(4) CJ 系列 CPU 总线单元继电器，占用 6400 位(400 CH)：1500～1899 CH。该继电器连接 CJ 系列 CPU 总线单元时使用，每单元 25CH，最多 16 单元。某单元占用的通道号：1500＋单元号×25～1500＋单元号×25＋24，即＃0、＃1、＃3、…、＃15 单元分别占用 1500～1524 CH、1525～1549 CH、…、1875～1899 CH。不使用的继电器可作为内部辅助继电器使用。

(5) CJ 系列特殊 I/O 单元继电器，占用 15 360 位(960 CH)：2000～2959 CH。该继电器连接 CJ 系列特殊 I/O 单元时使用，用于传送单元操作状态等数据。每单元分配 10 字，最多 96 单元。某单元占用的通道号：2000＋单元号×10～1500＋单元号×10＋9，即＃0、＃1、＃3、…、＃95 单元分别占用 2000～2009 CH、2010～2019 CH、2020～2029 CH、…、2950～2959 CH，不使用的继电器可作为内部辅助继电器使用。

(6) 串行 PLC 链接继电器，占用 1440 位(90CH)：3100～3189CH，是串行 PLC 链接中使用的区域，是两个相同或不同 PLC 之间的数据链接，例如，CP1H 之间或 CP1H 与 CJ1M 之间的数据链接。串行 PLC 链接通过 RS－232C 端口，进行 CPU 单元之间的数据交换。串行 PLC 链接区的通道分配需根据主站中的 PLC 系统设定而自动设定。不使用的继电器可作为内部辅助继电器使用。

(7) DeviceNet 继电器，占用 9600 位(600CH)：3200～3799CH。该继电器区域是使用 CJ 系列 DeviceNet 单元的远程 I/O 主站功能时，各从站被分配的继电器区域。不使用时，该区域可作为内部辅助继电器使用。

(8) 内部辅助继电器。CIO 中的内部辅助继电器区占用两部分区域：4800 位(300 CH)：1200～1499 CH；37 504 位(2344 CH)：3800～6143 CH。

仅可在程序上使用的继电器区域，不可以直接对外输入/输出。内部辅助继电器有两部分，相比该区域，优先使用下面的 W 区域。因为该区域能根据将来 CPU 单元的版本升级被分配特定的功能。

2) 内部辅助继电器(W)区

内部辅助继电器区，占用 8192 位(512 CH)：W000～W511 CH。内部辅助继电器区是指不可以直接对外输入/输出的继电器区域。这些字只能在程序内使用，它们不能用于与

外部I/O端子进行I/O信息交换，可作为程序中的中间继电器使用。

3）保持继电器(H)区

保持继电器区占用8192位(512 CH)：H000～H511 CH。保持继电器用于存储/操作各种数据并可按字或按位存取，在字号前需冠以“H”字符，以区别于其他区。

当系统操作方式改变、电源中断或PLC操作停止时，保持继电器能够保持其状态。H512～H1535 CH为功能块专用保持继电器，仅可在功能块FB实例区域(变量的内部分配范围)设定。

4）特殊辅助继电器(A)区

特殊辅助继电器区，占用15 360位(960 CH)：A000～A959。特殊辅助继电器区用来存储PLC的工作状态信息，如特殊I/O单元的错误标志、链接系统操作错误标志、远程I/O主单元错误标志、从站机架错误标志、特殊I/O单元重启动、链接系统操作重启动、远程I/O单元重启动、时钟设置位及数据跟踪标志等。

5）暂时存储继电器(TR)区

暂时存储继电器区，占用16位：TR00～TR15。在电路的分支点，暂时存储ON/OFF状态的继电器。

6）计数器(TIM)/定时器(CNT)区

CP1H有：

- 定时器4096个：T0000～T4095；
- 计数器4096个：C0000～C4095。

定时器用于需要定时、延时ON及延时OFF等场合。计数器用于记录外部输入脉冲信号，计数器分为两种，一种是单向计数器，另一种是双向计数器，亦称可逆计数器。

7）数据存储器(D)区

数据存储器区是一个只能以字为单位存取的多用途数据区。数据存储器用于内部数据的存储和处理，如数据传送、数值运算的结果、网络指令、串行通信指令等的参数设定等，只能进行字操作，不能用于位操作。

欧姆龙公司的CP1H系列将数据存储器分为4个区：普通D、CJ系列特殊I/O单元用区、CJ系列CPU总线单元用区、Modbus-RTU简易主站用区。其中，普通D的地址范围为D00000～D32767，每个地址均以D开头。

8）变址寄存器(IR)

变址寄存器有16个：IR0～IR15，1个寄存器32位，用于间接寻址一个字，每个变址寄存器存储一个PLC存储地址。该地址是I/O存储区中一个字的绝对地址。

9）数据寄存器(DR)

数据寄存器有16个：DR0～DR15，1个寄存器16位，储存用于间接寻址的偏移值。间接寻址中利用16个数据寄存器(DR0～DR15)来偏移变址寄存器的PLC存储地址。

10）任务标志(TK)

任务标志有32个：TK00～TK31。任务标志是只读标志，当执行相应的循环任务时，标志为ON；当对应任务没有执行或为待机状态时，标志为OFF。

11）状态标志/时钟脉冲(CF)

状态标志/时钟脉冲的地址都以CF开始。状态标志是根据指令的执行结果更新的标志。时钟脉冲是由系统产生的，有5个时钟脉冲，分别为P_0_02 s(0.02 s)、P_0_1 s (0.1 s)、P_0_2 s(0.2 s)、P_1 s(1 s)、P_1 m(1 min)，可以用于编程。

3. 三种欧姆龙PLC常用地址分配

欧姆龙CPM1A、CPM2A、CP1H三种机型的常用地址和特殊辅助继电器对照表如表5.2和表5.3所示。

表5.2 欧姆龙CPM1A、CPM2A、CP1H三种机型的常用地址对照表

类 型	CPM1A	CPM2A	CP1H
输入继电器	0.00～9.15	0.00～9.15	0.00～16.15
输出继电器	10.00～19.15	10.00～19.15	100.00～116.15
内置模拟输入继电器			200CH～203CH
内置模拟输出继电器			210CH～211CH
内部辅助继电器	200.00～231.15	20.00～49.15	1200.00～1499.15
		200.00～227.15	3800.00～6143.15
			W0.00～W511.15
暂存继电器	TR0～TR7	TR0～TR7	TR0～TR15
保持继电器	HR0.00～HR19.15	HR0.00～HR19.15	H0.00～H511.15
定时器	TIM0～TIM127	TIM0～TIM255	T0～T4095
计数器	CNT0～CNT127	CNT0～ CNT255	C0～C4095
数据内存	DM0～DM1023	DM0～DM2048	D0～D32767

如表5.3所示为欧姆龙三种PLC特殊辅助继电器对照表。

表5.3 欧姆龙三种PLC辅助继电器对照表

符号名称	地址/值			注 释
	CPM1A	CPM2A	CP1H	
P_On	253.13	253.13	CF113	常通标志(常ON位)
P_First_Cycle	253.15	253.15	A200.11	首次循环标志(第一次循环为ON)
P_1min	254.00	254.00	CF104	周期为1 min的时钟脉冲位
P_0_1s	255.00	255.00	CF100	周期为0.1 s的脉冲位
P_0_2s	255.01	255.01	CF101	周期为0.2 s的脉冲位
P_1s	255.02	255.02	CF102	周期为1 s的脉冲
P_CY	255.04	255.04	CF004	进位标志(执行结果有进位时为ON)
P_GT	255.05	255.05	CF005	GT(>)标志(比较结果大于时为ON)
P_EQ	255.06	255.06	CF006	EQ(=)标志(比较结果等于时为ON)
P_LT	255.07	255.07	CF007	LE(<)标志(比较结果小于时为ON)

三、欧姆龙 PLC 编程软件操作

1. 欧姆龙 CX - Programmer 编程软件安装

（1）在欧姆龙自动化网站下载 CXONE v4.31 集成软件安装包。双击 setup.exe 文件，选择中文语言，开始安装。选择如图 5.4 所示的功能模块。注册码可以尝试输入：1600 - 0285 - 8143 - 5387。

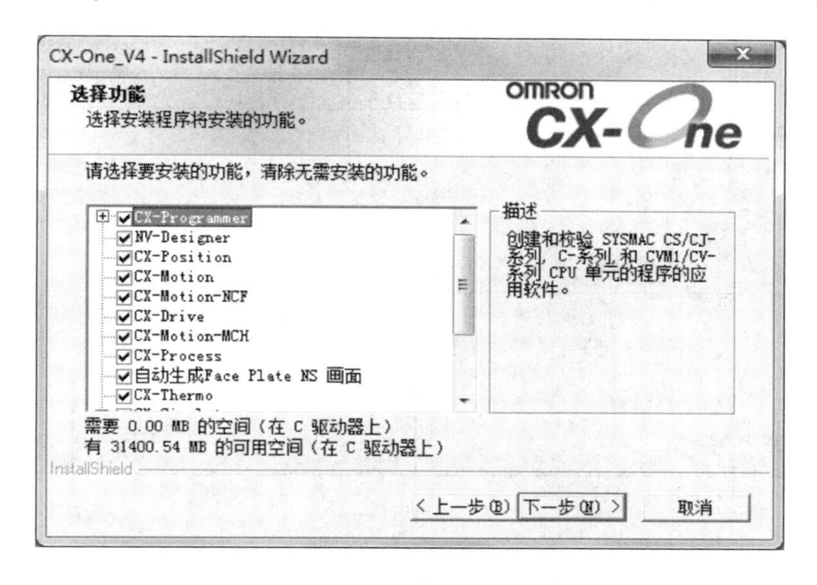

图 5.4　CX - One - V4 程序模块选择对话框

（2）打开软件。安装完成，在“开始”菜单中单击“OMRON/CX - One/CX - Programmer”，打开 CX - Programmer 程序，如图 5.5 所示。

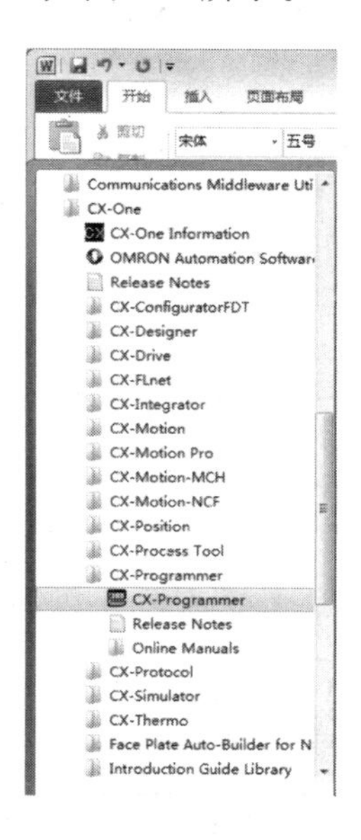

图 5.5　“开始”菜单

2. **欧姆龙 CX - Programmer 的使用**

1) CX - Programmer 软件界面

CX - Programmer 软件界面如图 5.6 所示。

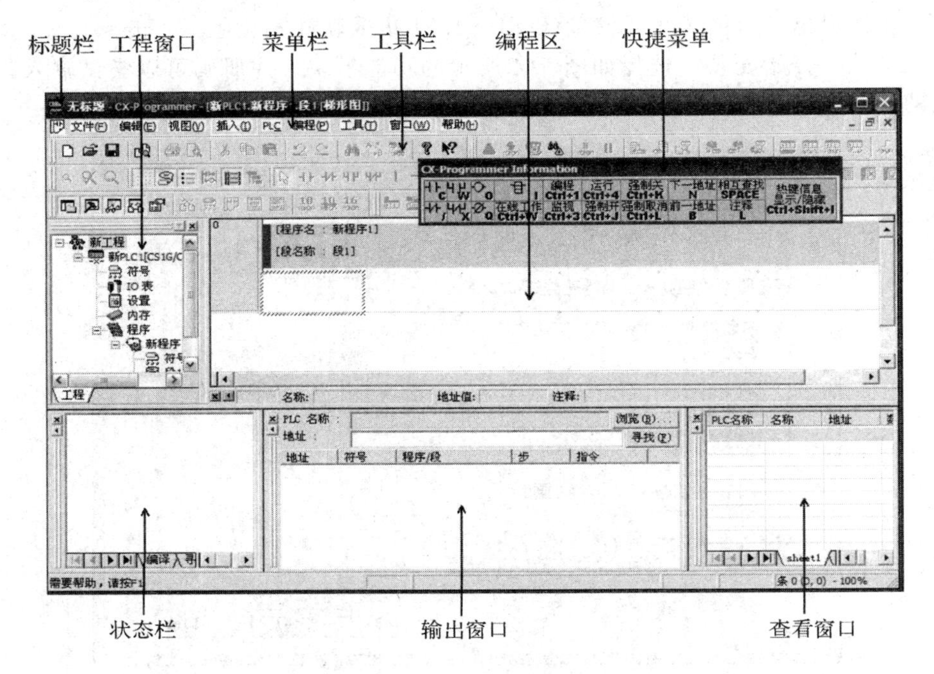

图 5.6　CX - Programmer 软件界面

2) 使用 CX - Programmer 的编程

(1) 单击菜单“文件/新建”，打开如图 5.7 所示的对话框。将设备名称修改为“欧姆龙 CP1H”，在设备类型下拉列表中选择 PLC 的类型为“CP1H”，网络类型为默认的“USB”，然后点击“确定”按钮。

图 5.7　“变更 PLC”对话框

(2) 输入梯形图程序。输入如图 5.8 所示的梯形图程序。

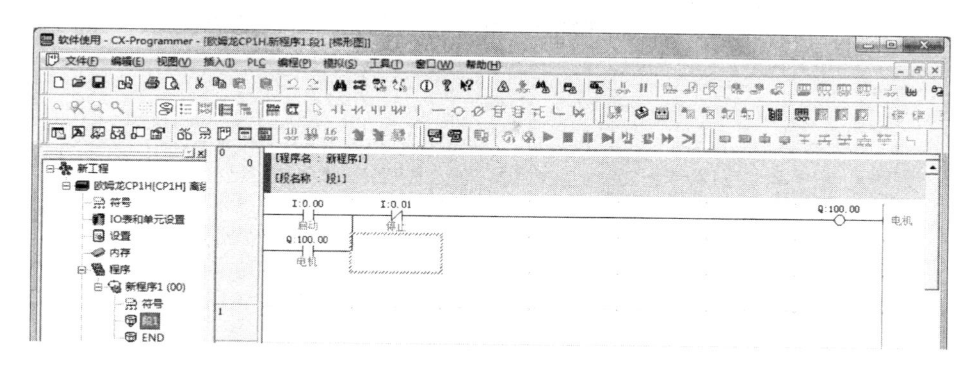

图 5.8　使用软件输入梯形图程序

3）程序的调试

（1）通过 CX－Simulator 仿真软件调试。单击“开始/OMRON/CX－ONE/CX－Simulator”，打开仿真软件，如图 5.9(a)所示。在图 5.9(b)中选择 PLC 类型。

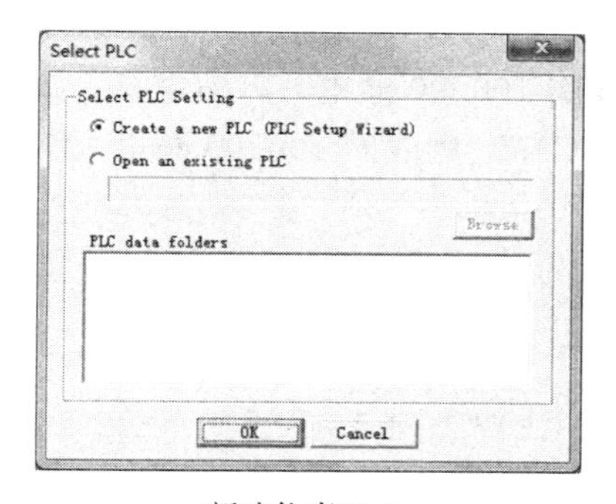

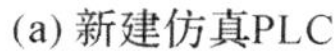
(a) 新建仿真PLC

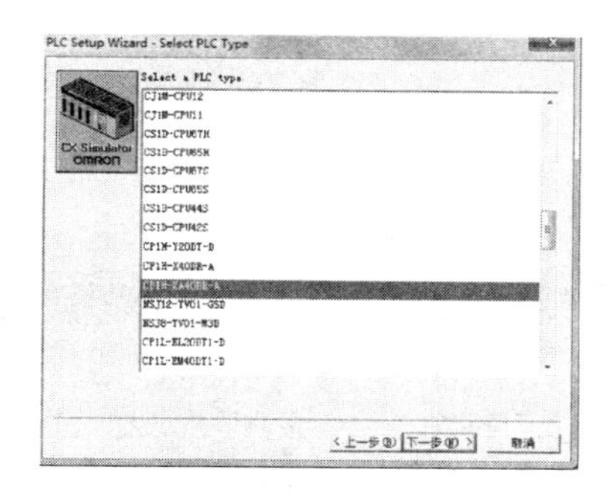

(b) 选择PLC类型

图 5.9　新建一个仿真 PLC

后续步骤都选择默认值，完成后，启动仿真 PLC，如图 5.10 所示。点击图中左上角向右的黑色三角形“▶”(启动仿真按钮)，则能启动仿真 PLC。

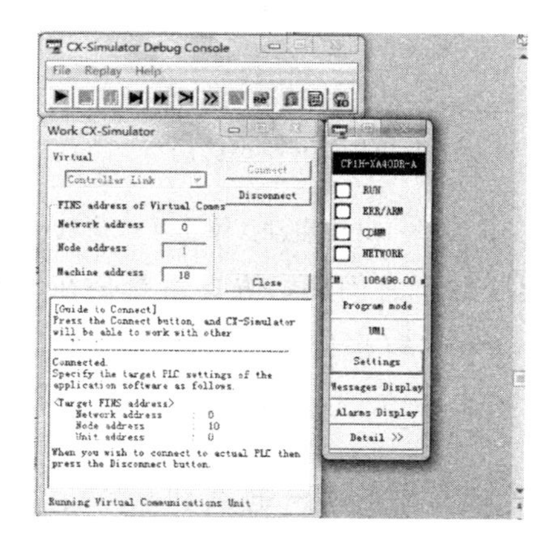

图 5.10　PLC 的仿真

再回到编程软件界面，点击菜单“模拟/在线模拟”(退出仿真也是点这个菜单)，就会将程序下载到仿真PLC，并进入运行界面，如图5.11所示。

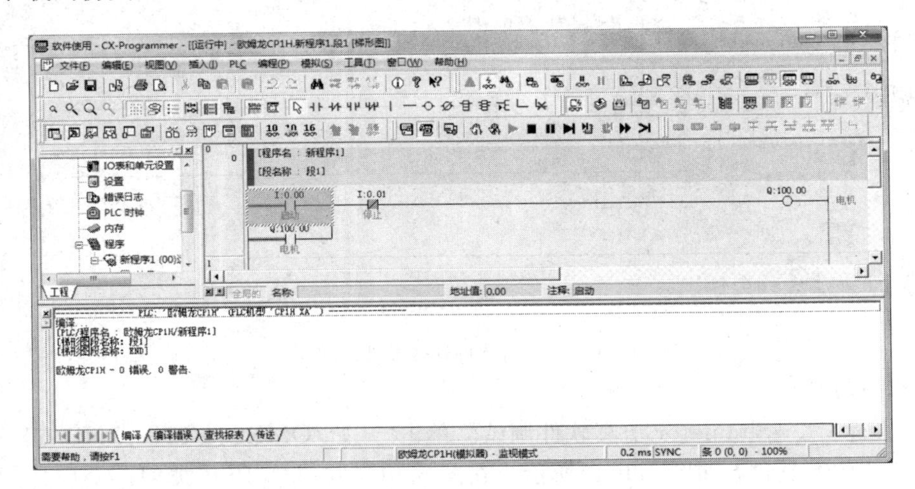

图5.11　进入PLC仿真状态

用右键单击0.00，选择“强制为ON”，则线圈100.00通电，启动电机，如图5.12(a)所示。如果此时用右键单击0.01，选择“强制为ON”，则线圈100.00断电，停止电机，如图5.12(b)所示。

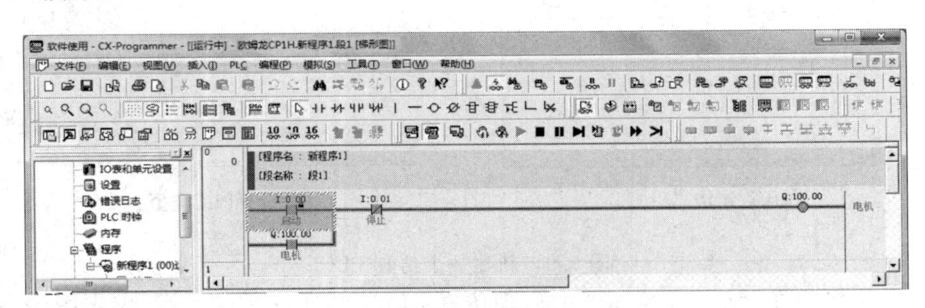

(a) 电机启动状态仿真

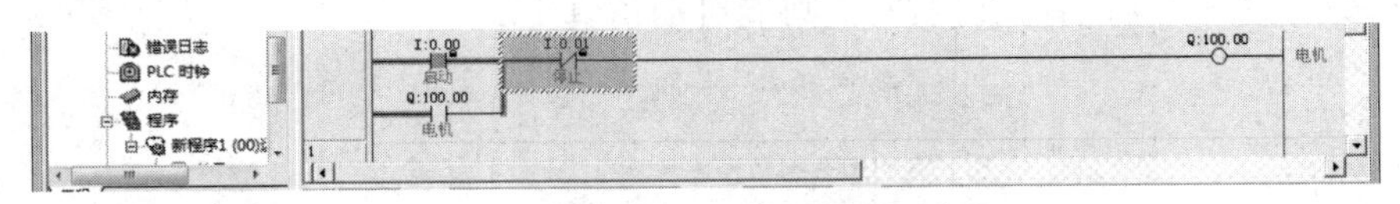

(b) 电机停止状态仿真

图5.12　电机启动、停止状态仿真

注意：仿真并不能发现程序的所有问题，仿真主要是在没有硬件环境的情况下使用，排除一些简单的程序错误。程序能否正确地实现控制功能，还需要经过现场的调试与修改。

(2) 通过硬件平台调试。

第一步：先连接好PLC的输入/输出端子连线和电源线。

第二步：在程序界面上点击“PLC/在线工作”，把计算机通过USB线连接到PLC上。

第三步：点击“PLC/传送/传送到PLC”，接下来的选择都用默认选项，将程序下载到PLC，然后进入程序运行状态。

第四步：操作相应的命令按钮 0.00，就能看到 PLC 输入模块上 0.00 对应的 LED 指示灯亮，同时，程序中的 0.00 接通；PLC 输出模块上的 100.00 的 LED 指示灯亮，程序中输出线圈有电。界面和图 5.11 类似。

第五步：操作相应的命令按钮 0.01，就能看到 PLC 输入模块上 0.01 对应的 LED 指示灯亮，同时，程序中的 0.01 接通；PLC 输出模块上的 100.00 的 LED 指示灯灭，程序中输出线圈失电。界面和图 5.12 类似。

第六步：点击"PLC/在线工作"结束调试。

四、梯形图的编程规则及方法

1. 梯形图编程规则

(1) 每梯级(在欧姆龙 PLC 编程软件中称为条)都起始于左母线，线圈或指令应画在最右边。

(2) 必须与左母线相连的线圈或指令，可通过 P_ON 连接。

(3) 用 OUT 指令输出时，要避免双线圈输出的现象。在欧姆龙编程软件中出现双线圈，会直接出现如图 5.13 所示的"输出重复"提示。

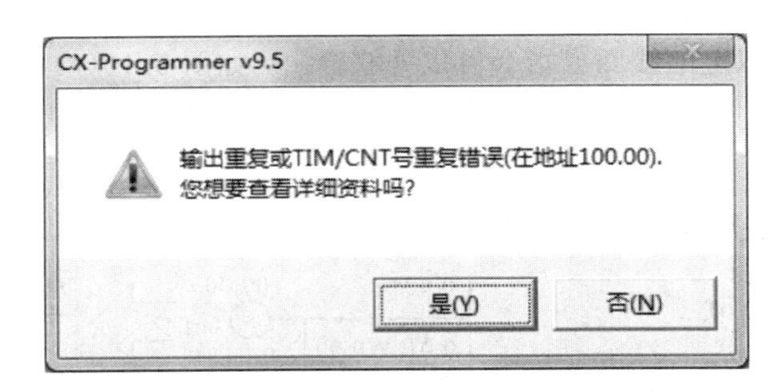

图 5.13　输出双线圈错误提示对话框

输出双线圈的改进方法如图 5.14 所示。

方法 1：将控制同一个线圈的控制逻辑并联，如图 5.14(b)所示。

方法 2：控制同一个线圈的不同控制逻辑分别使用辅助继电器，然后再将辅助继电器触点并联输出，如图 5.14(c)所示。

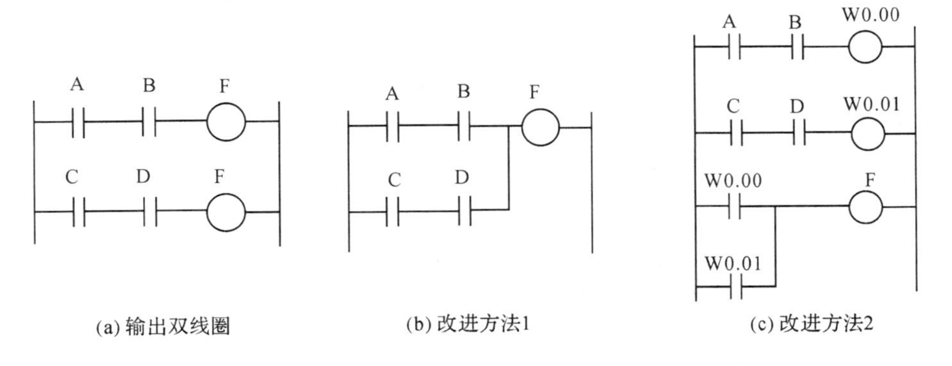

图 5.14　输出双线圈的改进方法

(4) 梯形图必须遵循从左到右、从上到下的顺序，不允许两行之间垂直连接触点。如图 5.15(a)所示，触点 E 垂直连接在梯形图的两行之间，这种连接称为“桥式电路”，改进后的梯形图如图 5.15(b)所示。

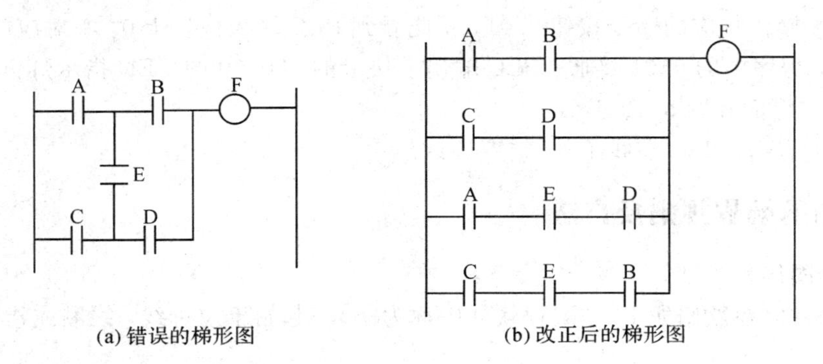

图 5.15 “桥式电路”及其改正

(5) 程序结束一定要加 END 指令，否则程序不会被执行。在欧姆龙 CX－P 编程软件中，END 指令是自动加的。

2. 梯形图编程技巧

(1) 两个或两个以上的线圈或指令可以并联输出，如图 5.16(a)所示。

(2) 触点组与单个触点并联，单个触点应放在下面，即串联多的部分画在梯形图上方，如图 5.16(b)所示。

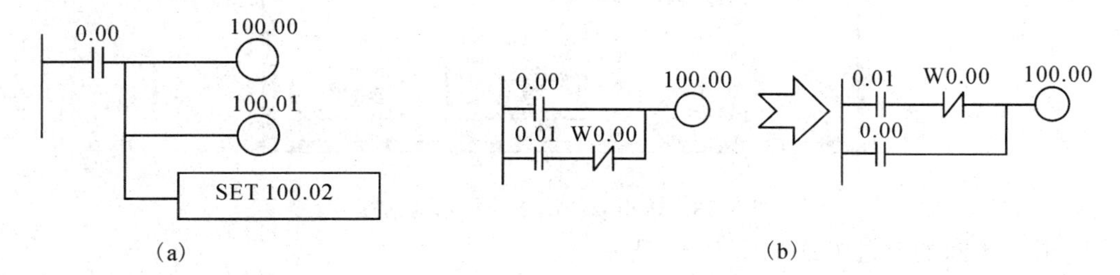

图 5.16 编程技巧示例(1)

(3) 并联触点组与几个触点串联时，并联触点组应放在最左边，即并联电路多的部分画在梯形图左方，如图 5.17 所示。

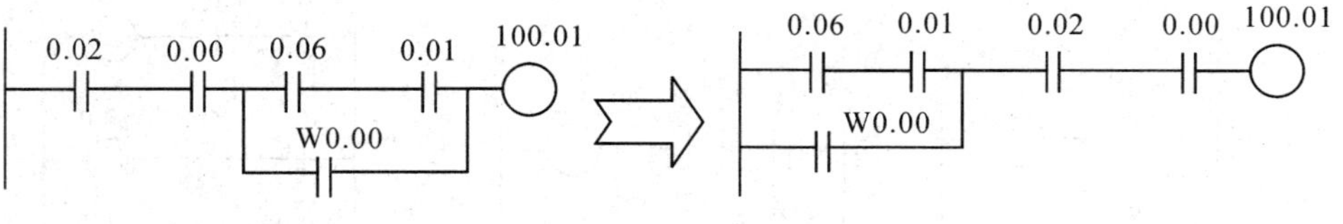

图 5.17 编程技巧示例(2)

(4)如果一条指令只需在 PLC 上电之初执行一次，可以用 P_First_Cycle 作为其执行条件。如图 5.18 所示，PLC 上电后的第一个扫描周期，100.00 被置为 ON。此后，如果触点0.01 ON 使 100.00 复位，则在 PLC 本次上电期间，100.00 不会再被置位(即 KEEP 不再执行)。

(5) 当某梯级有两个分支时，若其中一条分支从分支点到输出线圈之间无触点，该分

支应放在上方，如图 5.19 所示。

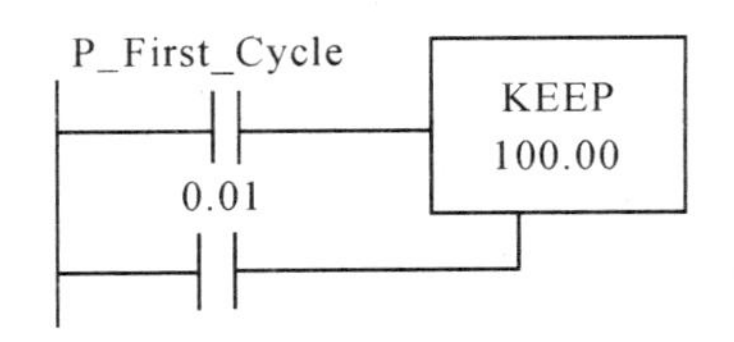

图 5.18　编程技巧示例(3)

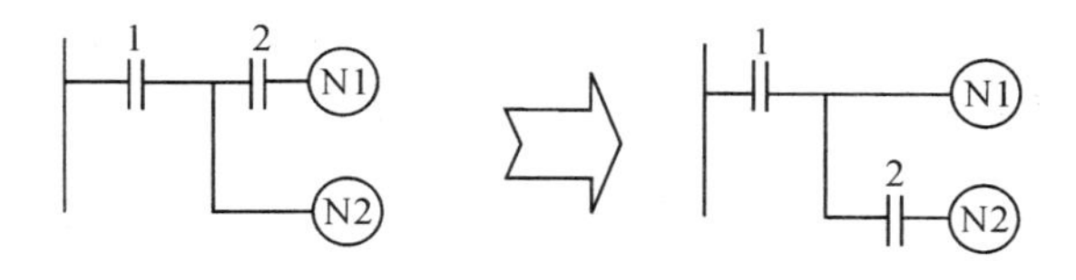

图 5.19　编程技巧示例(4)

(6) 尽量使用那些操作数少、执行时间短的指令编程。

任务 2　欧姆龙 PLC 的常用指令编程

一、指令的基本知识

1. 指令的概念

一条指令就是给 CPU 的一条命令，规定其对谁(操作数)做什么工作(操作码)。一个控制动作由一条或多条指令组成的应用程序来实现。

指令一般由操作码和操作数构成。其中：

操作码：PLC 指令系统的指令代码，或称指令助记符，表示需要进行的操作。

操作数：指令的操作对象，主要是继电器、通道，每一个继电器都用一个字母或特殊的数字开头，表示所属继电器的类型；后缀的数字则表示其为该类继电器中的第几号继电器。操作数也可以是要设置的时间或计数值、跳转地址的编号等，也有个别指令不含操作数，如空操作指令。

2. 指令的分类

PLC 的指令系统分为基本指令和应用指令两大类。基本指令是直接对输入和输出点进行操作的指令，如输入、输出及逻辑“与”“或”“非”等操作。应用指令是进行数据传送、数据处理、数据运算、程序控制等操作的指令。应用指令的多少关乎 PLC 功能的强弱。

一个有趣的现象是，在指令系统中基本指令占比 20%左右，应用指令占比 80%左右，但是在应用程序设计过程中，使用的基本指令占比 80%，而应用指令占比仅 20%左右。所以，在学习过程中，应该理解基本指令并熟练应用，达到举一反三的水平；对应用指令，则掌握常用的指令(如程序结构控制，基本的逻辑运算、算术运算、定时器与计数器指令等)，不常用的指令则在使用的时候通过查编程手册现学现用。

3. 执行指令对标志位的影响

标志主要包括运算标志，如错误标志、等于标志等，具体见表 5.4。标志的状态反映了指令执行的结果，只能读取不能直接从指令或编程装置对这些标志进行写操作。

任务切换时，所有的条件标志将清零，因此条件标志的状态不能传递到下一个循环任务中，而 ER、AER 标志的状态只在出现错误的任务中保持。

指令的状态通常在一个扫描周期内会改变，因此当指令执行完毕须立即读取状态标志，最好是在同一执行条件的分支中。

表 5.4　常用的条件标志位

名　称	标记	符号	功　　能
错误标志	ER	P_ER	指令中的操作数据不正确(指令处理错误)时，该标志置 ON。如果在“PLC 设置”中设置指令错误时停止操作(指令操作错误)，则在错误标志置 ON 时停止程序的执行，并且指令处理错误标志(A29508)也置 ON
存取错误标志	AER	P_AER	出现非法存取错误时，该标志置 ON。如果在“PLC 设置”中设置指令错误(指令处理错误)时停止操作，则在存取错误标志置 ON 时停止程序的执行，并且指令处理错误标志(A429510)也置 ON
进位标志	CY	P_CY	算术运算结果中出现进位或数据移位指令将一个“1”移进进位标志时，该标志置 ON
大于标志	GT	P_GT	当比较指令中的第一个操作数大于第二个操作数或一个值大于指定范围时，该标志置 ON
等于标志	EQ	P_EQ	当比较指令中的两个操作数相等或计算结果为 0 时，该标志置 ON
小于标志	LT	P_LT	当比较指令中的第一个操作数小于第二个操作数或一个值小于指定范围时，该标志置 ON
大于等于标志	≥	P_GE	当比较指令中的第一个操作数大于等于第二个操作数或一个值大于等于指定范围时，该标志置 ON
不等于标志	<>	P_NE	当比较指令中的两个操作数不相等时，该标志置 ON
小于等于标志	≤	P_LE	当比较指令中的第一个操作数小于等于第二个操作数或一个值小于等于指定范围时，该标志置 ON
负标志	N	P_N	当结果的最高有效位(符号位)为 ON 时，该标志置 ON
上溢出标志	OF	P_OF	当计算结果溢出结果字容量的上限时，该标志置 ON
下溢出标志	UF	P_UF	当计算结果溢出结果字容量的下限时，该标志置 ON
常通标志	On	P_On	该标志总是为 ON(总是 1)
常断标志	Off	P_Off	该标志总是为 OFF(总是 0)

4. 指令的执行条件

一般线圈或指令都有执行条件，线圈或指令不能直接与左侧母线连接，必须与继电器触点相连。当继电器触点闭合时，满足执行条件，接通线圈或指令。极少数指令没有执行条件，如 END 等。不能直接与左母线连接的指令，如果不需执行条件时，可以通过特殊辅助继电器 P_On(常 ON)的触点连接，如图 5.20 所示。

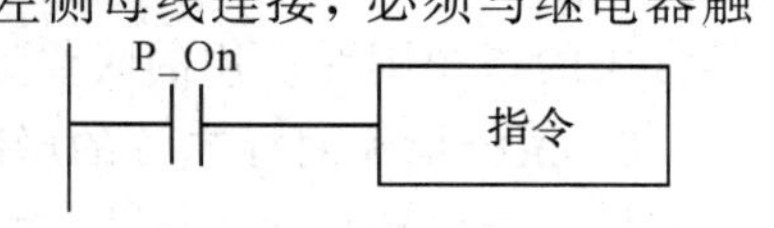

图 5.20　使用常 ON 标志的例子

5. **指令的微分和非微分形式**

在指令的助记符前加标记@表示该指令的微分形式，两者的差别是：

非微分型指令在其执行条件为 ON 时，每个扫描周期都会执行；微分型指令仅在指令的执行条件由 OFF 变为 ON 时才执行一次。

学习指令，主要学习指令的功能、格式、符号和代码；指令操作数的范围；执行各指令对标志位的影响。

二、欧姆龙 PLC 的基本指令

1. **基本 I/O 指令**

基本 I/O 指令是最常用的指令，常用的 I/O 指令如表 5.5 所示。这 8 条指令均以位为单位进行操作，即属于位运算，它们的执行结果不影响标志位。

表 5.5　常用的 I/O 指令表

序号	指令名称	指令	梯形图符号	操作数范围(本指令可用软元件)
1	读	LD　N	N	CIO、W、H、A、T/C、TK/TR
2	读非	LDNOT N	N	CIO、W、H、A、T/C、TK/TR
3	输出	OUT　N	N	CIO、W、H、A 或 TR
4	输出非	OUTNOT N	N	
5	与	AND　N	N	CIO、W、H、A、T/C 或 TK
6	与非	ANDNOT N	N	
7	或	OR　N	N	
8	或非	ORNOT N	N	

(1) 位地址如下：

- CIO(I/O)：

  17 个输入通道，17×16=272 点，地址范围为 0.00～16.15；

  17 个输入通道，17×16=272 点，地址范围为 100.00～116.15。

- W(内部辅助继电器)：512 个通道，512×16=8192 点，地址范围为 W0.00～W511.15。

- H(保持继电器)：512 个通道，512×16=8192 点，地址范围为 H0.00～H511.15。

- A(特殊辅助继电器)：

只读 448 个通道，448×16＝7168 点，地址范围为 A0.00～W447.15；

可读写 512 个通道，512×16＝8192 点，地址范围为 W448.00～W959.15。

- T(定时器)：4096 点，地址范围为 T0～T4095。
- C(计数器)：4096 点，地址范围为 C0～C4095。
- TK(任务标志)：32 点，地址范围为 TK0～TK31。

TR(暂时存储继电器)：16 点，地址范围为 TR0～TR15。

(2) 输入与输出指令。

① LD 指令用于将常开触点接到母线上；LDNOT 指令用于将常闭触点接到母线上。

② OUT 和 OUTNOT 指令是对输出继电器、辅助继电器、暂存继电器(TR)、保持继电器(H)、特殊辅助继电器(A)、链接继电器(LR)线圈的驱动指令，但不能使用输入继电器。OUT 和 OUTNOT 指令可以多次并联使用。

③ 应用例子。

例 5.1　使用输入和输出指令的梯形图如图 5.21 所示。

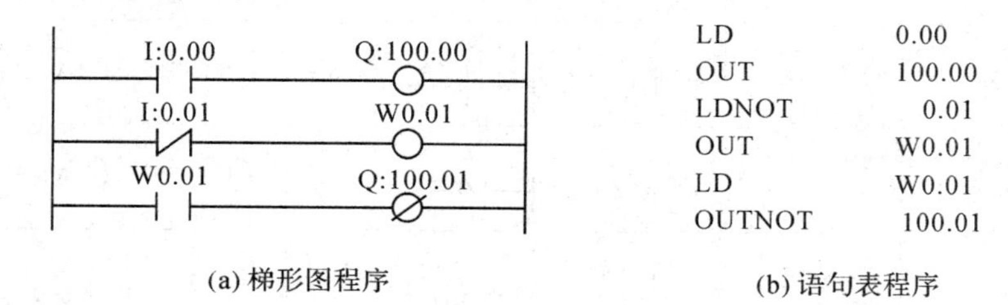

图 5.21　基本指令应用示例

注意：语句表程序不需要记忆，梯形图和语句表之间的切换：在梯形图状态下只需要点击如图 5.22 所示的“查看”工具栏上的“查看记忆 ”按钮即可切换成语句表；在语句表状态下点击“查看梯形图 ”按钮即可切换为梯形图。

图 5.22　“查看”工具栏

(3) 逻辑运算指令。

① AND、ANDNOT 用于 LD 或 LDNOT 后一个常开或常闭触点的串联。

例 5.2　与指令的示例如图 5.23 所示。图中，100.01 和 100.02 称为纵接输出(并联输出)。

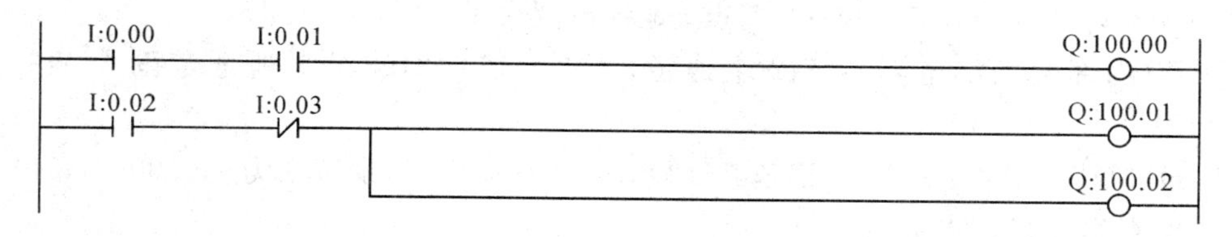

图 5.23　AND 、ANDNOT 指令的应用

② OR、ORNOT 用于 LD 或 LDNOT 后一个常开或常闭触点的并联。

例 5.3　或运算指令的应用示例如图 5.24 所示。

图 5.24　OR、ORNOT 指令的应用

2. 块运算指令

两个或两个以上触点并联的电路称为并联电路块；两个或两个以上触点串联的电路称串联电路块。建立电路块用 LD 或 LDNOT 指令开始。块运算指令如表 5.6 所示。这 2 条指令均以块为单位进行操作，它们的执行结果不影响标志位。

表 5.6　块运算指令表

序号	指令名称	指令	梯形图符号	操作数
1	块与	ANDLD		无
2	块或	ORLD		无

（1）ANDLD（块与）指令。

当一个并联电路块和前面的触点或电路块串联时，需要用 ANDLD 指令。

例 5.4　块与指令的应用示例如图 5.25 所示。

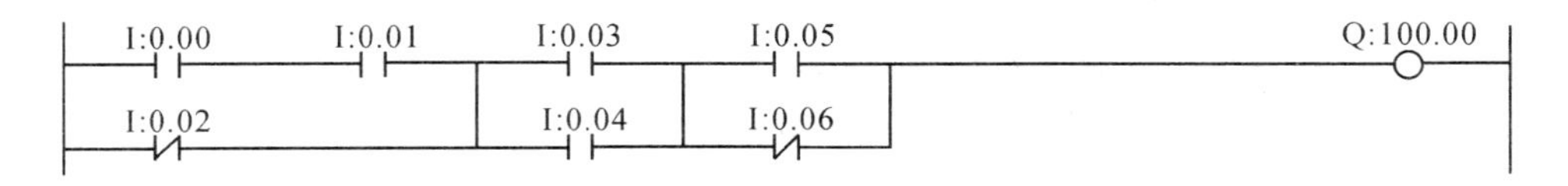

图 5.25　块与指令的应用示例

该程序的语句表如表 5.7 所示。

表 5.7　块与指令的语句表

语句		分析	语句		分析
LD	0.00	第一个并联电路块	ANDLD		块与
AND	0.01		LD	0.05	第三个并联电路块
ORNOT	0.02		ORNOT	0.06	
LD	0.03	第二个并联电路块	ANDLD	块与	
OR	0.04		OUT	100.00	输出

(2) ORLD(块或)指令。

当一个串联电路块和前面的触点或电路块并联时，需要用 ORLD 指令。

例 5.5 块或指令的应用示例如图 5.26 所示。

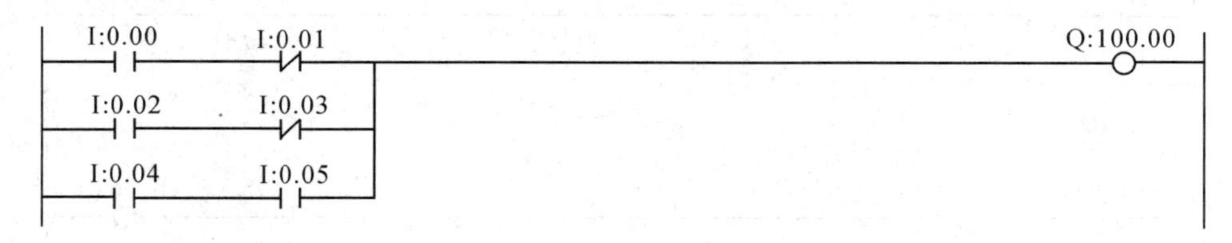

图 5.26 块或指令的应用示例

该程序的语句表如表 5.8 所示。

表 5.8 块或指令的语句表

语句		分析
LD	0.00	第一个串联电路块
ANDNOT	0.01	
LD	0.02	第二个串联电路块
ANDNOT	0.03	
ORLD		块或
LD	0.04	第三个串联电路块
AND	0.05	
ORLD		块或
OUT	100.00	输出

注意：成批使用 ANDLD、ORLD 指令，使用次数限制在 8 次以下。

3. **置位、复位和保持指令**

置位、复位和保持指令也是常用的位操作指令，三条指令如表 5.9 所示。

表 5.9 置位、复位、保持指令表

序号	指令名称	指令	梯形图符号	操作数
1	置位	SET	SET N	CIO、W、H、A 等位地址
2	复位	RSET	RSET N	同上
3	保持	KEEP	S R KEEP(011) N	同上

(1) SET(置位)、RSET(复位)能单独使用，但建议配对使用，还应该特别注意复位指令的位置。

(2) KEEP(保持)指令是置位和复位指令的组合。置位 S 在先，复位 R 在后，不能交换次序，KEEP 指令的 S 和 R 也不能单独使用。KEEP 指令具有锁存继电器的功能：

S 端 ON 时，N 为 ON 且保持。

R 端输入为 ON 时，N 被置为 OFF 且保持。

当 S、R 端同时为 ON 时，N 为 OFF。

N 为 HR 区继电器时有掉电保持功能。

(3) 指令应用。

例 5.6　置位、复位、保持指令的应用示例如图 5.27 所示。

图 5.27　置位、复位、保持指令的应用示例

程序分析：

① 触点 0.00 一旦闭合，线圈 100.00 得电；触点 0.00 断开后，线圈 100.00 仍得电。

② 触点 0.01 一旦闭合，则无论触点 0.00 闭合还是断开，线圈 100.00 都不得电。

③ 对同一软元件，SET、RSET 可多次使用，先后顺序也可任意，但以最后执行的一行有效。

④ 对于使用 KEEP 指令的线圈 100.01，当触点 00.00 闭合时，线圈 100.01 得电；触点 0.00 断开后，线圈 100.01 仍得电；触点 0.01 一旦闭合，则无论触点 0.00 闭合还是断开，线圈 100.01 都不得电。

注意：KEEP 指令后面的(011)是指令的功能号，除最基本的指令外，所有指令都有一个功能号。在使用梯形图编程时，只需要输入 KEEP，功能号会自动生成。

(4) 启、保、停控制程序的三种写法。

例 5.7　图 5.28 所示为启、保、停控制程序的三种写法。

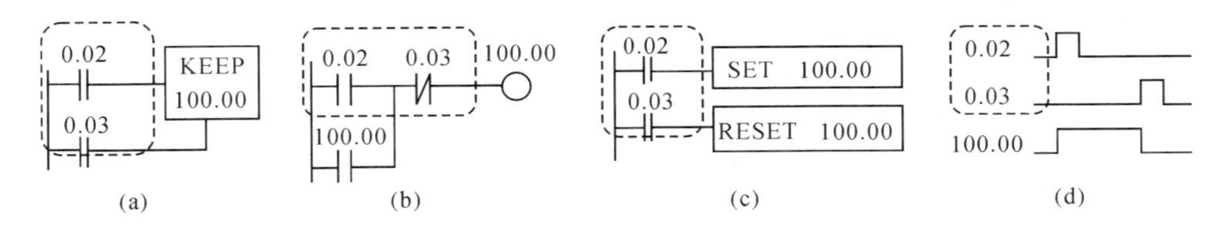

图 5.28　启、保、停控制程序

程序分析：

• 图 5.28(a)中，KEEP 编程需三条语句(最少)；KEEP 编程用 HR 作输出时，具有掉电保持功能。

• 图 5.28(b)中，语句最多，且不具备掉电保持功能。

• 图 5.28(c)中，SET 和 RESET 编程 HR 作输出时，有保持功能。SET 和 RESET 编程时，中间可以插入其他指令。

• 图 5.28(d)是程序的时序图。从该图中我们发现，SET、RESET 指令的执行条件以及 KEEP 指令的 S 端和 R 端常为短信号(脉冲信号)。

4. **微分指令**

微分指令是专门用于检测输入信号的上升沿、下降沿的变化，或者根据驱动信号的变化(上升沿或下降沿)，输出时间是一个扫描周期的脉冲。

CP1H 中除了有输出微分指令 DIFU、DIFD 外，还有连接型微分指令 UP、DOWN，指令的微分形式@、%等。但是所有微分功能都能用 DIFU、DIFD 来实现。

1) 微分指令介绍

微分指令如表 5.10 所示。

表 5.10　微分指令

序号	指令名称	指令	梯形图符号	操作数
1	输出型上升沿微分	DIFU	DIFU(13) N	除输入通道以外的所有位地址
2	输出型下降沿微分	DIFD	DEFD(14) N	同上
3	连接型上升沿微分	UP	UP	无
4	连接型下降沿微分	DOWN	DOWN	无

(1) 输出型微分指令 DIFU 与 DIFD。DIFU 指令在逻辑运算结果上升沿时，输出继电器在一个扫描周期内为 ON；DIFD 在逻辑运算结果下降沿时，输出继电器在一个扫描周期内为 ON。指令的应用示例如图 5.29 所示。图 5.29(a)中，当 0.00 从 OFF 上升到 ON 时，100.00 仅在一个扫描周期内为 ON；图 5.29(b)中，当 0.00 从 ON 下降到 OFF 时，100.00 仅在一个扫描周期内为 ON。

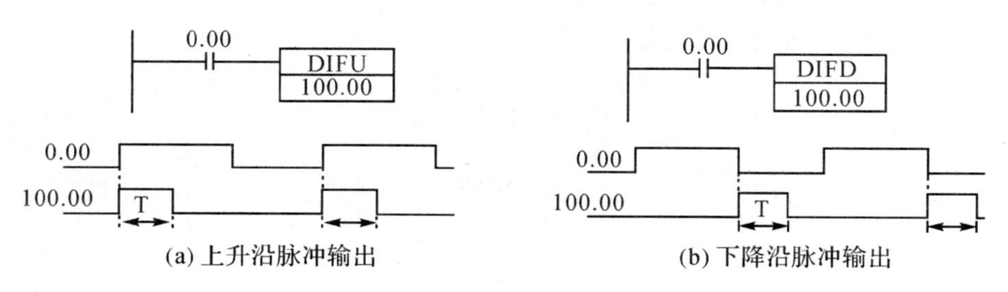

(a) 上升沿脉冲输出　　(b) 下降沿脉冲输出

图 5.29　输出型微分指令应用示例

(2) 连接型微分指令 UP 与 DOWN。UP 指令在输入信号的上升沿(OFF→ON)时，1 周期内为 ON，连接到下一段；DOWN 指令在输入信号的下降沿(ON →OFF)时，1 周期内为 ON，连接到下一段。

例 5.8　指令的应用示例如图 5.30 所示。图 5.30(a)中，当 0.00 从 OFF 上升到 ON 时，100.00 仅在一个扫描周期内为 ON；图 5.30(b)中，当 0.00 从 ON 下降到 OFF 时，100.01仅在一个扫描周期内为 ON。

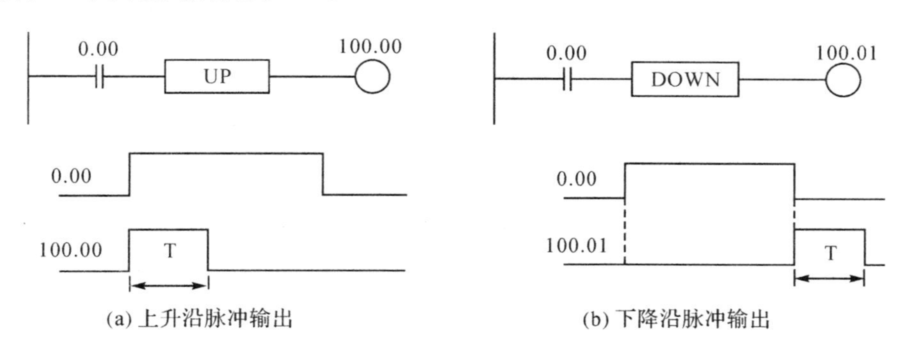

(a) 上升沿脉冲输出　　(b) 下降沿脉冲输出

图 5.30　连接型微分指令应用示例

(3) 指令的微分形式。指令分为微分型和非微分型两种形式，CP1 系列 PLC 的应用指令多数兼有这两种形式。两种指令的区别如下：

① 指令形式：微分型指令要在其助记符前加标记“@(上升沿微分)或%(下降沿微分)”。非微分型指令不需要加。

② 指令的执行。

非微分型指令：执行条件为 ON，则每个扫描周期将执行该指令；

上升沿微分型指令(指令前带“@”)：仅在其执行条件由 OFF 变为 ON 时才执行一次；

下降沿微分型指令(指令前带“%”)：仅在其执行条件由 ON 变为时 OFF 才执行一次。

其输入方法如图 5.31 所示。

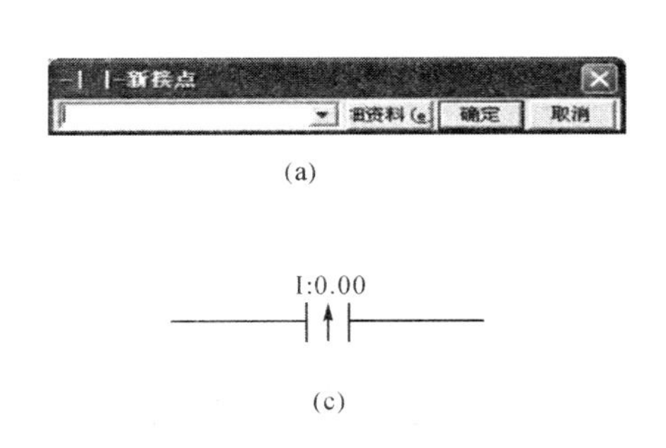

(a)

(c)

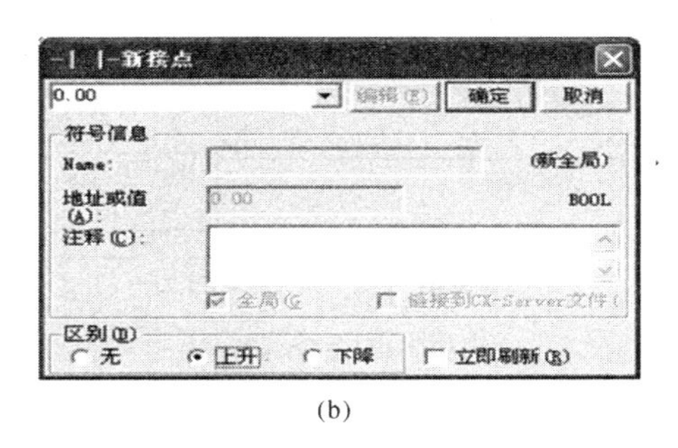

(b)

图 5.31　在欧姆龙梯形图程序中输入上升沿微分的常开触点

注意：CP1H 系列 PLC 只有少数几条指令可以附加下降沿微分型(指令前带%)功能，如 LD、AND、OR、SET、RSET。若其他指令需要仅在执行条件的下降沿执行时，请将执行条件与 DIFD 或 DOWN 指令组合使用。

2) 微分指令的应用

例 5.9　单按钮启停控制。

所谓单按钮启/停控制，就是按一次按钮时，相应的输出为 ON，再按一次按钮，该输出为 OFF，并依此循环执行。从逻辑上讲，这是一种双稳态电路(即来一个脉冲，输出状态翻转一次)，又称为分频电路，因为其输出信号的频率是输入信号频率的二分之一。

应用微分型指令和 I/O 指令，能方便地写出使用单按钮实现电动机启动/停止的梯形图程序。为方便起见，以下程序统一设定输入单元为普通按钮，SB1 接输入端子0.01，输出元件为接触器 KM，接输出端 100.00。

方法 1：利用微分指令和接点组合编写的单按钮控制梯形图如图 5.32 所示。图中三种写法的工作过程相同：开始时，线圈 100.00 的状态为 OFF，其常开触点断开，常闭触点闭合。SB1 第一次闭合时，W0.00 上产生一个上升沿脉冲(ON)，线圈的状态(OFF)和 W0.00 的状态两者异或，在线圈 100.00 得到结果为 ON；SB1 第二次闭合时，W0.00 又产生一个上升沿脉冲(ON)，此时因为线圈的当前状态为 ON，两者异或，在线圈 100.00 得到结果为 OFF。当每按一次按钮，SB1 输出线圈的状态就改变一次。接触器 KM 得电或失电一次，实现了用单按钮的启动电机的启动或停止。

图 5.32(a)中：

① 使用 DIFU 指令编写。

② 注意 W0.00 的常开触点和常闭触点符号在微分指令后梯形图上显示左内侧都多了一条竖线，表示该触点是上升沿动作的触点。不过，在输入的时候仍然是使用普通的常开和常闭触点符号。

③ CP1H 机型在梯形图输入触点的地址前会自动加“I：”，输出点前自动加“Q：”

图 5.32(b)中：

① 用指令的微分形式编写，最简单直观。

② 注意该图中触点的“↑”输入方法是右键单击 0.01，选择“微分/上升”，“↑”不能去掉，去掉后每个扫描周期都要改变一次，达不到控制目的。

图 5.32(c)中：

① 使用 UP 指令编写。

② 工作过程和图 5.32(a)一样。

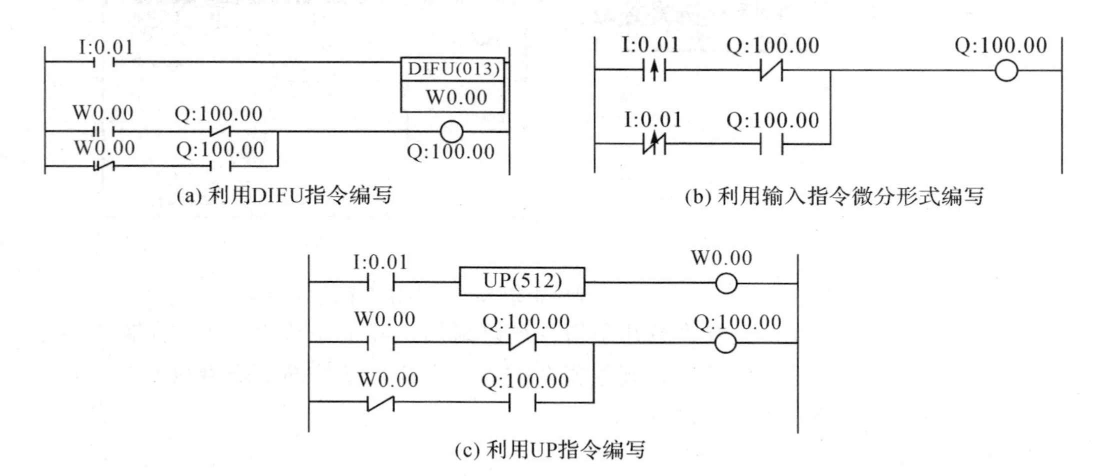

(a) 利用DIFU指令编写

(b) 利用输入指令微分形式编写

(c) 利用UP指令编写

图 5.32　利用微分指令和触点组合单按钮的启动停止控制

方法 2：利用微分指令和保持指令编写的控制梯形图。利用微分指令和保持指令编写的控制梯形图如图 5.33 所示。

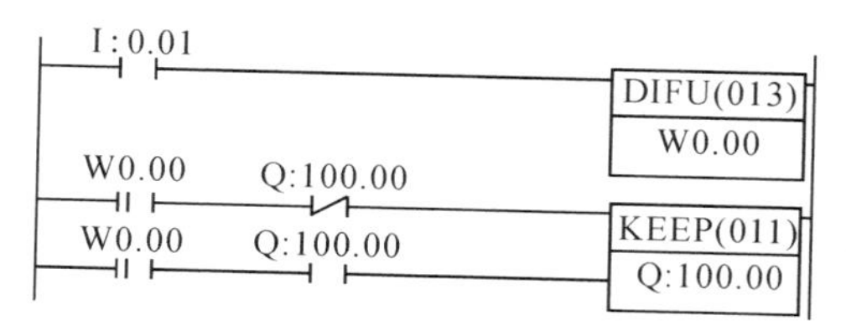

(a) 利用微分指令和保持指令编写

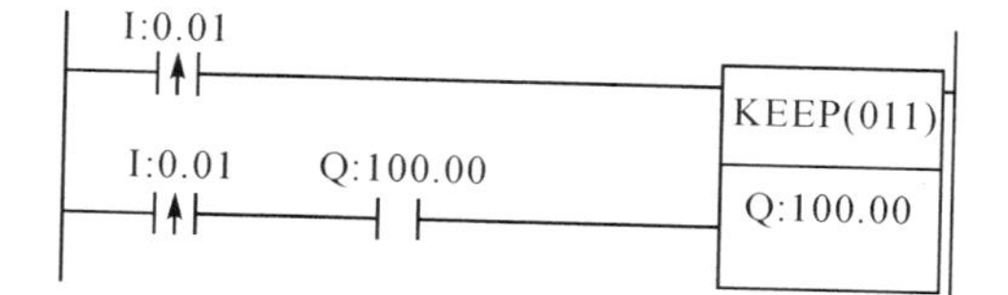

(b) 利用输入指令微分形式编写

图 5.33　利用微分指令和保持指令编程

图 5.33(a)中：

① 利用了 DIFU 和 KEEP 指令编程。

② 当线圈 100.00 为 OFF 时，触点 100.00 的状态引导 W0.00 的脉冲到置位端 S，使线圈 100.00 为 ON；并且当 100.00 常开触点闭合、常闭触点断开时，准备引导下一个脉冲到复位端 R。

图 5.33(b)中：

① 利用微分指令和保持指令编写。

② 工作原理和图 5.33(a)相同。

5. **定时器指令**

在低压电器控制中用通电延时和断电延时时间继电器完成时间的控制，在 PLC 中，通过定时器指令来控制时间。CP1H 的定时器指令有 TIM(BCD 定时器)、TIMH(BCD 高速定时器)、TTIM(BCD 累计定时器)和 TIML(BCD 长时间定时器)等。定时器指令如表 5.11 所示。

表 5.11　定时器指令

序号	指令名称	指令	梯形图符号	操作数
1	定时器	TIM	TIM N SV	① N 是定时器的编号，范围为 0000～4095。 ② SV 是定时器的设定值(BCD 0000～9999)，其范围为 CIO、W、H 、A 、T、C、D、*D、@D 或 #。 ③ TIML 中： D1：最低位作为定时结束标志 D2：存放定时器的当前值 SV：#00000000～99999999(115.7 天) ④ 指令 1、3、4 的精度为 0.1 s，指令 2 的精度为 0.01 s
2	高速定时器	TIMH	TIMH(15) N SV	
3	累计定时器	TTIM	TTIM N SV	
4	长延时定时器	TIML	TIML D1 D2 SV	

1）指令说明

(1) TIM 和 TIMH 指令。

① TIM 和 TIMH 指令从输入条件为 ON 时开始定时，从 SV 开始，1 次/0.1s(TIM)或 1 次/0.01s(TIMH)当前值 SV－1(减一计数)。SV＝0 时，定时时间到，定时器的常开触点(图中为 T0)输出为 ON 且保持(可用于延时接通控制)；定时器的常闭触点输出为 OFF 且保持(可用于延时关断控制)。当输入条件变为 OFF 时，定时器复位，常开触点(图中 T0)输出变为 OFF，并停止定时，其当前值 PV 恢复为 SV。

② TIM 定时时间为 SV×0.1 s(见图 5.34)，定时器 T0 的定时时间为 100×0.1＝10 s；TIMH 定时时间为 SV×0.01 s(见图 5.34)，定时器 T1 的定时时间为 200×0.01＝2 s。

③ 定时器无掉电保持功能。

④ 当 SV 不是 BCD 数或间接寻址 D 不存在时，ER 标志位置 ON。

例 5.10　定时器指令 TIM 和 TIMH 指令的应用如图 5.34 所示。

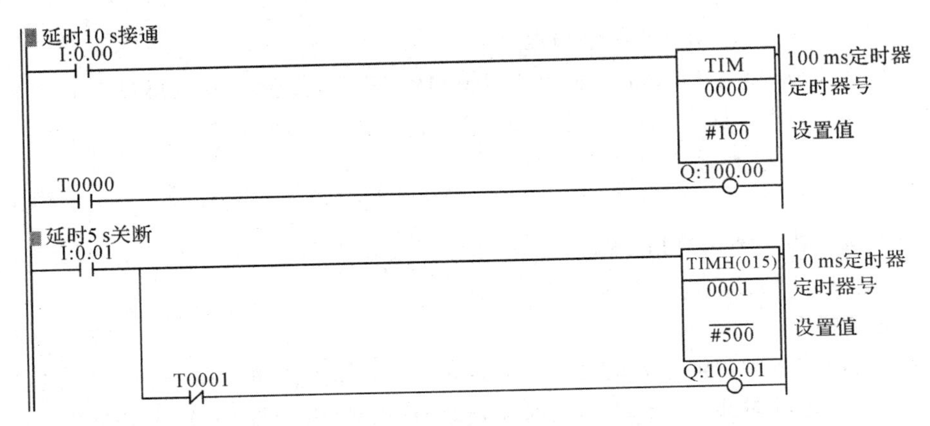

图 5.34　TIM 和 TIMH 指令的应用

在图中，开关 0.00 接通，延时 10 s(100×0.1 s)后定时器 T0 常开触点 T0000 接通，100.00 接通；开关 0.01 接通，100.01 接通，5 s(500×0.01 s)后定时器 T1 常闭触点 T0001 断开，100.01 断开，实现延时关断控制。

(2) TTIM 指令。自行查阅手册学习。

(3) TIML 指令。TIML 指令加 1 计数，定时精度为 0.1 s。

例 5.11　1 天长延时。

TIML 指令的应用如图 5.35 所示，可以定时 1 天。TIML 指令不设定时器编号，用第一个操作数(图中 W0)中的最低位(图中 W0.0)作为定时结束的标志，第二个操作数 D0 存放该定时器的当前值(PV)，第三个操作数为设定值(SV)。

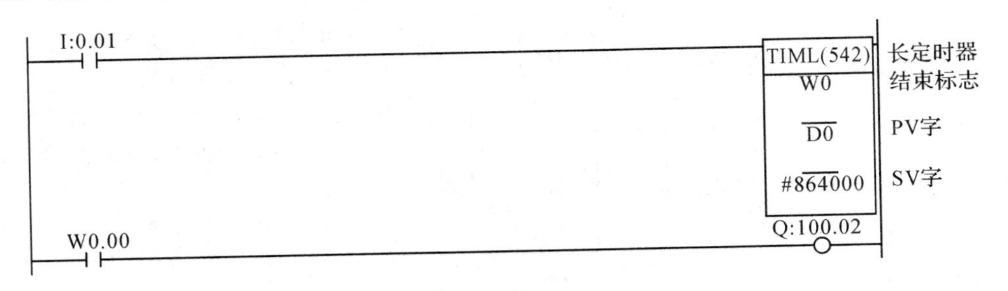

图 5.35　TIML 指令的应用

2）定时器指令的应用

（1）序列脉冲发生电路。

例 5.12　序列脉冲发生电路如图 5.36 所示。

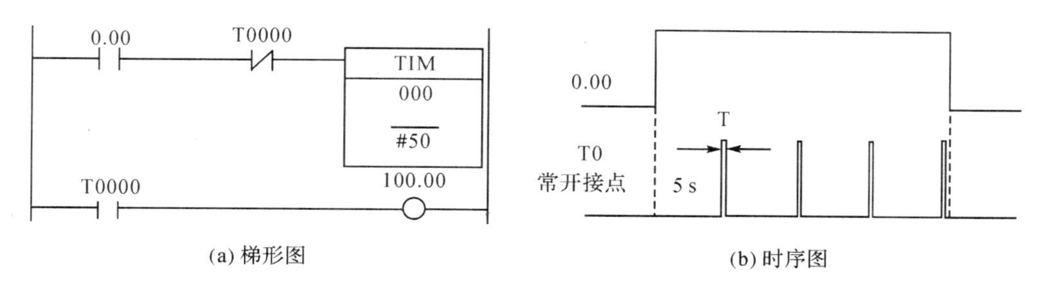

(a) 梯形图　　(b) 时序图

图 5.36　序列脉冲发生器

周期为 5 s(忽略了一个扫描周期的时间)的脉冲序列，其时序图如图 5.36(b)所示。

（2）单稳态电路。

例 5.13　延时 0.5 s 的单稳态程序，如图 5.37 所示。

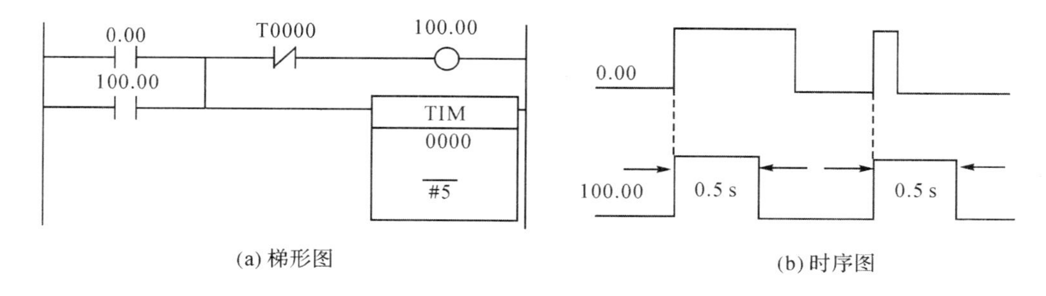

(a) 梯形图　　(b) 时序图

图 5.37　单稳态电路

（3）无稳态电路。

例 5.14　周期为 3 s 的无稳态程序(振荡程序)有两种编程方法，如图 5.38 所示。

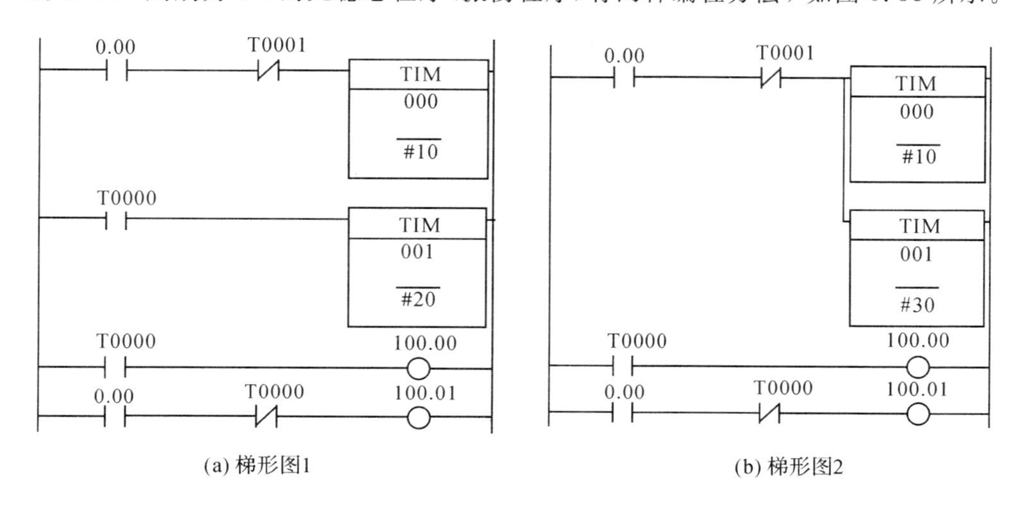

(a) 梯形图1　　(b) 梯形图2

图 5.38　无稳态电路

（4）定时器实现流水灯。

例 5.15 应用定时器指令和保持指令，实现流水灯效果。梯形图如图 5.39 所示。T0～T3定时器在上电就同时开始定时，只是定时时间不同，每个增加 1 s。输出 100.00 接灯 L0，在上电时到接通，1 s 后 T0 定时到断开；100.01 接灯 L1～L4，在 T0 定时到接通，1 s 后 T1 定时到断开；100.02 接灯 L5～L8，在 T1 定时到接通，1 s 后 T2 定时到断开；100.02 接灯 L9～L12，在 T2 定时到接通，1 s 后 T3 定时到断开，然后循环，形成流水灯效果。

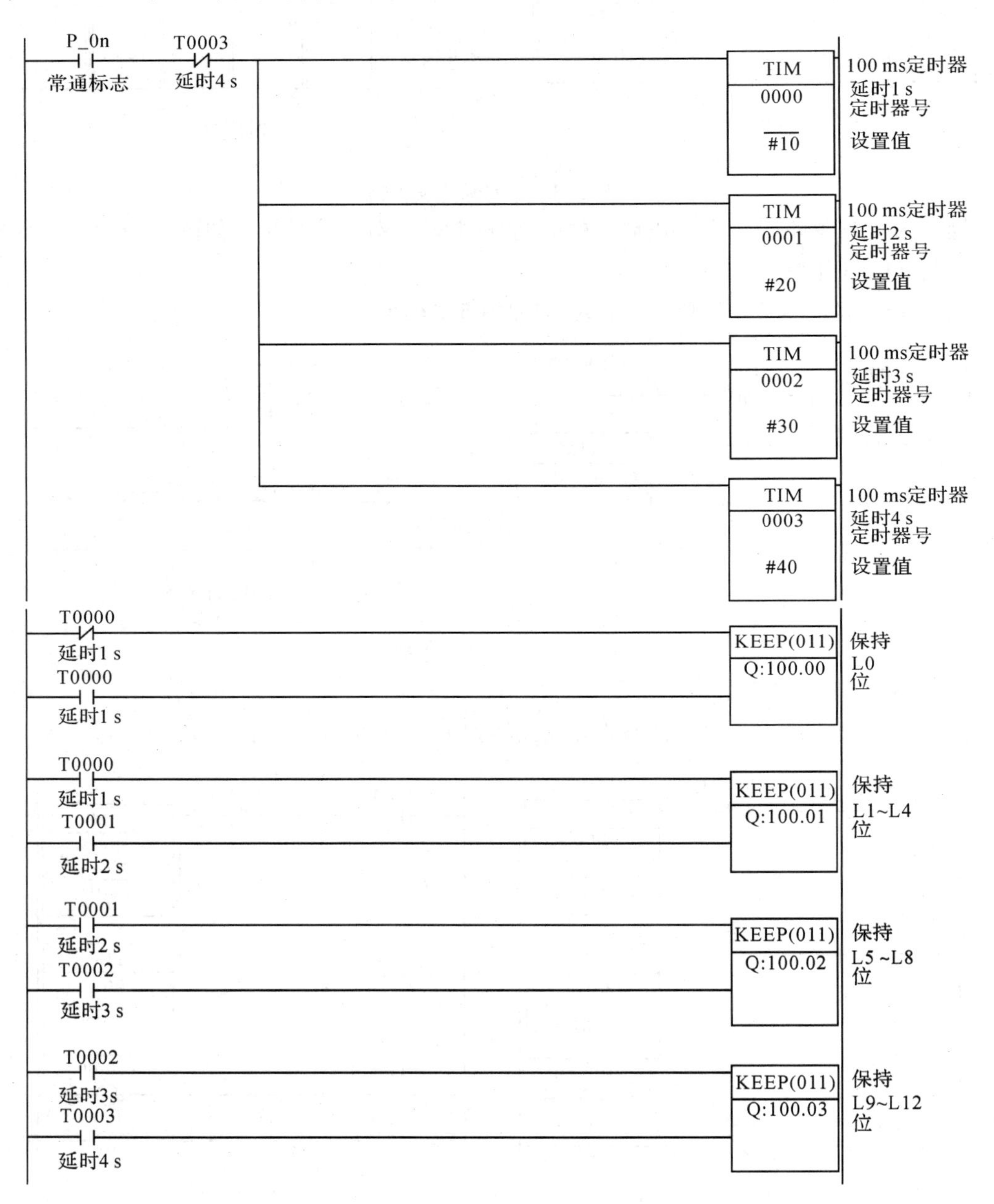

图 5.39 流水灯控制梯形图

如果用 8 个灯做间隔 1s 流水灯，要求每个灯都用一个定时器控制，每个灯用独立的输出点控制，则需要 8 个定时器、8 个输出点来实现，仿照图 5.38 实现这个控制。

6. **计数器指令**

在 PLC 中，通过计数器指令来计数。CP1H 的计数器指令有 CNT(BCD 定时器)、CNTR(BCD 高速定时器)等。计数器指令如表 5.12 所示。

1）指令说明

(1) CNT 指令。CNT 执行减法计数，CP 为计数脉冲输入，每输入一个脉冲，计数器的当前值减 1，直到 0 结束，此时，计数器的常开触点闭合，常闭触点断开；R 为复位，当复位端有效时，计数器被复位，返回到设定值。其时序图如图 5.40(a)所示。

表 5.12　计数器指令

序号	指令名称	指令	梯形图符号	操作数
1	计数器	CNT	CP, R → [CNT / 计数器号N / 设置值S]	① N 是定时器的编号，范围为 0000～4095。 ② SV 是定时器的设定值(BCD 0000～9999)，也可以是在存储器 D 中直接或间接设定
2	可逆计数器	CNTR	ACP, SCP, R → [CNTR / 计数器号N / 设置值S]	

(2) CNTR 指令。CNTR 执行加法或减法计数，ACP 为加计数脉冲输入，SCP 为减计数脉冲输入，R 为复位。可逆计数器在进位或借位时有输出，即在加计数过程中当加到设定值再加 1，或在减计数过程中减到 0 再减 1 时，计数器的常开触点闭合，常闭触点断开；当复位端有效时，计数器被复位，返回到 0。其时序图如图 5.40(b)所示。

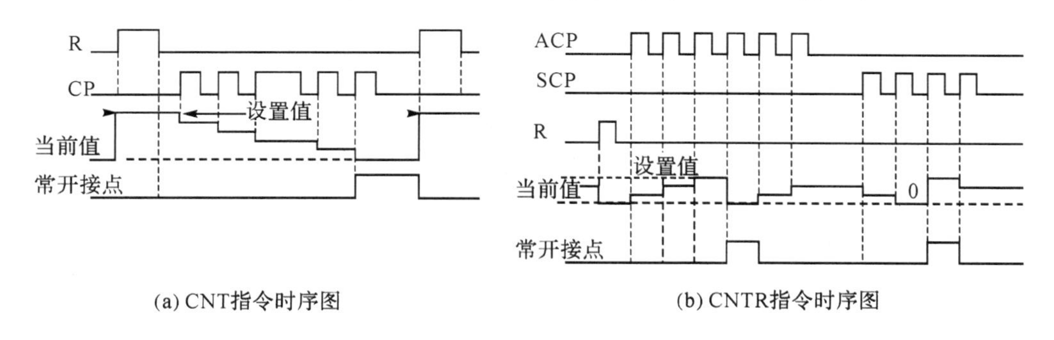

(a) CNT指令时序图　　(b) CNTR指令时序图

图 5.40　CNT 和 CNTR 指令时序图

2）计数器指令的应用

(1) 长计数。

例 5.16　长计数梯形图如图 5.41(a) 所示，采用计数器 C100 计数 1000 次，C101 计数 20 次，总共计数长度是 1000×20＝20 000 次。

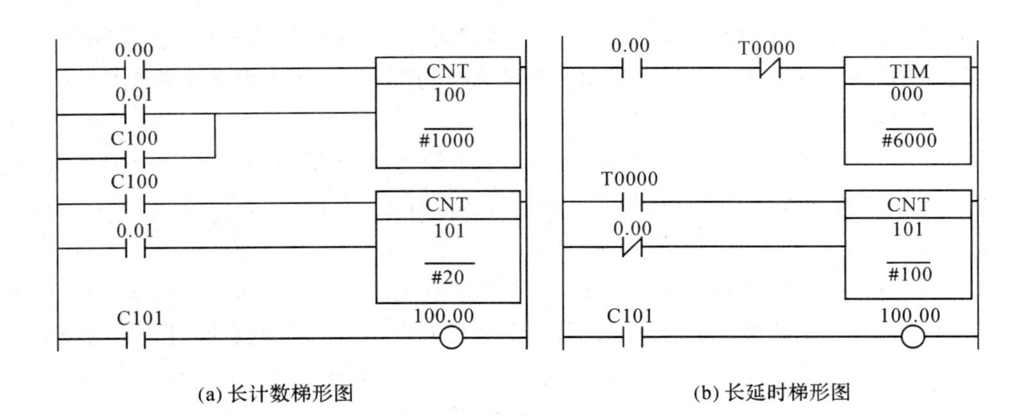

(a) 长计数梯形图　　(b) 长延时梯形图

图 5.41　计数器指令的应用

(2) 长延时。

例 5.17　长延时单个定时器定时最大值为 999.9 s，可以采用计数器和定时器构成长延时，程序如图 5.40(b) 所示，采用计数器 C101 计数 100 次，T0 定时 600 s，总共定时长度是 600×100=60 000 s。

思考：如何实现 1 天的定时？(提示：1 天=24×3600 s=86 400 s；计数次数=86 400 s ÷100 ms=864 000 次。考虑到定时器和计数器的值都在 0～9999 范围内，所以可以取定时器计数值为 8640，计数器的计数值为 100，自己完成程序设计)

7. 时序控制指令及应用

在学习 C 语言编程的时候，我们经常需要设计分支、循环等程序结构，在 PLC 中，也有同样的控制要求。完成这些要求的指令是时序控制指令，常用的时序控制指令有 END(结束)、NOP(空操作)；IL(联锁)/ILC(联锁清除)；JMP(转移)/JME(转移结束)；MILH(多重联锁)/MILC(多重联锁清除)；CJP(条件转移)/CJPN(条件不转移)；JMP0(多重转移)/JME0(多重转移结束)；FOR(重复开始)/NEXT(重复结束)；BREAK(循环中断)等。

1) END(结束)、NOP(空操作)指令

END(结束)、NOP(空操作)指令如表 5.13 所示。

表 5.13　结束和空操作指令表

序号	指令名称	指令	梯形图符号	操作数
1	结束	END	─┤END├─	无
2	空操作	NOP	─┤NOP├─	

• 在将全部程序清除时，全部指令成为空操作。

• END 指令以后的其余程序步不再执行，而直接进行输出处理；若在程序中没有 END 指令，则要处理到最后的程序步，且编程软件在进行语法检查时，会显示语法错误的提示。

• 在调试中，可在各程序段插入 END 指令，依次检查各程序段的动作。

• 执行 END 指令时，ER、CY、GR、EQ、LE 标志被置为 OFF。

2）IL/ILC 指令

(1) IL/ILC 指令的操作说明。IL/ILC 指令如表 5.14 所示。

表 5.14　IL/ILC 指令表

序号	指令名称	指令	梯形图符号	操 作 数
1	联锁	IL	IL	无
2	解锁	ILC	ILC	

• 联锁和解锁指令是专为处理分支电路而设计的。IL 指令前的串联触点相当于分支电路分支点前的总开关，IL 和 ILC 间的梯形图相当于各条分支电路。

• 联锁 IL 指令有效，相当于总开关接通，在 IL 和 ILC 之间的梯形图被驱动。但不论联锁指令有效与否，IL 和 ILC 之间的指令均参与运算，都要占用扫描时间。

• 在 IL 内再采用 IL 指令，就成为联锁指令的嵌套，相当于在总开关后接分路开关。但 ILC 指令只能用一条。

(2) IL/ILC 指令的应用。

例 5.18　联锁指令应用。如图 5.42(a)所示为联锁指令的应用，其等效梯形图如图 5.42(b)所示。

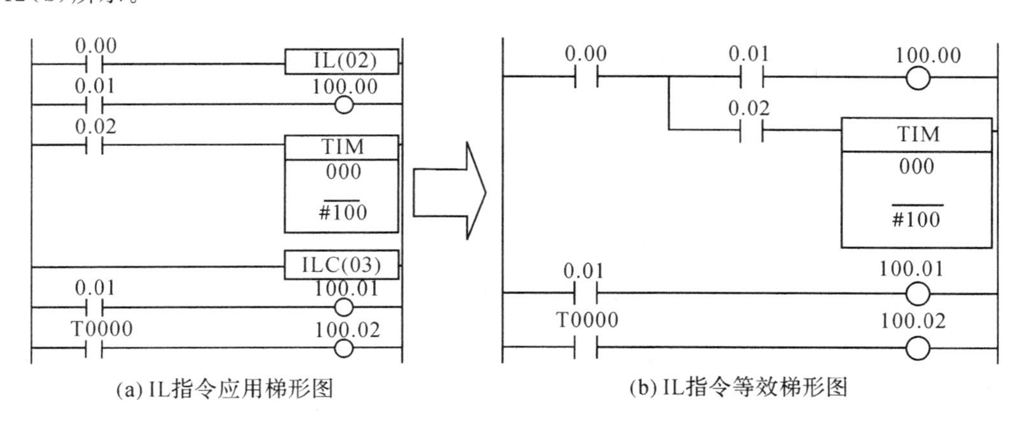

图 5.42　联锁指令的应用

• 当触点 0.00 闭合时，IL 有效，若此时触点 0.01、0.02 闭合，则线圈 100.00 得电，定时器线圈 T0 得电，10 s 后常开触点 T0 闭合，线圈 100.02 得电。

• 当触点 00.0 断开时，IL 无效，若此时触点 0.01、0.02 闭合，则线圈 100.00、T0 均不得电，输出继电器 100.00 无输出，定时器 T0 不计时。

• 线圈 100.01 在 ILC 指令之后，不受联锁指令的影响。

(3) 含有嵌套的 IL/ILC 指令应用。

例5.19 含有嵌套的IL/ILC指令的应用如图5.43所示。

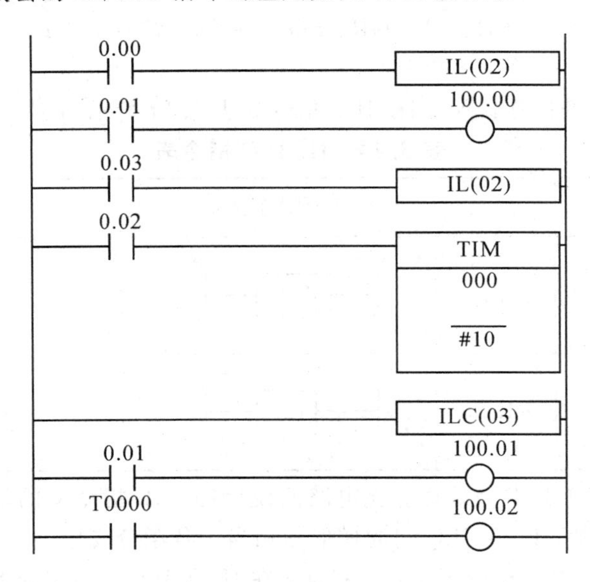

图5.43 含有嵌套的IL、ILC指令的应用

和接点0.03相连的IL是联锁的第二层，因为多了一层联锁，所以只有当接点0.00、0.03和0.02同时闭合时，才会驱动定时器T0。

3) JMP/JME指令

(1) JMP/JME指令的操作说明。JMP/JME指令如表5.15所示。

表5.15 JMP/JME指令表

序号	指令名称	指令	梯形图符号	操作数
1	跳转开始	JMP	JMP JMP(004) N　N: Jump number	CP1H：#00～#FF &000～255
2	跳转结束	JME	JME JME(005) N　N: Jump number	

• JMP/JME指令用于控制程序流向，当JMP的执行条件为OFF时，跳过JMP到JME之间的程序，转去执行JME后面的程序，JMP到JME之间的程序不参与运算，所有输出、定时器、计数器的状态保持不变。

• 跳转开始和跳转结束的编号要一致。

• 多个JMP N可以共用一个JME N，这样使用后，在进行程序编译时会出现警告信息，但程序能正常执行。

• 跳转指令可以嵌套使用，但必须是不同跳转号的嵌套。

(2) JMP/JME指令的应用。

例 5.20　JMP/JME 指令的应用示例如图 5.44 所示。

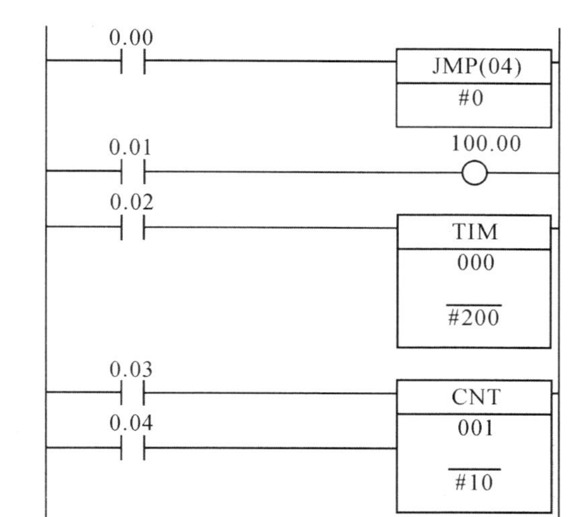

图 5.44　JMP/JME 指令的应用示例

• 当触点 0.00 闭合时，输出线圈 100.00、定时器 T0、计数器 C1 都分别受到触点 0.01、0.02、0.03、0.04 的控制。

• 当触点 0.00 断开时，JMP 00 到 JME 00 间的梯形图都不参与运算。具体表现为：输出线圈 100.00 不论触点 0.01 闭合与否，都保持触点 0.00 断开前的状态；定时器 T0 停止计时，触点 0.02 闭合，定时器不计时，触点 0.02 断开，定时器也不复位；计数器 C1 停止计数，触点 0.04 闭合不能复位计数器，触点 0.03 的通断也不能使计数器计数。

三、欧姆龙 PLC 的应用指令

CP1H 的应用指令非常丰富，并且具有中型机才有的高功能指令。CP1H 的应用指令有：数据传送、数据比较、数据移位、数据变换、增减及进位、四则运算、逻辑运算、子程序、中断控制、高速计数/脉冲输出、工程步进控制等。

应用指令语法更加复杂，语句繁多，但是使用率不高。因此，学习应用指令一是要搞清楚指令种类。二是要会根据指令种类，查阅相应的编程手册，做到即学即用，着力点在“用”，而不是“记”，即不必去死记硬背这些指令。

1. **数据传送指令**

数据传送指令有 MOV(传送)、MOVL(倍长传送)、MVN(取反传送)、MVNL(倍长取反传送)、MOVB(位传送)、XFRB(多位传送)、MOVD(数字传送)、XFER(块传送)等。

1) MOV、MOVL 和 MVN、MVNL 指令

(1) MOV 指令将源通道(单字)数据或常数以二进制的形式传送到目的通道。

(2) MVN 指令将源通道(单字)数据或常数以二进制的形式传送到目的通道。

(3) MOVL 和 MOV 指令功能相同，但传送双字；MVNL 和 MVN 指令功能相同，但传送双字。

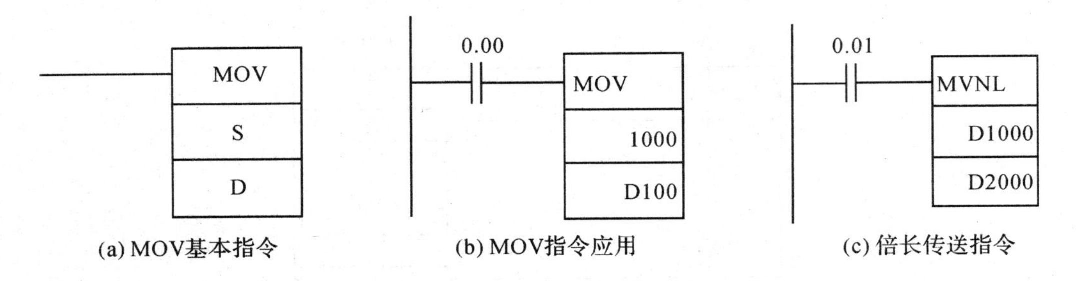

(a) MOV基本指令　　(b) MOV指令应用　　(c) 倍长传送指令

图 5.45　传送指令

在图 5.45(a)中，S 是源通道，D 是目的通道，可以使用的通道地址有 I/O 通道、内部辅助通道、保持通道、特殊辅助通道、定时器、计数器、数据存储等；在图 5.45(b)中，当 0.00 为 ON 时，将 1000CH 中的数据传送到 D100；在图 5.45(c)中，当 0.01 为 ON 时，将 D1000 和 D1001 中的数据按位取反后传送到 D2000 和 D2001。注意，梯形图中，源和目标通道都只写首字的地址。

例 5.21　利用 MOV 指令改变定时器的定时器计数值，如图 5.46 所示。

说明：在图 5.46 中，当开关触点 0.01 闭合时，将数据 100 传送给 D1，使定时器设定值为 100，并开始定时，10 s 定时时间到，接通输出 100.00；当开关触点 0.02 闭合时，将数据 200 传送给 D1，使定时器设定值为 200，并开始定时，20 s 定时时间到，接通输出 100.00。

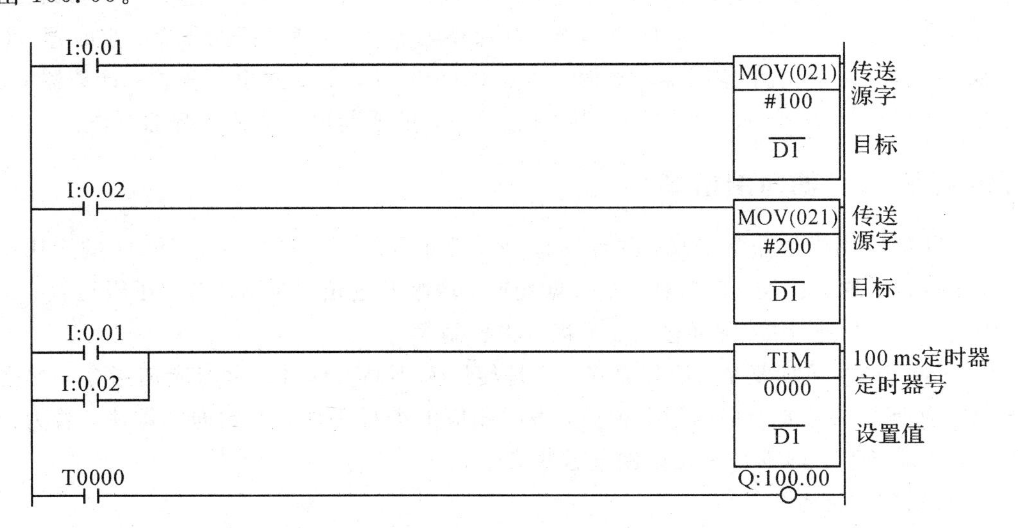

图 5.46　应用 MOV 指令改变定时器的计数值

例 5.22　应用 MOV 指令实现 8 个输出点以 2 s 的周期交替闪烁，梯形图如图 5.47 所示。

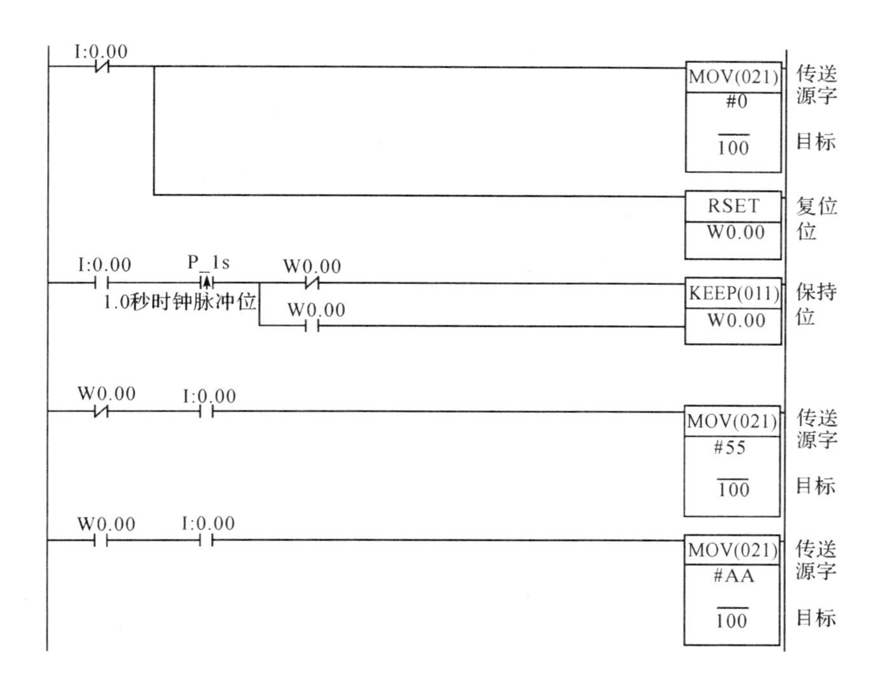

图 5.47　输出点交替闪烁梯形图

在图 5.47 中，第一条梯形图在常闭触点 0.00 闭合，送数据 0 到通道 100，使输出继电器均失电，复位 W0.00；第二条梯形图由 KEEP 指令构成分频电路，当触点 0.00 闭合时，由秒脉冲上升沿触发，在 W0.00 上产生一个周期为 2 s，正负半周各 1 s 的脉冲；第三条梯形图在 W0.00＝0 时，将数据 55(二进制 01010101)送到 100 通道，使 100.06、100.04、100.02、100.00 得电；第四条梯形图在 W0.00＝1 时，将数据 AA(二进制 10101010)送到 100 通道，使 100.07、100.05、100.03、100.01 得电。

注意：

① MOV 指令是字操作指令，操作结果影响 100 通道的所有位。

② 本例中一定要用边沿触发(也可用下降沿)，若不用，在 1 s 脉冲前半周期触点 P_1s 有 0.5 s 是闭合的，那么每个扫描周期都要使 W0.00 的状态反转一次，就不能实现控制的要求。

2）MOVB 和 XFRB 指令

MOVB 根据控制字 C 的控制，传送指定通道所指定的多个位到目的通道。该指令的格式如图 5.48 所示。

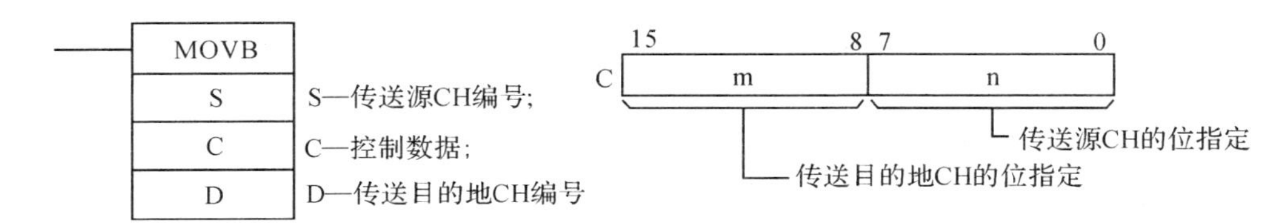

图 5.48　MOVB 指令的格式

例 5.23　位传送指令应用示例如图 5.49 所示。

XFRB 指令传送指定通道所指定的多个位 到目的通道，其指令格式如图 5.50 所示。

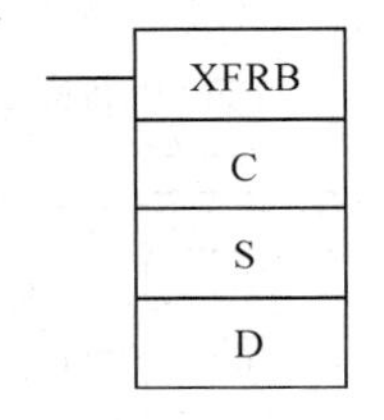

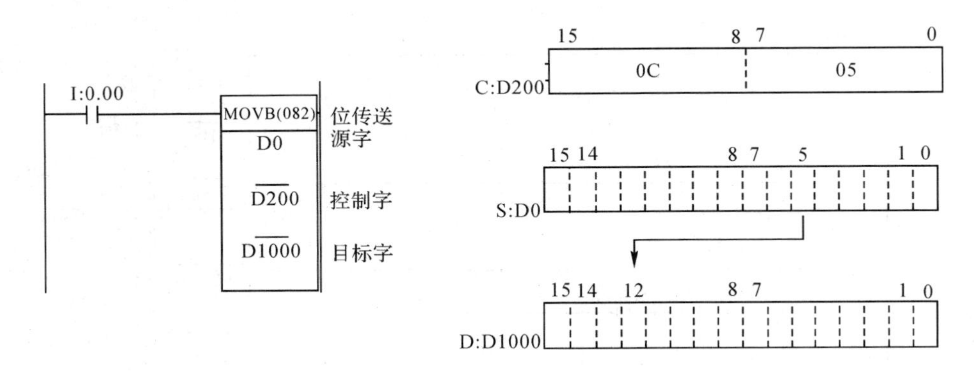

图 5.49　位传送指令应用示例

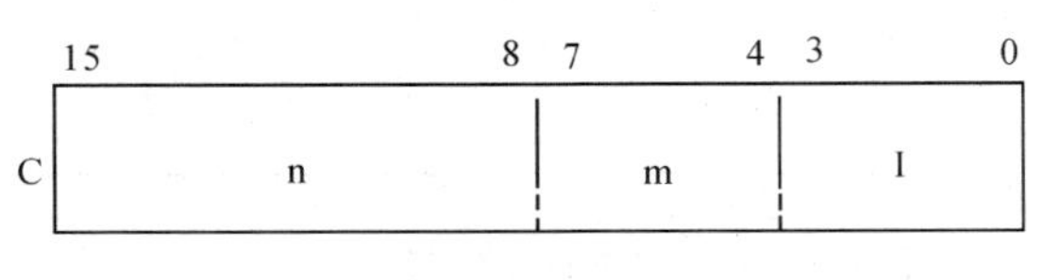

图 5.50　XFRB 指令的格式

3) MOVD 和 XFER 指令

MOVD 根据控制字 C 的内容，将源通道 S 指定位置、指定位数的数字(4 位二进制数为 1 位数字)传送到目的通道 D。其梯形图符号和控制字格式如图 5.51 所示，其控制字 C 的应用如图 5.52 所示。

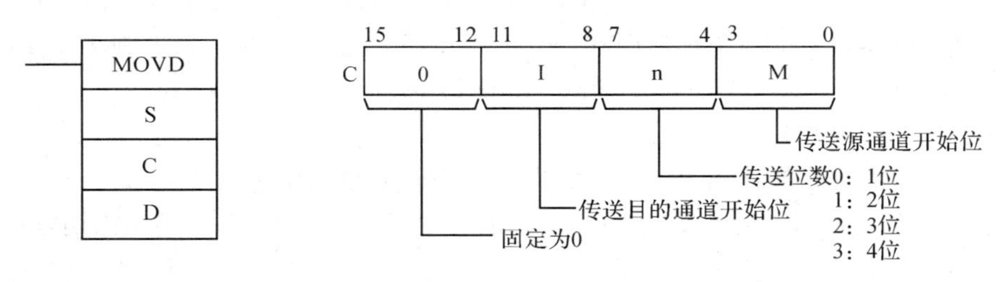

图 5.51　MOVD 梯形图符号和控制字格式

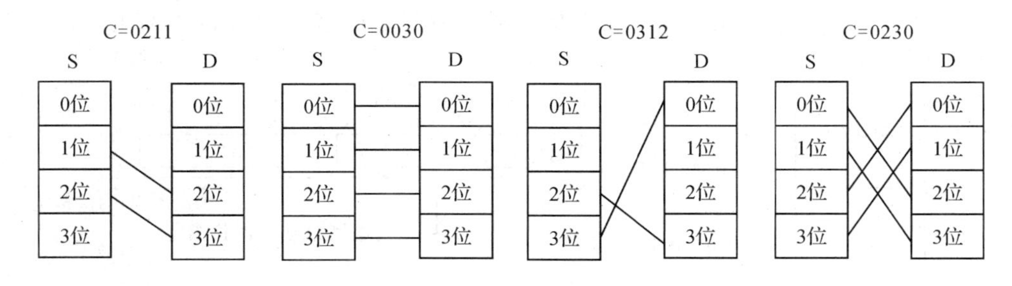

图 5.52　MOVD 控制字 C 的应用示例

2. 数据比较指令

CP1H 的数据比较指令主要有无符号比较、表格一致、无符号表格比较、区域比较、符

号比较、时刻比较、带符号 BIN 比较、多通道比较、扩展表格间比较。其中，最常用的是比较、符号比较、时刻比较指令。

1）比较指令

比较指令格式如图 5.53 所示，比较指令对 2 组数据或常数(图 5.54 所示的 S1 和 S2)进行比较，将比较结果反映到状态标志中。

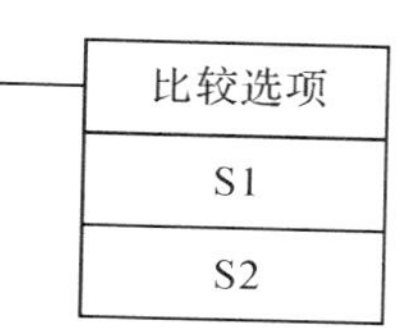

图 5.53　比较指令格式

注意：指令中的比较选项可以是：无符号比较 CMP(单字)；无符号倍长比较 CMPL(双字)；带符号比较 CPS(单字)；带符号倍长比较 CPSL(双字)。

状态标志有"＝、＜＞、＜、＜＝、＞、＞＝"，CP1H 机型的比较结果标志如表 5.16 所示。

表 5.16　比较结果标志

结果标志	>	=	<	>=	<>	<=	备注
符号地址	P_GT	P_EQ	P_LT	P_GE	P_NE	P_LE	
实际地址	CF005	CF006	CF007	CF000	CF001	CF002	

例 5.24　根据 D1 的值，判断：数据大于 20 或小于 5 时，线圈 100.00 得电，梯形图如图 5.54(a)所示；数据大于 5 且小于 20 时，线圈 100.00 得电，梯形图如图 5.54(b)所示。

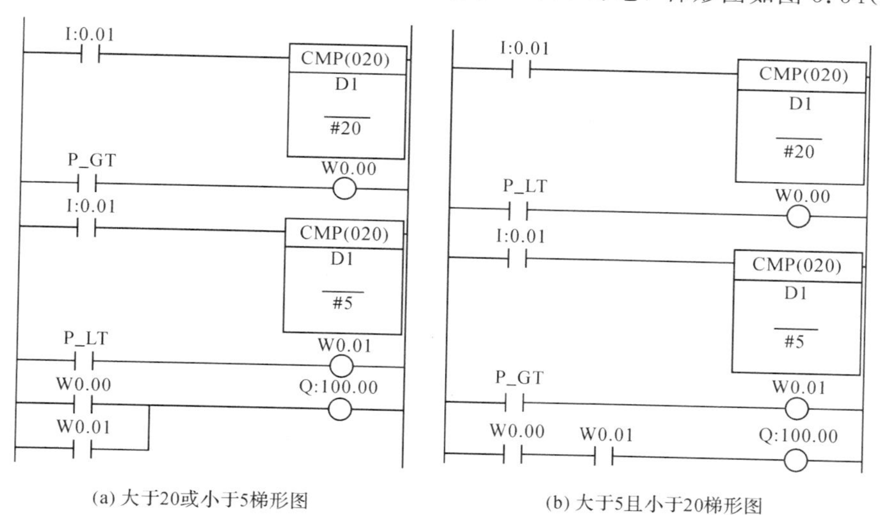

图 5.54　比较指令应用示例

从例子中我们看到，两个标志 P_GT 和 P_LT 是"或"逻辑，则把两个标志并联控制输出；如果两个标志 P_GT 和 P_LT 的结果是"与"关系，则把两个触点串联控制输出。

思考一下：根据此例子，想想如果要判断 D1 的值大于等于 5 且小于等于 20 时，线圈 100.00 得电，梯形图应该如何修改?

2）符号比较

符号比较指令的符号选项有"＝、＜＞、＜、＜＝、＞、＞＝"，其含义是对 S1 和 S2 两个数据或常数进行无符号或带符号(在符号选项后加 S)的比较，比较结果为真时，将信号连接到下一段之后，相当于常开触点的闭合。符号比较指令格式如图 5.55 所示。

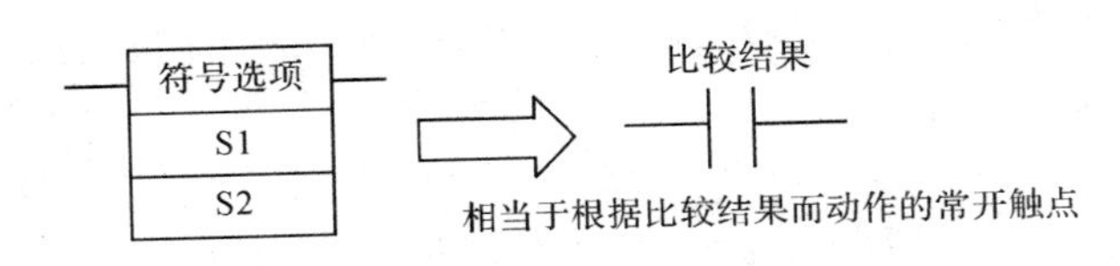

图 5.55　符号比较指令格式

例 5.25　用符号比较指令实现图所示的控制，梯形图如图 5.56 所示。

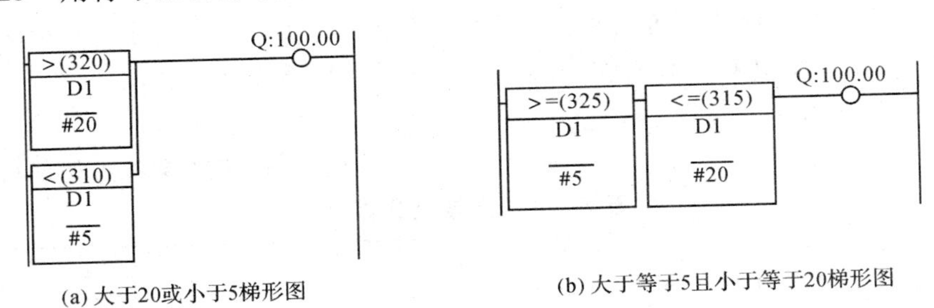

图 5.56　符号比较指令应用

注意：输入符号指令，在左侧母线所示的虚线框位置，按快捷键“I”或者点击工具栏上的命令按钮，在对话框中输入“<　T1　#100”，比较运算符“<”和“T1”之间有空格；“T1”和“#100”之间也有空格。输入完成点击“确定”，就能输入符号比较指令，如图 5.57 所示。

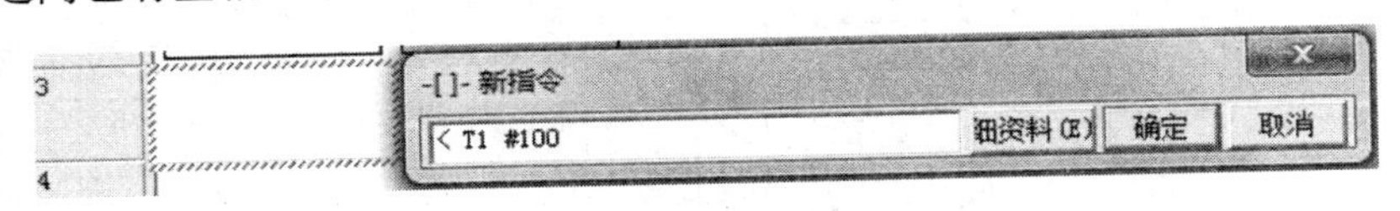

图 5.57　输入符号比较指令的方法

例 5.26　设计一个定时器控制电路，从驱动触点闭合开始计时，6 s 后，输出线圈 100.00 得电，10 s 后，输出线圈 100.01 也得电；20 s 后，两个线圈均失电。

说明：根据题目要求，用以下三种方法设计梯形图。使用定时器控制线圈梯形图，如图 5.58 所示。

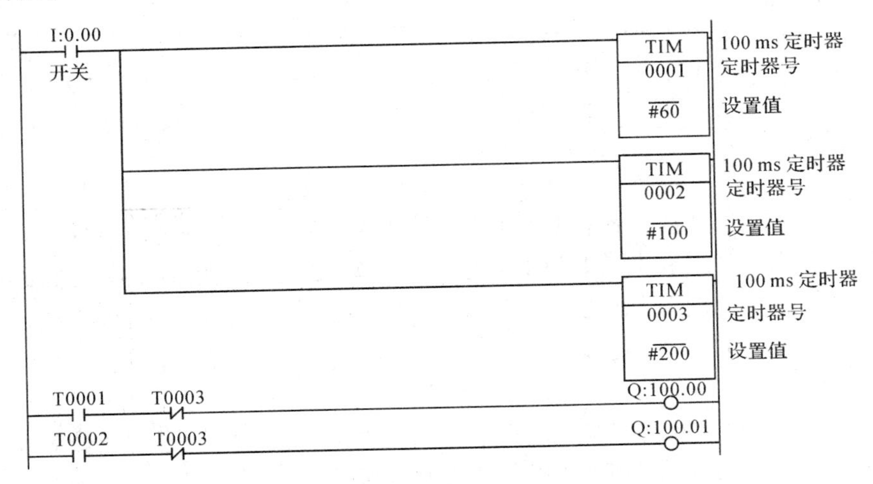

图 5.58　使用定时器控制线圈梯形图

使用符号比较指令控制线圈梯形图，如图 5.59 所示。

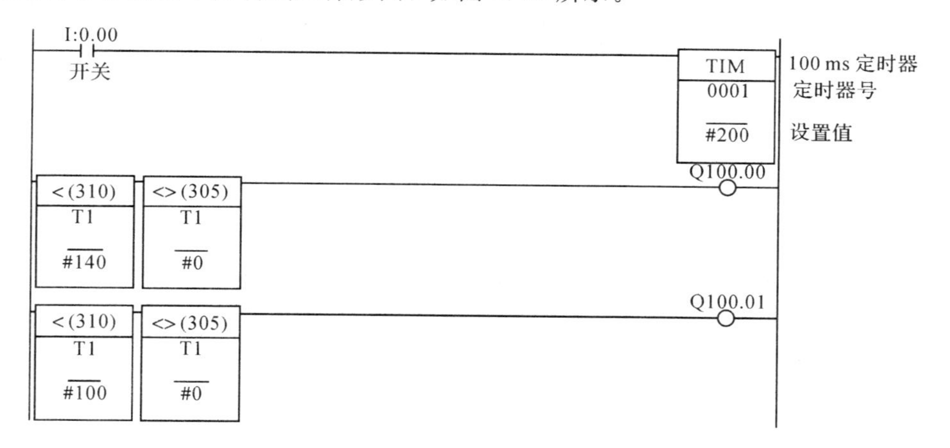

图 5.59 使用符号比较指令控制线圈梯形图

使用比较指令控制线圈梯形图，如图 5.60 所示。

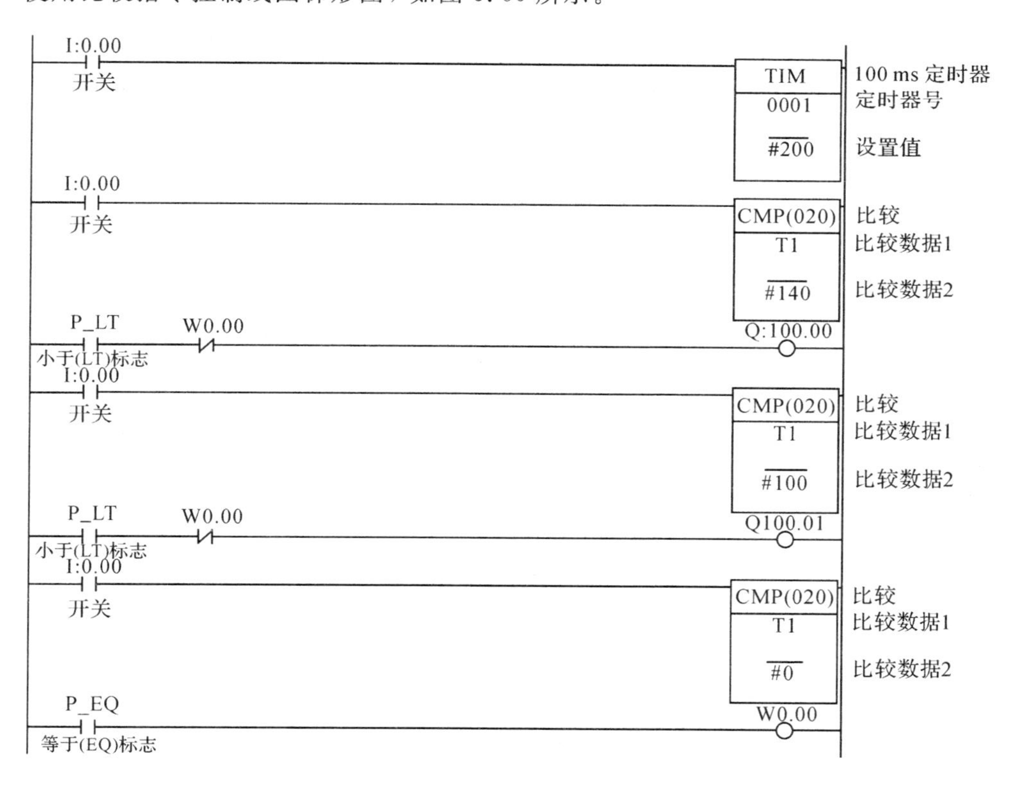

图 5.60 使用比较指令控制线圈梯形图

经过比较我们发现，图 5.58 使用定时器指令实现，程序简单也比较好理解；图 5.59 使用符号比较指令，程序最简单；图 5.60 使用比较指令实现，程序最复杂。

3）时刻比较指令

时刻比较指令的符号选项有“=DT、<>DT、<DT、<=DT、>DT、>=DT”，其含义是对 S1 和 S2 两个时刻数据进行比较，比较结果为真时，信号能连接到下一段之后，相当于常开触点的闭合。其指令格式如图5.61所示。

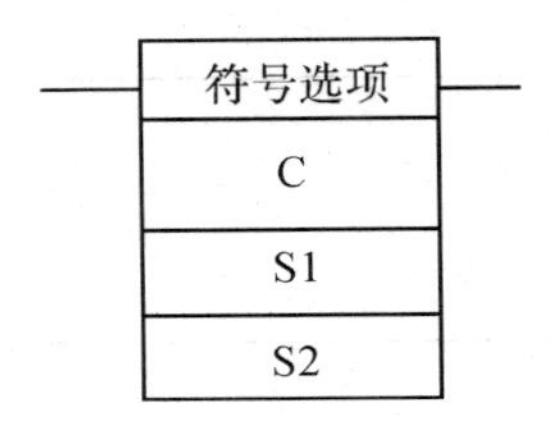

图5.61　时刻比较指令格式

① 其中C是控制数据，S1是显著时刻数据3个通道的低位通道号，S2是比较时刻数据3个通道的低位通道号。

② 控制字C通过位05～00来分别指定将哪一个作为比较屏蔽，屏蔽为1，不屏蔽为0；05～00分别控制的是年、月、日、时、分、秒。

在CP1H PLC中用特殊辅助继电器A351～A353来存放时间信息(BCD)，如表5.17所示。

表5.17　CP1H PLC中用特殊辅助继电器A351～A353信息表

通　道	高8位	低8位
A351CH	分	秒
A352CH	日	时
A353CH	年	月

例如，计量每天上午8:00到晚上22:00的峰电量，屏蔽位的设置如表5.18所示，屏蔽年月日比较，进行时分秒比较。

表5.18　时刻比较控制字C的设置表

位	5	4	3	2	1	0
屏蔽内容	年	月	日	时	分	秒
C	1	1	1	0	0	0

例5.27　工厂检测峰谷电的使用情况，即测量每天上午8：00到晚上22:00的峰电量和晚上22:00到次日8:00的谷电量。用时刻比较指令能实现，其梯形图如图5.62所示。

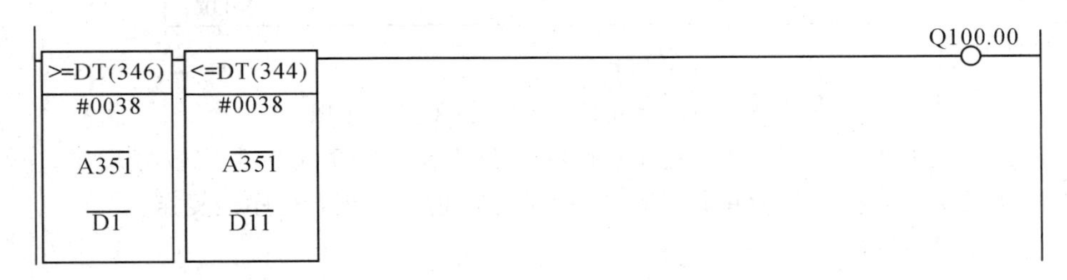

图5.62　工厂峰谷电检测梯形图

说明：A351 表示从秒到年的三个通道，如表 5.19 所示；D1 是 D1、D2、D3 三个存储器字的低位通道，存放的是 8 点 0 分 0 秒；D11 表示 D11、D12、D13 三个存储器字的低位通道，存放的是 22 点 0 分 0 秒，不考虑 D3。从梯形图可知，当时间大于 8 点且小于 22 点时，100.00为 ON。

表 5.19　时间通道表

D1	D2	D3	D11	D12	D13
0000	0008		0000	0022	

3. 数据移位指令

CP1H 的移位指令较多，可以查阅编程手册，常用的移位指令有移位(SFT)指令、左右移位(SFTR)指令、字移位(WSFT)指令。

1) SFT 指令

SFT 指令能将数据一位一位地从低位移向高位。其指令格式如图 5.63 所示。

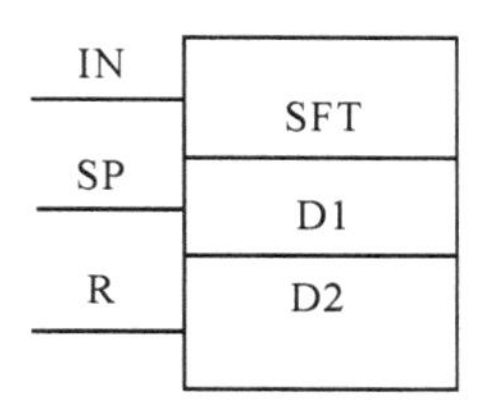

图 5.63　SFT 指令格式

① IN：数据信号，SP：移位信号，R：复位信号；

② 数据在 D1 到 D2 的通道范围内移位；

③ 功能：当执行条件 SP 由 OFF → ON 且 R 为 OFF 时，IN 的数据移到 D1 和 D2 之间的移位寄存器的最右位(最低位)，寄存器的最左位(最高位)丢失。

例 5.28　移位指令的基本应用。

在图 5.64 中，假设通道 W200 中原来的数据(由高位到低位)是 1000101100111010，在触点 0.01 未闭合前，触点 0.00 闭合(将 IN 设为“1”)，当触点 0.01 闭合时，首先将存放在 W200.015 中的 1 移出丢失，并将低位数据依次向高位移动 1 位，最后将触点 0.00 的状态“1”移入。移位后得到的数据是 0001011001110101，当触点 0.02 闭合时，W200 通道数据都复位，全部为 0。

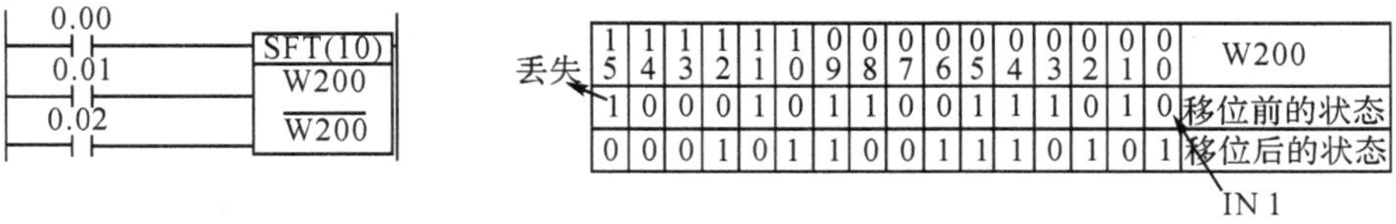

0.00　0.01　0.02　SFT(10)　W200　W200

丢失

15	14	13	12	11	10	09	08	07	06	05	04	03	02	01	00	W200
1	0	0	0	1	0	1	1	0	0	1	1	1	0	1	0	移位前的状态
0	0	0	1	0	1	1	0	0	1	1	1	0	1	0	1	移位后的状态

IN 1

图 5.64　移位指令的基本应用

例 5.29　使用移位指令控制流水灯。使用一个按钮，接入 0.00 端，灯 H1、H2、H3 分别接在 100.00、100.01、100.02。要求第一次按按钮，灯 H1 亮，再按 1 次，灯 H1 和 H2 同时亮，第三次，三个灯都亮。再按 1 次，灯全灭，依次循环。移位指令控制流水灯的梯形图如图 5.65(a)所示。

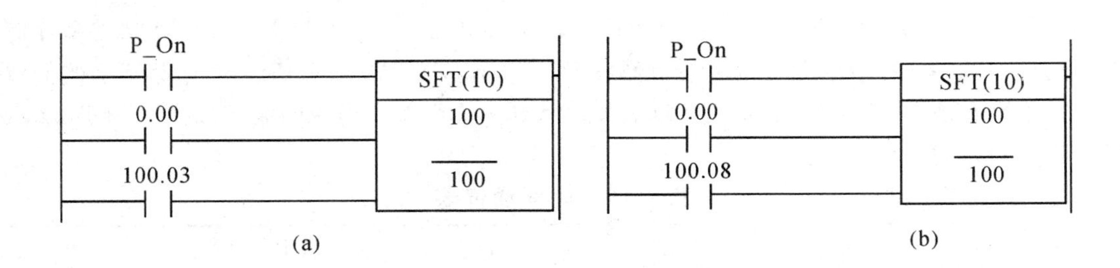

图 5.65　移位指令控制流水灯的梯形图

在图 5.65(a)中，数据在通道 100 中移动；P_On 为常 ON 触点，即数据输入恒为“1”。当触点 0.00 闭合 1 次，IN 端的“1”移入 100.00，使 H1 亮；0.00 闭合第 2 次，100.00 中的“1”从 100.00 移入 100.01，IN 端的“1”从 100.00 移入，使 H1 和 H2 亮；0.00 闭合 3 次，100.00 中的“1”从 100.00 移入 100.01，100.01 中的“1”从 100.01 移入 100.02，IN 端的“1”移动到 100.00，使 H1、H2 和 H3 都亮。由于 100.03 接在复位端，使 100CH 复位，100CH 的各点全为“0”，灯全灭。

如果要逐次点亮 8 个灯 H1～H8，修改程序，如图 5.65(b)所示。

2）SFTR 指令

SFTR 指令能将数据从低位移向高位，或反向移动。其指令格式如图 5.66 所示。

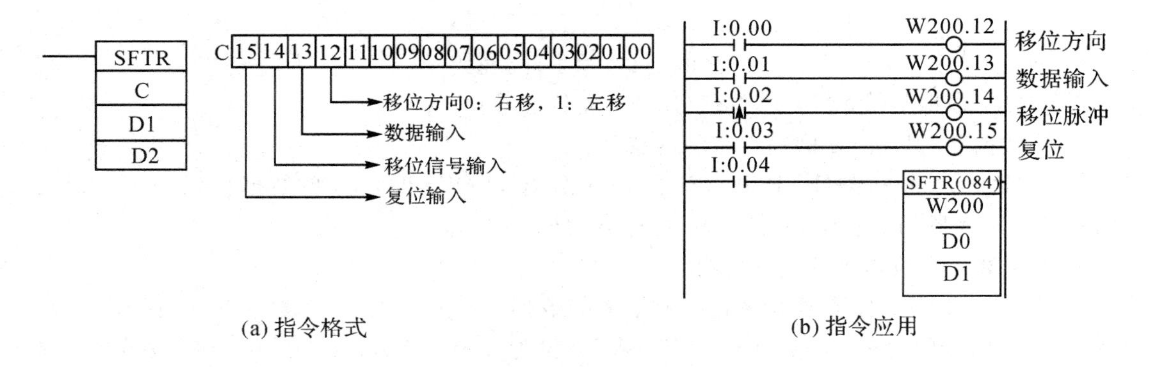

图 5.66　SFTR 指令及应用

在图 5.66(b)中，0.04 为 SFTR 指令的执行条件，W200CH 通道为控制通道，可逆移位寄存器由 D0、D1 构成。

① 0.00 控制移位方向，0.00 为 ON ，数据左移(向高位移)；0.00 为 OFF ，数据右移(向低位移)。

② 0.01 控制移位数据，当 0.01 为 OFF 时，移位输入为“0”；0.01 为 ON，移位输入为“1”。

③ 0.02 的微分信号作为移位脉冲。

④ 0.03 为复位端。

⑤ 0.04 为指令的执行条件。

• 0.04 为 ON，SFTR 开始工作。若 0.04 为 ON 且 0.03 为 ON，D0、D1 及进位位 CY 清零。若 0.04 为 ON 且 0.03 为 OFF，0.02 由 OFF→ON 时，D0～D1 的数据进行一次移位，移位方向由 0.00 决定。0.00 为 ON 则左移一位，0.00 为 OFF 则右移一位。左移

时，0.01的状态移入 D0 的位 00，D1 的位 15 移入进位位 CY；右移时，0.01 的状态移入 D1 的位 15，D0 的位 00 移入进位位 CY。

• 0.04 为 OFF，停止工作，此时控制通道 W200 的各个控制位失效，D0、D1 及进位位 CY 保持不变。

注意：

① 0.02 的微分信号作为移位脉冲，只有当 0.02 由 OFF→ON 时才移位一次。如果直接以 0.02 为移位脉冲，当 0.02 为 ON 时，每扫描一次，都要执行一次移位，移位次数将得不到控制。

② 由于每次都需要按 0.02，因此考虑使用秒脉冲 P_1s 替换 0.02，可以实现 1 s 的自动移位。

3）WSFT 指令

WSFT 指令是字移位指令，其指令格式如图 5.67 所示。

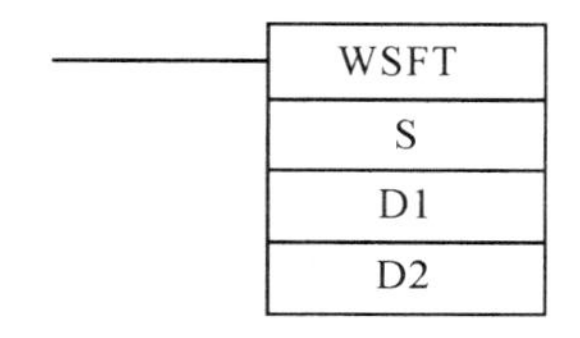

图 5.67　WSFT 指令格式

① S 为移位数据，D1～D2 为移位通道。

② 从低位字 D1 逐字向高位字 D2 移位，清除原来高位通道 D2 的数据，在最低位通道 D1 输入 S 所指定的数据。

例 5.30　将数据存储器 D100～D102 的数据逐字移位到高位，D100 中输入数据 1234。梯形图如图 5.68 所示。

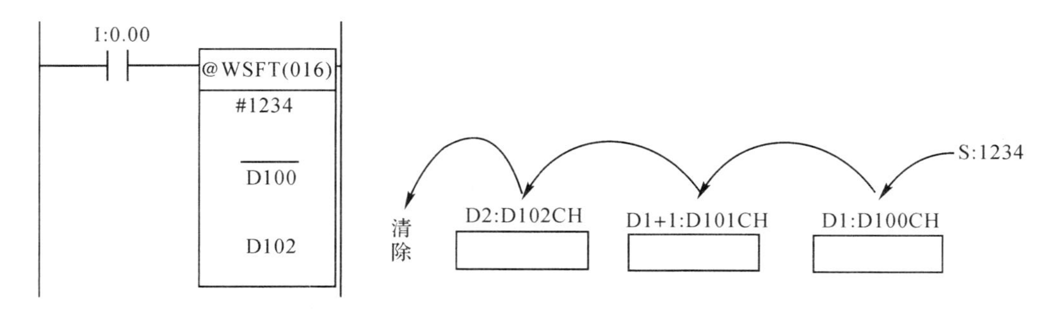

图 5.68　WSFT 指令的应用

说明：在 WSFT 指令前的“@”，是指令的微分要求，即只有在触点 0.00 闭合的第一个扫描周期才会将字移位 1 次，否则在三个扫描周期以后，D100～D102 的数据全部会变成 1234，达不到控制要求。

4. **运算与转换指令**

1）四则运算指令

四则运算指令有加、减、乘、除，细分又有 BIN（二进制）、BCD（十进制）、倍长（双字）、带符号、带进位等运算。其指令格式如图 5.69 所示。

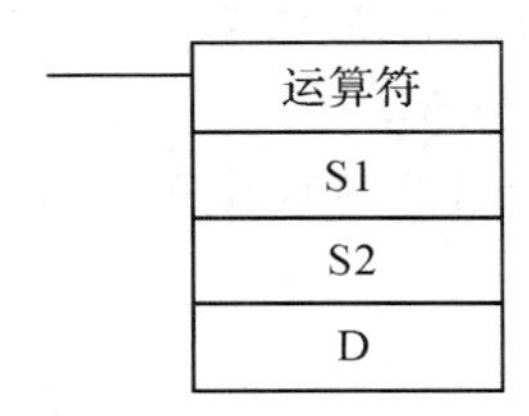

图 5.69　四则运算指令格式

① S1、S2是参与运算的数，D是结果；

② 加减运算时，S1、S2、D所占的字数相同；

③ 乘除运算时，结果D所占的字数是S1或S2的两倍。

四则运算符后缀字母有很多，其含义如表5.20所示。

表 5.20　四则运算符后缀字母表

后 缀	含 义
B	BCD
BL	倍长BCD
L	有符号倍长
U	无符号
UL	无符号倍长
C	带进位有符号

BIN四则运算如图5.70所示。

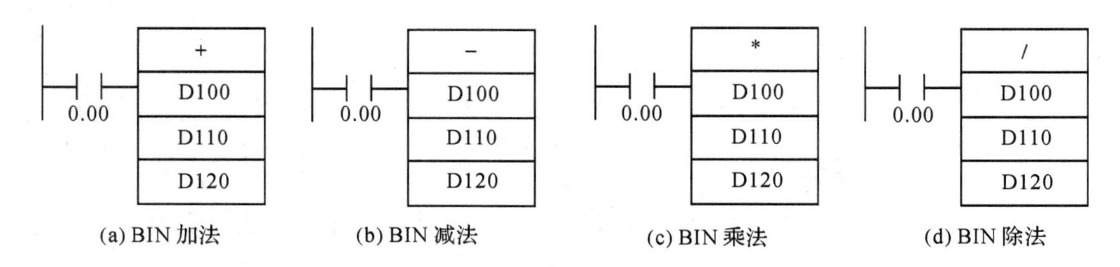

图 5.70　BIN四则运算图

在图5.70(a)中，BIN加法，D100和D110进行带符号BIN单字相加，和输出到D120；在图5.70(b)中，BIN减法，D100和D110进行带符号BIN单字相减，差输出到D120；在图5.70(c)中，BIN乘法，D100和D110进行带符号BIN单字相乘，积输出到D120；在图5.70(d)中，BIN除法，D100和D110进行带符号BIN单字相除，商输出到D120，余数输出到D120。

2）数据转换指令

数据转换指令有BCD→BIN变换(BIN)、BIN→BCD变换(BCD)、4→16译码(MLPX)、16→4编码(DMPX)、ASCII码变换(ASC)等指令。下面介绍BIN、BCD指令，

余下的指令在需要使用时参考《CP1H 编程手册》。

BIN、BCD 指令的格式如图 5.71 所示。图中 S 为源通道，D 是目的通道，其功能是将源通道的数据转换后存放到目的通道。

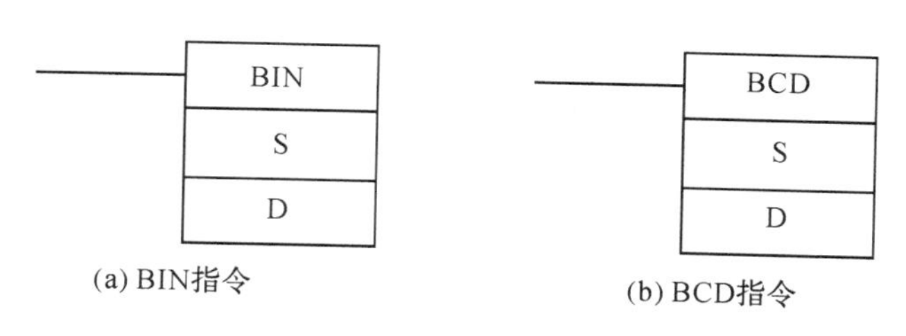

图 5.71　BIN 和 BCD 指令的格式

例 5.31　数据转换应用。BIN 指令和 BCD 指令的应用如图 5.72 所示。

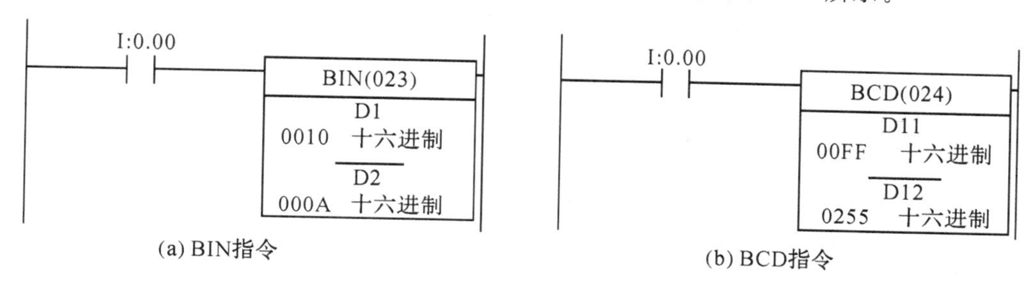

图 5.72　BIN 和 BCD 指令的应用

BIN 指令是将十进制数转换成十六进制数，那么当 D1＝0010、D2＝000A 时，使用 BCD 指令，则将十六进制数 FFH 转换成十进制数 255。

注意：图中的“十六进制”表示在调试程序过程中以“十六进制监视”，并不是指这个数是十六进制数。

3）逻辑运算指令

逻辑运算指令有字逻辑与(ANDW)、字逻辑或(ORW)和字异或(XORW)指令，在指令后面加字母 L 即为倍长运算指令，能处理 8 位十六进制数。逻辑运算指令比较简单，都是将 S1、S2 两个源通道的数据进行逻辑运算后，结果送目的通道 D。逻辑运算的指令格式如图 5.73(a)所示，指令的执行过程如图 5.73(b)所示。

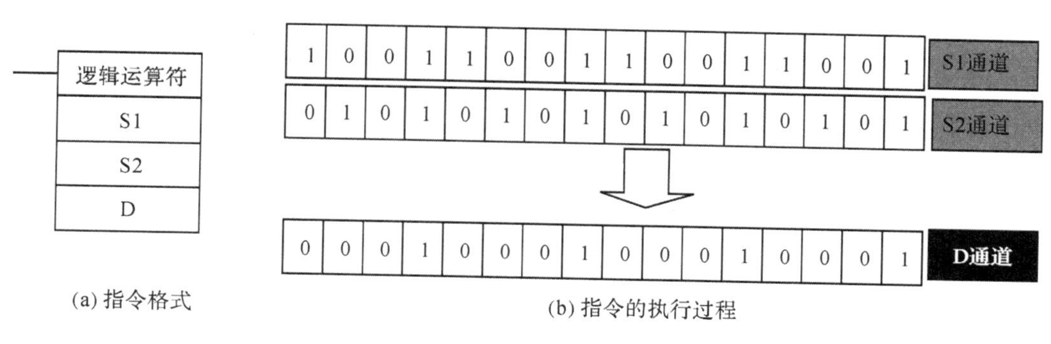

图 5.73　逻辑运算指令

利用逻辑运算能使复杂的问题简单化。

例 5.32 双按钮多位启动停止控制。要求用 8 个启动按钮(0.00～0.07)、8 个停止按钮(1.00～1.07)来分别控制 8 个输出线圈(100.00～100.07)。

分析：根据前面学过的双按钮单地启停控制，将梯形图设计成启、保、停形式即可完成控制，其控制逻辑为：100.00=(0.00+100.00)$\overline{1.00}$。联想到可以使用通道的逻辑运算来完成，将位运算改成字逻辑运算，其逻辑表达式为：100CH=(0CH+100CH)$\overline{1CH}$，这样一次可以处理多个点，简便多了。逻辑运算指令的梯形图如图 5.74 所示。

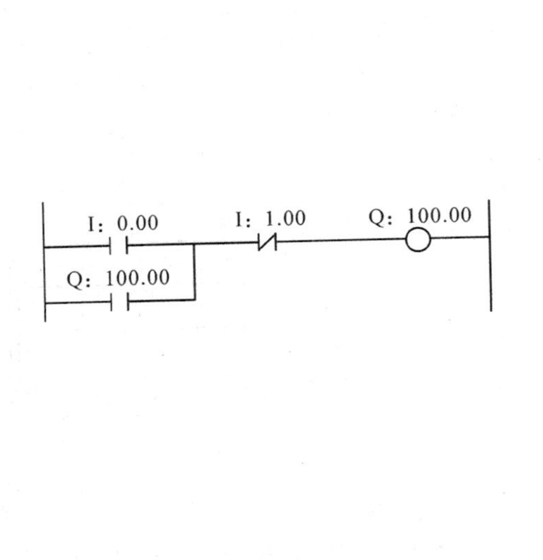

(a) 双按钮单地启停控制

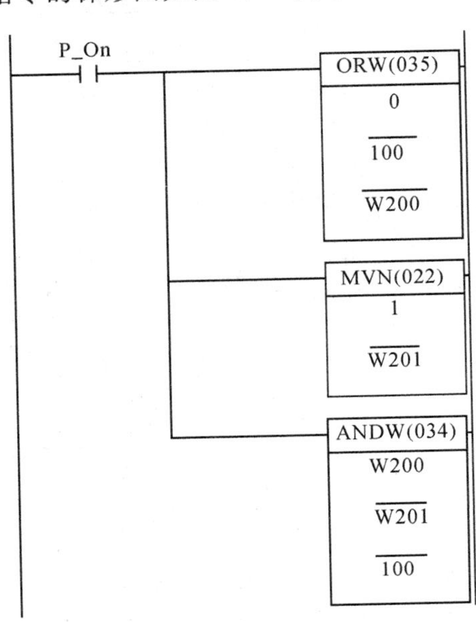

(b) 逻辑运算指令实现双按钮多地控制

图 5.74 逻辑运算指令的梯形图

5. 子程序指令

在高级语言程序设计中，有过程、函数等程序结构，方便程序员设计模块化结构的程序。在 PLC 中，也有子程序结构，采用子程序控制指令来实现。

1) 子程序指令

子程序指令有 SBS、SBN、RET 三条指令。指令的格式如表 5.21 所示。

表 5.21 子程序指令的格式

序号	指令	名称	梯形图符号	功能/有关标志
1	SBS	子程序调用	SBS NO.	调用指定的子程序 NO.：000～255(CP1H)
2	SBN	子程序进入	SBN NO.	子程序开始
3	RET	子程序返回	RET	子程序结束

程序员将大的控制任务分解成较小的控制任务，用子程序结构编写成子程序，完成这些控制任务。这些子程序可以重复使用。在程序中，调用子程序的程序叫主程序，被调用的程序叫子程序。在欧姆龙 CP1H 中用 SBN 定义子程序，用 RET 结束子程序，两条语句中间为实现子程序功能的若干语句。

当主程序调用子程序时，主控制被转入到子程序，并执行此程序的控制指令，当子程序中的所有指令执行完毕，控制返回到主程序断点继续执行(除非在此程序中有其他规定)。

(1) 若希望主程序在某个点执行子程序，则将 SBS 置于该点，在 SBS 中使用的子程序编号，指明了要调用的子程序。当 SBS 有效时，执行具有相同子程序编号的 SBN 与第一个 RET 指令之间的指令，如图 5.75(a)所示。

(2) SBS 在主程序中，可多次重复使用，即相同的子程序可以在程序中的不同地方调用，SBS 还可以置于子程序中执行另一个子程序的调用，即实现子程序的嵌套，如图 5.75(b)所示。嵌套最多可以达 16 层，但是不建议过多使用嵌套。

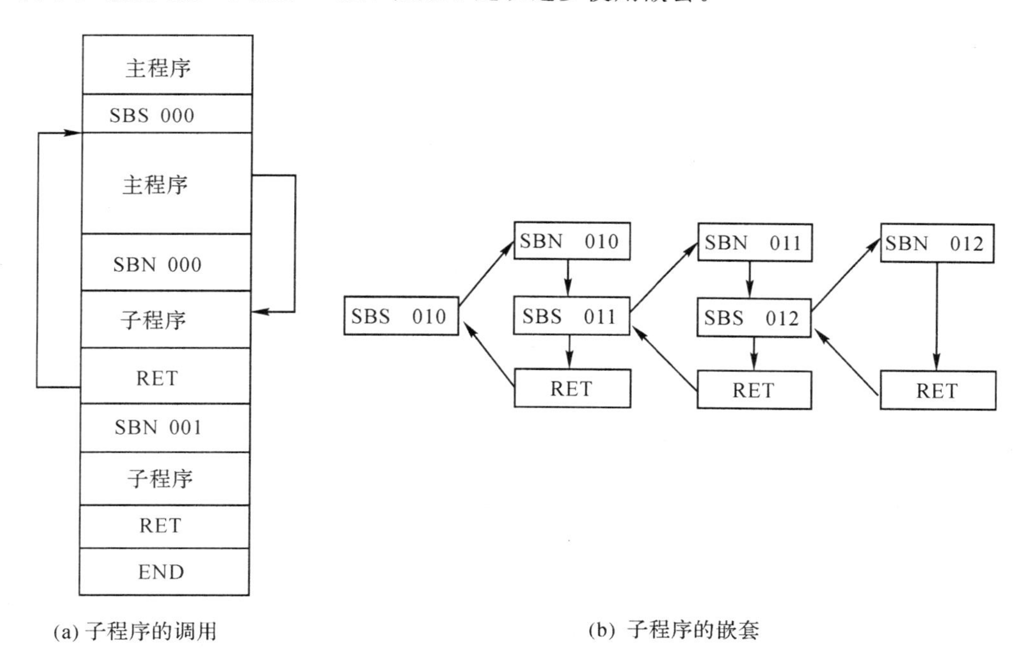

(a) 子程序的调用　　(b) 子程序的嵌套

图 5.75 子程序指令

(3) 每个子程序编号只能被使用一次，SBN 用来标记子程序的开始，RET 用来标记子程序的结束。对于同一编号的子程序，可由任何调用该子程序的 SBS 调用。

(4) 所有子程序必须在主程序的结束处编程，END 指令必须置于最后一个子程序后面。当有一个或更多的子程序被编程时，主程序将执行至第一个 SBN 处，然后返回到下一个循环的起始地址，子程序只有在被调用时才执行。

例 5.33 子程序的应用如图 5.76 所示，可以从处理 0.01 和 0.02 的状态组合来分析子程序的工作过程。

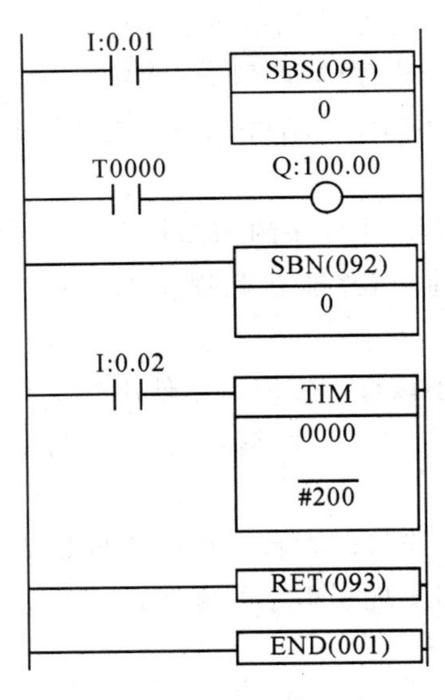

(a) 子程序调用梯形图

0.01	0.02	工作状态
闭合	闭合	调用子程序,定时到100.00=1
闭合	断开	调用子程序,但定时器不工作
闭合	闭合 3 s后断开	调用子程序,定时器工作,3 s后被复位
闭合, 3 s后断开	闭合	开始调用子程序， 定时器工作，3 s后定时器继续工作， 但定时到， 100.00=0
断开	闭合	不调用子程序

(b) 工作状态分析

图 5.76　子程序的应用

例 5.34　用子程序完成 100CH 的 8 个输出点，以 2 s 的周期交替闪烁的功能。梯形图如图 5.77 所示。

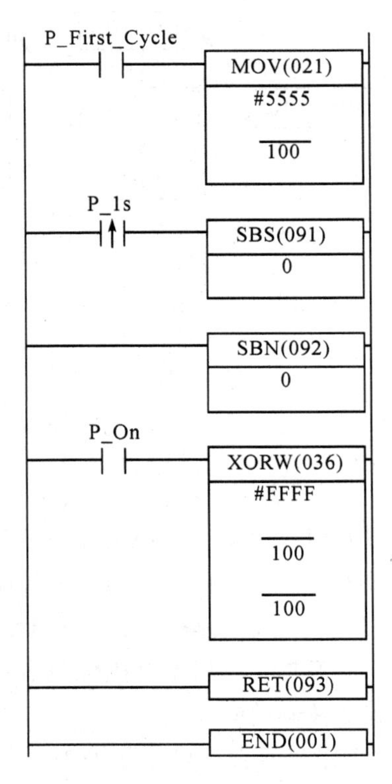

图 5.77　子程序调用梯形图

工作过程分析：

(1) 运行开始的第一个扫描周期，将数据 5555，即(二进制的 0101010101010101)传送到通道 100。

(2) 第二条梯形图每 1 s 脉冲的上升沿调用子程序 0，即每秒调用 1 次子程序 0 。

(3) SBN 开始定义子程序 0，在子程序中，将数据 FFFF，即(二进制的 1111111111111111)和通道 100 的状态异或运算，每秒钟改变一次输出点的状态。

(4) 要注意的是，100 通道的高 8 位状态也在变化，只不过它没有输出端子。

(5) 请读者思考，怎样才能有效控制输出的启动和停止？怎样使 100 通道的高 8 位状态不变化？

2) 宏(MCRO)指令

MCRO 指令允许用一个单一子程序代替数个具有相同的结构但不同操作数的子程序。它有 4 个输入字(在 CP1H 中为 A600～A603)和 4 个输出字(在 CP1H 中为 A604～A607)分配给 MCRO，这 8 个字用于子程序中。其指令格式如图 5.78 所示。

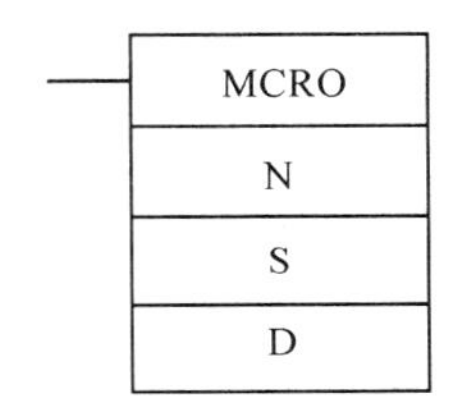

图 5.78　MCRO 指令格式

N 为子程序号；

S 为输入开始字，CP1H：A600CH ～A603CH；

D 为输出开始字，CP1H：A604CH～A607CH。

当执行条件为 ON 时，宏(MCRO)指令首先将 S～S+3 的内容复制到 A600～A603 中，然后调用并执行编号为 N 的子程序。当子程序完成时再将 A604～A607 的内容传回 D～D+3中，然后结束 MCRO。

MCRO 指令的功能如图 5.79 所示。

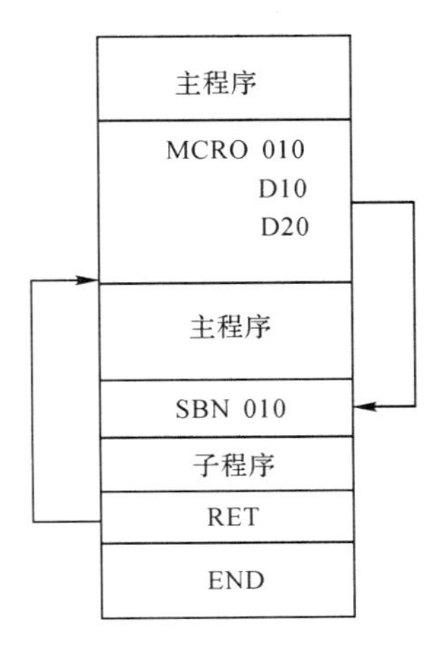

图 5.79　MCRO 指令的功能

在图中，当执行 MCRO 指令时，D10～D13 的内容复制到 A600～A603 中，并且调用和执行子程序 010。当子程序执行后，A604～A607 中的内容复制回 D20～D23 中。

例 5.35 MCRO 指令的应用如图 5.80 所示。

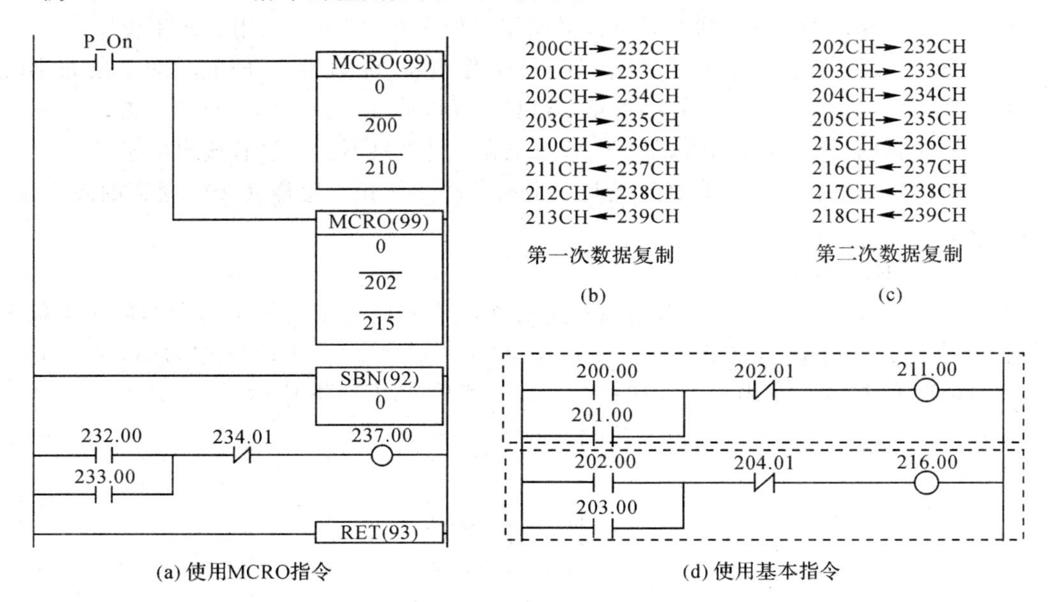

图 5.80　MCRO 指令的应用

在执行第一个 MCRO 指令时，先进行数据复制，如图 5.80(b)中前 4 条所示，然后调用子程序 000，再复制数据，如图 5.80(b)中后 4 条所示。子程序的执行情况如图 5.80(d)的第一节梯形图所示。在执行第二个 MCRO 指令时，也先进行数据复制，如图 5.80(c)所示，子程序的执行情况如图 5.80(d)的第二节梯形图所示。可见，图 5.80(d)所示的使用基本指令的梯形图和图 5.80(a)所示的使用 MCRO 指令的梯形图功能相同。

6. **高功能指令**

CP1H 机型还有中型机才具有的特殊运算、浮点转换/运算指令、双精度浮点转换/运算指令、表格数据处理、数据控制、中断控制、高速计数/脉冲输出 I/O 单元、串行通信、网络通信、显示功能、时钟功能、调试处理、故障诊断、特殊、块程序、字符串处理、任务控制、机种转换、功能块等高功能指令。因为篇幅有限，仅在此学习中断控制指令，其余的指令请参考编程手册。

1) 中断概念

在计算机中，所谓中断，就是在程序运行中，遇到需要处理另外更加紧急的事件时，程序立即停止执行，并产生一个断点，转去执行中断子程序，执行完中断子程序后，再返回原程序断点继续执行原程序的过程。

CP1H 的 CPU 单元将工作过程分为输入采样、程序执行和输出处理三个阶段，采用“循环扫描”工作方式，不断重复执行用户程序，每个扫描周期执行一遍。在此期间，如果有特定要求(中断请求)发生，CPU 可以中断该周期性任务处理，产生断点，转入执行特定的程序(中断服务子程序)，执行完成，返回被中断程序的断点继续执行原程序，这称为 CP1H 的中断功能。

2) CP1H 的中断类型

(1) 输入中断(直接模式)。CPU 单元的内置输入发生 OFF→ON 的变化，或 ON→OFF 的变化时，执行中断任务的处理。根据中断接点中断任务，140～147 被固定分配。

(2) 输入中断(计时器模式)。通过对向 CPU 单元的内置输入的输入脉冲进行计数及计数达到，执行中断任务的处理。输入频率，作为所使用的输入中断(计时器模式)的合计，为 5 kHz 以下。

(3) 定时中断。通过 CPU 单元的内置定时器，按照一定的时间间隔执行中断任务的处理。时间间隔的单位时间可从 10 ms、1 ms、0.1 ms 中选择。另外，可设定的最小时间间隔为 0.5 ms。中断任务 2 被固定分配。

(4) 高速计数器中断。用 CPU 单元内置的高速计数器来对输入脉冲进行计数，根据当前值与目标值一致，或通过区域比较来执行中断任务的处理。可通过指令语言分配中断任务 0～255。

(5) 外部中断。连接 CJ 系列的高功能 I/O 单元、CPU 高功能单元时，通过单元侧的控制，指定中断任务 0～255 并执行处理。

注意：CP1H CPU 单元不能使用断电中断。

3) CP1H 中断的中断系统

(1) 优先级顺序。优先级由高到低：外部中断 →输入中断(直接模式/计数模式)→ 高速计数器中断 →定时中断。

(2) 欧姆龙 CP1H 的输入中断。欧姆龙 CP1H X/XA 机型的输入中断 8 点，0.00～0.03，1.00～1.03，如图 5.81 所示。

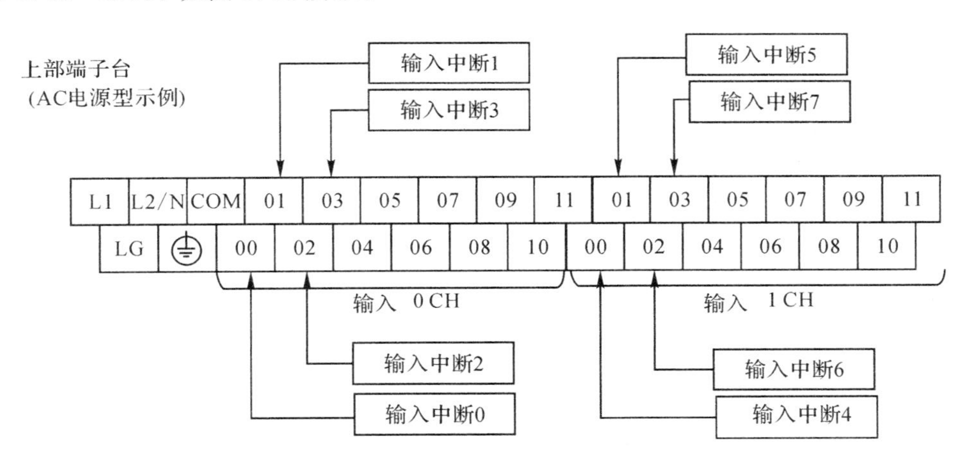

图 5.81　CP1H 的输入中断

在使用中断功能前，要在 CX－P 软件的“PLC 设置”对话框的“内置输入设置”中进行设置。如图 5.82 所示：中断输入设定的 IN0～IN7 表示输入中断编号 0～7；作为通用输入使用的输入，保持“通常输入”进行设定。

(3) 中断模式和时间间隔要在“PLC 设定”中的“时序”中进行设置。

(4) 在计数器中断模式下，将计数器的设定值以十六进制的形式分别存放在 A532～A535CH、A544～547CH 中，A536～A539CH、A548CH～A551CH 存放计数器的当前值。输入继电器编号与中断任务 No./计数器区域的关系，如表 5.22 所示。

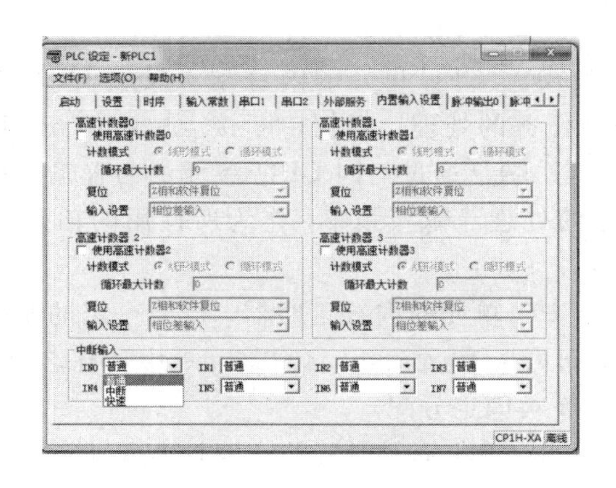

图 5.82 中断功能设置

表 5.22 输入继电器编号与中断任务 No./计数器区域的关系

输入继电器编号		功 能		计数器	
X/XA 型	Y 型	输入中断编号	中断任务 No.	设定值 (0000～FFFF Hex)	当前值
0.00	0.00	输入中断 0	140	A532 CH	A536 CH
0.01	0.01	输入中断 1	141	A533 CH	A537 CH
0.02	1.00	输入中断 2	142	A534 CH	A538 CH
0.03	1.01	输入中断 3	143	A535 CH	A539 CH
1.00	1.02	输入中断 4	144	A544 CH	A548 CH
1.01	1.03	输入中断 5	145	A545 CH	A549 CH
1.02	—	输入中断 6	146(Y 型不可使用)	A546 CH	A550 CH
1.03	—	输入中断 7	147(Y 型不可使用)	A547 CH	A551 CH

4) 中断指令

欧姆龙 CP1H 机型中断指令有 5 条，如表 5.23 所示。

表 5.23 中断指令

序号	指令	名称	梯形图符号	功能/有关标志
1	MSKS	中断屏蔽设置	MSKS / N / S N: 控制数据1; S: 控制数据2	屏蔽或允许输入中断或设定定时中断的定时间隔
2	MSKR	中断屏蔽前导	MSKR / N / D N: 控制数据; D: 输出CH编号	读取通过 MSKS 指令指定的中断控制的设定

续表

序号	指令	名称	梯形图符号	功能/有关标志
3	CLI	中断解除	CLI N　N：控制数据1； S　S：控制数据2	进行输入中断要因的记忆解除/保持、定时中断的初次中断开始时间的设定、或高速计数中断要因的记忆的解除/保持
4	DI	禁止中断任务执行	DI	禁止执行所有的中断任务
5	EI	允许中断任务执行	EI	解除通过 DI 指令设定的所有中断任务的执行禁止

5）中断应用

中断功能很强大，下面以间隔定时器中断为例来说明 CP1H 机型中断的使用方法。

中断程序的编写采用任务编程的方式，输入中断任务号为 140～147，间隔定时器中断任务号为 2，高速计数器中断任务号为 0～255。

CP1H 通过执行 MSKS(中断屏蔽设置)指令来控制是否执行输入中断任务及定时中断任务。MSKS 指令的操作数有两个(N 和 S)。

• 在输入中断时，用 N 来指定输入中断编号，用 S 设定动作；

• 在定时中断时，用 N 指定定时中断编号和启动方法，用 S 指定定时中断时间(中断的间隔)。

(1) 打开“PLC 设定”中的“时序”对话框，设置“定时中断间隔”为 1.0 ms，如图 5.83 所示。

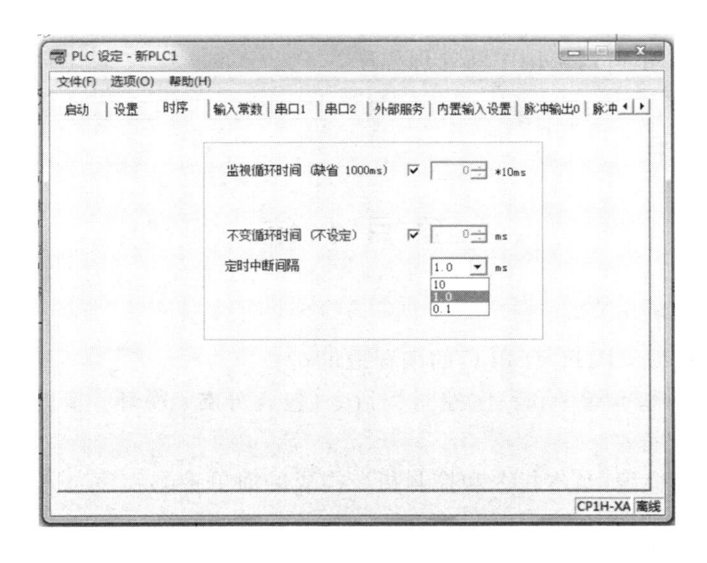

图 5.83　定时中断间隔

(2) 在“新工程”的“程序”中插入“新程序 2”，将“新程序 2”的程序属性选择为“中断任务 02”(间隔定时器 0 固定使用的中断任务号)；在“新程序 1(00)”中编写梯形图，如图 5.84(b)所示；在“新程序 2(Int 02)”编写梯形图，如图 5.84(c)所示。

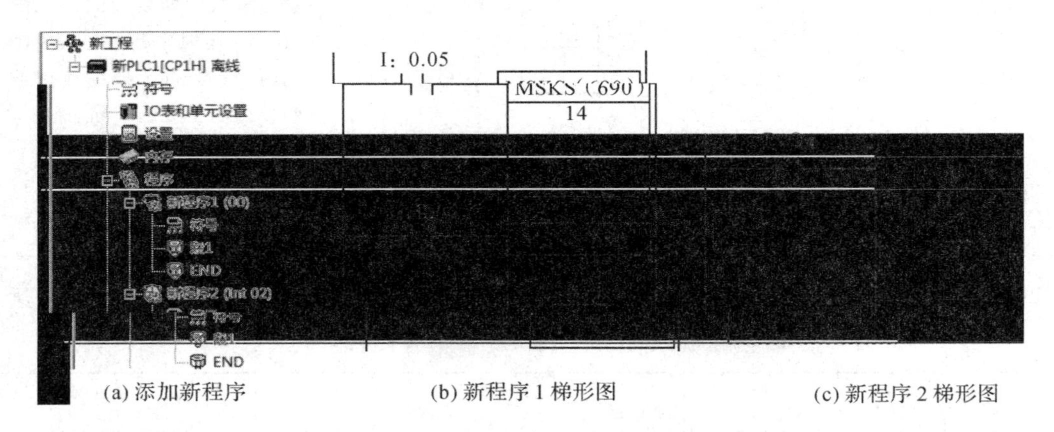

(a) 添加新程序　　(b) 新程序 1 梯形图　　(c) 新程序 2 梯形图

图 5.84　CP1H 间隔定时器中断应用

(3) 将“程序”和“设置”传送到 PLC。

在梯形图中，当给输入端 0.05 一个上升沿脉冲信号时，启动重复中断模式(其间隔时间为 1000×1.0=1000 ms)，每 1 s 时间到，转去执行“中断任务 02”，使 D1 的内容加 1，当 0.06 为 ON 时，间隔定时器中断停止。

6) 中断程序使用注意事项

(1) 中断处理程序内部，可定义新的中断。

(2) 在中断处理程序中，也可以解除中断。

(3) 中断处理程序内部，不可以调用别的中断处理程序。

(4) 中断处理程序内部，不可以调用子程序。

(5) 子程序中，不可以调用中断处理程序。

项目小结

本项目主要内容：

• 常用的欧姆龙 CP1H 型 PLC 的编程地址；

• PLC 的常用基本指令和程序控制类指令(包含分支、循环、步进、子程序、中断等指令)的功能及助记符；

• 能查(手册)会编(基本指令和控制指令构成的简单控制程序)，会调试程序(仿真和实训设备)。

项目五知识结构图如图 5.85 所示。

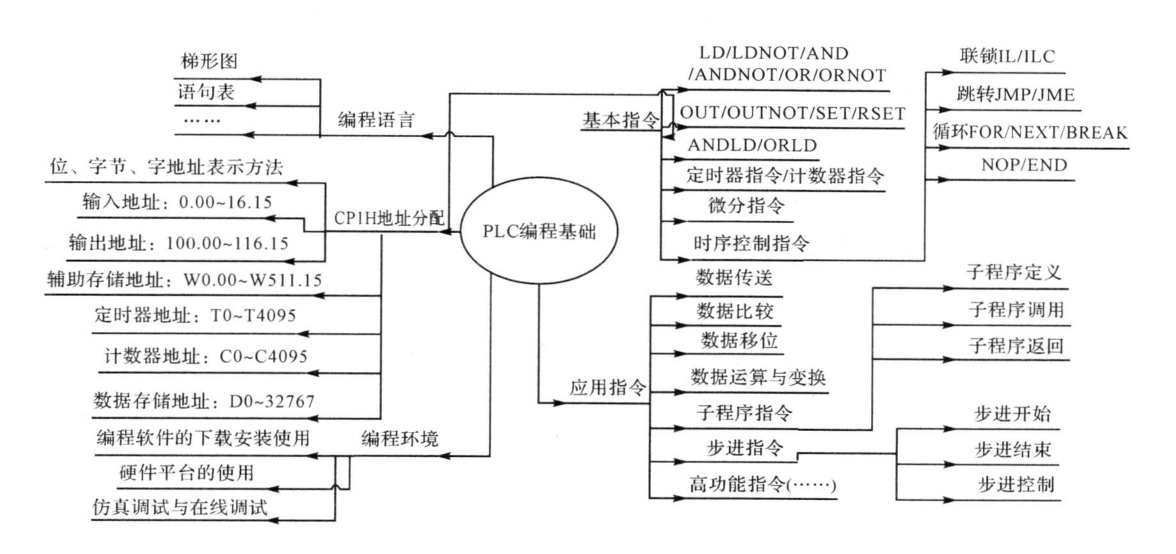

图 5.85 项目五知识结构图

勤 练 习

习 题 5

一、填空题

1. CP1H XA 自带的开关量输入点有________个，地址范围是__________、__________；开关量输出点有________个，地址范围是__________、__________。

2. 内部辅助继电器区(WR)占用 8192 位(512 CH)：W000～W511 CH，其位地址范围为__________。

3. 欧姆龙 PLC 的编程软件名称是______________。

4. 每梯级(在欧姆龙 PLC 编程软件中称为条)都起始于________，线圈或指令应画在__________。

5. 操作码是 PLC 指令系统的指令代码，或称________，表示需要进行的工作。

6. 操作数是指令的________，主要是继电器、通道，每一个继电器都用一个字母或特殊的数字开头，表示所属继电器的类型；后缀的数字则表示该类继电器中的第几号继电器。

7. CP1H 的定时器指令 TIM 可用的定时器编号为________，定时器的设定值范围为__________，定时进度为________ s。TIMH 的定时进度为________ s。

8. CP1H 的定时器指令 TIM 的定时时间到，其常开触点________，常闭触点________。

9. CP1H 的计数器指令 CNT 可用的计数器编号为________，计数器的设定值范围为________。

10. CP1H 的计数器指令 CNT 的计数次数到，其常开触点________，常闭触点________。

二、选择题

1. 秒脉冲的符号是(　　)。

A. P_1 s　　B. P_1 m　　C. P_0_1 s　　D. P_0_2 s

2. 常通标志是(　　)。

A. P_LT　　B. P_GT　　C. P_OFF　　D. P_On

3. 欧姆龙PLC的常开触点符号是(　　)；常闭触点符号是(　　)；输出线圈符号是(　　)。

A. N　　B. N　　C. N　　D. N

4. 要实现精度为0.01 s的延时，使用(　　)定时器指令。

A. TIM　　B. TIML　　C. TIMH　　D. TIMER

5. 计数器CNT的计数范围是(　　)。

A. 0～100　　B. 0～1000　　C. 0～999　　D. 0～9999

6. 要实现1 min的延时，则定时器指令TIM0000＃________中的时间常数为(　　)。

A. 6000　　B. 60　　C. 6　　D. 600

7. 要实现100的计数，则计数器指令CNT 0000＃________中的计数常数为(　　)。

A. 100　　B. 10　　C. 1　　D. 1000

8. CP1H中断优先级最高的是(　　)。

A. 输入中断(直接模式/计数模式)　　B. 外部中断

C. 高速计数器中断　　D. 定时中断

三、问答题

1. IEC1131—3标准中定义了哪5种PLC编程语言？

2. 什么是输出双线圈？怎么处理？

3. 梯形图的编程规则有哪几条？

四、编程题

1. 以0.00、0.01为输入点，100.00为输出点，编写它们符合逻辑与、或、异或、同或关系的梯形图。

2. 应用一个定时器和一个计数器实现5 h的定时，时间到接通100.00。

3. 应用两个计数器指令实现30 000次计数，计数次数到接通100.00。

4. 使用移位指令实现16个间隔1 s的流水灯，要求按下命令按钮SB1(地址0.00)，流水灯开始工作，按下SB2(地址0.01)，流水灯停止工作。

5. 应用4个定时器和4个输出点实现间隔1 s的流水灯。

6. 设计一个延时开和延时关的梯形图。输入点0.01接通3 s后输出继电器100.00得电，之后，输入触点0.01断开2 s后继电器100.00失电。

7. 用一个定时器设计一个定时电路。当0.00闭合，100.00立即得电；当0.00断开10s后，100.00才失电。

8. 设计一个梯形图：当0.00闭合，100.00接通并保持；当0.01通断三次(用C0001计数)后，T0000开始定时，定时5 s后100.00失电，计数器C0001复位。

9. 设计控制3台电动机M1、M2、M3的顺序启动和停止程序，控制要求是：发出启动信号 1 s 后 M1 启动，M1 运行 4 s 后 M2 启动，M2 运行 2 s 后 M3 启动。发出停止信号 1 s 后 M3 停止，M3 停止 2 s 后 M2 停止，M2 停止 4 s 后 M1 停止。

10. 水箱液位控制程序设计，要求当水箱液位达到下限(0.00)时，♯1 泵(100.01)启动注水；若液位继续下降，达到下限(0.01)时，♯2 泵(100.02)启动注水并报警(100.03)。当液位到达上限(0.02)时，♯1、♯2 泵停止。启动、停止按钮可自行设置，写出 I/O 地址分配和符合控制要求的梯形图。

11. 某冷却液滤清输送系统由 3 台电动机 M1、M2、M3 驱动。在控制上应满足下列要求：

(1) M1、M2 同时启动；

(2) M1 和 M2 启动后，M3 才能启动。

(3) 停止时，M3 先停，隔 2 s 后，M1 和 M2 才同时停止。

根据以上要求，设计一个 PLC 控制梯形图。

12. 16 只 4 色节日彩灯按红、绿、黄、白……顺序循环布置，通过一个方式开关选择点亮方法，要求：

(1) 每次只点亮 1 只灯泡，每秒顺序移动 1 个灯位；

(2) 每次点亮 4 只灯泡，每秒顺序移动 4 个灯位。试设计控制程序。

13. 试编制实现下述控制功能的梯形图——用一个按钮控制组合吊灯的 3 档亮度：0.00闭合一次灯 1 点亮；闭合两次又有灯 2 点亮；闭合三次又有灯 3 点亮；再闭合一次 3 个灯全部熄灭。

14. 设计一个节日礼花弹引爆程序。礼花弹用电阻点火引爆器引爆，采用 PLC 控制，要求编制以下两种控制程序。

(1) 1～12 个礼花弹，每个引爆间隔为 0.1 s；13～16 个礼花弹，每个引爆间隔为 0.2 s。

(2) 1～4 个礼花弹引爆间隔为 0.1 s，引爆完后停 10 s，接着 5～8 个礼花弹引爆，间隔 0.1 s，引爆完后又停 10 s，接着 9～12 个礼花弹引爆，间隔 0.1 s，引爆完后再停 10 s，接着 13～16 个礼花弹引爆，间隔 0.1 s。

15. 有一个换刀控制系统，I/O 表见题表 5.1，系统共有 6 种刀具，按 1～6 编号，分别由按钮 SB1～SB6 选择。控制要求如下：

(1) 某号刀具到位后，对应位置开关压合(SQ1～SQ6)，正在换刀位置上的刀具号称为当前值，希望换上的刀具号称为设定值；

(2) 当设定值大于当前值时，刀盘正转，当设定值小于当前值时，刀盘反转，当设定值等于当前值时，刀盘不转。

题表 5.1　换刀控制系统 I/O 表

输入			输出		
元件	地址	备注	元件	地址	备注
SB1	0.00		KM1	100.00	
SB2	0.01		KM2	100.01	

续表

输 入			输 出		
元件	地址	备注	元件	地址	备注
SB3	0.02				
SB4	0.03				
SB5	0.04				
SB6	0.05				
SQ1	1.00				
SQ2	1.01				
SQ3	1.02				
SQ4	1.03				
SQ5	1.04				
SQ6	1.05				

德、美、中“工业 4.0”三国演义

当前，世界各国将“工业 4.0”作为自身工业未来发展方向的大趋势，将 PLM 作为推进制造业产品创新的基础，支撑制造企业转型的切入点。德、中、美三国都在推出自己的“工业 4.0”，在新一轮的工业革命中，三国扮演着什么样的角色呢？

1. **德国**

德国是“工业 4.0”的创始国，德国制造在世界上首屈一指，有口皆碑。但是德国的“工业 4.0”是自下而上推动的，为了保持德国在制造业领先地位，保证德国工业始终强大，德国企业自发解决痛点，自下而上推动“工业 4.0”。工业 4.0 的提出，与德国工业界遇到的瓶颈紧密联系在一起，最大目的是建立一个与工业互联网融合的智能化先进制造方式，提高效率、降低成本和加快反应速度，解决成本问题和抢占市场是德国提出“工业 4.0”的关键，这两点正是互联网时代中产品生命周期不断缩短的集中体现。

2013 年汉诺威工业博览会上，德国政府正式宣布德国“工业 4.0”战略，金融危机后时代，全球经济发展缓慢，德国外需疲软，同时中美工业科技发展迅速，对德国出口形成进

一步竞争，德国“工业 4.0”战略，让德国重新抓住工业发展主动权，保持德国制造的国际金牌品质，其提出背景，是全球产能过剩的严峻形势，德国希望通过利用物联网与服务网结合的方法，使产业链管理智能化、市场需求分析有效化，从而提高工作效率。

在德国制造业体系的强力支撑下德国“工业 4.0”战略的推进速度很快。德国的著名大企业不断主动推动“工业 4.0”，西门子的数字化企业平台系统为数字制造提供了载体；宝马集团的虚拟手势识别系统使得汽车制造再进一步；大众用机器人制造汽车，实现了极高的人力替代效率；ABB 强大精细而全面的机器人产品，在世界上有着明显的竞争优势，博世力推用于工厂智能化的射频码系统，SAP 推动云平台万物互联，实现大数据支撑决策。此外，德国产业聚集度很高，巴伐利亚州为德国创新园区的主要聚集地。

汉诺威工业展见证了德国“工业 4.0”从概念到大规模的落地的发展历程。2014 年以来，汉诺威工业展始终围绕“工业 4.0”的概念展开，2014 年汉诺威的主题是“产业集团—未来趋势”，专注于智能化、自动化工厂和能源系统的改造；2015 年汉诺威主题为“产业集成化—加入网络大家庭”，格外关注了智能化生产、人机协作创新型分包解决方案以及智能能源系统等；2016 年汉诺威主题为“产业集成—发现解决方案”，展会展出的解决方案应用范围从机械改装到完整生产线集成化，而大数据的捕捉和分析，也为工业发展注入了新鲜动力，这标志着“工业 4.0”的重大突破，下一步，就是商业化阶段。2017 年汉诺威主题为“产业集成—创造价值”，已经有了很强的应用指导意义，无论是硬件服务商还是软件服务商，都可以提供非常具体的整套“工业 4.0”解决方案。

2. **美国**

美国重振制造业，提升制造业效率，推动工业复兴。美国制造业空心化，但美国政府主导复兴制造业，自上而下推动美国版的“工业 4.0”。从 2002 年起，为了享受发展中国家的人口红利，发达国家的制造业纷纷外移，2002 — 2010 年，美国制造业就业人数连年下降，2008 年金融危机后，美国政府呼吁重新振兴制造业，以实体强国。奥巴马政府实行积极的产业政策，创造就业机会和鼓励制造业回归美国。2011 年，奥巴马总体推进了先进制造伙伴计划(AMP)与先进制造业国家战略计划，2012 年 AMP 针对制造业振兴提出 16 项建议，包括成立网络建设研究所，与 3D 打印研究所。2013 年，美国在先进制造业方面增加了 19%的预算，并成立数字制造和设计创新研究所，随着美国经济不断回暖，出口与内需增加，制造业再迎春风。2010 年起，美国制造业就业人数开始小幅攀升，特朗普新政府对召回美国海外制造商态度强硬，预计美国制造将迎来新拐点。

美国通用提出工业互联网计划，倡导产业链效率提升。2012 年美国通用率先提出“工业互联网”概念，与美国政府的再工业化战略举措相呼应，随后美国制造业与 IT 巨头，纷纷抱团成立了工业互联网联盟(IIC)，将这一概念大力推广开来。工业互联网主要含义是通过高性能设备、低成本传感器、互联网大数据收集及分析技术等的组合，大幅提高现有产业的效率并创造新产业，其侧重点主要在于借助互联网的优势使制造业的数据流、硬件、软件实现智能交互，并通过大数据实现智能决策，提升美国制造业生产效率。经过美国通用测算，若生产效率提高 1%，美国关键产业包含航空、电力、医疗、铁路和石油天然气等，在未来 15 年内将节省 2760 亿美元的生产成本，美国的工业互联网与德国工业 4.0 的本质含义基本相同，但侧重点有所不同，如表 1 所示。

表1　美国工业互联网与德国工业4.0的对比

<table>
<tr><th>领域</th><th>美国工业互联网</th><th>德国工业4.0</th></tr>
<tr><td>展现形式</td><td colspan="2">倡导人、机器和数据相连，采用CPS技术，形成全球工业网络与更具效率的生产系统，是第四次工业革命</td></tr>
<tr><td>地位</td><td colspan="2">都是国家级战略</td></tr>
<tr><td>措施</td><td colspan="2">强调建立标准化制度、网络安全管理、网络基础设施建设、人才教育与培训、信息的法律监管、复杂的系统管理，提高资源效率</td></tr>
<tr><td>目标</td><td colspan="2">提高生产效率，并提高发动制造业的变革，改变国际格局，重塑国际制造业的领导地位</td></tr>
<tr><td>目标(不同)</td><td>减少成本</td><td>减少人工，满足私人订制</td></tr>
<tr><td>工业状况</td><td>制造业式微，科技信息、互联网经济发达</td><td>传统制造强国，信息科技相对落后</td></tr>
<tr><td>侧重点</td><td>注重软件、网络和大数据对工业服务方式的改变，强调智能机器与数据分析能力</td><td>强调基于设备的生存模式与生产管理优化</td></tr>
<tr><td>对象</td><td>各个行业中大型设备公司或存在规模生产的公司</td><td>机械制造、电气工程行业；让大企业带动中小企业</td></tr>
</table>

3. **中国制造**2025

“中国制造2025”是政府推动，企业参与的制造业政策。随着中国人口红利丧失，中国同样面临着成本控制问题，人工工资不断上升，对制造业企业的成本端构成较大压力。社科院发布的蓝皮书指出，在2020年之前，我国劳动年龄人口减幅相对放缓，年均减少155万人；之后，一个时期减幅将加快，2020—2030年，年均将减少790万人；2030—2050年，年均将减少835万人，制造行业作为典型的劳动密集型行业，人工成本的大幅上升与劳动力人口的快速下降，对企业的生存产生严重威胁，倒逼企业降低生产成本，提高生产效率。

生产成本的飙升，正在蚕食着中国制造业在世界上的竞争力，美国咨询公司BCG通过对全球前25名出口经济体在2004—2014年的数据分析得出结论：一些过去制造业成本较低的经济体，由于制造业工资、劳动生产力、劳动力生产率、能源成本和汇率等因素，正慢慢在国际市场上丧失优势，其中就包含中国。据数据显示，中国在2004—2014年之间，成本竞争力下降了5%～9%，中国相对美国的工厂制造业成本优势已经减弱到5%以下。

机器人不断推进，有利于机器人工业、软件行业的发展。人口红利的消退、用工成本的上升，发达国家制造业回流以及东南亚产低成本竞争的双面夹击，都不断压缩着我国传统制造业的生存空间。为了降本增效，由政府力推、企业力行的“机器换人”潮，正在加快部署中，广东、浙江、福建等制造业大省，不断从省级层面推动“机器换人”，完全由机器人代替人工进行生产的“黑灯工厂”不断涌现，机器换人的不断推进，进一步加速我国工业机器人工业软件行业的成长。

中国工业机器人进口依赖性强，“中国制造2025”推动国产替代进口。中国持续多年大规模进口工业机器人，2011—2015年，中国工业机器人进口量连续五年世界第一，工业机器人进口额连续五年世界第一，是名副其实的工业机器人进口大国。2015年我国工业机器人进口量达4.658万台，合计金额8.05亿美元。即使这样，根据国际机器人联合会统

计，2015 年我国工业机器人使用密度为 49 台/每万名工人，而全球平均水平为 69 台/万名工人，韩国则高达 531 台/万名工人，过低的机器人使用密度说明我国制造业自动化水平仍然较低。

基于国情，提出"中国制造 2025"，解决制造业现实困难。"中国制造 2025"在 2015 年两会提出，与德国工业 4.0 战略出台，时间较近，因此被看作中国"工业 4.0"的计划，两个战略差异巨大。从信息化水平看，我国信息化与工业的融合度较低，整体企业尚处于工业 2.0 到工业 3.0 过渡的时期，各个行业的信息发展、水平不够均衡，信息化程度存在较大差距，部分行业已经进入工业 3.0 自动化时代，而少数企业如华为甚至已经进入"工业4.0"时代。"中国制造 2025"战略，不仅期望推进我国制造业进入"工业 4.0"时代，同时也力图改变我国低端粗放、资源依赖性强的制造局面，并加速我国信息化程度较高的新兴产业的发展，提升我国工业自动化程度。我国在 2015 年这个时间点提出该战略，一方面是因为随着发达国家对制造业提出更高要求，我国必须紧跟步伐；另一方面希望借助世界制造业复苏的春风，不断发展制造技术，吸收国外先进经验，实现从制造大国转向制造强国的夙愿，如表 2 所示。

表 2　中国制造 2025 与与德国工业 4.0 的对比表

领域	中国制造 2025	德国工业 4.0
背景	制造业大国，技术水平较低，整体处于工业 2.0 时代	制造业强国，已经完成工业 3.0
目标	跻身世界制造强国	保住国际制造业强国的领导地位
架构	1 个概念，2 个目标，4 个转变，5 个方针，8 个战略，10 个重点领域	1 个核心，3 个主题，3 个集成，6、7 个生产领域
关注点	体制机制改革及政府组织	CPS(物联信息系统)系统建立
重点领域	十大战略新兴行业	6、7 个生产领域
愿景	制造技术、制造品牌、制造质量	制造产品、制造模式和制造过程

我国制造业起点比起德国、美国这样的先进制造业强国尚有较大的差距。但是，我们的目标是明确的，我国要跻身世界制造业强国，这个过程无疑是艰难曲折的，特别是在以美国为首的西方国家的技术封锁下，更加困难。对于读者来讲，学习掌握以可编程控制器技术、机器人技术为主的自动化技术，既是国家所急需，也具有光明的未来。

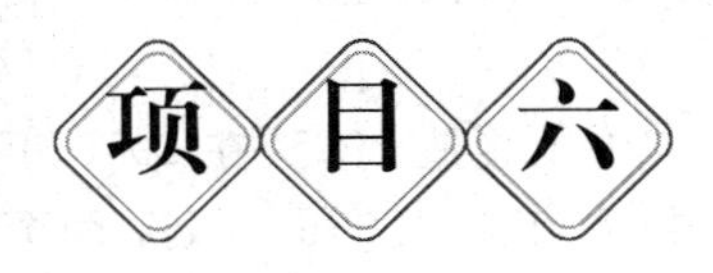

可编程控制器程序设计方法

※ **项目导读**

在项目五中，我们学习了 PLC 的基本指令、应用指令和程序控制类指令，准备好了编程的各种材料。一个具体的编程任务，可以采用多种设计方法，如图形转换法、经验法、时序图法、逻辑法、顺序功能图法等。这些方法是怎么实现梯形图设计的？面对不同的应用对象，我们该选择什么编程方法？下面我们将解决这些问题。

【知识目标】 了解图形转换法和逻辑设计法；熟记经验法常用的基本梯形图程序；理解时序图的基本概念；熟记并理解顺序功能图的基本知识。

【能力目标】 能说(过程)会用(经验法和顺序功能图法)：能根据控制要求，选择合适的程序设计方法完成程序设计。

【素质目标】 工程师素质(现场调研、阅读手册、严谨务实)；善于交流；团队合作。

任务 1　可编程控制器程序设计方法

一、图形转换法及应用

图形转换法的基础是继电器控制电路，在项目二中学习的继电器控制电路、项目五学习的 PLC 梯形图都表示了输入与输出之间的逻辑关系，从逻辑关系表达式上看二者也基本一致，因此在一些小型设备的改造中，可以将 PLC 中功能相当的软元件，代替原继电器-接触器控制线路原理图中的元件，将继电器-接触器控制线路转换成 PLC 梯形图。这种方法主要用于对旧设备、旧控制系统的技术改造。下面是使用图形转换法改造机床电气的步骤：

第一步：分析、熟悉原有的继电器-接触器控制线路的工作原理。

第二步：确定 I/O 点数、种类，选择 PLC 机型(本书采用欧姆龙 CP1H)，分配 I/O 地址。原继电器-接触器控制线路中的时间继电器和中间继电器分别用 PLC 中的定时器和辅助继电器代替。不同回路的共用触头，可通过增加软触头来实现。

第三步：绘制主电路、PLC 的供电及 I/O 端子接线图。

第四步：设计梯形图，将编制好的程序先进行模拟调试，然后再进行现场连机调试。

例 6.1　定子串电阻降压启动和反接制动控制。

定子串电阻降压启动和反接制动控制电路原理图如图 6.1 所示，试用图形转化法将其修改成欧姆龙 CP1H 进行控制。

第一步：电路分析。在图 6.1 中，虚线框以内的为控制电路，虚线框以外的为主电路。

第二步：确定 I/O 元件，分配地址。地址分配如表 6.1 所示。

表 6.1　I/O 地址分配表

输入		输出		其他	
SB2	0.00	KM1	100.00	KA	W0.00
SB1	0.01	KM2	100.01		
KS	0.02	KM3	100.02		

注意：热继电器触点不接入 PLC 的输入点，中间继电器 KA 用 PLC 的内部辅助继电器代替。

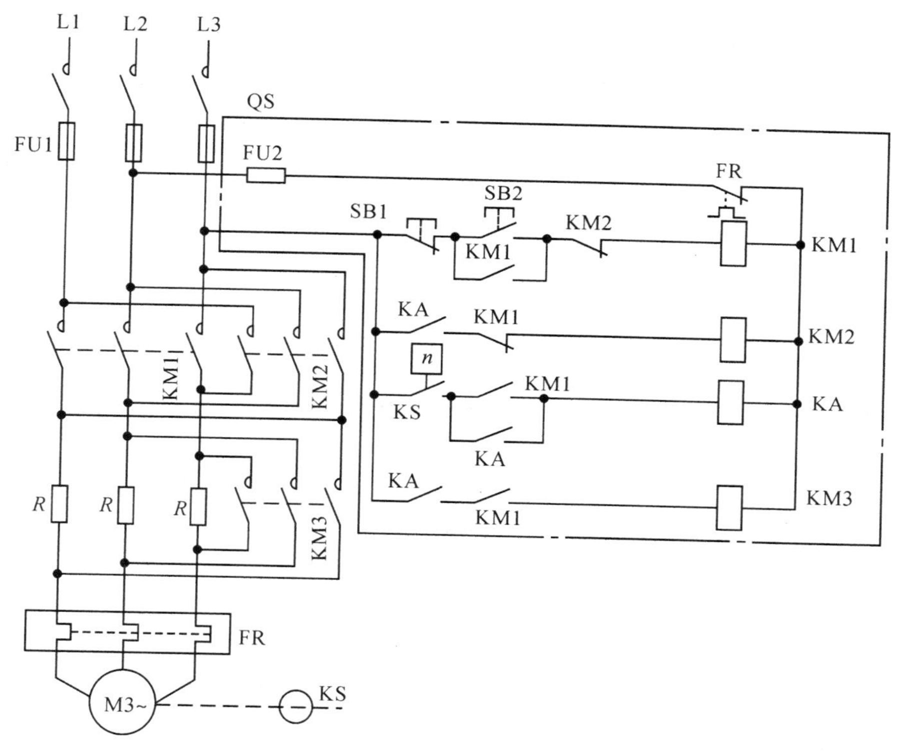

图 6.1　定子串电阻降压启动和反接制动控制原理图

第三步：主电路、PLC 的控制电路和 I/O 接线设计。

去掉图 6.1 点画线内的控制电路，仅保留主电路；PLC 的供电和 I/O 接线设计如图 6.2 所示。

第四步：设计梯形图。

根据表 6.1 的地址分配和原电路的控制逻辑设计梯形图，如图 6.3 所示。其中的内部辅助继电器位 W0.00 替代了硬件的中间继电器。工作过程和原来的继电器控制电路相同。

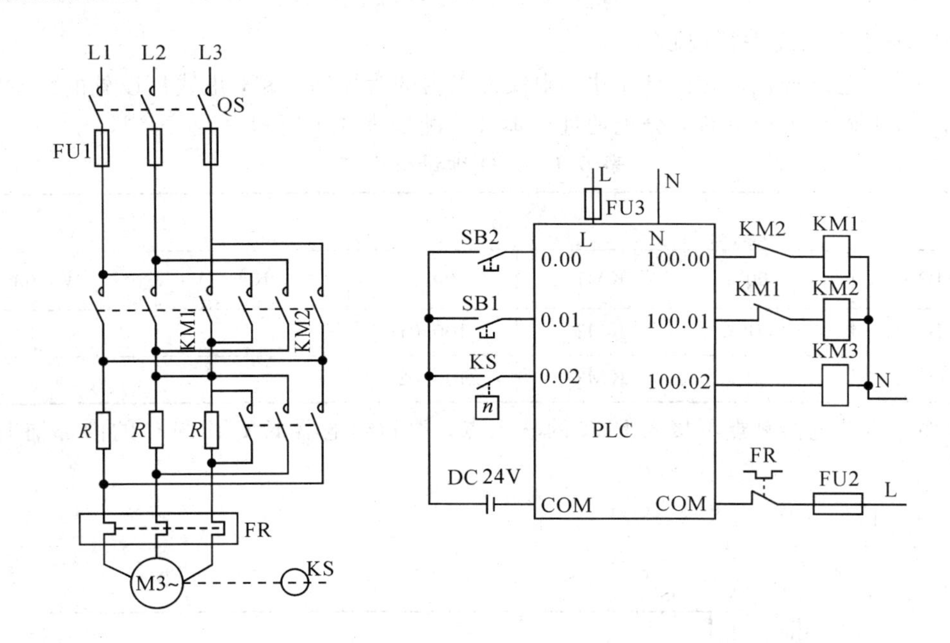

图 6.2　转换后的 PLC 控制电路图

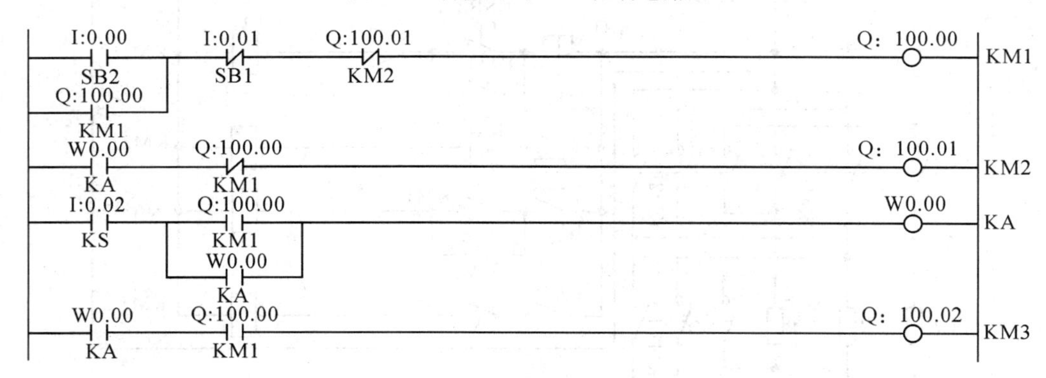

图 6.3　定子串电阻降压启动和反接制动控制梯形图

转换法适合比较简单的控制线路改造，对于比较复杂的控制系统，仅使用转换法会比较困难，所以它往往作为局部控制程序的设计方法，和其他的方法结合使用。

二、经验设计法及应用

经验设计法是目前使用较为广泛的设计方法。所谓经验，需要两个基础：一是要熟悉继电器控制电路，能理解控制电路的核心所在，能将一个较复杂的控制电路分解成若干个分电路，能熟练分析各分电路的功能和各分电路之间的联系；二是要熟悉梯形图中一些典型的控制单元程序，如定时、计数、单稳态、双稳态、互锁、启停保、脉冲输出等。根据控制要求，运用已有的知识储备，设计控制梯形图。

1. 经验法设计梯形图程序的过程

例 6.2　使用经验设计法设计如图 6.1 所示的电路图的梯形图，其设计过程如下：

第一步：设计主电路和 I/O 接线图。

输入/输出地址分配，主电路、PLC 供电和 I/O 接线与图 6.2 相同。

第二步：分析电路原理，明确控制要求。

① 启动→SB2→KM1 得电→主触点闭合→电动机启动→转速上升一定值时→KS 动合触点闭合→KA 得电并自锁→KM3 得电→短接启动电阻→电动机转速继续上升→至稳定运行。

② 制动→SB1→KM1 失电→其动断触点闭合(KA 得电并保持)→KM2 得电，KM3 失电→电动机处于反接制动状态(串入电阻限流)→当转速快速下降到一定值时→KS 动合触点断开，KM2 释放→电动机进入自由停车。

第三步：根据控制要求编写梯形图，如图 6.4 所示。

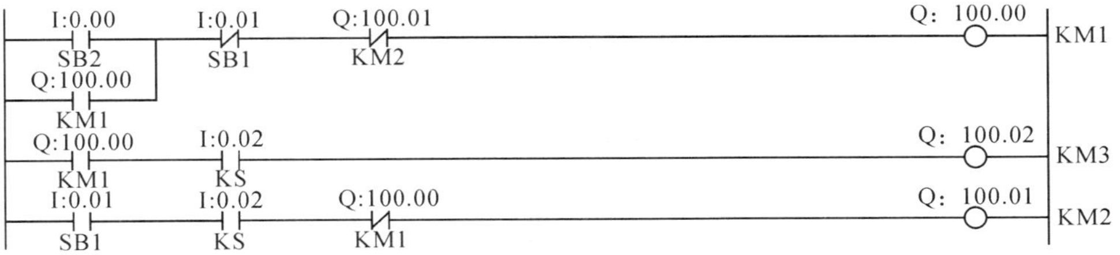

图 6.4　经验设计法编写的定子串电阻降压启动和反接制动控制的梯形图

① 启动：SB2 按下→KM1 得电并自锁，进入启动状态。KM1 得电电机转速上升→KS 闭合，KM3 得电短接启动电阻→正常运行状态。

② 制动：SB1 按下→KM1 失电→KM2 得电，KM3 失电→KS 断开→KM2 失电，电动机进入自由停车。

2. **利用经验设计法设计常用基本梯形图**

典型控制电路包括电动机的启停控制、正/反转控制、点动控制、Y -△启动控制、几台电动机的连锁控制、异地控制、掉电保持等。

例 6.3　如图 6.5 所示为电动机单地启停 PLC 控制电路图。控制要求如下：

• 启动：SB1→KM 得电，Y 接法启动，电动机 M 进入正常运转。

• 停止：SB2→KM 失电，电动机 M 停止。

• 过载保护：过载时，FR 常开触点闭合→ KM 失电，电动机 M 停止，报警灯 H 闪烁。

根据控制要求，I/O 地址分配如表 6.2 所示，控制梯形图如图 6.6 所示。

表 6.2　电动机单地启停控制 I/O 地址分配表

输入元件	符号	输入地址	输出元件	符号	输出地址
启动按钮	SB1	0.00	接触器线圈	KM	100.00
停止按钮	SB2	0.01	报警灯	H	100.01
热继常开动合	FR	0.02			

例 6.4　电动机两地启停控制。如图 6.7 所示为电动机两地启停 PLC 控制的电路图。控制要求如下：

• 启动：SB1 或 SB3→KM 得电，Y 接法启动，电动机 M 进入正常运转。
• 停止：SB2 或 SB4→KM 失电，电动机 M 停止。
• 过载保护：过载时，FR 常开触点闭合→ KM 失电，电动机 M 停止。

根据控制要求，I/O 地址分配如表 6.3 所示，控制梯形图如图 6.8 所示。

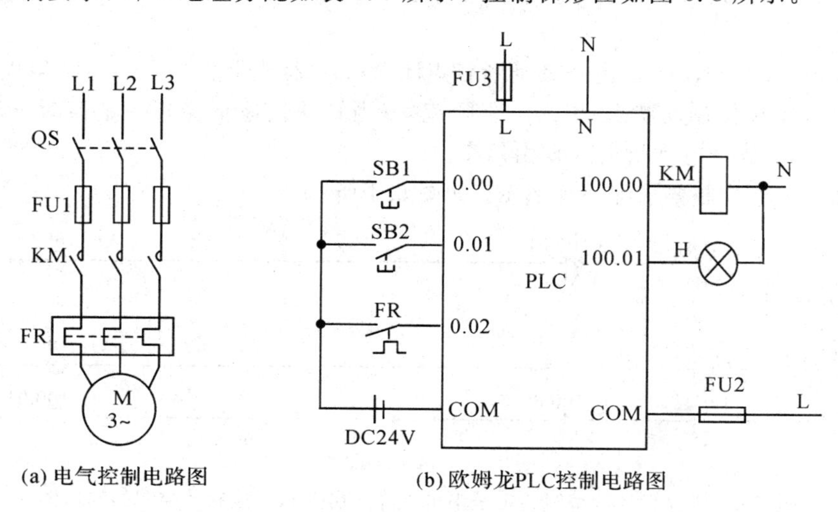

(a) 电气控制电路图 (b) 欧姆龙PLC控制电路图

图 6.5 电动机单地启停 PLC 控制的电路图

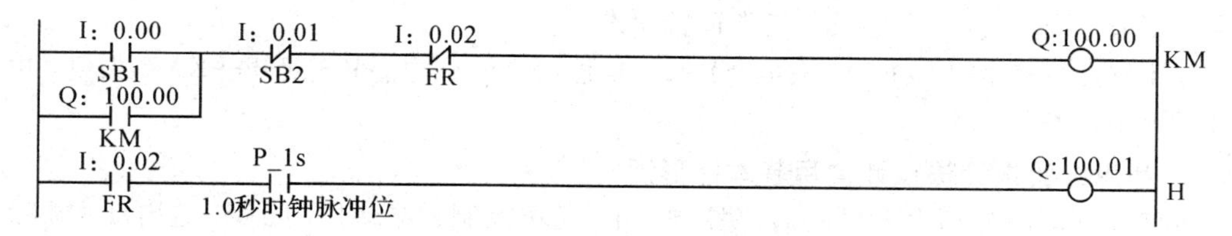

图 6.6 电动机单地启停 PLC 控制的梯形图

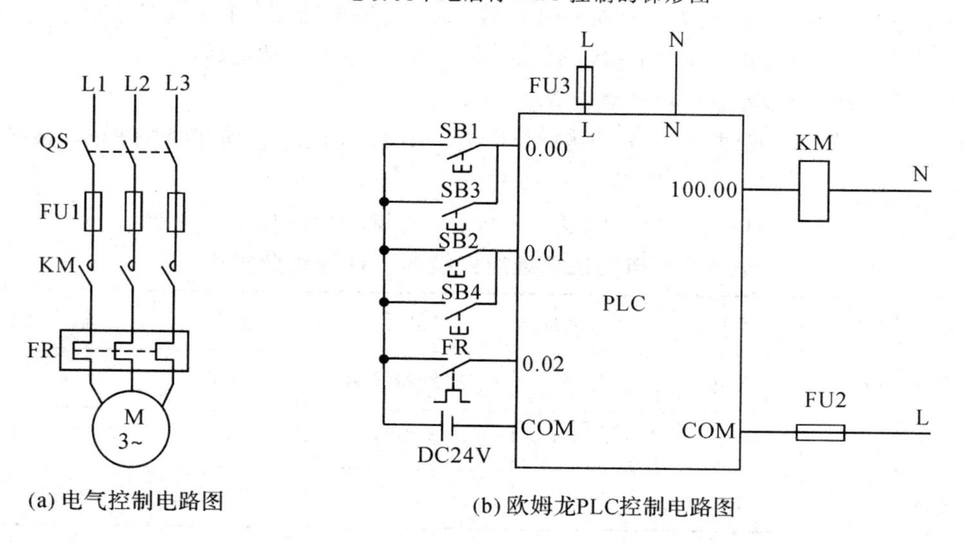

(a) 电气控制电路图 (b) 欧姆龙PLC控制电路图

图 6.7 电动机两地启停 PLC 控制的电路图

表 6.3 两地启停控制 I/O 地址分配表

输入元件	符号	输入地址	输出元件	符号	输出地址
启动按钮	SB1/SB3	0.00	接触器线圈	KM	100.00
停止按钮	SB2/SB4	0.01			
热继常开动合	FR	0.02			

图 6.8 电机两地启停控制梯形图

例 6.5 如果电路图变为如图 6.9 所示的形式，编写控制梯形图。

根据控制要求，I/O 地址分配如表 6.4 所示，控制梯形图如图 6.10 所示。

表 6.4 两地启停控制 I/O 地址分配表

输入元件	符号	输入地址	输出元件	符号	输出地址
启动按钮 1	SB1	0.00	接触器线圈	KM	100.00
停止按钮 1	SB2	0.01			
热继常开动合	FR	0.02			
启动按钮 2	SB3	0.03			
停止按钮 2	SB4	0.04			

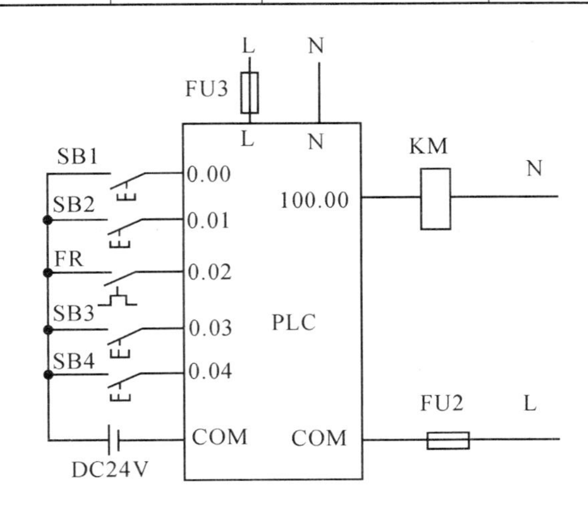

图 6.9 PLC 电路图接法 2

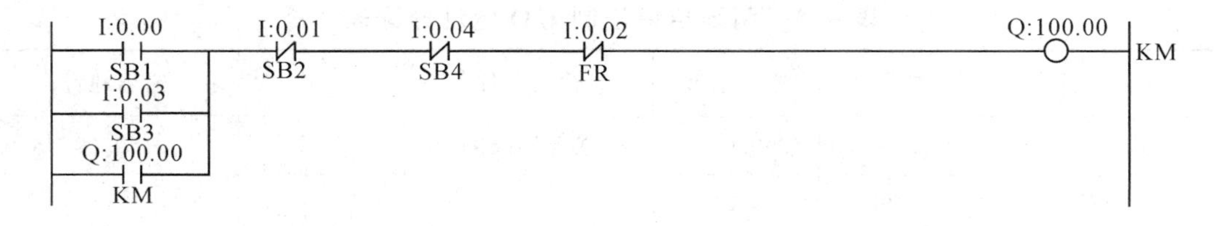

图 6.10 电机两地启停 PLC 控制的梯形图

例 6.6 电动机正反转控制。如图 6.11 所示为正反转 PLC 控制的电路图。

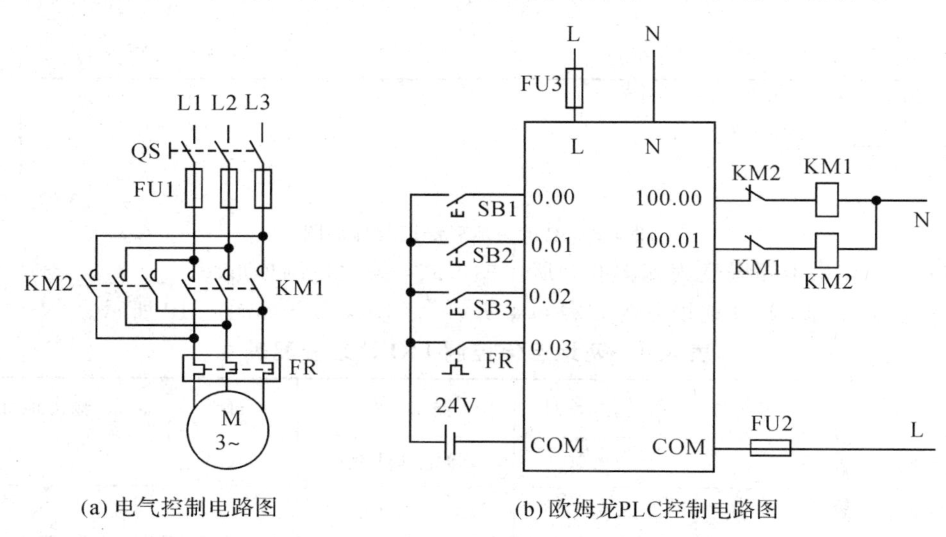

(a) 电气控制电路图 (b) 欧姆龙PLC控制电路图

图 6.11 电机正反转 PLC 控制的电路图

控制要求如下：

• 按下 SB2，电动机正转；

• 按下 SB3，电动机反转；

• 按下 SB1，或过载 FR 闭合时，电动机停转；

• 为了提高控制电路的可靠性，在输出电路中设置电路互锁，同时要求在梯形图中也要实现软件互锁。

根据控制要求，I/O 地址分配如表 6.5 所示，控制梯形图如图 6.12 所示。

表 6.5 电动机正反转 PLC 控制 I/O 地址分配表

输入元件	符号	输入地址	输出元件	符号	输出地址
停止按钮	SB1	0.00	正转接触器线圈	KM1	100.00
正转按钮	SB2	0.01	反转接触器线圈	KM2	100.01
反转按钮	SB3	0.02			
热继常开动合	FR	0.03			

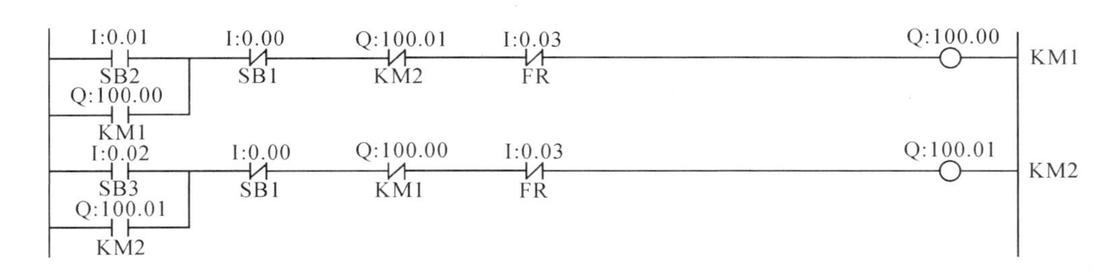

图 6.12　电动机正反转 PLC 控制的梯形图

例 6.7　电动机星三角降压启动控制。如图 6.13 所示为电动机星三角降压启动 PLC 控制的电路图。

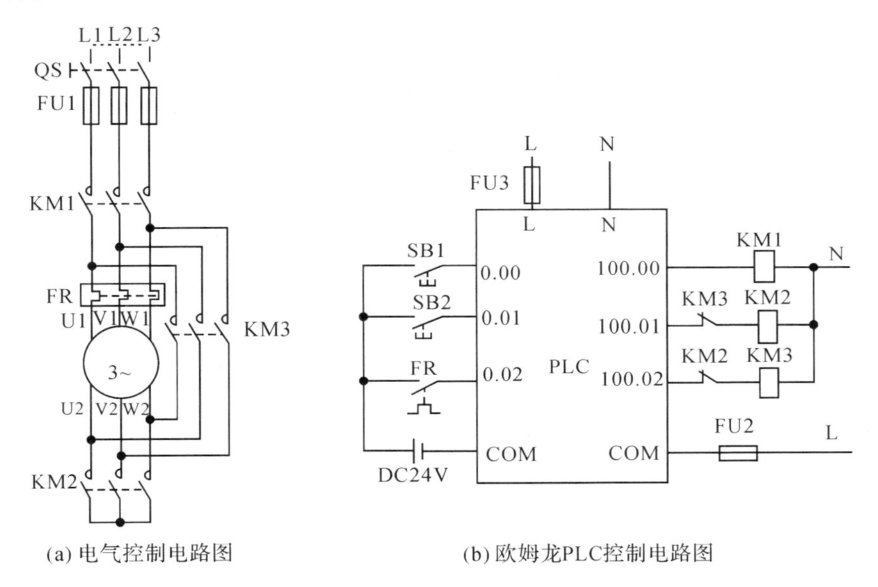

图 6.13　电动机星三角降压启动 PLC 控制的电路图

控制要求如下：

- 按下 SB1，主回路电动机 M 成 Y 接法，开始启动，同时开始定时；定时时间到，接触器线圈 KM2 失电，KM3 得电，电动机 M 成△接法，进入正常运转。
- 按下 SB2，接触器线圈均失电，主回路电动机 M 停止。
- 若电动机过载，FR 动合触点闭合，接触器线圈也均失电，电动机 M 停止。
- KM1 和 KM2 除在输出回路中有电路硬触点互锁外，在梯形图程序中软接点互锁 I/O 地址分配如表 6.6 所示，控制梯形图如图 6.14 所示。

表 6.6　电动机星三角降压启动 PLC 控制 I/O 地址分配表

输入元件	符号	输入地址	输出元件	符号	输出地址
启动按钮	SB1	0.00	接触器线圈	KM1	100.00
停止按钮	SB2	0.01	接触器线圈	KM2	100.01
热继常开动合	FR	0.02	接触器线圈	KM3	100.02

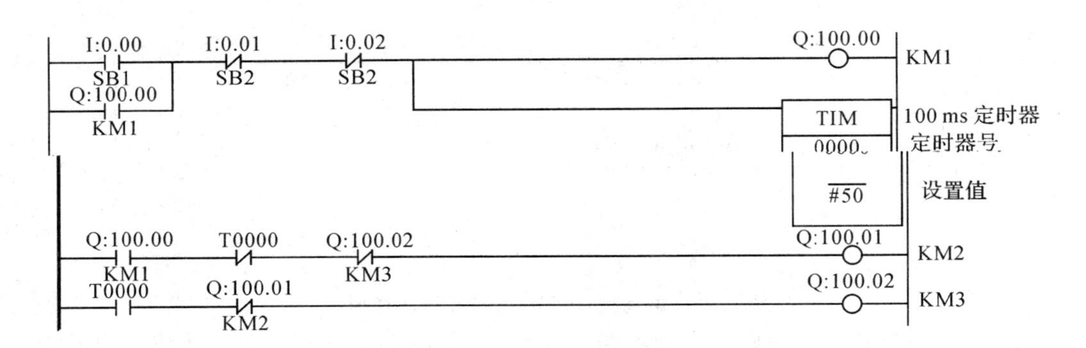

图 6.14　电动机星三角降压启动 PLC 控制梯形图

例 6.8　电动机顺序启停控制程序。下面是两台电动机顺序启停控制的程序设计，其 I/O 分配如表 6.7 所示，梯形图如图 6.15 所示。启动时，只有电动机 M1 启动(100.00 ON)、电动机 M2 才可能启动(100.01 ON)；停止时，只有 M1 先停、M2 才可能停。

表 6.7　电动机顺序启停控制 I/O 地址分配表

输入元件	符号	输入地址	输出元件	符号	输出地址
M1 启动按钮	SB1	0.00	M1 接触器线圈	KM1	100.00
M1 停止按钮	SB2	0.01	M2 接触器线圈	KM2	100.01
M2 启动按钮	SB3	0.02			
M2 停止按钮	SB4	0.03			

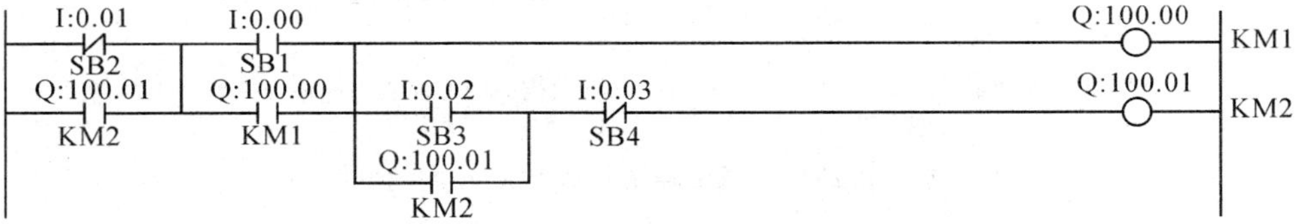

图 6.15　两台电动机顺序启/停控制梯形图

例 6.9　电动机既可长动、又可点动的控制程序。电动机的控制既需要长动(持续工作)，也需要点动(微调位置或者设备的安装和调试)，其 I/O 分配如表 6.8 所示。

表 6.8　电动机顺序启停控制 I/O 地址分配表

输入元件	符号	输入地址	输出元件	符号	输出地址
点动按钮	SB1	0.00	接触器线圈	KM	100.00
长动按钮	SB2	0.01			
停车按钮	SB3	0.02			

长动：按下 SB2，电动机长动，直到按下 SB3 停止；点动：按下 SB1，电动机旋转，松开则电动机停止。梯形图如图 6.16 所示。

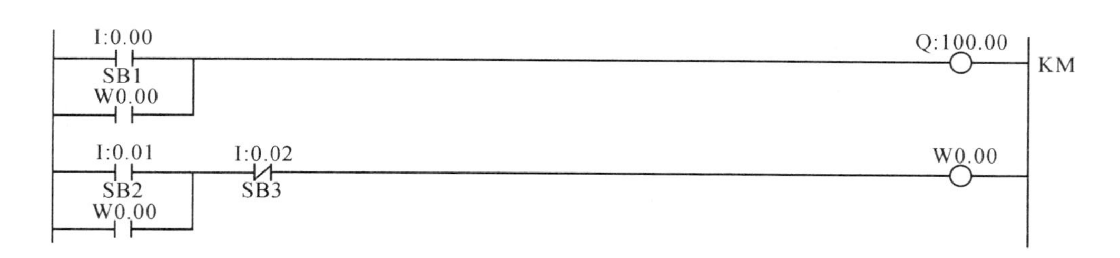

图 6.16　电机长动、点动控制梯形图

例 6.10　电动机三地启停控制程序。电机实现三地启停控制，各地电动机的启动和停止都共用一个按钮(单按钮启停控制)，即无论在何地，第一次按动按钮是启动电动机，第二次按动按钮就是停车。I/O 地址分配如表 6.9 所示。

表 6.9　电动机三地启停控制 I/O 地址分配表

输入元件	符号	输入地址	输出元件	符号	输出地址
甲地启停	SB1	0.00	接触器线圈	KM	100.00
乙地启停	SB2	0.01			
丙地启停	SB3	0.02			

如图 6.17 所示为梯形图程序。

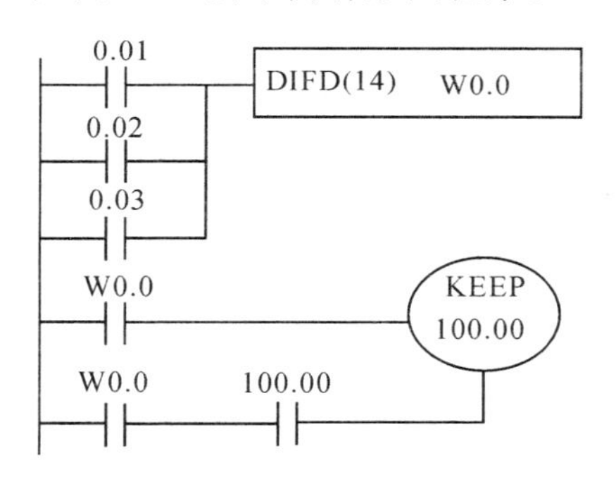

输　入	输　出
甲地启停SB1　0.00	KM　100.00
乙地启停SB2　0.01	
丙地启停SB2　0.02	

图 6.17　电动机三地启停控制梯形图

除了以上典型程序，最好熟练掌握脉冲发生器程序、分频器程序和优先权程序等。

三、时序图设计法及应用

1. 时序图设计法概述

若 PLC 各输出信号的状态变化有一定的时间顺序，可由时序图入手进行程序设计。时序图设计法的一般步骤为

第一步：画出时序图；

第二步：时序图分析；

第三步：分配定时器；

第四步：列出定时器功能表；

第五步：作 PLC 的 I/O 分配表；

第六步：编写梯形图；

第七步：作模拟实验，进一步修改、完善程序。

2. 时序图设计法应用

例 6.11 三个执行机构轮流工作。接通启动开关 SA(0.01)，机构 1 工作 10 s 后停止，机构 2 开始工作；机构 2 工作 5 s 后停止，机构 3 开始工作；机构 3 工作 5 s 后，机构 1 开始工作，循环进行。

第一步：画出工作时序图。根据各输入、输出信号之间的时序关系，画出输入和输出信号的工作时序图，如图 6.18 所示。

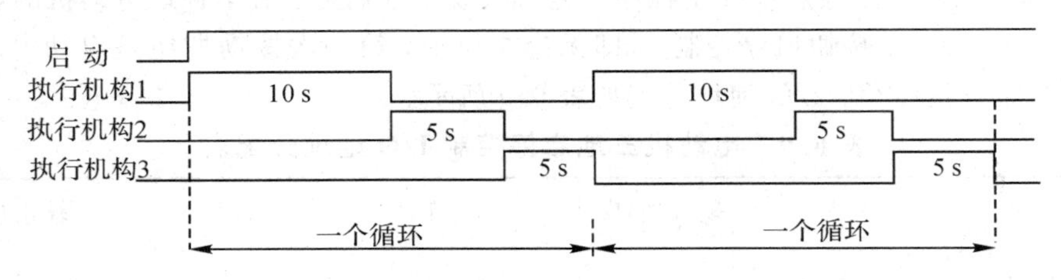

图 6.18　三个执行机构工作时序图

第二步：分析时序图。把时序图划分成若干个区段，确定各区段的时间长短。找出区段间的分界点，弄清分界点处各输出信号状态的转换关系和转换条件。时序图划分如图 6.19 所示。

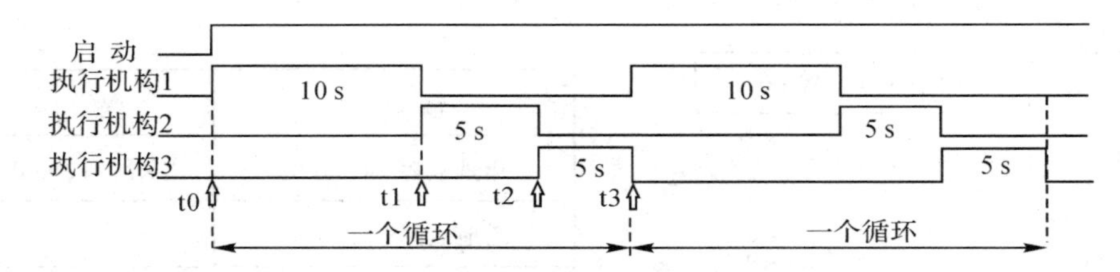

图 6.19　时序图的划分

一个循环有 4 个时间分界点：t0、t1、t2 和 t3 分界点处执行机构的状态将发生变化。

第三步：分配定时器。确定所需的定时器个数，分配定时器号，确定各定时器的设定值。用 T0000～T0002，共 3 个定时器控制 3 个执行机构的状态转换，如图 6.20 所示。

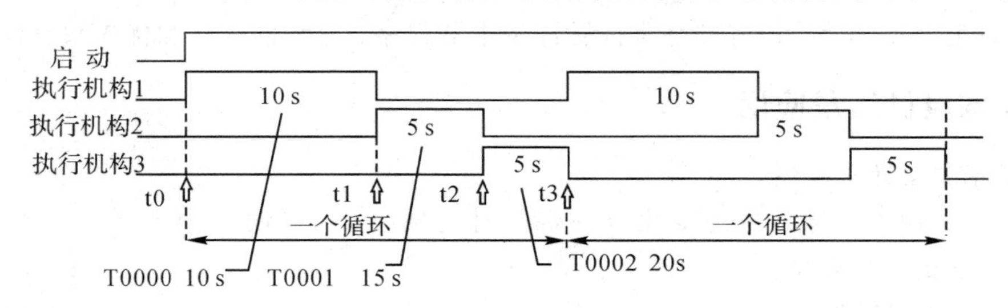

图 6.20　定时器的分配

第四步：列出定时器功能表。明确各定时器开始定时和定时到两个时刻各输出信号的状态。最好作一个状态转换明细表。列出定时器功能表，如表 6.10 所示。

表 6.10　三个执行机构控制定时器功能表

定时器	t0	t1	t2	t3
T0 定时 10 s	开始定时，为执行机构 1 定时	T0 ON，执行机构 1 停止；执行机构 2 工作	ON	开始下一个循环的定时
T1 定时 15 s	开始定时	继续定时	T1 ON，执行机构 2 停止；执行机构 3 工作	开始下一个循环的定时
T2 定时 20 s	开始定时	继续定时	继续定时	T2 ON，执行机构 3 停止；执行机构 1 工作。开始下一个循环的定时

第五步：作 PLC 的 I/O 分配表，如表 6.11 所示。

表 6.11　三个执行机构控制 I/O 分配表

数据类型	地　址	用　途	注　释
BOOL	0.00	输入	系统启动
BOOL	100.00	输出	执行机构 1
BOOL	100.01	输出	执行机构 2
BOOL	100.02	输出	执行机构 3

第六步：根据时序图、状态转换明细表和 I/O 分配表，编写 PLC 梯形图，如图 6.21 所示。

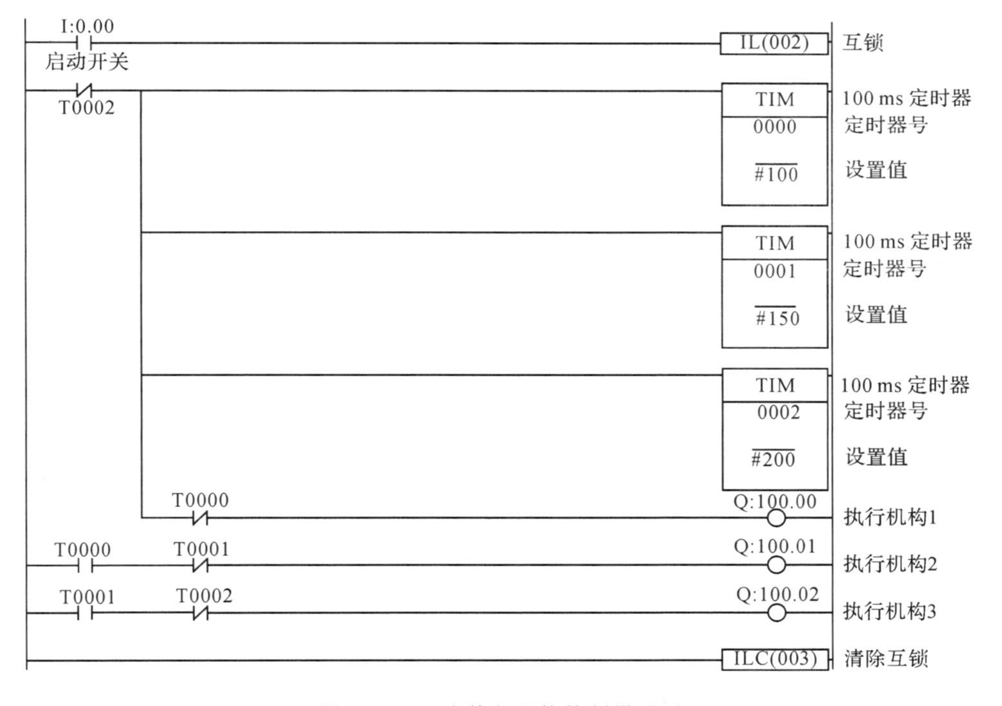

图 6.21　三个执行机构控制梯形图

四、顺序功能图法

所谓顺序控制，就是在生产过程中，各执行机构按照生产工艺规定的顺序，在各输入信号的作用下，根据内部状态和时间顺序，自动有序地进行操作。在工业控制系统中，顺序控制的应用是最为广泛的。

顺序控制程序设计的方法很多，其中顺序功能图(Sequential Function Chart，SFC)法是当前顺序控制设计中最常用的方法设计。使用该方法设计的程序具有条理清晰、可读性强、可靠性更高等优点。即使是初学者也很容易编出复杂的顺序控制程序，大大提高了工作效率，也为调试、试运行带来了方便。

1. 顺序功能图知识

1）顺序功能图的组成

(1) 工步及其划分。

生产机械的一个工作循环可以分为若干个步骤进行，在每一步中，生产机械进行着特定的机械动作。在控制系统中，把这种进行特定机械动作的步骤称为“工步”或“状态”。每一个工步可以用机械动作执行的顺序编号来命名。

工步是根据被控对象工作状态的变化来划分的，而被控对象的状态变化又是由 PLC 输出状态(ON、OFF)的变化引起的，因此，PLC 输出量状态的变化可以作为工步划分的依据。

例如，某机械动力头在运行过程中有“快进”“工进”“快退”“停止”四个状态，即四个工步，如图 6.22(a)所示。该机械动作由 PLC 的输出端 100.00、100.01、100.02 控制，如图 6.22(b)所示。从图中可知：

“快进”，在 PLC 输出端的 100.00、100.01 两点输出(控制两个电机)，用于快速定位到加工点(图 6.22(a)中限位开关 SQ1)，为加工做好准备；

“工进”，在 PLC 输出端的 100.00 一点输出(控制 1 个电机)，用于加工处理(从图 6.22(a)中限位开关 SQ1 处开始，限位开关 SQ2 处结束)；

“快退”，在 PLC 输出端的 100.02 一点输出(控制 1 个电机)，用于快速退回原点(从图 6.22(a)中限位开关 SQ2 处开始，图 6.22(a)中限位开关 SQ3 处结束)；

“停止”时，三个点均没有输出。

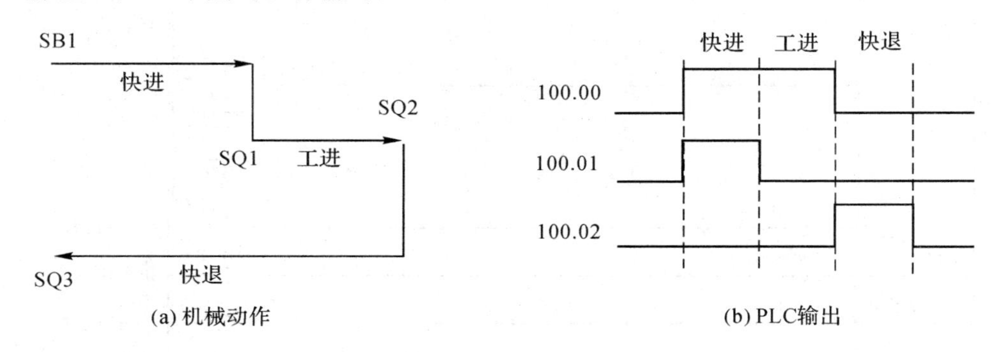

图 6.22　工步的划分

当系统正处于某一步所在的阶段时，该工步处于有效状态，称该工步为“活动步”。

（2）状态的转换及转换条件。

工步活动状态的进展是由转换条件的出现来实现的。系统从一个原来的状态进入另一个新的状态，称为状态的转换。导致状态转换的原因称为转换条件。常见的转换条件有按钮、行程开关、传感器信号的输入、内部定时器和计数器触点的动作等。

在图 6.22 中，动力头由停止转为快进的转换条件是动力头在原点，行程开关 SQ3 闭合，同时启动按钮 SB1 的触点闭合；快进转为工进的转换条件是行程开关 SQ1 闭合，由工进转为快退的条件是行程开关 SB2 闭合；由快退转为停止的转换条件是行程开关 SQ3 闭合。

应该说明的是，转换条件既可以是单个信号，也可以是若干个信号的逻辑组合，SQ3・SB1 是将两个信号相与，表示启动按钮 SB1 的动作只有在动力头停止位(SQ3)才能有效。

（3）顺序功能图的组成。

顺序功能图由步、有向连线、转换条件、动作说明等组成，如图 6.23(a)所示，动力头的具体实例如图 6.23(b)所示。在图中用矩形框表示各步，框内数字是步的号，初始步一般用双线框表示。正在执行的步叫活动步，当前一步为活动步且转换条件满足时，启动下一步并终止当前步。

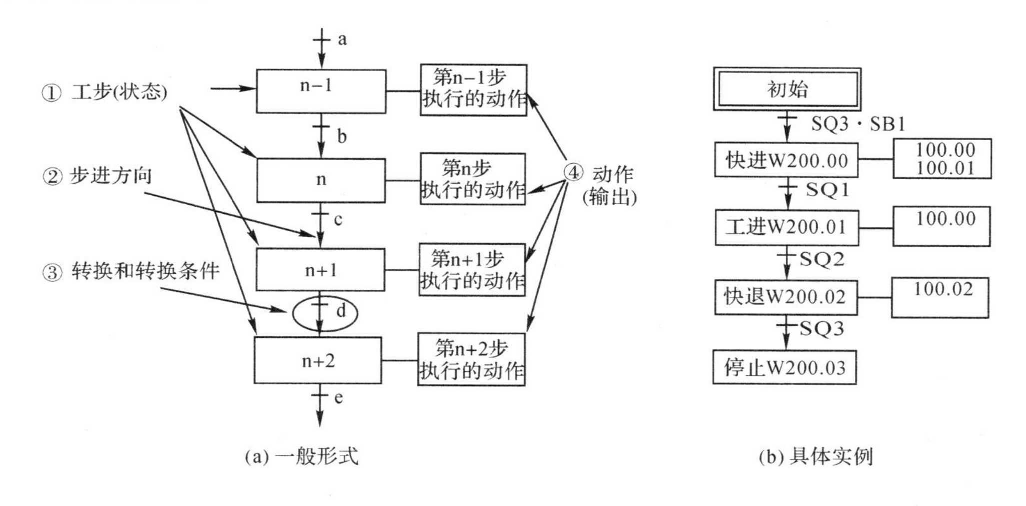

图 6.23　控制顺序功能图组成

在图 6.23(a)中，顺序功能图的画法有以下要求：

①为工步，框内的 n－1、n、n＋1 表示各工步的编号，使用 PLC 内部辅助继电器地址来表示，为了便于识别，也可在上面用中文注释，如图 6.23(b)所示。

②为步进方向，用有向线段表示。如果进展方向由上而下，可以不用箭头；进展方向由下而上，则必须画箭头。

③为转换及转换条件。有向线段中间的短横线表示两个状态间的转换，边上的字母为转换条件。如 d 为状态 n＋1 转入状态 n＋2 的条件，e 为转出 n＋2 的条件。转换条件可用元件名称，如 SB1、SQ1 或 PLC 的元件地址。注意：

• 转换条件 d 和 $\overline{d}$，分别表示转换信号“ON”或“OFF”时条件成立；

• 转换条件 d↑和 d↓分别表示转换信号从“OFF”变成“ON”和从“ON”变成“OFF”时条件成立。

④为动作，框内填写和该状态相对应的 PLC 的输出和注释。

2）顺序功能图分类

顺序功能图有四种类型：顺序(单列)结构、分支结构、并行结构和循环结构四种。

(1) 顺序(单列)结构。顺序(单列)结构的特点是没有分支，每个步后只有一个步，各步间需要转换条件，后一步成为活动步时，前一步变为不活动步。图 6.23(b)所示的顺序功能图就是顺序结构。

(2) 分支结构。图 6.24 所示为分支机构顺序功能图。

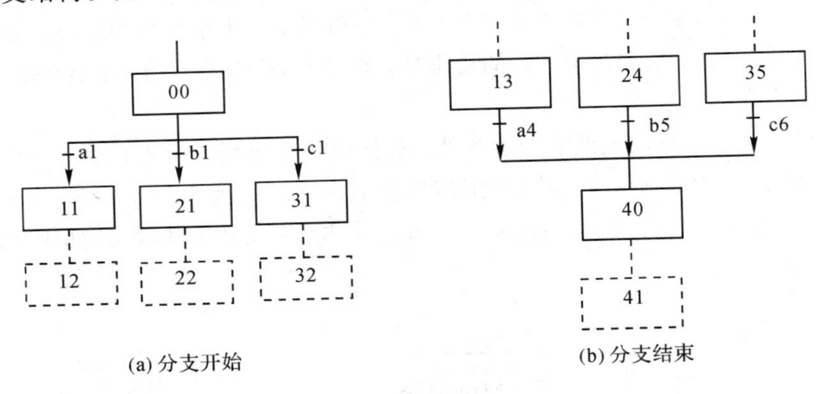

图 6.24　分支结构顺序功能图

分支机构的特点是：序列的开始称为分支(步 00)，各分支(如步 11、21、31)不能同时执行，若选择转向某个分支，其他分支的首步不能成为活动步，当前一步为活动步，且转换条件满足时，才能转向下一步，后一步成为活动步时，前一步变为不活动步。当某个分支的最后一步成为活动步、且转换条件满足时都要转向合并步(如步 13 处于活动步，且满足条件 a4，则转向步 40)。

(3) 并行结构。图 6.25 所示为并行结构顺序功能图。并行序列的特点是开始用双线表示，转换条件(如图中的条件 a)放在双线之上。当并行序列首步(步 00)为活动步且条件满足时，各分支首步同时变为活动步(步 11、21、31)。并行序列的结束称为合并(步 40)，用双线表示并行序列的合并，转换条件(条件 c)放在双线之下。当各分支的末步都为活动步、且条件满足时，将同时转换到合并步，且各末步都变为不活动步。

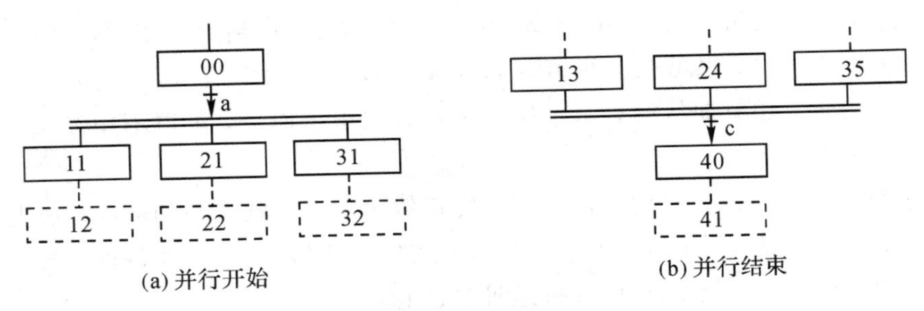

图 6.25　并行结构顺序功能图

(4) 循环结构。循环结构有单循环、条件循环和多循环等几种类型，图 6.26 所示为单循环和条件循环结构。

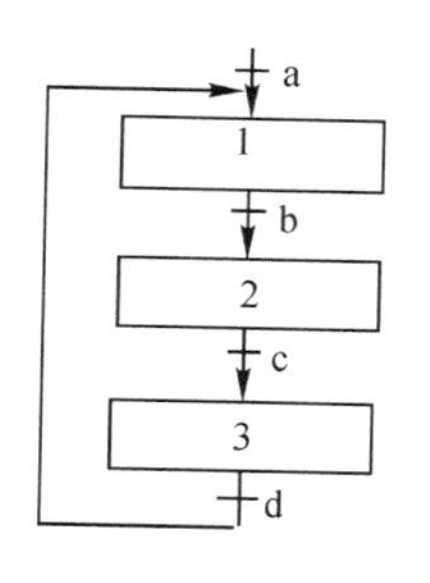

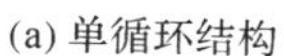
(a) 单循环结构

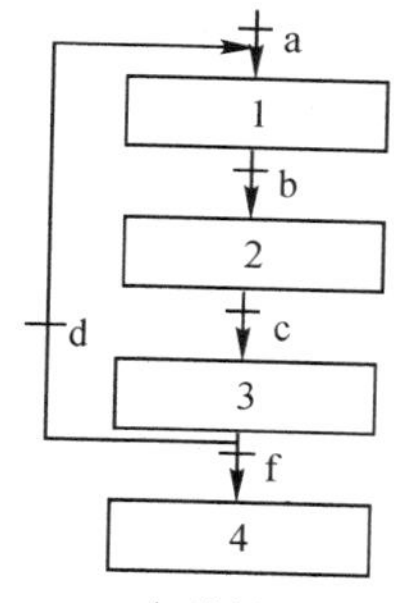

(b) 条件循环结构

图 6.26　单循环和条件循环结构功能图

在图 6.26(a)中，转换条件 a 相当于启动信号，只要 a 成立，立即进入状态 1，然后根据条件进入状态 2 和 3，在状态 3 中，如果满足条件 d，则返回状态 1，进入下一个循环。

在图 6.26(b)中，转换条件 a 相当于启动信号，只要 a 成立，立即进入状态 1，然后根据条件进入状态 2 和 3，在状态 3 中，如果满足条件 d，则返回状态 1，进入下一个循环。在状态 3 中，如果满足条件 f，则结束循环，进入状态 4。

2. 根据顺序功能图编写梯形图

从前面的学习可以知道，顺序功能图是一种较新的编程方法，它将一个完整的控制过程分为若干阶段，各阶段具有不同的动作，阶段间有一定的转换条件，转换条件满足就实现阶段转移，上一阶段动作结束，下一阶段动作开始，它提供了一种组织程序的图形方法。

根据顺序功能图编写梯形图程序，既可以使用基本指令来实现，也可以使用步进指令来实现，而使用步进指令更加灵活。

1）顺序功能图与基本指令梯形图的对应关系

根据顺序控制的要求，应满足当某一工步的转移条件满足时，代表前一工步的内部辅助继电器失电，代表后一工步的内部辅助继电器得电并自锁，各状态依次顺序出现。用基本指令编写顺序功能图控制程序，可以参考如图 6.27 所示的模板。

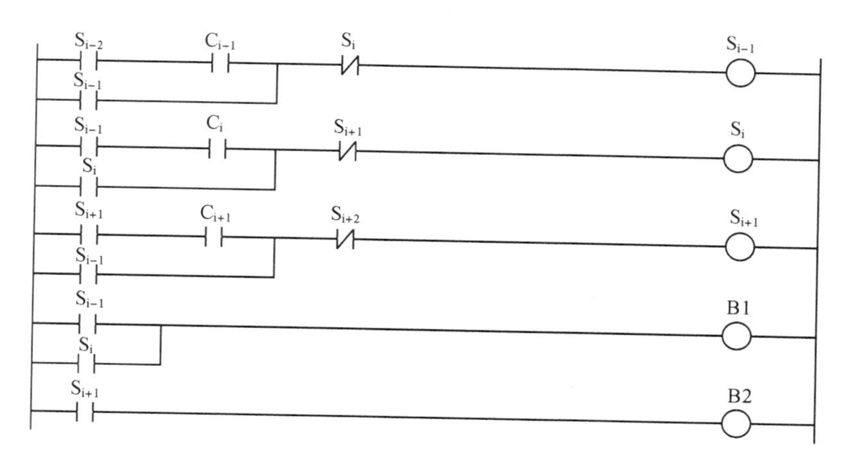

图 6.27　步程序梯形图

顺序功能图控制程序主要分为两个部分：

一是状态转换控制部分，有三个功能：

(1) 激活本步。条件是上一步正在执行，且进入本步的转换条件已经满足，而下一步尚未出现的条件下，才能激活。如图中的 S_i 步，当 S_{i-1} 处于活动状态，且本步的控制位 C_i 为 ON 时，S_i 步成为活动步。

(2) 本步的自锁。本步一旦激活，必须能自锁，确保本步的执行，同时为激活下一步创造条件。由于转换条件常是短信号，所以每步要加自锁，如图中 S_i 步，使用了 S_i 常开触点做自锁。

(3) 本步的复位。通常将下一步的标志位常闭触点串联在当前步中实现互锁，其作用是在执行下一步时将本步复位。如图的 S_i 中，使用了 S_{i+1} 步的常闭触点来复位 S_i 步。

二是输出控制部分。当某一步成为活动步时，其控制位为 ON，可以利用这个 ON 信号实现相应的控制。如图使用 S_{i-1} 和 S_i 控制输出 B1，使用 S_{i+1} 控制输出 B2。其中 B1 的输出在 S_{i-1} 和 S_i 两步均出现，所以将这两步的常开触点并联，保证该输出继电器正常输出，同时也避免同名线圈重复输出的现象，这种输出方式叫组合输出。

2) 用顺序功能图法编程的基本步骤

第一步：根据控制要求将控制过程分成若干个工作步。明确每个工作步的功能，弄清步的转换是单向进行(单序列)还是多向进行(选择或并行序列)；确定各步的转换条件(可能是多个信号的"与""或"等逻辑组合)；必要时可画一个工作流程图，它有助于理顺整个控制过程的进程。

第二步：为每步设置控制位，确定转换条件。控制位最好使用同一个通道的若干连续位。

第三步：确定所需输入和输出点，选择 PLC 机型，作出 I/O 分配。

第四步：在前两步的基础上，画出功能表图。

第五步：根据功能表图画梯形图。

第六步：添加某些特殊要求的程序。

3) 编程练习

根据顺序功能图编写梯形图，最关键的是起始步(如 W0.00)、结束步(如 W0.08)，分支起始步(如 W0.04)及分支合并步(如 W0.06)、并行步开始(如 W0.00)及并行合并步(如 W0.08)等。下面以图 6.28 所示的顺序功能图为例说明此编程方法。

程序功能图编程实例如图 6.29 所示。

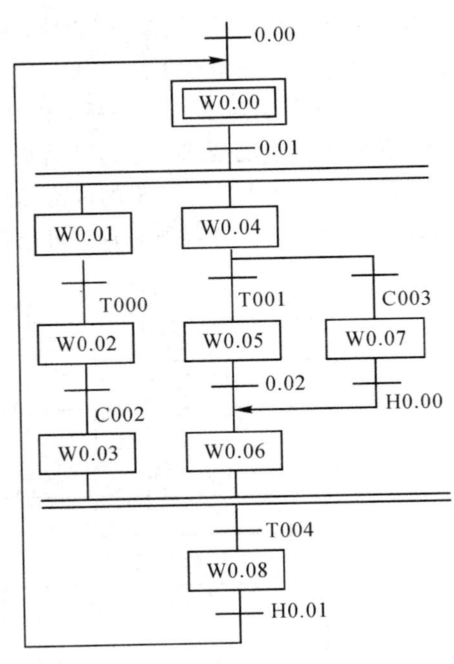

图 6.28 顺序功能图

图 6.29　顺序功能图编程实例

在W0.00步梯形图中，可以通过按0.00进入W0.00步，也可在W0.08步活动且H0.01为ON的情况下进入此步，所以二者并联，前者用于启动，后者用于自动循环。由于W0.00是并行起始步，所以其后续步W0.01和W0.04常闭触点串联断开此步。

在W0.01步梯形图中，当W0.00步活动，0.01为ON进入此步，后续步W0.02断开此步。

在W0.02步梯形图中，当W0.01步活动，T0000为ON进入此步，后续步W0.03断开此步。

在W0.03步梯形图中，当W0.02步活动，C0002为ON进入此步，后续步W0.08断开此步。

在W0.04步梯形图中，当W0.00步活动，0.01为ON进入此步。由于该步为分支起始步，所以其后续步W0.05和W0.07常闭触点串联断开此步。

在W0.05步梯形图中，当W0.04步活动，T0001为ON进入此步。由于该步为分支中间步，所以其后续步W0.06(分支合并步)和W0.07(互锁，只能执行一个分支)常闭触点串联断开此步。

在W0.06步梯形图中，当W0.05步活动，0.02为ON进入此步或者当W0.07步活动，H0.00为ON进入此步，后续步W0.08断开此步。

在W0.07步梯形图中，当W0.04步活动，C0003为ON进入此步。由于该步为分支中间步，所以其后续步W0.06(分支合并步)和W0.05(互锁，只能执行一个分支)常闭触点串联断开此步。

在W0.08步梯形中，当W0.03和W0.06步活动，T0004为ON进入此步，后续步W0.00断开此步。

需要注意的是，图6.29所示的梯形图有一个缺点。每一步的复位都要到下一个扫描周期才能进行。也就是说，有一个扫描周期，会出现相邻两步同时有输出的情况。一般情况下，输出负载设备响应时间达不到相应扫描周期(ms级)，所以不会出现错误反应。但是高速响应的负载，就会出现问题。解决的方法是：将步的控制改为KEEP(或SET、RSET)指令来控制，使得置位当前步、复位前一步在同一个扫描周期内完成，从而避免出现此问题。修改后的梯形图如图6.30所示。

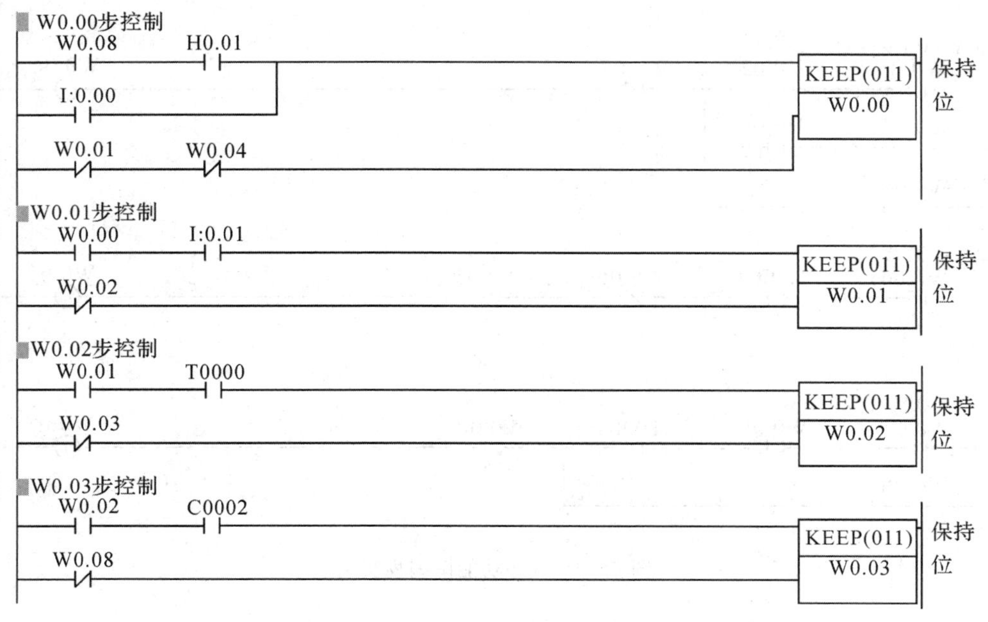

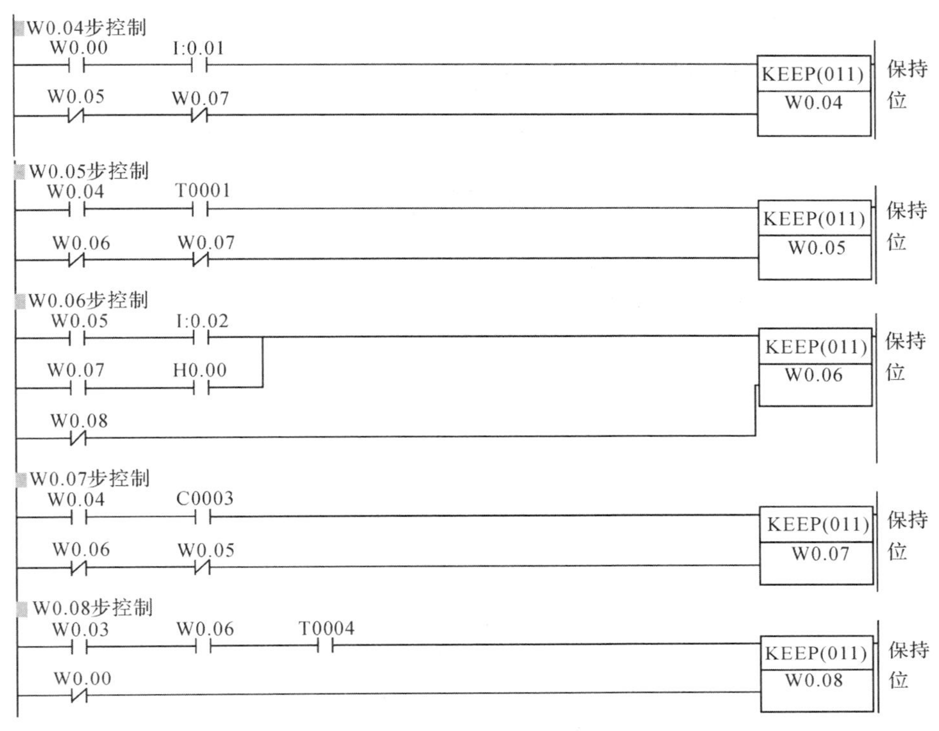

图 6.30　使用 KEEP 指令实现的梯形图程序

3. **步进指令与顺序控制**

1) 步进指令

步进指令是专为顺序控制而设计的，它是一组功能很强的指令，包含步进控制领域定义(STEP)和步进控制(SNXT)指令，如表 6.12 所示。

表 6.12　步进指令表

助记符	名称	功 能	梯形图	说 明
STEP	步进控制领域定义	步进控制结束，指令以后执行的是常规梯形图程序	STEP	(1) S 为工步编号，可用辅助继电器号表示。 (2) 步进区内的编号和步进区外的编号不能重复。 (3) 在步进区内不能使用互锁、转移、结束、子程序指令
STEP S		步进控制的开始	STEP S	
SNXT S	步进控制	前一步复位、后一步开始	SNXT S	

步进指令的应用如图 6.31 所示，要注意以下几点：

(1) 步的开始，由 SNXT 引导，一直持续到没有控制位的 STEP 结束。

(2) 由一个带控制位 S 的 STEP 来定义一个步的起始。

(3) 使用相同控制位的 SNXT 指令来启动这个控制位步的执行。

(4) 一步完成时，该步中所有的继电器都为 OFF，所有定时器都复位，计数器、移位寄存器及 KEEP 中使用的继电器都保持其状态。

(5) 在步进区域中，不会出现同名双线圈输出引起的问题。

(6) 步程序内不能使用联锁、跳转、SBN和END指令。

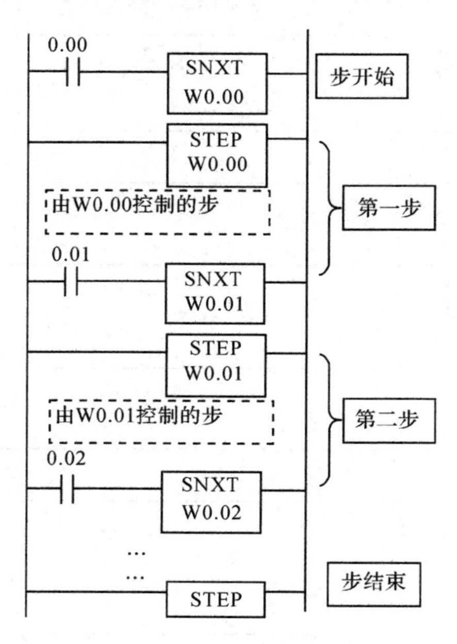

图 6.31 步进指令的应用

2) 步进指令应用于顺序控制

(1) 控制顺序(单列)结构。顺序(单列)结构的顺序功能图如图6.23(b)所示。根据此图，使用步进指令编写梯形图程序，如图6.32所示。

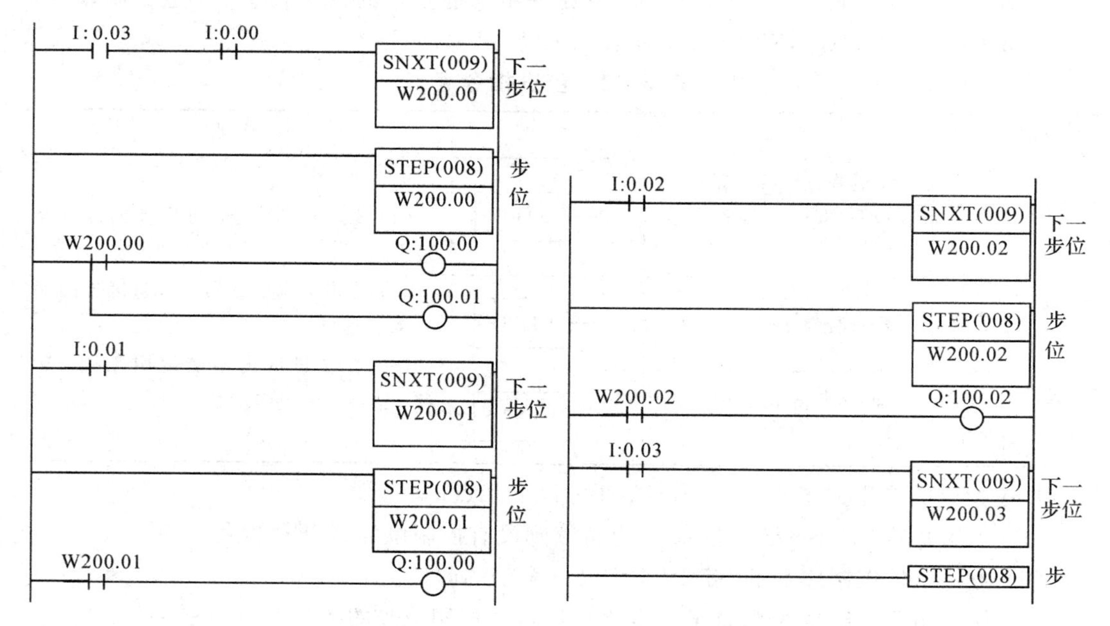

图 6.32 动力头步进指令梯形图

(2) 步进指令设计分支结构控制程序。根据图 6.24，应用步进指令编写梯形图，如图 6.33 所示。

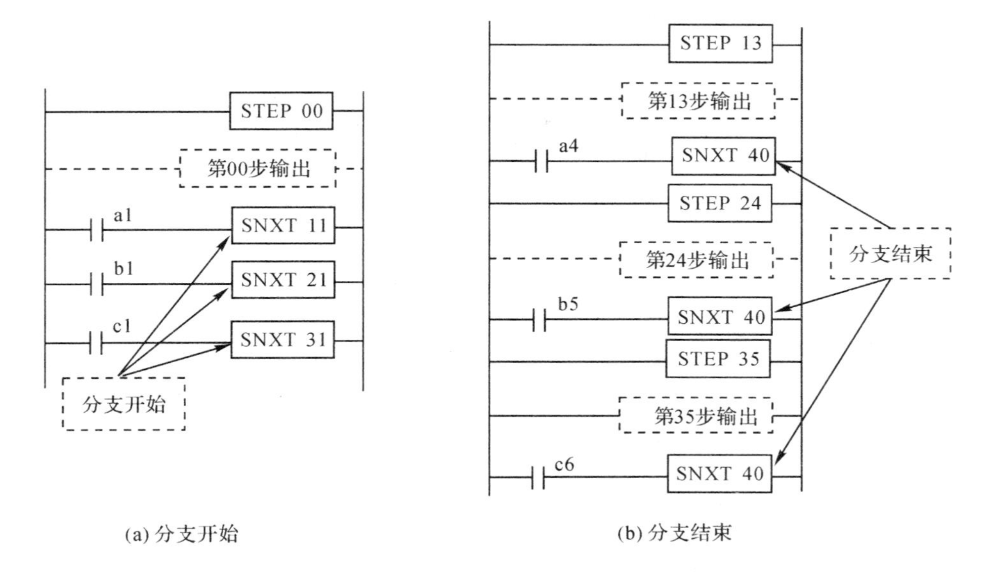

(a) 分支开始　　(b) 分支结束

图 6.33　步进指令编写分支结构程序

(3) 步进指令设计并行结构控制程序。根据图 6.25，应用步进指令编写梯形图，如图 6.34 所示。

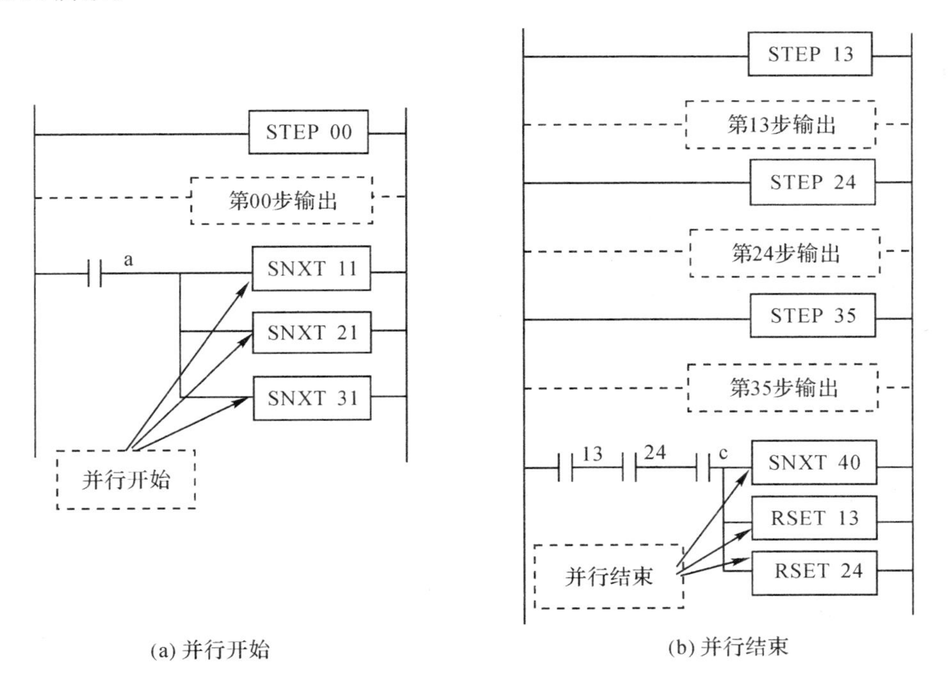

(a) 并行开始　　(b) 并行结束

图 6.34　步进指令编写并行结构程序

(4) 步进指令设计循环结构控制程序。根据图 6.26，应用步进指令编写梯形图，如图 6.35 所示。

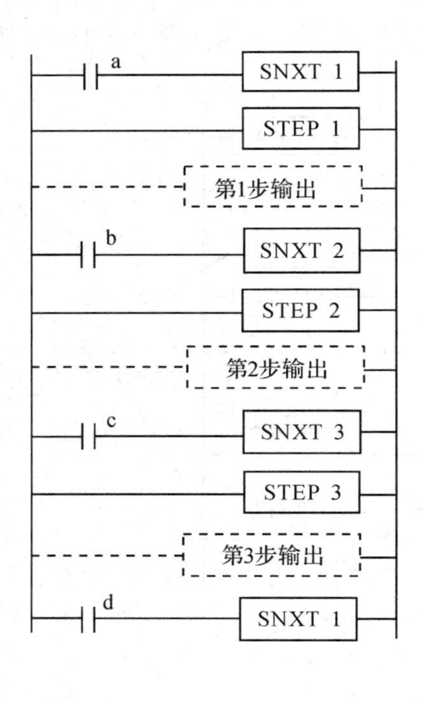

(a) 单循环结构

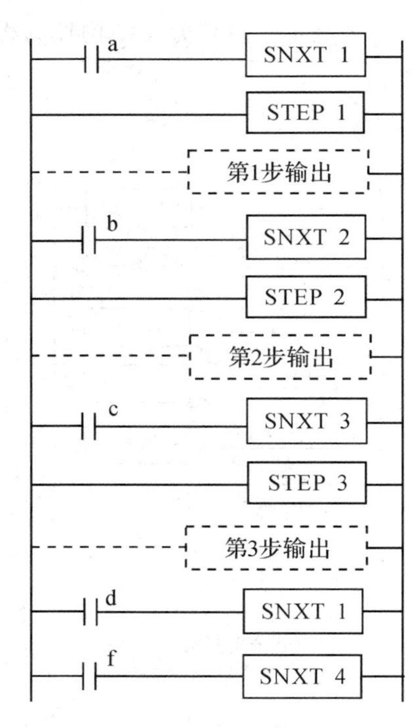

(b) 条件循环结构

图 6.35 步进指令编写循环结构控制程序

五、逻辑设计法

逻辑设计法就是采用数字电子技术中的逻辑设计法来设计PLC控制程序，其步骤如下：

第一步：根据控制要求建立真值表；

第二步：按真值表写成逻辑表达式；

第三步：按逻辑表达式编写梯形图程序。

例 6.12 三人表决器。三个按钮(SB1、SB2、SB3)分别接在输入0.00、0.01、0.02端子上，三个指示灯(H0、H1、H2)分别接在输出100.00、100.01、100.02端子上。当按下任意一个按钮时，灯H0(红灯)亮；按下任意两个按钮时，灯H1(黄灯)亮；同时按下三个按钮时，灯H2(绿灯)亮；没有按钮按下时，所有灯都不亮。

第一步：根据控制要求建立真值表。将PLC的输入继电器作为真值表的逻辑变量，得电时为“1”，失电时为“0”；将输出继电器作为真值表的逻辑函数，得电时为“1”，失电时为“0”。逻辑变量(输入继电器)组合和相应逻辑函数(输出继电器)的真值表如表6.13所示。

第二步：按真值表写成逻辑表达式。

$100.00=\overline{0.00}\cdot\overline{0.01}\cdot 0.02+\overline{0.00}\cdot 0.01\cdot\overline{0.02}+0.00\cdot\overline{0.01}\cdot\overline{0.02}$

$100.01=\overline{0.00}\cdot 0.01\cdot 0.02+0.00\cdot\overline{0.01}\cdot 0.02+0.00\cdot 0.01\cdot\overline{0.02}$

$100.02=0.00\cdot 0.01\cdot 0.02$

表 6.13　三人表决器真值表

输入			输出		
0.00	0.01	0.02	100.00	100.01	100.02
0	0	0	0	0	0
0	0	1	1	0	0
0	1	0	1	0	0
0	1	1	0	1	0
1	0	0	1	0	0
1	0	1	0	1	0
1	1	0	0	1	0
1	1	1	0	0	1

通常逻辑表达式需要化简，但上面的表达式已经最简，因此不需要化简。在上述表达式中，等号右边的是输入触点的组合，“·”为触点的串联，即逻辑与运算，“+”为触点的并联，即逻辑或运算，“非”号表示常闭触点，等号左边的逻辑函数就是输出线圈。

第三步：按逻辑表达式编写梯形图程序。根据表达式编写的梯形图如图 6.36 所示。

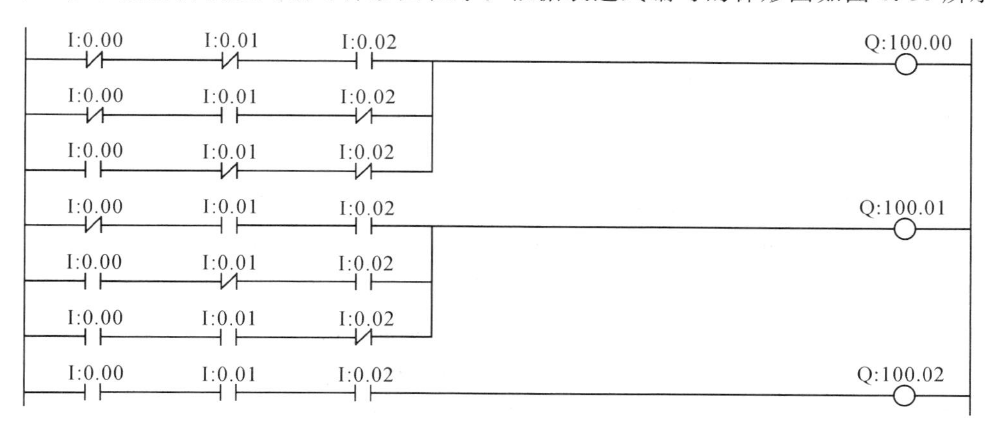

图 6.36　三人表决器梯形图

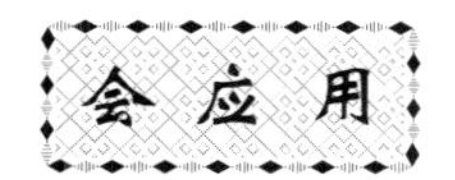

任务 2　可编程控制器编程方法应用案例

★案例 1　带式运输机控制

带式运输机是一种常见的自动化设备，可以在大型矿山、机场、物流等行业见到，图 6.37 所示为带式运输机的示意图。下面使用经验法完成此案例的编程。

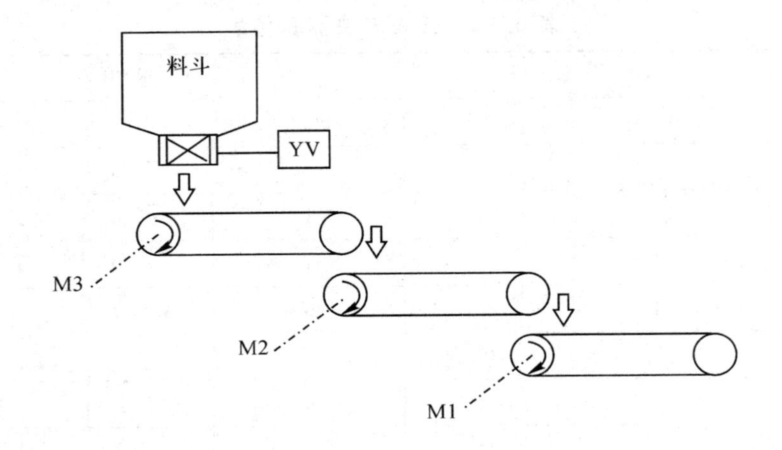

图 6.37　带式运输机示意图

1）控制要求

(1) 正常启动：M1→M2→M3→YV(6 s、5 s、4 s)。

(2) 正常停止：YV→M3→M2→M1(均为 4 s)。

(3) 紧急停止：YV、M3、M2、M1 立即停止。

(4) 故障处理：

- M1 过载时：YV、M3、M2、M1 立即停止；
- M2 过载时：YV、M3、M2 立即停止，M1 延时 4 s 后停止；
- M3 过载时：YV、M3 立即停止；延时 4 s，M2 后停止；再延时 4 s，M1 停止。

2）I/O 分配

根据图 6.37 所示的分析，该控制系统有几个输入点？几个输出点？正常启动、停止、急停各 1 个输入点、3 个电机热继电器各 1 个输入点，共 6 个输入点；3 个电机的接触器线圈加上一个电磁阀，一共 4 个输出点，其 I/O 分配表如表 6.14 所示。

表 6.14　带式运输机 I/O 分配表

输入元件	符号	输入地址	输出元件	符号	输出地址
启动按钮	SB1	0.01	电磁阀	YV	100.00
急停按钮	SB2	0.02	M1 接触器	KM1	100.01
停止按钮	SB3	0.03	M2 接触器	KM2	100.02
热继 1 常开触点	FR1	0.04	M3 接触器	KM3	100.03
热继 2 常开触点	FR2	0.05			
热继 3 常开触点	FR3	0.06			

3）程序设计

由于本程序功能较复杂，因此，在程序设计时可以分步进行，第一步只考虑顺序启动和紧急停止；第二步在第一步的基础上，完成所有的控制功能。

(1) 顺序启动和紧急停止。顺序启动和紧急停止控制程序如图 6.38 所示。

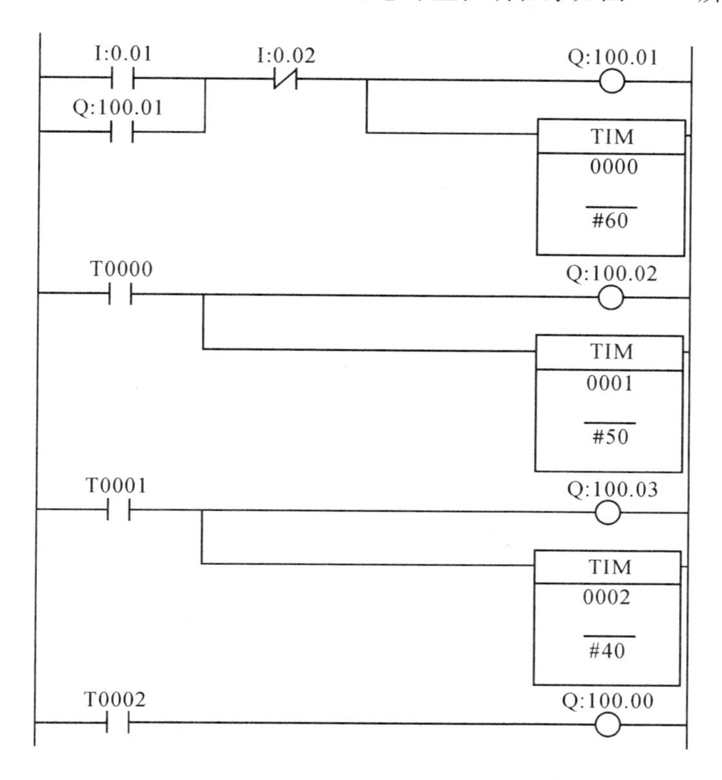

图 6.38　顺序启动、紧急停止控制程序

在图 6.38 中，利用了 3 个定时器，由各定时器的常开触点依次控制下一个状态的实现。启动时，按下启动按钮 SB1，触点 0.01 闭合，输出继电器 100.01 得电自锁，同时定时器 T0 开始计时，定时 6 s；定时时间到，常开触点 T0 闭合，输出继电器 100.02 得电，同时定时器 T1 开始计时，定时 5 s；定时时间到，常开触点 T1 闭合，输出继电器 100.03 得电，同时定时器 T2 开始计时，定时 4 s，定时时间到，常开触点 T2 闭合，输出继电器 100.00 得电。可见，传送带是由下而上开启的，即 KM1→KM2→KM3→YV。

如果按下紧急停止按钮 SB2，则常闭触点 0.02 断开，按梯形图顺序，依次使 100.01 失电，T0 复位；100.02 失电，T1 复位；100.03 失电，T2 复位，100.00 失电，在一个扫描周期内完成所有的停止动作。可见，紧急停止传送带是由下而上关闭的，即 KM1→KM2→KM3→YV。

(2) 全功能控制程序。全功能控制程序包含顺序启动、紧急停止、正常停止和过载保护等功能。其梯形图如图 6.39 所示。

在图 6.39 中，增加了 3 条梯形图，用于正常停止控制。

在新增的第一条梯形图中，按下正常停止按钮 SB3 时，触点 0.03 闭合，W0.0 得电并自锁，定时器 T3 开始定时，4 s 定时时间到，其串联到 KM3 线圈回路的常闭触点 T0003 断开，使线圈 100.03 失电，定时器 T2 复位，而 T0003 的常开触点使定时器 T4 开始定时。

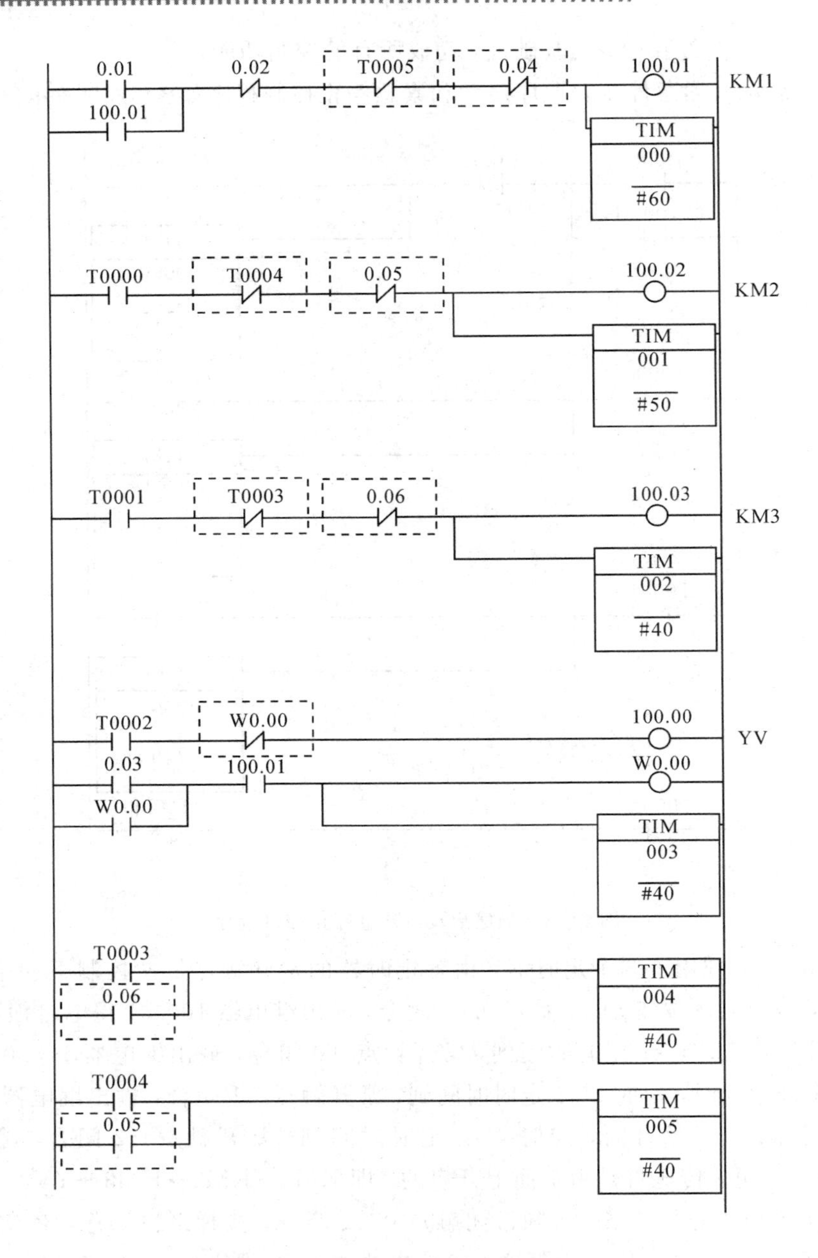

图 6.39 带式运输机全功能控制程序

T4 定时 4 s 定时时间到，其串联到 KM2 线圈回路的常闭触点 T0004 断开，使线圈 100.02 失电，定时器 T1 复位，而 T0004 的常开触点使定时器 T5 开始定时。

T5 定时 4 s 定时时间到，其串联到 KM1 线圈回路的常闭触点 T0005 断开，使线圈 100.01 失电，定时器 T0 复位。当 100.01 失电后，其常开触点断开，使 T3、T4、T5 定时器复位，为下一次操作做好准备。

过载的处理是将各热继电器的常闭触点串入各线圈的控制回路中，在过载时，断开线圈 KM1、KM2、KM3，并复位定时器 T0、T1、T2。

★案例 2 交通灯控制程序

图 6.40 所示为十字路口上的红、黄、绿交通信号灯。绿灯亮放行、红灯亮禁行。控制要求：

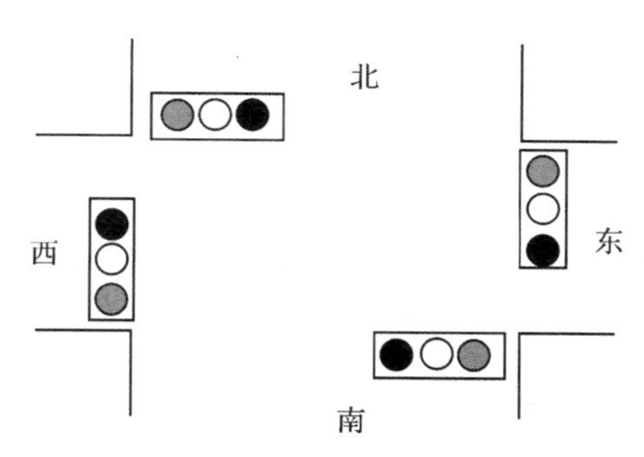

图 6.40 交通信号灯示意图

• 放行时间：南北方向为 30 s，东西方向为 20 s。

• 禁行预告：欲禁行方向的黄灯和欲放行方向的红灯以 5 Hz 的频率闪烁 5 s，5 s 后另一个方向放行。

• 只用一个控制开关对系统进行运行控制。

使用时序图法设计交通灯控制程序过程如下：

第一步：分析控制要求，确定输入和输出信号。

在满足控制要求的前提下，应尽量少占用 PLC 的 I/O 点数。对本例，由控制开关输入的信号是输入信号；指示灯的亮、灭由 PLC 的输出信号控制。由于同方向的同色灯在同一时间亮、灭，可将同色灯并联，用一个输出信号控制。这样只占 6 个输出点。

第二步：画出各方向三色灯的工作时序图。画出交通灯的时序图，如图 6.41 所示。

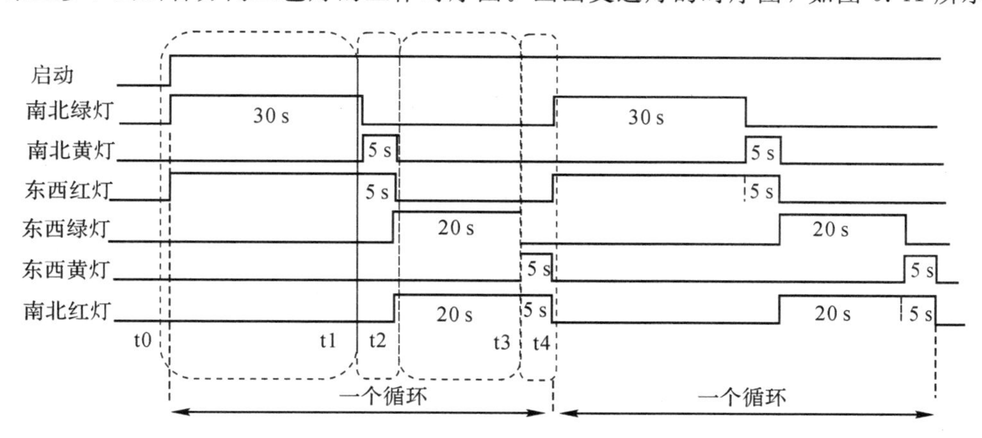

图 6.41 交通灯的时序图

第三步：由时序图分析各输出信号之间的时间关系。红灯和绿灯常亮的时间相同(30 s/20 s)；黄灯和红灯闪烁的时间相同(5 s)。

第四步：确定信号灯的状态转换点。一个循环有 5 个时间分界点：t0、t1、t2、t3 和 t4。在这 5 个分界点处信号灯的状态将发生变化，如图 6.42 所示。

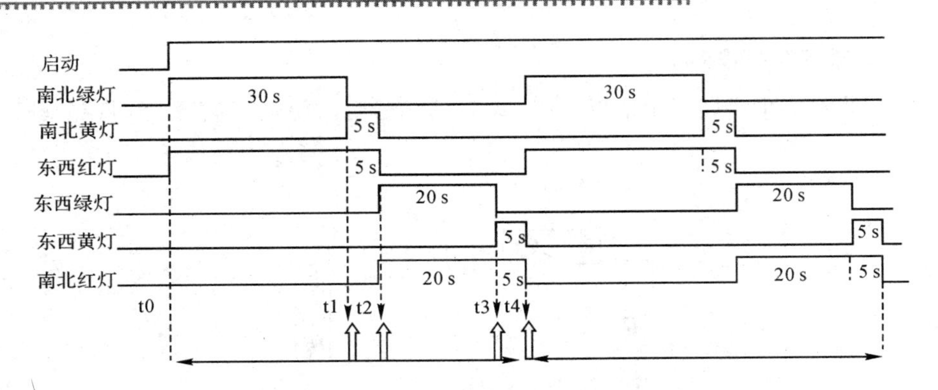

图 6.42　交通灯时序图状态转换点示意图

第五步：确定定时器的个数及编号。用 T000～T003 共 4 个定时器控制信号灯的状态转换。各个定时器定时的时间如图 6.43 所示。

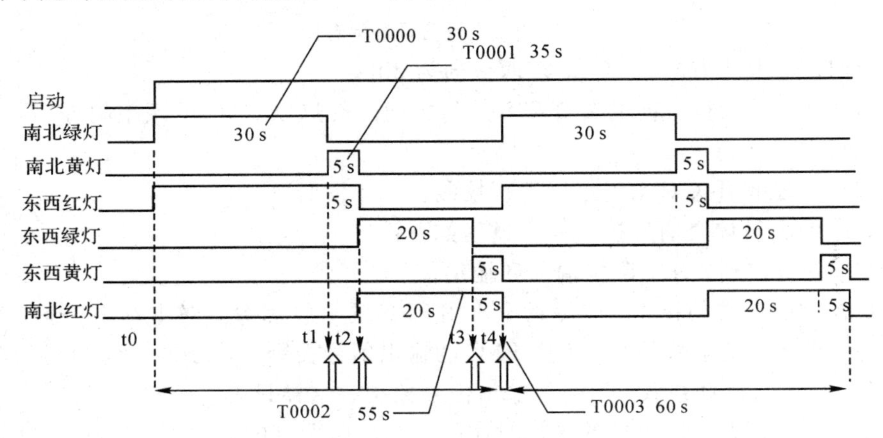

图 6.43　确定交通灯定时器定时的时间示意图

第六步：列出定时器的功能表。列出的定时器功能表如表 6.15 所示。

表 6.15　交通灯定时器的功能表

时间点定时器	t0	t1	t2	t3	t4
T0 定时 30 s	开始定时，为南北绿灯、东西红灯亮定时	T0 ON，南北绿灯灭，南北黄、东西红灯开始闪	ON	ON	开始下一个循环的定时
T1 定时 35 s	开始定时	继续定时	T1 ON，闪烁的灯灭，东西绿、南北红灯亮	ON	开始下一个循环的定时
T2 定时 55 s	开始定时	继续定时	继续定时	T2 ON 且保持，东西绿灯灭；东西黄、南北红灯开始闪	开始下一个循环的定时
T3 定时 60 s	开始定时	继续定时	继续定时	继续定时	T3 ON，随即复位且开始下一个循环的定时

第七步：作 PLC 的 I/O 分配表。

如表 6.16 所示为交通灯欧姆龙 CP1H PLC 控制的 I/O 分配表。

表 6.16　交通灯欧姆龙 CP1H PLC 控制的 I/O 分配表

数据类型	地址	用途	注 释
BOOL	0.00	输入	系统启动
BOOL	100.00	输出	南北绿 30 s
BOOL	100.01	输出	东西红，南北黄闪 5 s
BOOL	100.02	输出	南北红 20 s
BOOL	100.03	输出	东西绿 20 s
BOOL	100.04	输出	南北红、东西黄闪 5 s
BOOL	100.05	输出	东西红 30 s

第八步：根据定时器功能明细表和 I/O 分配表，画出 PLC 的梯形图。

由于要求用一个控制开关进行控制。这里将全部程序放在指令 IL/ILC 之间，用 0.0 作为指令 IL 的执行条件，即可实现控制要求。

打开欧姆龙 CX－programmer 软件，新建文件，选择 CP1H 型号的 PLC 和 USB 编程模式，点击“确定”后进入编程模式。编写如图 6.44 所示的梯形图程序。

第九步：程序调试。

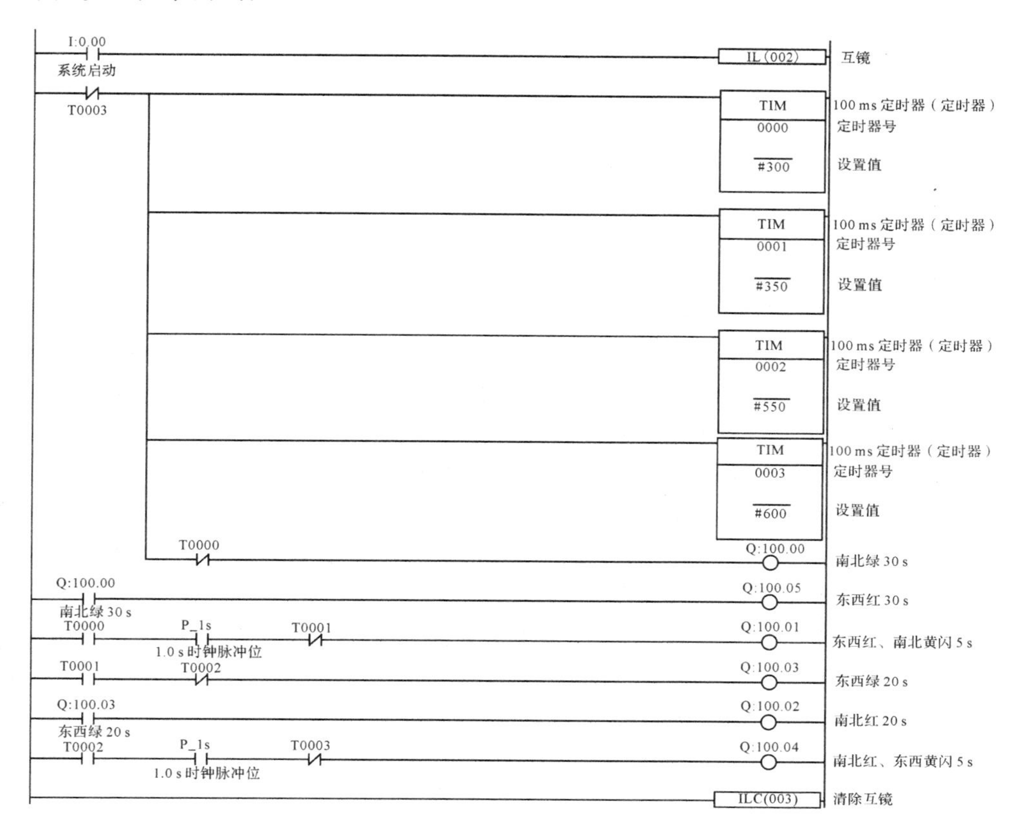

图 6.44　交通灯时序图法编写的梯形图程序

★案例 3　生产线上料控制

某生产线上有一个上料工位，需要进行送料控制，如图 6.45 所示为其顺序功能图，根据此图使用顺序功能图法编写控制程序。

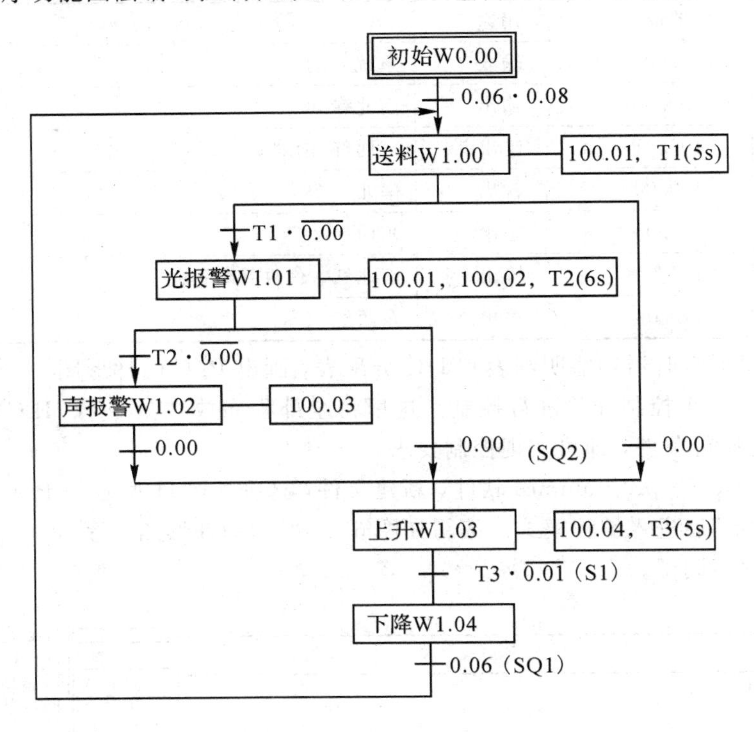

图 6.45　上料工位顺序功能图

1）顺序功能图分析

当设备开始工作时，料斗在 SQ1 位置。其动作过程是：

第一步：开关 SA 接通，料斗开始装料(5 s)；

第二步：有两个分支：

① 装料到位(SQ2 位置)，物料上升(5 s)，5 s 后如果缺料传感器(S1)常闭触点接通，则料斗下降，回到 SQ1 位置重新装料。

② 装料 5 s 后，尚未装料到位(SQ2 位置)，则进行光报警(5 s)；光报警 5 s 后，又是一个分支结构，根据 SQ2 状态，尚未装料到位(SQ2 位置)，则进行声报警，直到装料到位(SQ2 位置)才结束声报警，开始上升；如果光报警 5 s 后，装料到位(SQ2 位置)则开始上升。上升到位开始重新装料循环。

可见，该顺序功能图既不是单循环，也不是单纯选择结构，而是循环和分支结构的组合。图中有 6 个工步，分别为初始、送料、光报警、声报警、上升和下降，用 W0.0 和 W1.00～W1.04 作为其状态标志。图中有 4 个输入点，分别是 0.00、0.01、0.06 和0.08；有 4 个输出点，分别是 100.01、100.02、100.03 和 100.04。有 3 个定时器 T1、T2 和 T3。各工步之间的关系如表 6.17 所示。

表 6.17　各工步之间的关系表

工步标志	上一工步	转入条件	下一工步	输 出
W0.00	无	初始状态	W10.00	
W1.00	W0.00	0.06 • 0.08	W1.01\W1.03	100.01、T1
	W1.04	0.06		
W1.01	W1.00	T1 • $\overline{0.00}$	W1.02\W1.03	100.01、100.02、T2
W1.02	W1.01	T2 • $\overline{0.00}$	W1.03	100.03
W1.03	W1.02	0.00	W1.04	100.04、T3
	W1.01	0.00		
	W1.00	0.00		
W1.04	W1.03	T3 • $\overline{0.01}$	W1.00	

2）编写梯形图

方法 1：使用基本 I/O 指令编写。工位上料梯形图如图 6.46 所示。

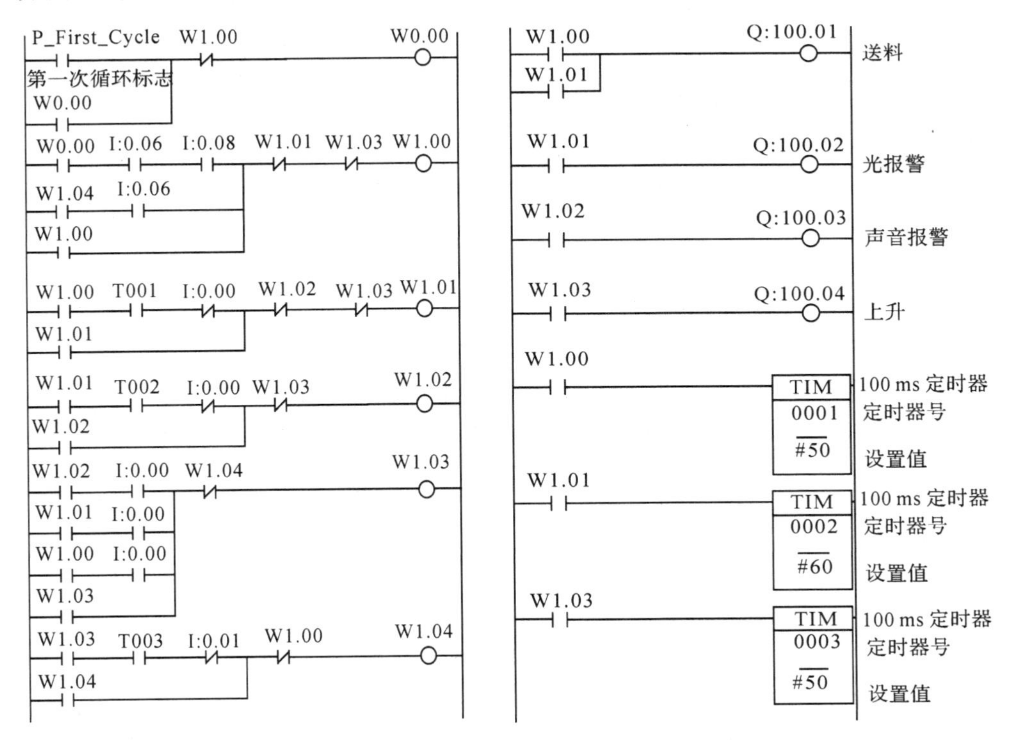

(a) 状态转换基本指令梯形图

(b) 组合输出梯形图

图 6.46　工位上料梯形图(基本指令版)

方法 2：使用步进指令编写。

使用步进指令得到的梯形图如图 6.47 所示。进入初始步后，该梯形图主要由 5 部分组成，每部分就是一步，每步由两个部分组成：一是本步的输出，很简单，不需要考虑同名双线圈问题。二是对下一步的触发(SNXT)。最后一定用不带步号的 STEP 指令结束。

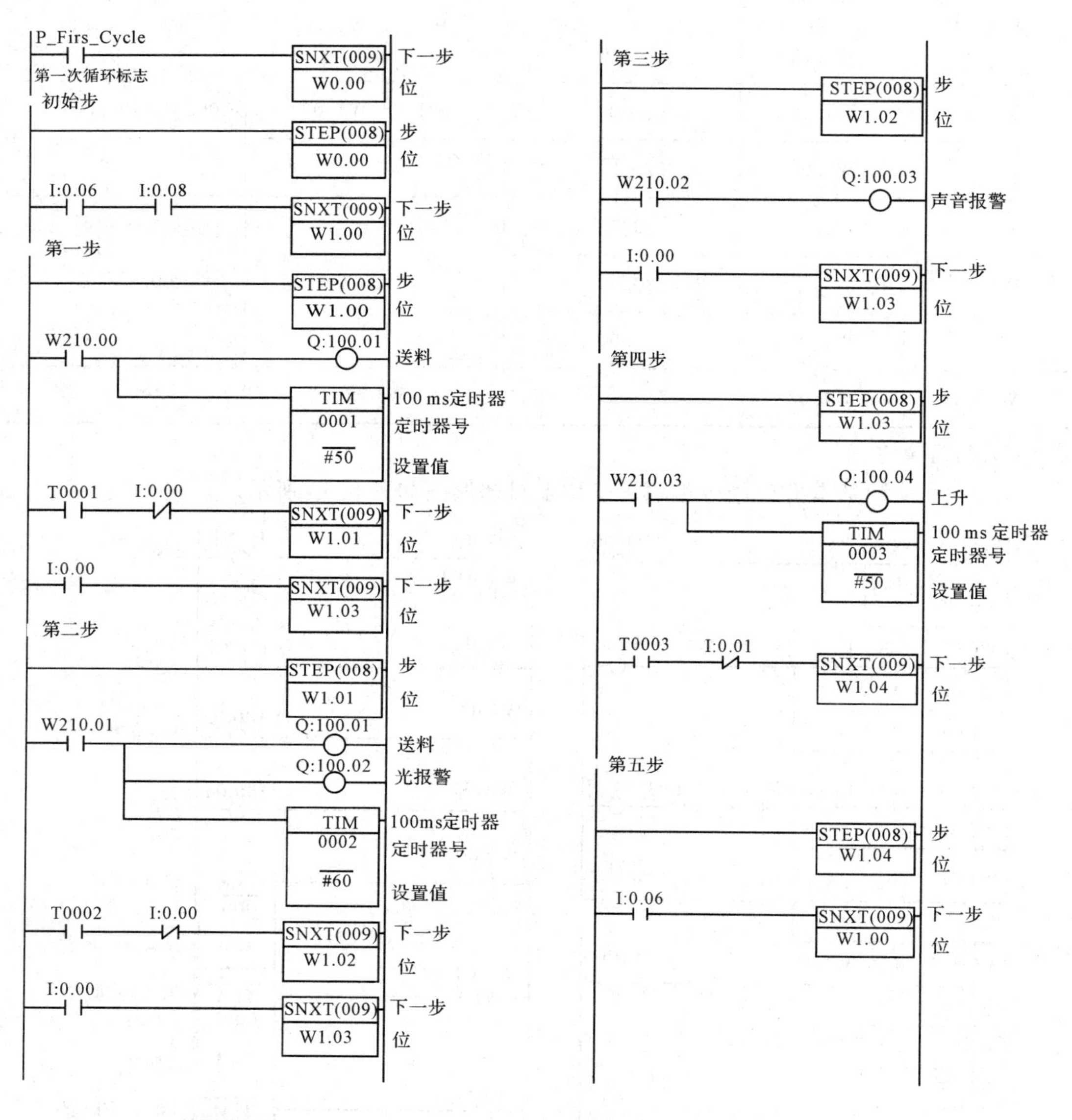

图 6.47　工位上料梯形图(步进指令版)

可见，使用顺序功能图法编写程序分两步走：第一步是从实际问题得到顺序功能图，第二步是从顺序功能图到梯形图。第一步是基础，难度也较高；第二步是实现，难度较低。解决实际问题的时候，分析控制需求，得到顺序功能图，显得更重要。

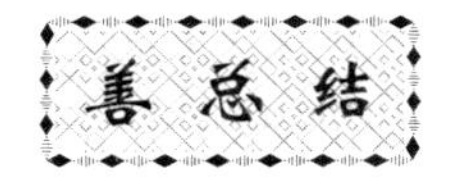

项 目 小 结

本项目主要内容：

• 梯形图的图形转换法和逻辑设计法；

• 梯形图经验法常用的基本梯形图程序(重点)；

• 时序图设计法；

• 顺序功能图的基本知识、步进指令及应用(重点)。

项目六知识结构图如图 6.48 所示。

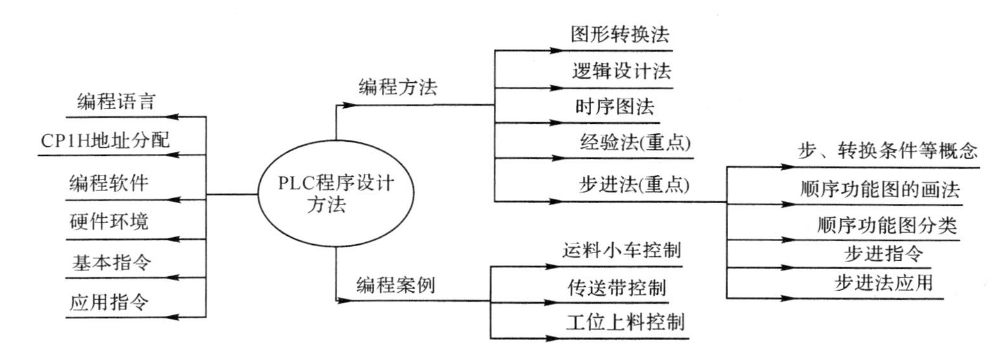

图 6.48　项目六知识结构图

勤练习

习　题　6

一、问答题

1. 梯形图设计有哪几种方法？

2. 什么是“工步”？什么叫“活动步”？什么叫状态转换？常见的转换条件有哪些？

3. 顺序功能图由哪几部分组成？

4. 顺序功能图有哪几种类型？

二、编程题

1. 设计满足“按下启动按钮 SB1 后，电机 M1 启动 3 s 后 M2 自动启动”的梯形图和 I/O配线。

2. 三个执行机构轮流工作，机构 1 工作 5 s 后停止，机构 2 开始工作。机构 2 工作 4 s 后停止，机构 3 开始工作。机构 3 工作 3 s 后停止，机构 1 开始工作。循环进行。试编程实现。

3. 某机床主轴电动机(100.00)需要在润滑油泵电动机(100.01)启动后才能启动。主轴用按钮 SB1(常开 0.00)启动，按钮 SB2(常闭 0.01)停止。油泵用按钮 SB3(常开 0.02)启动，按钮 SB4(常闭 0.03)停止。主轴电动机、油泵电动机分别用热继电器 FR1(0.04)、FR5(0.05)做过载保护。编写符合控制要求的梯形图。

4. 设计一个 4 人抢答器。有 6 个输入按钮(全部常开)：主持人持有开始按钮(0.00)和复位按钮(0.05)、1 号选手到 4 号选手分别持有抢答按钮(0.01～0.04)。共有 5 个输出：

开始指示灯(100.00)、1 号选手到 4 号选手指示灯(100.01～100.04)。具体控制要求如下：

(1) 主持人控制抢答过程，当他按下开始按钮，开始指示灯亮时，选手才能抢答；否则被判犯规。一轮抢答结束。主持人按复位按钮，复位所有选手的抢答器。

(2) 每位选手听到主持人发出抢答指令后，选手首先按下抢答按钮者，其指示灯亮，其余选手按下抢答按钮，无效，指示灯不亮(提示：考虑互锁)；主持人未发出抢答指令时，按下抢答按钮者，其指示灯闪亮，被判作犯规(提示：灯闪亮可用振荡周期为 1 s 的脉冲)。

(3) 犯规情况出现时只甄别第一个犯规者。

5. 设计一个密码锁程序，密码分别由按钮(0.00、0.01、0.02)输入，确定按钮(0.03)和取消按钮(0.04)在确定输入和取消输入时应用。程序要求：

(1) 按正确顺序，依次在 0.00 输入 3 个脉冲(即按 3 下)，在 0.01 输入两个脉冲，在 0.02 输入两个脉冲，并按确定按钮，以上动作如在 10 s 内完成，密码锁开启，指示灯(100.00)亮(提示：采用 4 个计数器和一个定时器)。

(2) 输入错误，按确认按钮后，指示灯不亮。可按取消按钮，重新输入密码，但最多输入三次，确认三次无效时，报警灯(100.01)闪亮。

6. 自动门的控制由电动机正转(100.00)、反转(100.01)带动门的开和关。门内、外侧装有人体感应传感器(常开，内 0.00、外 0.01)探测有无人的接近。开关门行程终端分别设有行程开关(常闭，开到位 0.02、关到位 0.03)。当任一侧感应器作用范围内有人时，感应器输出 ON，门自动打开至开门行程开关开到位为止。两个传感器作用范围内超过 10 s 无人时，门自动关闭至关门行程开关关到位为止。

7. 检测乒乓球质量时，按下启动按钮将乒乓球从某一固定高度垂直释放，球每次落地弹起都可以检测到一个输入脉冲，弹起 10 次者认定为合格品，不够 10 次者认定为次品。检测到合格品灯亮；检测到次品蜂鸣器报警 2 s。按下停止按钮复位。当相邻两次反弹的时间间隔小于 0.5 s 时，认定测试结束，可做质量判断。请画出 I/O 接线图，分配 I/O 表，编写梯形图。

8. 根据如题图 6.1 所示的循环结构顺序功能图编程。

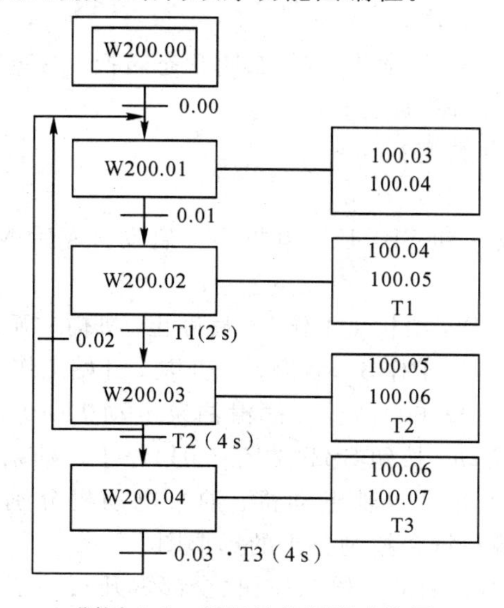

题图 6.1 循环结构顺序功能图

9. 根据如题图 6.2 所示的分支结构顺序功能图编程。

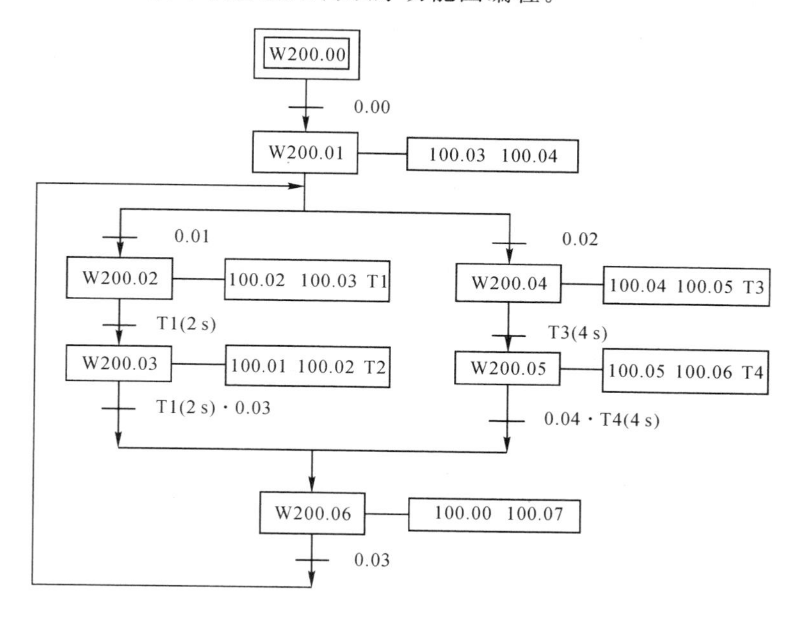

题图 6.2 分支结构顺序功能图

10. 根据如题图 6.3 所示的并行结构顺序功能图编程。

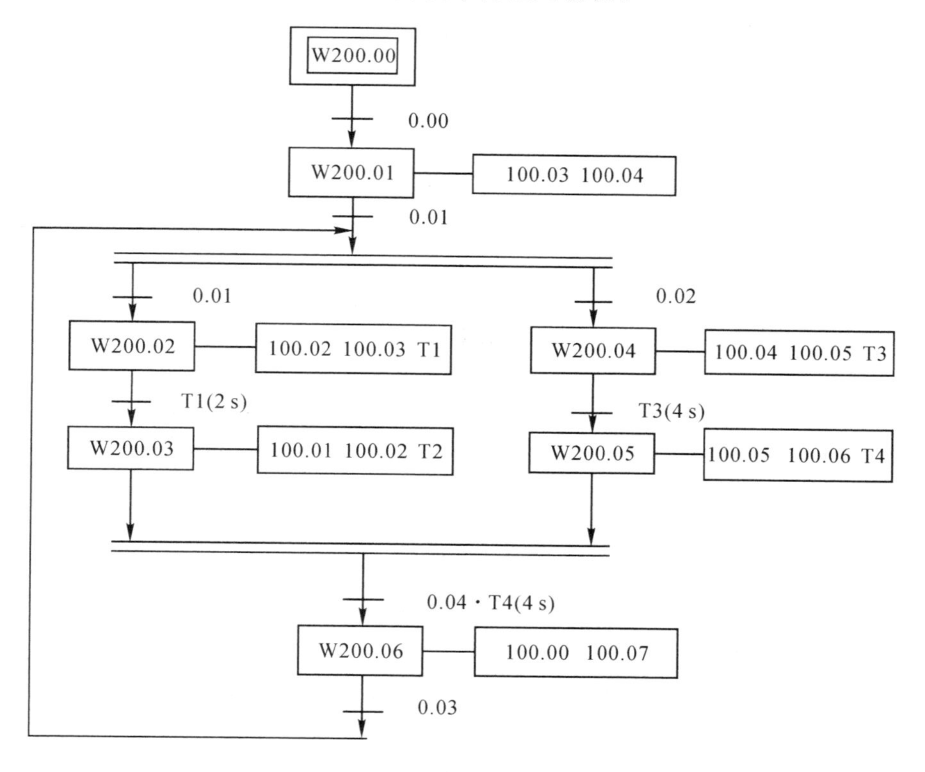

题图 6.3 并行结构顺序功能图

11. 某液压滑台在初始状态时停在最左边，行程开关 0.00 接通，按下启动按钮 0.05，动力滑台的进给运动如题图 6.4(a)所示。工作一个循环后，返回初始位置。控制各电磁阀的 100.01～100.04 在各工步的状态，如题图 6.4(b)所示。试画出顺序功能图，并编写控制程序。

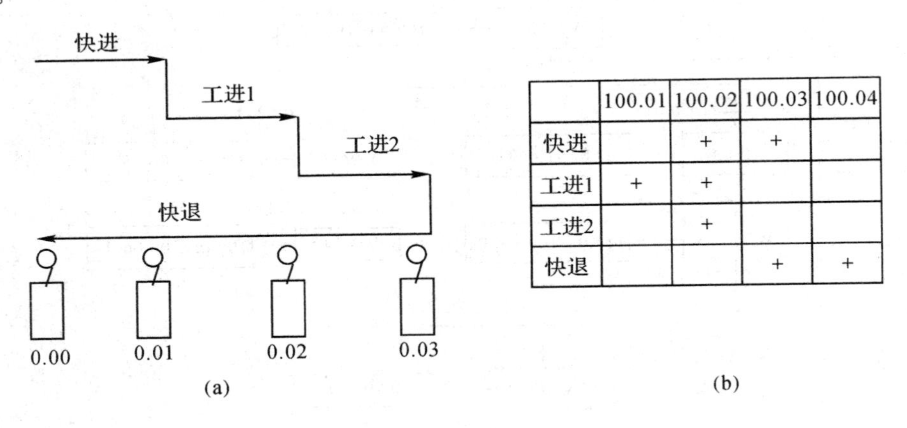

	100.01	100.02	100.03	100.04
快进		+	+	
工进1	+	+		
工进2		+		
快退			+	+

题图 6.4　液压滑台图

12. 四台电动机的动作顺序如题图 6.5 所示，M1 的循环动作周期为 34 s，M1 动作 10 s 后 M2、M3 启动，M1 动作 15 s 后，M4 动作，M2、M3、M4 的循环动作周期为 34 s。请分配 I/O 地址，画出顺序功能图，并编写控制程序。

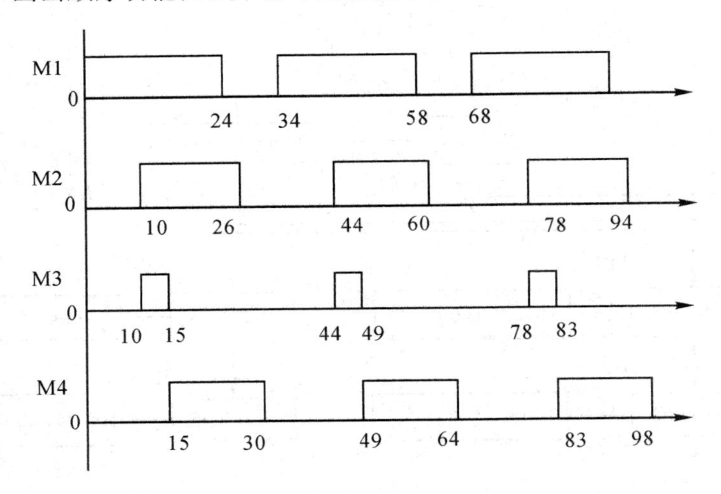

题图 6.5　四台电动机动作时序图

13. 在氯碱化工生产中，碱液的蒸发、浓缩过程往往伴有盐的结晶，因此要采取措施对氯碱进行分离。分离过程为一个顺序循环工作过程，共分 6 个工步，靠进料阀、洗盐阀、化盐阀、升刀阀、母液阀、熟盐水阀 6 个电磁阀完成上述过程，各阀的动作如题表 6.1 所示。当系统启动时，首先进料，5 s 后甩料，延时 5 s 后洗盐，5 s 后升刀，再延时 5 s 后间歇，间歇时间为 5 s，之后重复进料，5 s 后甩料，延时 5 s 后洗盐，5 s 后升刀，再延时 5 s 的工序，重复 8 次后进行清洗，20 s 后再进料，这样为一个周期。试设计顺序功能图并编写控制程序。

题表 6.1 各阀的动作表

电磁阀	工步					
	进料	甩料	洗盐	升刀	间歇	清洗
进料阀	+	−	−	−	−	−
洗盐阀	−	−	+	−	−	+
化盐阀	−	−	−	+	−	−
升刀阀	−	−	−	+	−	−
母液阀	+	+	+	+	+	−
熟盐水阀	−	−	−	−	−	+

14. 设计转速检测程序，要求按下启动按钮使圆盘转动，圆盘每旋转一周由光敏开关传感器产生 6 个输入脉冲，每转 3 周停转 8 s，然后再次旋转，如此循环往复。若圆盘转速超过 60°/s，则蜂鸣器报警 2 s，圆盘停转。

15. 设计布料车控制程序，实现其按照“进二退一”的方式往返行驶于 4 个行程开关之间，使物料在传送带上分布均匀、合理，如题图 6.6 所示。具体控制要求如下：

按下启动按钮 SB1，布料车由初始位置(行程开关 SQ1 处)，向右运行至行程开关 SQ3 处，然后向左运行到 SQ2 处，然后再向右运行到 SQ4，再向左运行到 SQ2 处，然后向右运行到 SQ3，最后向左运行回到初始位置 SQ1 处停止，完成一个控制周期。当按下停止按钮 SB2 时，无论布料车处于何处，将返回到 SQ1。

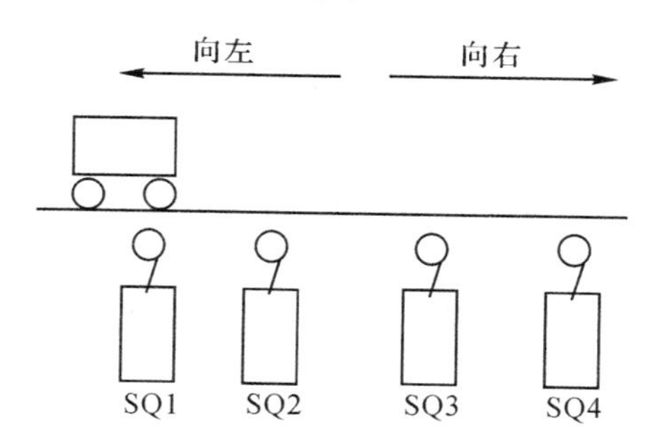

题图 6.6 布料车控制图

自动化生产线

1. 生产线的由来

生产线就是产品生产过程所经过的路线，即从原料进入生产现场开始，经过加工、运送、装配、检验等一系列生产活动所构成的路线。生产线是按对象原则组织起来的，完成产品工艺过程的一种生产组织形式，即按产品专业化原则，配备生产某种产品(零、部件)所需要的各种设备、工人，负责完成某种产品(零、部件)的全部制造工作。

从前在英格兰北部的一个小镇里，有一个名叫艾薇的人开的鱼和油煎土豆片商店。在店里面，每位顾客需要排队才能点他(她)要的食物(比如油炸鳕鱼，油煎土豆片，豌豆糊和一杯茶)，然后每个顾客等着盘子装满后坐下来进餐。艾薇店里的油煎土豆片是小镇中最好的，在每个集市日中午的时候，长长的队伍都会排出商店。所以当隔壁的木器店关门的时候，艾薇就把它租了，他们没办法再另外增加服务台了；艾薇的鳕鱼和伯特的油煎土豆片是店里面的主要卖点。但是后来他们想出了一个聪明的办法。他们把柜台加长，艾薇、伯特、狄俄尼索斯和玛丽站成一排。顾客进来的时候，艾薇先给他们一个盛着鱼的盘子，然后伯特给加上油煎土豆片，狄俄尼索斯再给盛上豌豆糊，最后玛丽倒茶并收钱。顾客们不停的走动；当一个顾客拿到豌豆糊的同时，他后面的已经拿到了油煎土豆片，再后面的一个已经拿到了鱼。一些穷苦的村民不吃豌豆糊，但这没关系，这些顾客也能从狄俄尼索斯那里得个笑脸。这样一来队伍变短了，不久以后，他们买下了对面的商店又增加了更多的餐位。这就是流水线。将那些具有重复性的工作分割成几个串行部分，使得工作能在工人们中间移动，每个熟练工人只需要依次地将他那部分工作做好就可以了。虽然每个顾客等待服务的总时间没变，但是却有四个顾客能同时接受服务，这样在集市日的午餐时段里能够照顾过来的顾客数增加了三倍。

2. 自动化生产线

1) 自动化生产线的概念

自动生产线是由工件传送系统和控制系统，将一组自动机床和辅助设备按照工艺顺序联结起来，自动完成产品全部或部分制造过程的生产系统，简称自动线。

2) 自动化生产线的发展

20世纪20年代，随着汽车、滚动轴承、小型电动机和缝纫机等工业发展，机械制造中开始出现自动线，最早出现的是组合机床自动线。在20世纪20年代之前，首先是在汽车工业中出现了流水生产线和半自动生产线，随后发展成为自动线。第二次世界大战后，在工业发达国家的机械制造业中，自动线的数目急剧增加。进入21世纪，随着计算机技术、网络技术、数控技术、自动化技术的快速发展，全自动化柔性生产线越来越多的被采用，出现了无人工厂。

3) 自动化生产线的优点

采用自动线进行生产的产品应有足够大的产量；产品设计和工艺应先进、稳定、可靠，并在较长时间内保持基本不变。在大批、大量生产中采用自动线能提高劳动生产率，稳定和提高产品质量，改善劳动条件，缩减生产占地面积，降低生产成本，缩短生产周期，保证生产均衡性，有显著的经济效益。

自动生产线在无人干预的情况下按规定的程序或指令自动进行操作或控制过程，其目标是“稳，准，快”。自动化技术广泛用于工业、农业、军事、科学研究、交通运输、商业、医疗、服务和家庭等方面。采用自动生产线不仅可以把人们从繁重的体力劳动、部分脑力劳动以及恶劣、危险的工作环境中解放出来，而且能扩展人的器官功能，极大地提高劳动生产率，增强人类认识世界和改造世界的能力。

4) 自动化生产线的组成

(1) 传送系统。

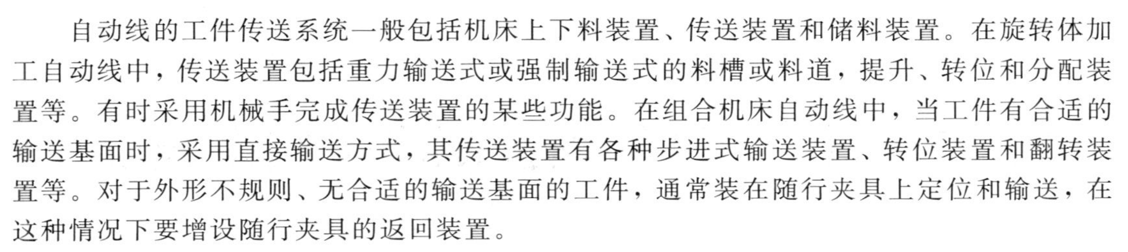

自动线的工件传送系统一般包括机床上下料装置、传送装置和储料装置。在旋转体加工自动线中，传送装置包括重力输送式或强制输送式的料槽或料道，提升、转位和分配装置等。有时采用机械手完成传送装置的某些功能。在组合机床自动线中，当工件有合适的输送基面时，采用直接输送方式，其传送装置有各种步进式输送装置、转位装置和翻转装置等。对于外形不规则、无合适的输送基面的工件，通常装在随行夹具上定位和输送，在这种情况下要增设随行夹具的返回装置。

(2) 控制系统。

自动线的控制系统主要用于保证线内的机床、工件传送系统，以及辅助设备按照规定的工作循环和联锁要求正常工作，并设有故障寻检装置和信号装置。为适应自动线的调试和正常运行的要求，控制系统有三种工作状态：调整、半自动和自动。当调整状态时，可手动操作和调整，实现单台设备的各个动作；在半自动状态下，可实现单台设备的单循环工作；在自动状态下，自动线能连续工作。

控制系统有“预停”控制机能，自动线在正常工作情况下需要停车时，能在完成一个工作循环、各机床的有关运动部件都回到原始位置后才停车。自动线的其他辅助设备是根据工艺需要和自动化程度设置的，如清洗机工件自动检验装置、自动换刀装置、自动捧屑系统和集中冷却系统等。为提高自动线的生产率，必须保证自动线的工作可靠性。影响自动线工作可靠性的主要因素是加工质量的稳定性和设备工作可靠性。自动线的发展方向主要是提高生产率和增大多用性、灵活性。为适应多品种生产的需要，将发展能快速调整的可调自动线。

5) 维修保养

(1) 维修。

自动生产线节省了大量的时间和成本，在工业发达的城市，自动生产线的维修成为热点。自动生产线维修主要靠操作工与维修工来共同完成。自动生产线维修的两大方法：

① 同步修理法：在生产中，如发现故障尽量不修，采取维持方法，使生产线继续生产到节假日，集中维修工、操作工，对所有问题同时进行修理。设备在星期一正常全线生产。

② 分部修理法：自动生产线如有较大问题，修理时间较长，不能用同步修理法。这时利用节假日，集中维修工、操作工，对某一部分进行修理，待到下个节假日，对另一部分进行修理，保证自动生产线在工作时间不停产。另外，在管理中尽量采用预修的方法，在设备中安装计时器，记录设备工作时间，应用磨损规律，来预测易损件的磨损，提前更换易损件，可以把故障预先排除，保证生产线满负荷生产。

(2) 保养。

自动生产线的保养工作主要有以下几点：

① 电路、气路、油路及机械传动部位(如导轨等)班前班后要检查、清理；

② 工作过程要巡检，重点部位要抽检，发现异样要记录，小问题班前班后处理(时间不长)，大问题做好配件准备；

③ 统一全线停机维修，做好易损件计划，提前更换易损件，防患于未然；

④ 做好控制程序的备份工作；

⑤ 做好设备的参数调整工作。

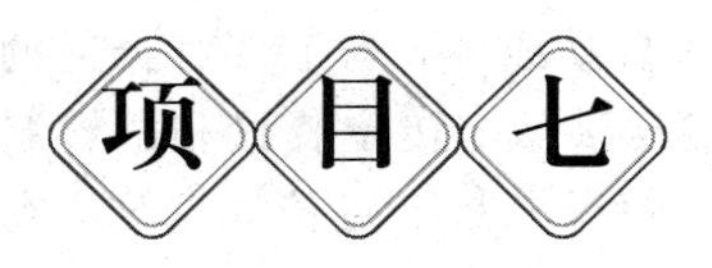 可编程控制器控制系统设计

❖ 项目导读

学习了PLC的硬件选型、指令系统及编程方法，我们能否完成复杂的控制任务呢？在本项目中，我们学习可编程控制器控制系统设计方法，并通过两个案例讲解其应用。

【知识目标】 了解可编程控制系统设计的基本原则；熟记PLC控制系统开发的基本步骤；熟记PLC硬件系统设计步骤、设计结果；熟记PLC软件系统设计步骤、设计结果；熟记安装、调试及维护的主要事项。

【能力目标】 能说(步骤)会做(PLC软、硬件控制系统的设计)：能根据控制要求，完成PLC软、硬件控制系统的设计、装调；会使用、维护PLC控制系统。

【素质目标】 工程师素质(PLC工程项目设计、管理、施工、维护)；团队合作。

任务1 可编程控制器控制系统设计基础

一、PLC控制系统设计概述

(一) 可编程控制系统设计的基本原则

在设计可编程控制系统时，应该注意遵守以下基本原则：

1. 优先满足控制要求

在PLC程序设计过程中，优先满足控制要求是最重要的一条原则，也是系统能否成功的关键。设计人员需要深入现场调查研究、收集资料，同时注意和现场工程技术人员、管理人员、操作人员进行充分的沟通交流，紧密配合，共同拟定控制技术方案，解决设计中的重点问题和疑难问题。

2. 保证系统的安全可靠

保证PLC控制系统能够长期安全、可靠、稳定地运行，也是设计控制系统的重要原则。设计者应该在设计、元器件选择、软件编程上全面考虑，确保系统的安全可靠。

3. 充分考虑性价比

由于工控产品品牌繁多且价格差异很大，为了取得良好的性价比，既要考虑使系统的性能达到要求，也要考虑系统的成本，这样才能取得双赢的效果。

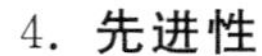

4. **先进性**

由于技术的不断进步，对控制系统的要求也会不断提高，设计的时候充分考虑今后系统发展和完善的需要，这要求 PLC 选型时对 PLC 类型、内存容量及 I/O 点数要留有一定的裕量，以满足今后生产的发展和工艺的改进。

（二）可编程控制系统设计的步骤

可编程控制系统的设计涉及设备选择、硬件电路设计施工、软件编程、系统调试等，如图 7.1 所示，一般由以下几步组成。

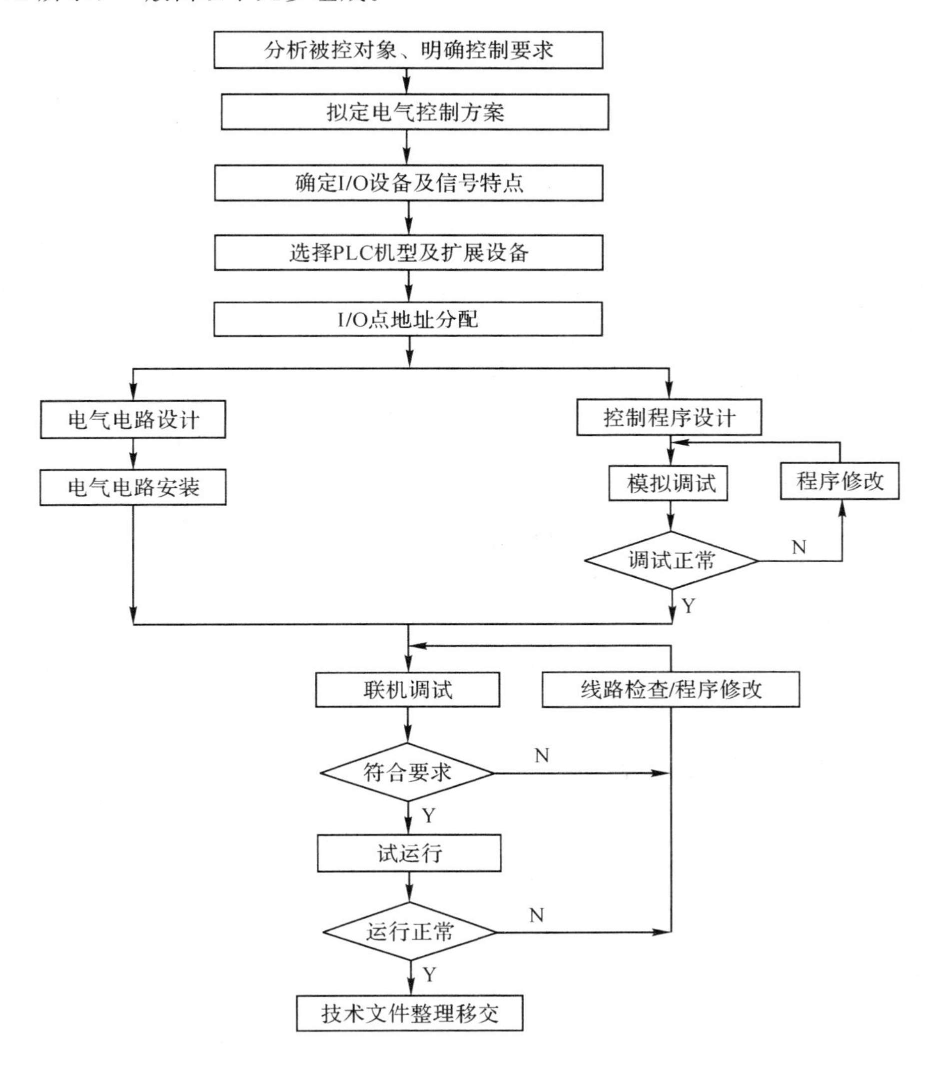

图 7.1　可编程控制系统设计步骤

1. **分析被控对象，明确控制要求**

通过现场的详细调研，弄清哪些是 PLC 的输入信号，是模拟量还是开关量信号，用什么方式来获取信号；哪些是 PLC 的输出信号，通过什么执行元件去驱动负载；弄清整个工艺过程和欲完成的控制内容；了解运动部件的驱动方式，是液压、气动还是电动；了解系统是否有周期运行、单周期运行、手动调整等控制要求；了解哪些量需要监控、报警、显示，是否需要故障诊断，需要哪些保护措施等；了解是否有通信联网要求等。

2. **拟定电气控制方案**

在深入了解控制要求的基础上，确定电气控制总体方案。

3. **确定系统的硬件构成**

确定主回路所需的各电器，确定输入、输出元件的种类和数量；确定保护、报警、显示元件的种类和数量；计算所需 PLC 的 I/O 点数，并参照其他要求选择合适的 PLC 机型。

4. **确定 PLC 的 I/O 点地址分配**

确定各 I/O 元件并作出 PLC 的 I/O 地址分配表。

5. **设计应用程序**

根据控制要求，拟定几个设计方案，经比较后选择出最佳编程方案。当控制系统较复杂时，可分成多个相对独立的子任务，分别对各子任务进行编程，最后将各子任务的程序合理地连接起来。

6. **应用程序的调试**

编写的程序必须先进行模拟调试。经过反复调试和修改，使程序满足控制要求。

7. **制作电气控制柜和控制面板**

在开始制作电气控制柜及控制面板之前，要画出电气控制主回路电路图；要全面地考虑各种保护、连锁措施等问题；在控制柜布置和敷线时，要采取有效的措施抑制各种干扰信号；要注意解决防尘、防静电、防雷电等问题。

8. **联机调试程序**

调试前要制订周密的调试计划，以免由于工作的盲目性而隐藏了故障隐患。程序调试完毕，必须实际运行一段时间，以确认程序是否真正达到了控制要求。

9. **编写技术文件**

整理程序清单并保存程序，编写元件明细表，整理电气原理图及主回路电路图，整理相关的技术参数，编写控制系统说明书等。

二、可编程控制系统硬件设计

可编程控制系统硬件设计包含硬件选型，已经在项目四中学习过，硬件的选型是控制系统设计的基础。下面主要学习应用这些硬件搭建 PLC 的硬件平台，为软件设计奠定基础。

（一）硬件系统总体设计方案

在利用 PLC 构建应用控制系统时，首先要明确控制对象的要求，然后根据实际需要确定控制系统的类型和系统工作时的运行方式。

1. **控制系统的类型**

由 PLC 构建的控制系统可分为集中控制系统和分布式控制系统。

1）集中控制系统

集中控制系统如图 7.2 所示。图 7.2(a)为典型的单台控制，由 1 台 PLC 控制单台被控对象。这类系统对 PLC 的 I/O 点数要求较少，对存储器的容量要求较小，控制系统的构成简单明了。虽然该系统一般不需要与其他控制器或计算机进行通信，但设计者还应该考虑将来是否有通信联网的需要。如果有的话，则应该选择具有通信功能的 PLC，以备今后系统扩展需要。

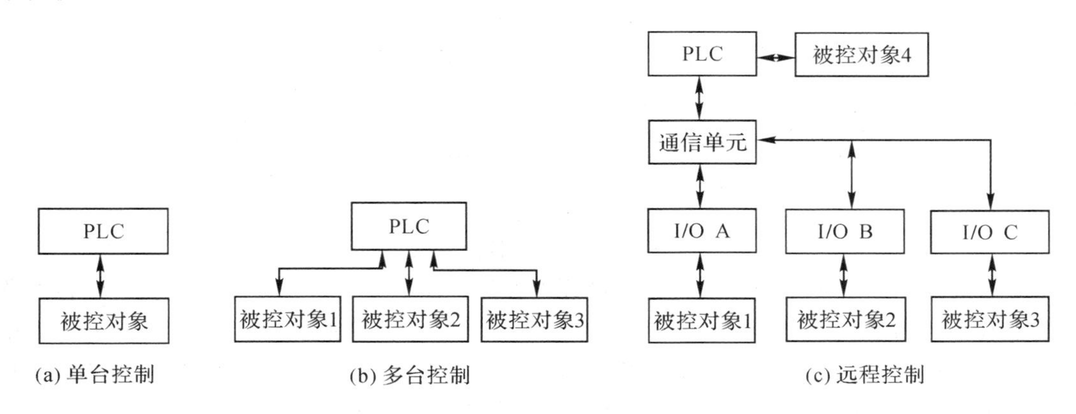

图 7.2　集中控制系统分类

图 7.2(b)为用一台 PLC 控制多台被控设备，每个被控对象与 PLC 的指定 I/O 单元/模块相连接。该控制系统多用于控制对象所处的地理位置比较接近，且相互之间的动作有一定联系的场合。由于采用一台 PLC 控制，因此被控对象之间的数据状态的变化，不需要另设专门的通信线路。如果控制对象的地理位置比较远，而且大多数的输入、输出线都要引入控制器，这时需要的电缆线、施工量和系统成本增加，在这种情况下，建议使用远程 I/O 控制系统。集中控制系统的最大缺点是当某一控制对象的控制程序需要改变，或 PLC 出现故障时，必须停止整个系统的工作。因此对于大型的集中控制，可以采用冗余系统克服上述缺点。

图 7.2(c)为用一台 PLC 构成远程 I/O 控制系统，PLC 通过通信模块控制远程 I/O 模块。图中系统使用了三个远程 I/O 单元(A、B、C)，分别控制被控对象 1、2、3，被控对象 4 由 PLC 所带的 I/O 单元直接控制。远程 I/O 控制系统适用于被控对象远离集中控制室的场合。一个控制系统需要多少个远程 I/O 通道，视被控对象的分散程度和距离而定，同时还受所选 PLC 所能驱动 I/O 通道数的限制。

2）分布式控制系统

分布式控制系统的被控对象较多，它们分布在一个较大区域内，相互之间的距离较远，而且被控对象之间要求经常交换数据和信息。分布式控制系统如图 7.3 所示，其由若干个具有通信联网功能的 PLC 构成，系统的上位机可以采用 PLC，也可以采用计算机。在分布式控制系统中，每一台 PLC 控制一个被控对象，各控制器之间可以通过信号传递进行内部联锁、响应或者命令，或由上位机通过数据总线进行通信。分布式控制系统通信方式有两种：如图 7.3(a)所示，PLC 只能和上位机通信，PLC 相互之间不能通信；如图 7.3(b)所示，PLC 除了可以和上位机通信之外，PLC 相互之间也可以通信。

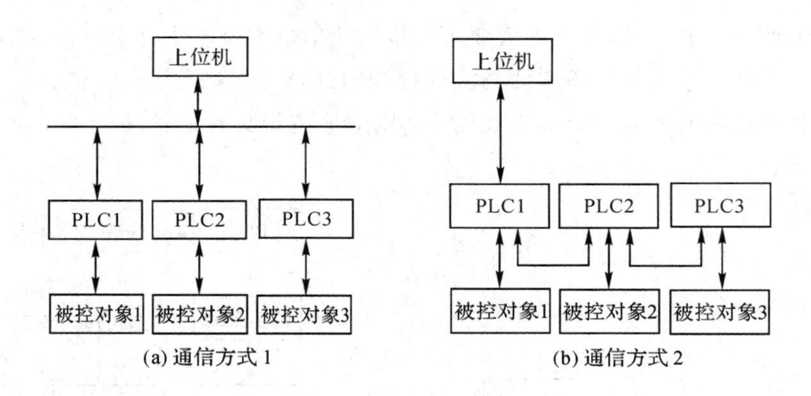

图 7.3 分布式控制系统

分布式控制系统多用于多台机械生产线的控制，各生产线间有数据连接。由于各控制对象都有自己的 PLC，当某一台 PLC 停止时，不需要停止其他的 PLC。当此系统与集中控制系统具有相同的 I/O 点数时，虽然都用了一台或几台 PLC，导致系统总价偏高，但从运行、维护、试运转或增设控制对象等方面看，其灵活性要大得多。

2. 系统运行方式

由 PLC 构建的控制系统有自动、半自动、单步和手动四种运行方式。

1）自动运行方式

自动运行方式是控制系统的主要运行方式。这种方式的主要特点是：在系统工作过程中，系统按给定的程序自动完成被控对象的动作，不需要人工干预。系统的启动，可由 PLC 本身的启动系统进行，也可以由 PLC 发出启动预告，由操作人员确认，并按下启动响应按钮后，PLC 自动启动系统。

2）半自动运行方式

半自动运行方式的特点是：系统在启动和运行过程中的某些步骤，需要人工干预才能进行下去。半自动方式多用于检测手段不完善，需要人工判断，或某些设备不具备自动控制条件，需要人工干涉的场合。

3）单步运行方式

单步运行方式的特点是：系统运行中的每一步都需要人工的干预才能进行下去。单步运行方式常用于调试，调试完成后可将其删除。

4）手动运行方式

手动运行方式不是控制系统的主要运行方式，而是用于设备调试、系统调整和故障情况下运行的方式，因此它是自动运行方式的辅助方式。

3. 系统停止方式

与系统运行方式的设计相对应，还必须考虑停止方式的设计。PLC 的停止方式有正常停止、暂时停止和紧急停止三种。

1）正常停止

正常停止由 PLC 的程序执行，当系统的运行步骤执行完毕，且不需要重新启动执行程序时，或 PLC 接收到操作人员的停止指令后，PLC 按规定的停止步骤停止系统运行。

2）暂时停止

暂时停止用于程序控制方式时暂停执行当前程序，使所有输出都设置成 OFF 状态，待暂停解除时继续执行被暂停的程序。另外也可用暂停开关直接切断负载电源，同时将此信号传给 PLC，以停止执行程序，或者把 CPU 的 RUN 换成 STOP，以实现对系统的暂停。

3）紧急停止

紧急停止方式是在系统运行过程中设备出现异常情况或故障，若不中断系统运行，将导致重大事故或有可能损坏设备时，必须使用紧急停止按钮使整个系统立即停止。紧急停止时，所有设备都必须停止，且程序控制被解除，控制内容恢复到原始状态。

在硬件设计时，不但要考虑到可行性，还要考虑到所组成的控制方案的先进性。

（二）硬件系统设计文件

硬件系统设计形成一个初步的方案、对所配置的 PLC 也基本确定后，应完成硬件系统设计，设计的结果是硬件系统设计文件。一般硬件系统设计文件应包括系统硬件配置图、模块统计表、I/O 地址分配表和 I/O 接线图等。

1. 系统硬件配置图

系统硬件配置图应完整地给出整个系统硬件组成，它应包括系统构成级别、系统联网情况、网上可编程序控制器的站数、每个可编程控制器站上的 CPU 单元和扩展单元构成情况、每个可编程序控制器中的各种模块构成情况。图 7.4 给出了一般的两级控制系统的基本硬件系统配置图。对于一个简单的控制对象，也可能只有一个设备控制站，不包括图中的其他部分。但无论怎样，都要根据实际系统设计出系统硬件配置图。

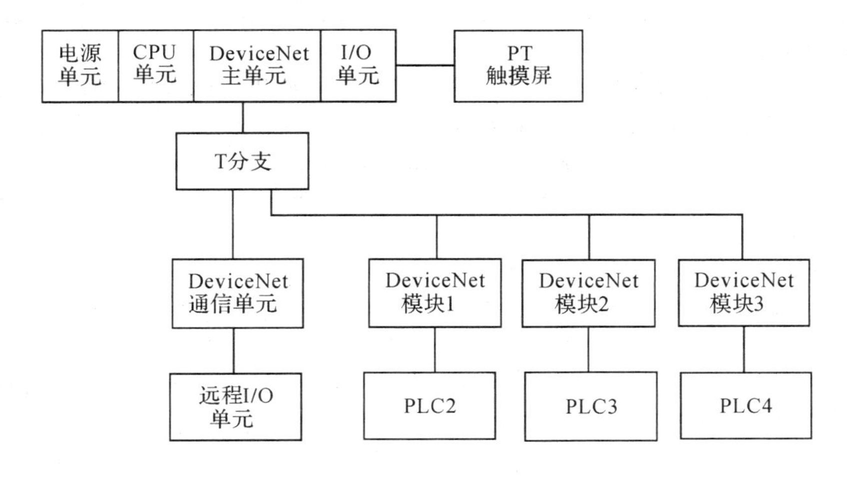

图 7.4　系统硬件配置图

2. 模块统计表

由系统硬件配置图就可得知系统所需各种模块数量。为了便于了解整个系统硬件设备状况和硬件设备投资计算，应做出模块统计表。模块统计表应包括模块名称、模块类型、模块订货号、所需模块个数等内容。模块统计表在工程项目中也称为项目配置清单，是后续采购的依据，因此必须保证设备型号的准确性，避免买错设备，耽误工程进度。上述系统的硬件配置模块统计表见表 7.1。

表 7.1　模块统计表

名　称	型　号	数　量
电源单元	C200HW－PA209R	1
CPU 单元	CS1G－CPU42－EV1	1
DeviceNet 主单元	CS1W－DRM21	1
模拟量输入单元(8 点)	C200H－AD003	1
模拟量输出单元(8 点)	C200H－DA003	1
DC 输入单元	C200H－ID212	1
继电器输出单元	C200H－OC225	2
11.4 寸触摸屏	NT631C－ST141－EV2	1
T 分支 1 路接头	DCN1－1C	2
DeviceNet 通信单元	DRT1－COM	1
DeviceNet 远程输入单元	GT1－ID16	1
DeviceNet 远程晶体管输出单元	GT1－ROS16	1
DeviceNet 从单元	CPM1A－DRT21	3
40 点 PLC	CPM2A－40CDR－A	3

3. I/O 地址分配表

在系统设计中，还要把 I/O 列成表，给出相应的地址和名称，以备编程和系统调试时使用，这在前面已经有所描述。如某机械手的 I/O 地址分配表如表 7.2 所示。

表 7.2　I/O 地址分配表

输　入			输　出		
元件名称、代号		输入点	元件名称、代号		输出点
自动/调整控制开关	SA1	0.10	夹紧油缸推动电磁铁	YC1	100.00
一次/多次循环控制开关	SA2	0.11	夹紧油缸拉动电磁铁	YC2	100.01
主轴调整转换开关	SA3	1.02	刀架纵向动作电磁铁	YC3	100.02
夹具调整转换开关	SA4	1.03	刀架横向动作电磁铁	YC4	100.03
机械手调整转换开关	SA5	1.04	机械手电磁铁	YC5	100.04
横刀架调整转换开关	SA6	0.07	主轴交流接触器	KM2	100.05
纵刀架调整转换开关	SA7	0.08			
循环启动按钮	SB4	0.09			
急返停止按钮	SB3	0.00			
刀架纵进	SQ1	0.01			
刀架横进	SQ2	0.02			
刀架横退	SQ3	0.03			

续表

输　入			输　出		
元件名称、代号		输入点	元件名称、代号		输出点
机械手返回	SQ4	0.04			
机械手送料	SQ5	0.05			
刀架纵退	SQ6	00006			

4. I/O **接线图**

I/O 接线图是系统设计的一部分，它反映的是可编程控制器 I/O 模块与现场设备的连接。如某机械手的 I/O 接线图如图 7.5 所示。

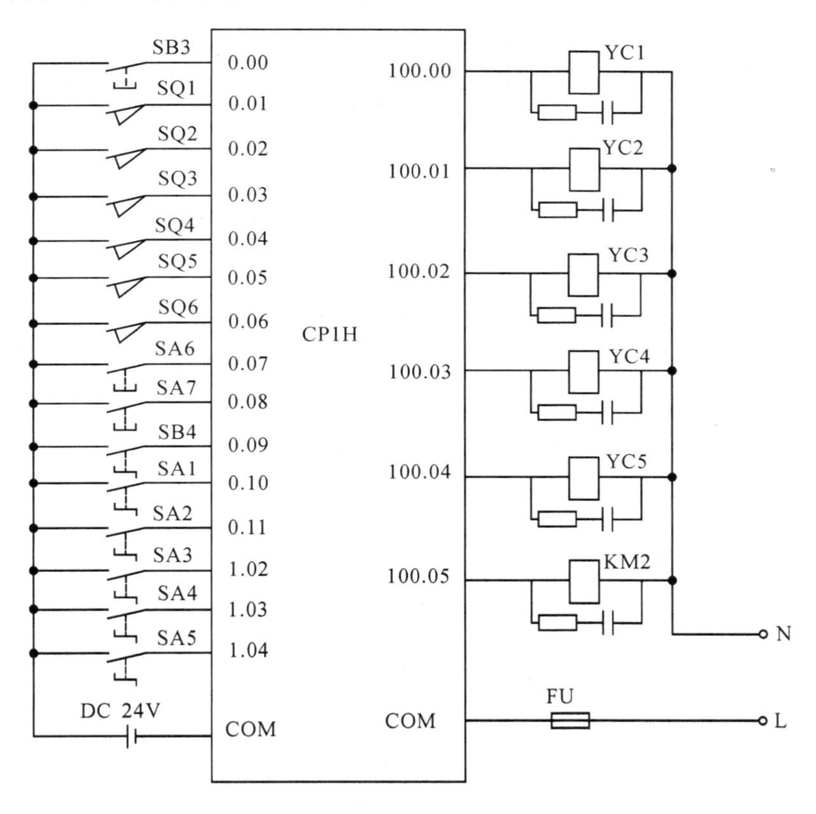

图 7.5　I/O 接线图

(三) PLC I/O 电路设计

1. PLC 输入电路设计

1) 根据输入信号类型合理选择输入模块

在生产过程控制系统中，常用的输入信号有开关量、数字量和模拟量等。

(1) 若为开关量输入信号，应注意开关信号的频率。当频率较高时，应选用高速计数模块。

(2) 若为数字量输入信号，应合理选择电压等级。电压等级一般可分为交、直流24 V，交、直流120 V和交、直流230 V，或使用TTL电平或与TTL兼容的电平。

(3) 若为模拟量输入信号，则应先将非标准的模拟量信号转换为标准范围的模拟量信号，如1～5 V、4～20 mA，然后选择合适的A/D转换模块。

(4) 当信号长距离传送时，使用4～20 mA电流信号为佳。

2) 输入元件的联系接线方式

(1) 开关元件接线。开关元件的接线图如图7.6所示。如无特殊要求，一般开关、按钮均为常开状态，其动断触点可在程序中反映，从而使阅读程序清晰明了。图7.6(a)为PLC输入模块含有内部电源的情况；图7.6(b)为输入模块中无内部电源，由用户外接电源的情况。

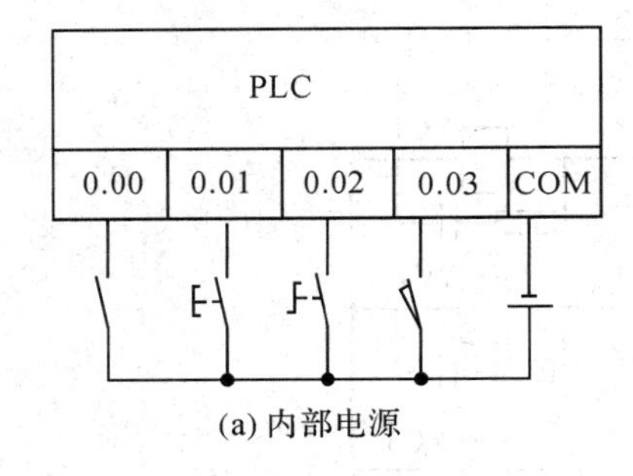

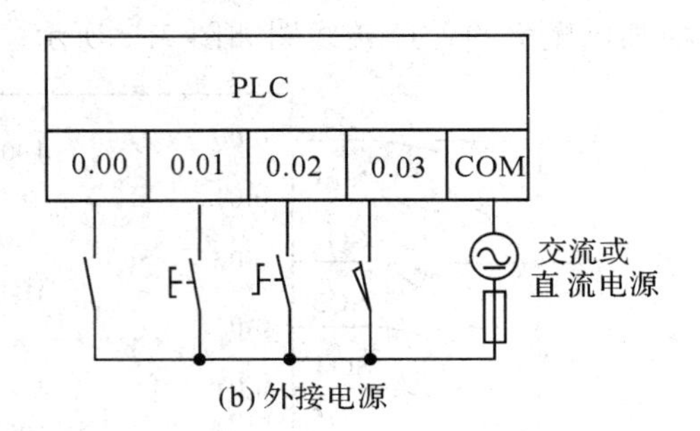

图7.6　开关元件的接线图

(2) 模拟量I/O接线头。以CPIH XA型号中的内置模拟量I/O为例，模拟量I/O的接线图如图7.7所示。

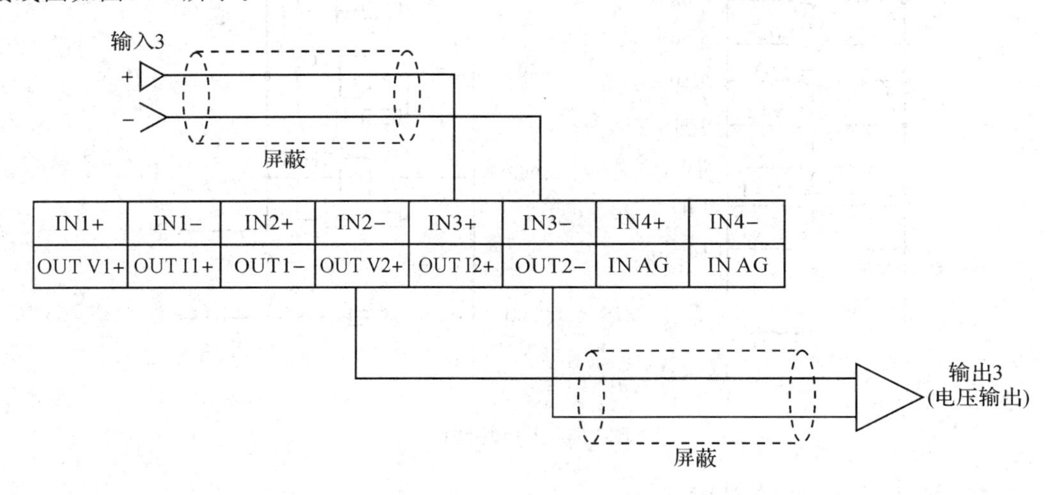

图7.7　模拟量I/O的接线图

从图7.7中可知，模拟量从模拟量输入通道3(地址为203CH)接入，从模拟量输出通道2(地址为211CH)输出。采用屏蔽线降低噪声干扰。

(3) 传感器接线。传感器输出类型较多，具体接线如图7.8所示。在使用两线式传感器时，应处理好PLC的ON电压与传感器剩余电压的关系、PLC的ON电流与传感器的控制输出(负载电流)的关系以及PLC的OFF电流与传感器的漏电流的关系，具体要求可见具体型号的PLC《操作手册》说明(如《欧姆龙CP1H操作手册》)。

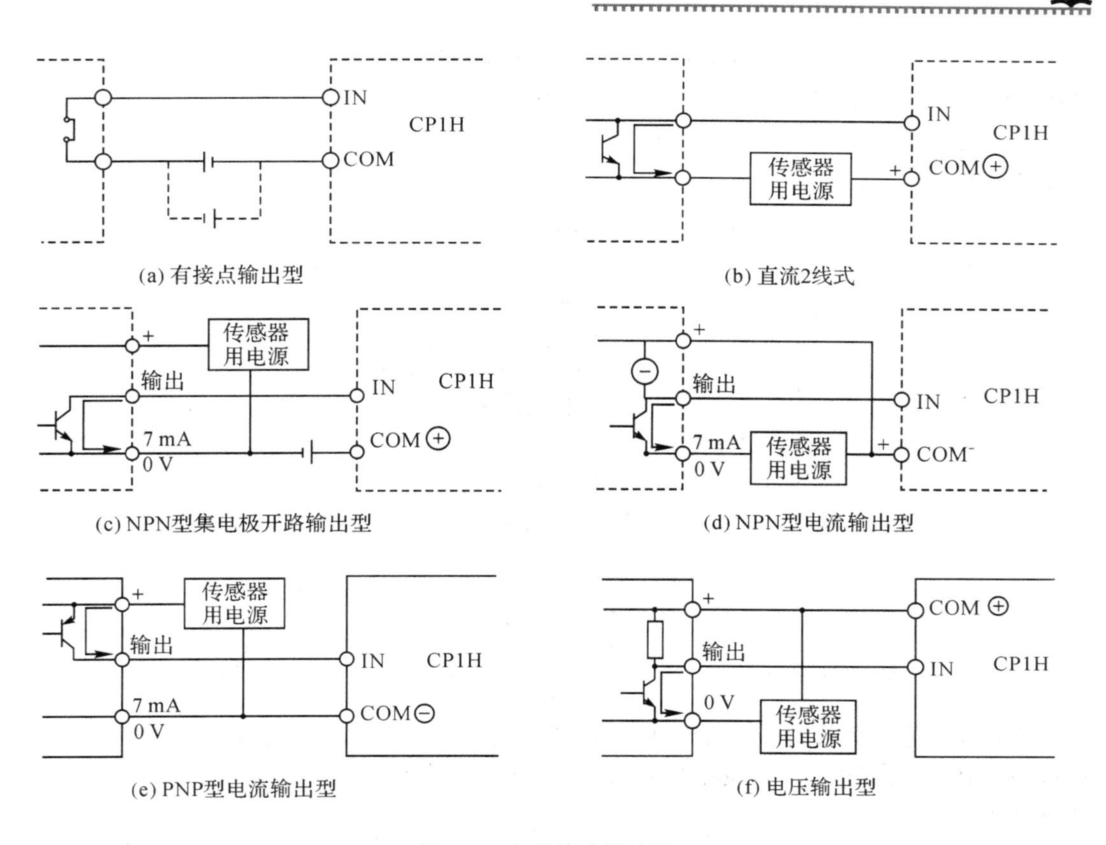

图 7.8　各种传感器接法

(4) 脉冲输入接线。典型脉冲输入式编码器为集电极开路(直流 24 V)情况下的脉冲信号，带有 A、B、Z 相的编码器的连接，如图 7.9 所示。

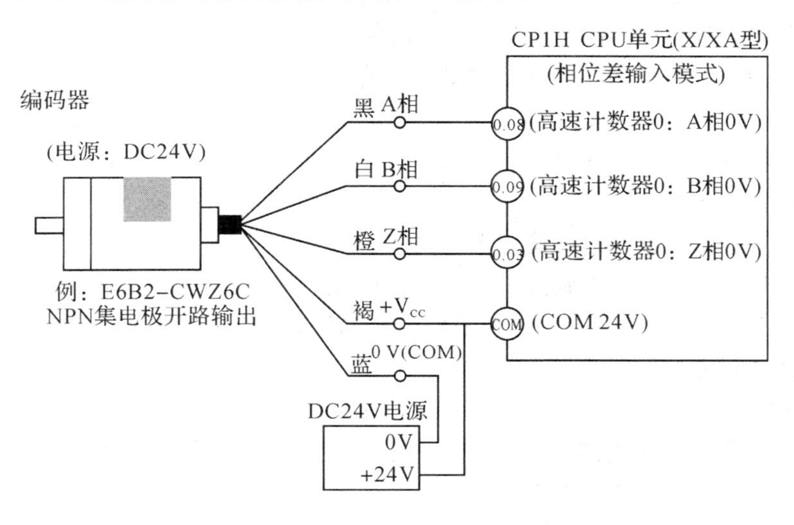

图 7.9　带有 A、B、Z 相的编码器的连接

3）减少输入点的方法

减少系统所需的 PLC 输入点，是降低硬件成本的常用措施，具体的方法有：

(1) 某些具有相同性能和功能的输入点可串联和并联后再输入 PLC，这样它们只占 PLC 的一个输入点。如前面学习的多点控制就可以采用这种方法。

(2) 某些功能比较简单、与系统控制部分关系不大的输入信号，可放在 PLC 之外，如图 7.10 所示。

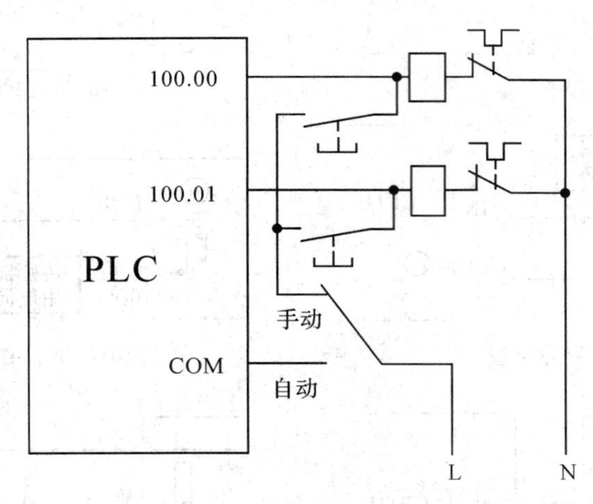

图 7.10　输入信号设置在 PLC 之外

在图中，某些负载的手动按钮就可设置在 PLC 之外，直接驱动负载，这样不但减少了输入点的使用，而且在 PLC 发生故障时，用 PLC 外的手动按钮直接控制负载，不至于使生产线停止。

又如电动机过载保护用的热继电器动断触点提供的信号，既可以从 PLC 的输入点输入，用程序对电动机实行过载保护，也可以在 PLC 之外，将热继电器的动断触点与 PLC 的负载串联，这种方法节省了一个输入点，而且简单实用。

(3) 若系统具有两种不同的工作方式，这两种工作方式不会同时出现，一种工作方式下使用的输入点在另一种方式下不会被使用。那么这个输入点也可以在另一种工作方式中使用。

(4) 利用软件，使一个按钮具有开关的功能。如前面已讲过的，一个按钮兼有启动、停止两种功能的梯形图。

(5) 用矩阵输入的方法扩展输入点。将 PLC 现有的输入点数分为两组，如图 7.11(a) 所示，这样的 8 个端子可以扩展为 16 个输入端，若是 24 个端子则可扩展为 144 个输入端。为了防止输入信号在 PLC 端子上互相干扰，每个输入信号在送入 PLC 时都用二极管隔离，以避免产生寄生回路。

PLC 的输入端采用矩阵的输入方式后，其输入继电器就不能再与输入信号一一对应，必须通过梯形图附加解码电路，用 PLC 内部辅助继电器代替原输入继电器，使输入信号和内部辅助继电器逐个对应，如图 7.11(b)所示。

但应注意：这种组合方式，某些输入端并不能同时输入。如 SB2 和 SB15 同时闭合时，其本意是希望辅助继电器 W200.02 和 W201.05 得电，但 PLC 的输入端 0.00、0.06、0.03、0.07 同时出现输入信号，不仅是内部辅助继电器 W200.02 和 W201.05 得电，0.00 和 0.07 的组合，还导致线圈 W200.03 得电，0.03 和 0.06 的组合使 W201.04 也被驱动，其结果将造成电路失控。

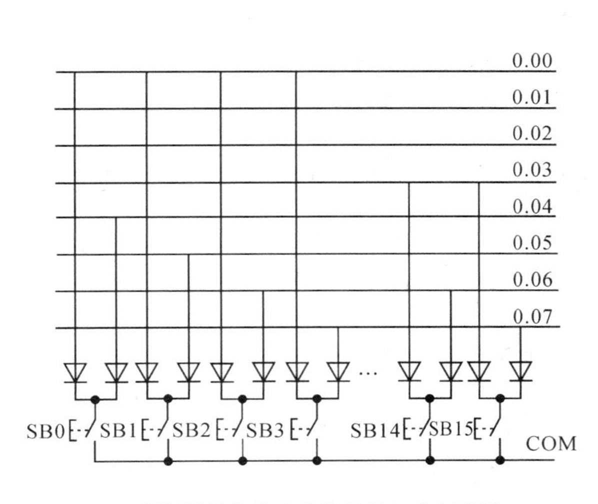

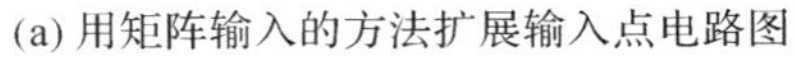

(a) 用矩阵输入的方法扩展输入点电路图

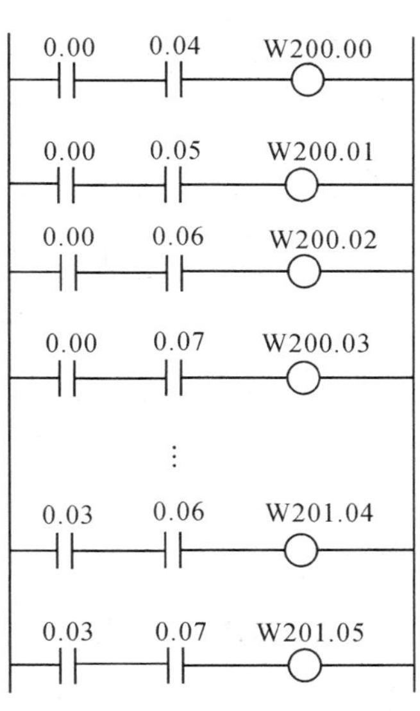

(b) 解码用梯形图

图 7.11　用矩阵输入的方法扩展输入点

从图 7.11 中可以看出，当按钮 SB0、SB1、SB2、SB3 同时闭合时，内部辅助继电器不会发生混乱，这是因为这四个输入端都有一条线接到 PLC 的 0.00 端子上。当 SB3、SB7、SB11、SB15 或 SB4、SB5、SB6、SB7 同时闭合时也没有问题，因为它们分别有一个公共端子 0.07 和 0.01。因此在安排输入端时，要考虑输入元件工作的是时序，把同时输入的元件安排在这些允许同时输入的端子上。

此外，对于不同的机型，采用这种组合方式时，二极管的方向也会有所不同，这需要通过分析电路的实际结构来确定。

由于使用矩阵输入方法扩展输入点的方法存在着上述问题，随着 PLC 硬件成本逐渐降低，建议不采用这种方法，而是采用直接扩展输入模块的方法来解决问题，从而提高了系统的可靠性。

2. PLC **输出电路的设计**

1) 根据负载类型确定输出方法

对于只接收开关量信号的负载，根据其电源类型、对输出性输出开关信号的频率要求，选择继电器输出或晶体管输出模块。继电器输出电路可驱动交流负载，也可以驱动直流负载，承受瞬间过电流、过电压的能力较强，但响应速度较慢，其开通与关段延迟时间约为 10 ms；晶体管输出电路的开通与关段延迟时间均小于 1 ms，但它只能带直流负载。对于需要模拟量驱动的负载，则应该选用合适的 D/A 转换模块，为了降低系统复杂度，节约成本，也可以采用内部自带模拟量输出的 PLC 型号。

2) 输出负载的接线方法

输出负载和 PLC 的输出端相连，其接线方式如图 7.12 所示。图 7.12(a)为交流负载的接法，相线 L 进公共端 COM，受 PLC 控制，从 100.00～100.03 输出。负载的另一端相连后接零线 N。图 7.12(b)为直流负载的接法，对于晶体管输出模块，电源的正负极必须根据输出模块的极性来接，千万不能接错。不同电压等级的负载，应分组连接，共用一个公共点的输出端只能驱动同一电压等级的负载。

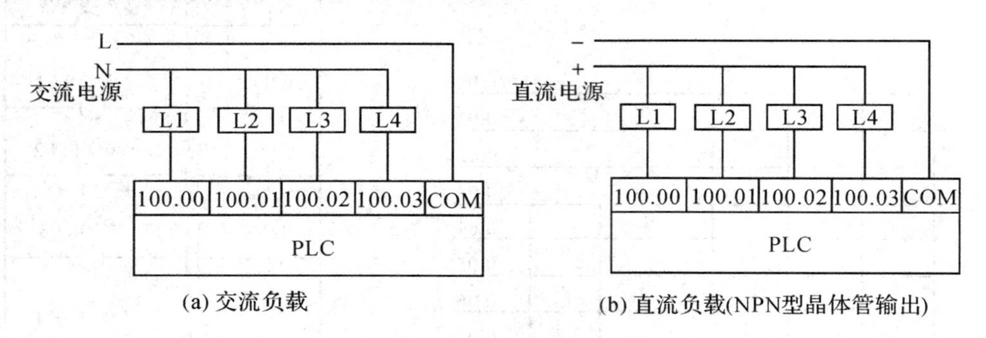

(a) 交流负载　　(b) 直流负载(NPN型晶体管输出)

图 7.12　输出负载的接线图

3）选择输出电流、电压

输出模块的额定输出电流、电压必须大于负载所需求的电流和电压。如果负载实际电流较大，输出模块无法直接驱动，可以加中间驱动环节。在安排负载的接线时，还应考虑在同一公共端所属输出点的数量，必须确保同时接通输出负载的电流之和小于公共端所允许通过的电流值。

4）输出电路的保护

(1) 输出短路保护。在输出电路中，当负载短路时，应避免 PLC 内部输出元件的损坏，因在输出回路中加装熔断器进行短路保护，熔丝的容量应为额定输出值的两倍。

(2) 对于浪涌电流的考虑。使用晶体管输出的情况下，连接白炽灯等浪涌电流大的负载时，需要考虑到不要损坏输出晶体管，最简单的方法是加中间继电器过渡。

(3) 感性负载措施。在输出上连接了感性负载时，需在负载并联浪涌抑制器或续流二极管。浪涌抑制器为阻容串联(50 Ω，0.47 μF/200 V)；续流二极管反向耐压峰值为负载电压的 3 倍，平均整流电流为 1.0 A。

实际使用中也常将所有的开关量输出都通过中间继电器驱动负载，以保证 PLC 输出模块的安全。

5）减少输出点的方法

(1) 分组输出。若两组负载不同时工作，可通过外部转换开关或通过受 PLC 控制的继电器触点进行切换，如图 7.13(a)所示。图中，当转换开关在“1”的位置时，接触器线圈 KM11、KM12、KM13、KM14 受控；当转换开关在“2”的位置时，接触器线圈 KM21、KM22、KM23、KM24 受控。

(2) 并联输出。当两负载处于相同的受控状态时，可将两负载并联，接在同一个输出端上。如某一个接触器线圈和该接触器得电的指示灯，就可采用并联输出的方法。

(3) 矩阵输出。矩阵输出的接线图如图 7.13(b)所示。这种接法要注意两个问题：一是负载和输出触点不是一一对应的关系，如若要求接触器 KM4 得电，则需要 100.03 和 100.07 同时有输出，这种方法给软件的编写增加了难度，也存在着和矩阵输入中同样的问题，它要求在某一时刻同时有输出的负载，必须有一条公共的输出线，否则会带来控制错误的危险，因此一般情况下不建议采用矩阵输出的方法；二是只适合于继电器输出。

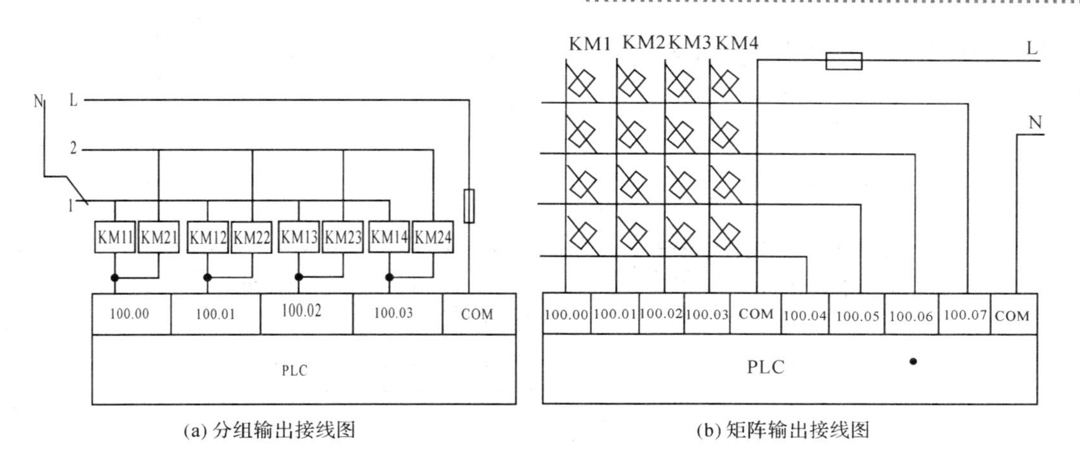

(a) 分组输出接线图　　　　(b) 矩阵输出接线图

图 7.13　矩阵输出接线图

(4) 某些相对独立的受控设备，也可用普通继电器直接控制。

6) 留有余量

在设计中对输入点的安排应留有一定的余量。当现场生产过程中需要修改控制方案时，可使用备用的 I/O 点，当 I/O 模块中某一点损坏时也可使用备用点，并在程序中做相应的修改。

(四) 系统供电及接地设计

在实际的控制系统中，设计一个合理的供电与接地系统，是保证控制系统正常运行的重要环节。虽然 PLC 本身被允许在较为恶劣的供电环境下运行，但整个控制系统的供电和接地设计不合理，也是不能投入运行的。

1. 系统供电设计

系统供电设计是指可编程控制器所需电源系统的设计，它包括供电系统的一般性保护措施、可编程控制器电源模块的选择和典型供电系统的设计。

1) 供电系统的保护措施

可编程控制器一般都使用市电(220 V，50 Hz)，电网的冲击、频率的波动将直接影响到实时控制系统的精度和可靠性。电网的瞬间变化可产生一定的干扰，传播到可编程控制器系统中，电网的冲击甚至会给整个系统带来毁灭性的破坏。为了提高系统的可靠性和抗干扰性能，在可编程控制器供电系统中一般可采用隔离变压器、交流稳压器、UPS 电源、晶体管关电源等措施。

2) 电源的模块选择

可编程控制器 CPU 所需的工作电源一般都是 5 V 直流电源，一般的编程接口和通信模块还需要 5 V 和 24 V 直流电源。这些电源由可编程控制器本身的电源模块或外接直流电源供电，所以在实际应用中要注意电源模块的选择。

3) 供电系统的设计

动力部分、PLC 供电以及 I/O 电源应分别配电，典型的供电系统图如图 7.14 所示。为了不发生因其他设备的启动电流及浪涌电流导致的电压降低，电源电路应与动力电路分别布线。使用多台 PLC 时，为了防止浪涌电流导致电压降低及断路器的误动作，推荐用其他电路进行布线。为防止电源线发出的干扰，可将电源线绞扭后使用。

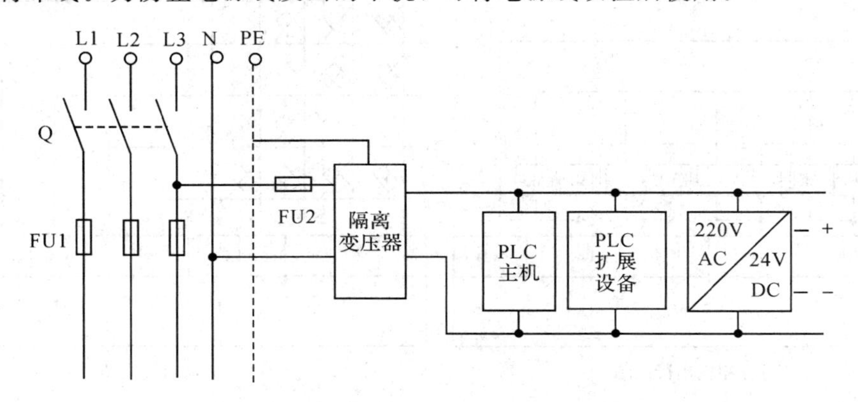

图 7.14　供电系统图

2. 接地设计

如果接地不好就会形成环路，造成噪声耦合。接地设计的目的是消除各电路电流流经公共地线阻抗所产生的噪声电压和避免磁场与电位差的影响，使其不形成地环路。

在实际控制系统中，接地是抑制干扰，使系统可靠工作的主要方法。在设计中如能把接地和屏蔽正确地结合起来使用，可以解决大部分干扰的问题。

1) *接地要求*

为保证接地质量及接地，应达到如下要求：

(1) 在接地电阻要求的范围内，对于可编程控制器组成的控制系统，接地电阻一般应小于 4 Ω(欧姆龙产品允许小于 100 Ω)。

(2) 要保证足够的机械强度，采取防腐蚀措施，进行防腐处理。

(3) 在整个工厂中，可编程控制器组成的控制系统要单独设计接地。

2) *接地处理方法*

接地方法如图 7.15 所示。图中 GR 为接地端子，LG 为功能接地端子(噪声滤波器中性端子)。干扰大、有误动作和防止电击时，将 LG 和 GR 短路，在 LG 和 GR 短路的情况下，为了防止触电，必须采用 D 种接地(第三种接地)。

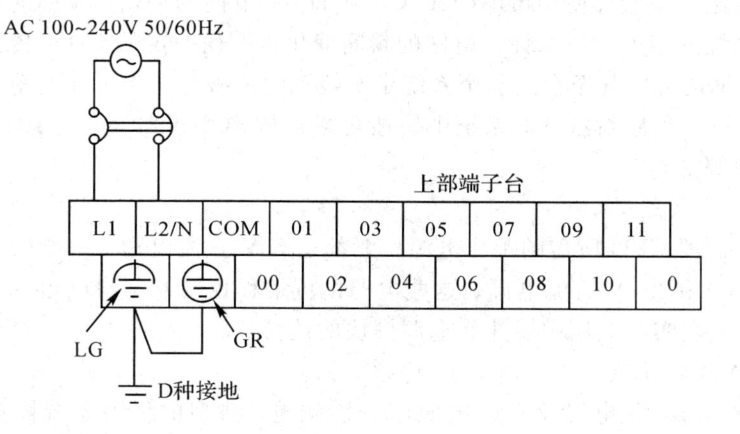

图 7.15　接地方法

三、可编程控制系统软件设计

（一）软件设计概述

软件设计的基本要求是由可编程控制器本身的特点及其在工业控制中要求完成的控制功能所决定的，其基本要求如下：

1. 紧密结合生产工艺

每个控制系统都是为完成一定的生产过程控制而设计的，不同的生产工艺要求具有不同的控制功能，即使是相同的生产过程，由于各个设备的工艺参数都不一样，控制实现的方式也就不尽相同。各种控制逻辑运算都是由生产工艺所决定的，程序设计人员必须严格遵守生产工艺的具体要求设计应用软件，不能随心所欲。

2. 熟悉控制系统的硬件结构

软件系统是由硬件系统决定的，不同系列的硬件系统一般不会采用同一种语言形式进行程序设计。即使语言形式相同，其具体的指令也不尽相同。有时虽然选择的是同一系列的可编程控制器，但由于型号不同或系统配置的差异，也要有不同的应用程序与之相对应。软件设计人员不可能抛开硬件系统孤立地考虑软件，程序设计时必须根据硬件系统的形式、接口情况，编制相应的应用程序。

3. 具备计算机和自动化方面的知识

可编程控制器是以微处理器为核心的控制设备，无论是硬件系统还是软件系统都离不开计算机技术。控制系统的许多内容也是从计算机衍生而来的。同时控制功能的实现、某些具体问题的处理和实现都离不开自动控制技术，因此一个合格的 PLC 程序设计人员必须具备计算机和自动化控制两方面的知识。

（二）软件设计的内容

可编程控制器程序设计的基本内容一般包含参数表的定义、程序框图绘制、程序的编制和程序说明书编写四项内容。当设计工作结束时，程序设计人员应向使用者提供含有以下设计内容的文本文件。

1. 参数表

参数表是为编制程序做准备，按一定格式对系统各接口参数进行规定和整理的表格。参数表的定义包括对输入信号表、输出信号表、中间标志表和存储单元表的定义。参数表的定义格式和内容根据公司的规定(没有的话按个人的爱好)和系统的情况而不尽相同，但所包含的内容基本相同。总的原则就是要便于使用，尽可能详细。

一般情况下，I/O 信号表要明显地标出模块的位置、信号端子号或线号、I/O 地址号、信号名称和信号的有效状态等；中间标志表的定义要包括信号地址、信号处理和信号的有效状态等；存储单元表中要含有信号地址和信号名称。信号的顺序一般是按信号的地址从小到大排列，实际中没有使用的信号也不要漏掉，便于在编程和调试时查找。

2. **程序框图**

程序框图是指根据工艺流程而绘制的控制过程框图，程序框图包括两种程序结构框图和控制功能框图，程序结构框图全部应用于全部应用程序。根据此结构框图，可以了解所有控制功能在整个程序中的位置。功能框图是描述某一种控制功能在程序中的具体实现方法及控制信号流程。设计者根据功能框图编制实际控制程序，使用者根据功能框图可以详细阅读程序清单。程序设计时，一般要先绘制程序结构框图，然后再详细绘制控制功能框图，实现控制功能，程序结构框图和控制功能框图二者缺一不可。

3. **程序清单**

1) PLC控制程序组成

PLC控制程序除了尽可能满足控制要求外，还要包含以下内容：

(1) 初始化程序。初始化程序可以为系统启动做好必要的准备，如将某些数据区清零、使某些数据区恢复所需数据、对某些输出位置位/复位、显示某些初始状态等。

(2) 检测、故障诊断、显示程序。这些内容可以在程序设计基本完成时再进行添加。有时，它们也是相对独立的程序段。

(3) 保护、连锁程序。其作用为杜绝由于非法操作等引起的逻辑混乱，保证系统安全、可靠地运行。通常在PLC外部也要设置连锁和保护措施。

2) PLC控制程序要求

(1) 程序的正确性。正确的程序必须能经得起系统运行实践的考验。

(2) 程序的可靠性。可靠的程序保证系统在正常和非正常(短时掉电、某些被控量超标、某个环节有故障等)情况下都能安全可靠地运行；能保证在出现非法操作(如按动或误触动了不该动作的按钮等)情况下不至于出现系统失控。

(3) 参数的易调整性好。经常修改的参数，在程序设计时必须考虑怎样编写才能易于修改。

(4) 程序结构简练。简练的程序，可以减少程序扫描时间、提高PLC对输入信号的响应速度及程序的可读性。养成在编程的时候加上注释、说明的习惯，以增加程序的可读性。

3) 编写过程

程序的编制是程序设计的最主要阶段，是控制功能的具体实现过程。

(1) 应根据操作系统所支持的编程语言，选择最合适的语言形式，了解PLC的指令系统。

(2) 按照程序框图所规定的顺序和功能编写程序。

(3) 测试所编制的程序是否符合工艺要求。

编程是一项繁重而复杂的脑力劳动，需要清醒的头脑和足够的耐心。

4. **程序说明书**

程序说明书是对整个程序内容的注释性的综合说明，主要是让使用者了解程序的基本结构和某些问题的处理方法，以及程序阅读方法和使用中应注意的事项，此外还应包括程序中所使用的注释符号、文字编写的含义说明和程序的测试情况。详细的程序说明书也为日后的设备维修和改造带来了方便。

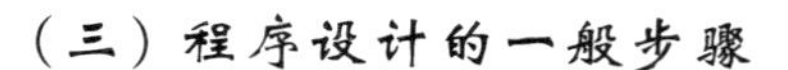

可编程控制器的程序设计是硬件知识和软件知识的综合体现，需要计算机知识、控制技术和现场经验等诸多方面的知识。程序设计的主要依据是控制系统的软件设计规格书、电气设备操作说明书和实际生产工艺要求。程序设计可分为以下八个步骤，其中前三步只是为程序设计做准备，但不可缺少。

1. 了解系统概况

通过系统设计方案，了解控制系统的全部功能、控制规模、控制方式、I/O 信号种类和数量，是否有特殊功能接口、与其他设备的关系、通信内容与方式等，并作详细记录。没有对整个控制系统的全面了解，就不能联系各种控制设备之间的功能，统观全局。

2. 熟悉被控对象

将被控对象和控制功能分类，确定检测设备和控制设备的物理位置，了解每一个检测信号和控制信号的形式、功能、规模及其之间的关系，预见可能出现的问题，使程序设计有的放矢，在程序设计之前掌握的东西越多，对问题思考得越深入，程序设计时就会越得心应手。

3. 制定系统运行方案

根据系统的生产工艺、控制规模、功能要求、控制方式和被控对象的特殊控制要求，分析输入与输出之间的逻辑关系，涉及系统及各设备的操作内容和操作顺序。

4. 定义 I/O 信号表

定义 I/O 信号表的主要依据就是硬件接线原理图，根据具体情况，内容要尽可能详细，信号名称要尽可能简明，中间标志和存储单元表也可以一并列出，待编程时再填写内容。要在表中列出框架号、模块序号、信号端子号，便于查找和校对。I/O 信号按 I/O 地址由小到大的顺序排列。有效状态中要标明上升沿有效还是下降沿有效、高电平有效还是低电平有效、是脉冲信号还是电平信号或其他方式。

5. 框图设计

框图设计的主要工作是根据软件设计规格书的总体要求和控制系统的具体情况，确定应用程序的基本结构，按程序设计标准绘制出程序结构框图，然后再根据工艺要求，绘制出各功能单元的详细功能框图。框图是编程的主要依据，应尽可能详细。框图设计可以对全部控制程序功能的实现有一个整体概念。

6. 程序编写

程序编写就是根据设计出的框图和对工艺要求的领会，逐字逐条地编写控制程序，这是整个程序设计工作的核心部分。如果有操作系统支持，尽量使用编程语言的高级形式，如梯形图语言。在编写过程中根据实际需要对中间标志信号表和存储单元表进行逐个定义。为了提高效率，相同或相似的程序段尽可能使用复制功能，但是修改的时候一定要注意地址。

程序编写有两种方法：第一种是直接用地址进行编写，对于信号较多的系统不易记忆，但比较直观；第二种方法是容易记忆的符号编程，编完后再用信号地址和程序进行编码。

另外，编写程序过程中要及时地对编出的程序进行注释，以免忘记其相互关系，要随编随注。注释应包括程序的功能、逻辑关系的说明、设计思想、信号的来源和去向，以便阅读和调试。

7. **程序测试**

程序测试是整个程序设计工作中一项很重要的内容，它可以初步检查程序的实际效果。程序测试和程序编写是分不开的，程序的许多功能是在测试中修改和完善的。测试时，先从各功能单元入手，设定输入信号，观察输出信号的变化。或在功能单元测试完成后，再连通全部程序，测试各部分的接口情况，直到满意为止。

程序测试可以在实验室进行，也可以在现场进行。如果是在现场进行程序测试，就要将可编程控制器系统与现场信号隔离，切断I/O模块的外部电源，以免引起不必要的损失。

8. **编写程序说明书**

程序说明书是对程序的综合性说明，是整个程序设计工作的总结。编写程序说明书的目的是便于程序的使用者和现场调试人员使用，它是程序文件的组成部分。如果是编程人员本人去现场调试，程序说明书也是不可缺少的。程序说明书一般应包括程序设计的依据、程序的基本结构、各功能单元的分析、其中使用的公式和原理、各参数的来源和运算过程、程序的测试情况等。

（四）控制程序的设计方法

关于控制程序的设计方法，项目六中已介绍，这里不再赘述。

（五）信号处理程序设计

在控制系统的工作过程中，由于受外界环境和其他因素干扰，使得PLC所采集到的信号出现失真，从而造成系统工作紊乱或错误。为了消除干扰，准确获得真实信号，需要对采样输入的有关信号进行处理。

1. **输入信号的处理**

输入信号一般分为开关量信号和模拟量信号，不同类型的信号有不同的处理方法。

1）开关信号的采集与程序设计

（1）通过输入时间常数对输入信号进行滤波。为了消除干扰，准确地获得真实信号，需要对采样输入的信号进行滤波处理。在可编程序控制器中，开关信号的采样主要由系统完成，为此，PLC的输入电路设有滤波器，调整其输入的时间常数，可减少振动和外部杂波干扰造成的不可靠性。用户通过外围设备（如编程器）或编程软件在PLC系统设置区域输入时间常数。

如图7.16所示，点击工程项目中的“设置”，在弹出的对话框中，点击“输入常数”选项卡，即可调整各个输入通道的时间常数。

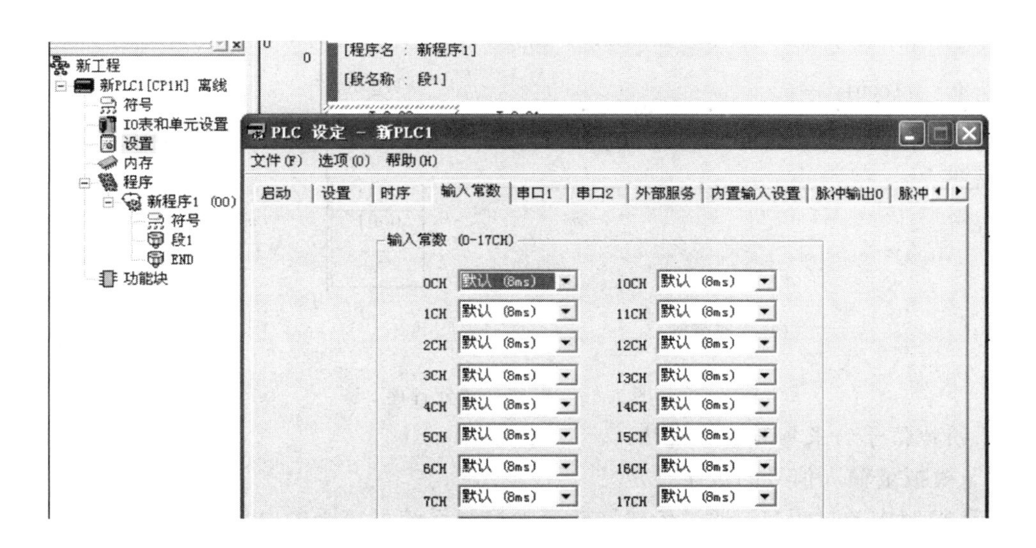

图 7.16　欧姆龙 CP1H 输入时间常数设置

(2) 利用软件对输入信号进行滤波。如图 7.17 所示，利用扫描周期时间进行滤波处理，可以消除小于可编程控制器一个扫描周期的脉冲干扰信号。

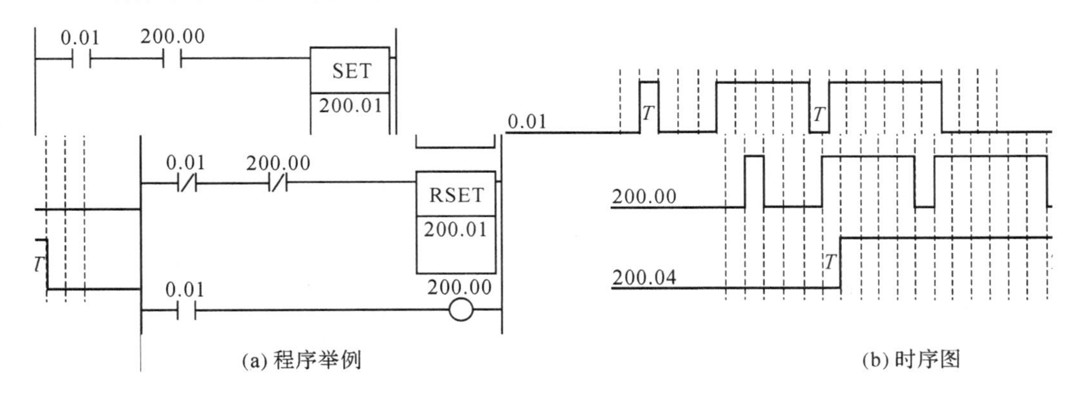

图 7.17　开关量滤波处理

在图 7.17(a)中，若有一个接近于开关信号的尖峰脉冲进入输入端 0.01，其有效动作状态为“1”，即程序中在某一扫描周期，0.01 由“0”变为“1”，由于触点 200.00 为“0”，所以在第一条梯形图中未驱动 SET，200.01 仍然为“0”，接着在第三条梯形图中 0.01 把 200.00 设置为“1”，在下一扫描周期中如果 0.01 的状态仍然存在，200.01 就被置“1”，如果 0.01 的“1”消失，尽管 200.00 为“1”，200.01 也不会被置“1”。这样就对串入 0.01 的正向干扰起到了滤波作用，对串入 0.01 的负向干扰，也可以同样滤除。其滤波时序图如图 7.17(b)所示，其中 T 为扫描周期，200.01 为滤波结果信号，200.00 为中间暂存信号。

这种方法可以消除小于可编程控制器一个扫描周期的脉冲干扰信号，只要系统响应要求允许，同样可以采用两个周期或更多周期的延迟时间，消除更宽的脉冲干扰。

2) 防止输入信号抖动的方法

输入开关信号的抖动，有可能造成内部控制程序的误动作。防止输入开关信号抖动可采用外部 RC 电路进行滤波，也可在控制程序中编制一个防止抖动的单元程序，以滤除抖动造成的影响，防抖动单元程序如图 7.18 所示，其延时的时间可视开关抖动的情况而定。

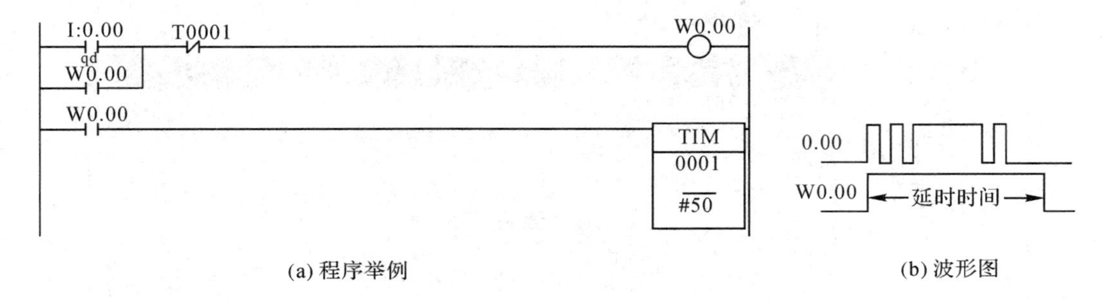

(a) 程序举例　　(b) 波形图

图 7.18　防抖动单元程序

3）模拟信号的采集与程序设计

（1）模拟量输入信号的数字整定。

工程控制中的过程量，通过传感器转变为控制系统可接受的电压或电流信号，再通过模拟量输入模块的 A/D 转换，以数字量形式传送给可编程控制器。该数字量与过程量具有某种函数对应关系，但在数值上并不相等，也不能直接使用，必须经过一定的转换。在程序设计中，通常称模拟量输入时的这种按照确定的函数关系的转化过程为模拟量的输入数值整定。在数值整定时要注意以下几个问题：

① 过程量的最大测量范围。由于控制的需要及条件所限，游戏系统中某些过程量的测量，并不是从零开始到最大值，而是取中间一段有效区域，如温度 80～240℃，那么这个量的测量范围为 240℃－80℃＝160℃。

② 量化误差。8 位输入模块的最大值为 255，12 位输入模块的最大值为 4095，相应的量化误差分别为 1/256 和 1/4096。

③ 模拟量输入模块数据。通道的数据应从数据字的第 0 位开始。在有的系列可编程控制器中，数据不是从数据字的第 0 位开始排列的，其中包含了一些数据状态，不作为数据使用，在整定时要进行移位操作，使数据的最低位排列在数据字的第 0 位上，以保证数据的准确性。

④ 系统偏移量。这里说的系统偏移量是指数字量“0”所对应的过程量的值，一般有两种形式：一种是测量范围所引起的偏移，另一种是模拟量输入模块的转换死区所引起的偏移量，二者之和就是系统偏移量。

⑤ 线性化。输入的数字量与实际过程量之间是否为线性对应关系？检测仪表是否已经进行线性化处理？如果输入的量与待检测的实际过程量是曲线关系，那么在整定时就要考虑线性化问题。

（2）模拟量信号滤波的方法。

在 PLC 构成的应用系统中，模拟量信号是经过前面讲述的采样之后转化为数字量进行处理的，为了消除某些干扰信号，需要进行滤波处理，滤波过程也是在数字形式下进行的。

工程上，数字滤波方法有许多种，如平均值滤波法、惯性滤波法、中间值滤波法，有时可同时使用几种方法，对某一采样值进行滤波，可达到更好的效果。下面介绍几种在可编程序控制器中常用的滤波方法。

方法 1：平均值滤波法。平均值滤波法是对输入的模拟量进行多次采样，求其算术平均值进行滤波的方法。平均值滤波可在 A/D 单元中设置，也可以用梯形图实现，如图7.19 所示。对 CP1H 的内置 A/D 转换通道 4(203CH)进行间隔 0.1 s 的采样，采样 10 次计算平均值，计算结果存入 D2 中。

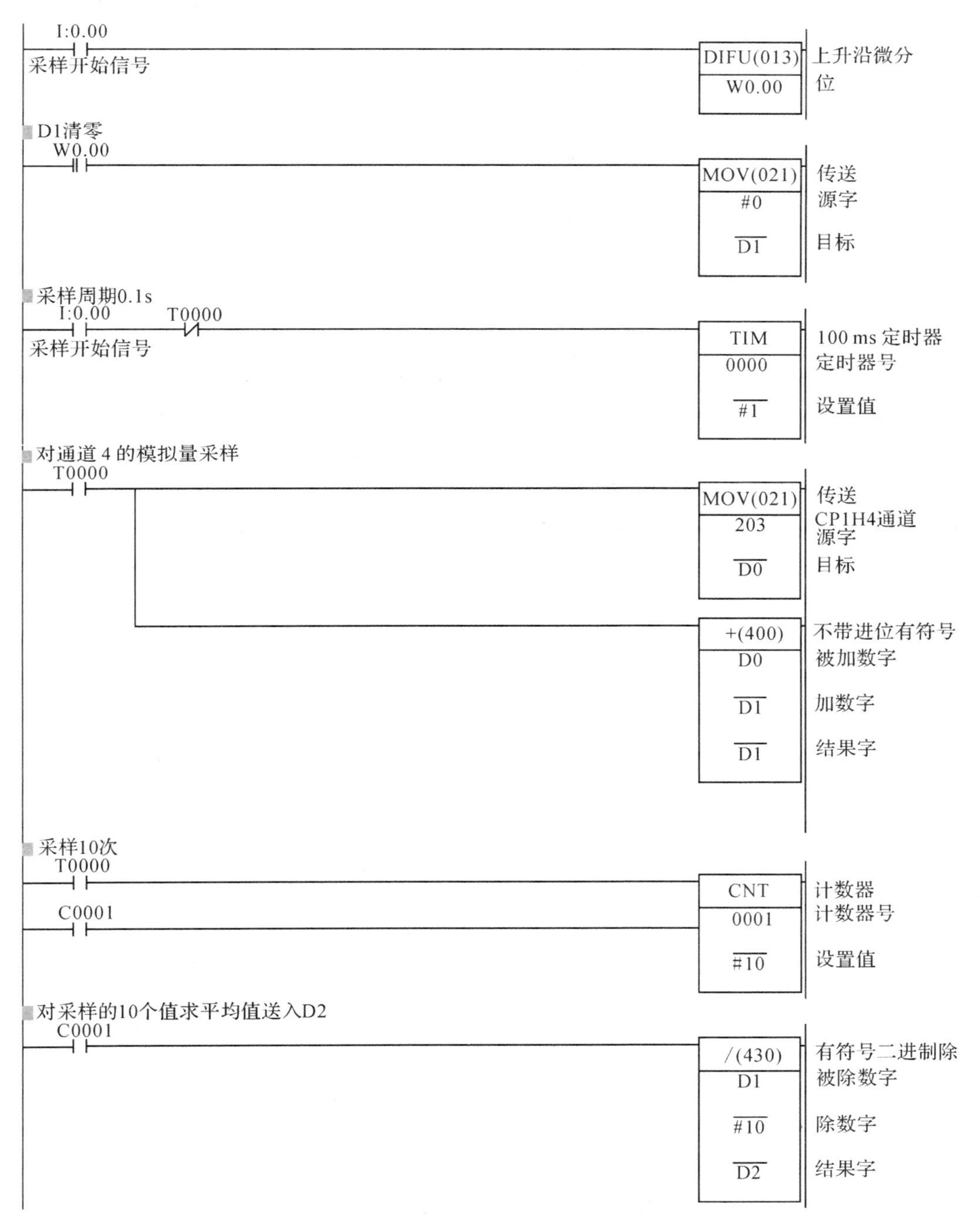

图 7.19　平均值滤波法

方法 2：实用的平均值滤波法。上一种方法是采样 N 次，求取一次算术平均值，这种方法反应速度较慢，但可以有效地滤除常态干扰的影响。另一种方法是每采样一次就与前 $N-1$ 次的采样值一起求取一次算术平均值，这种方法反应速度快，可以有效地消除损害干扰的影响。

在编制滤波程序前滤波程序数据存储器分配表如表 7.3 所示。

表 7.3　滤波程序数据存储器分配表

数据存储器	内　容	数据存储器	内　容
D10	取样次数 N	D18/19	平均值存放单元
D12	旧数据存放单元	D20/21	余数存放单元
D14/15	数据和存放单元	D22	采样数据存储区尾地址
D16	新采样的数据存放单元	D100	采样数据存储区首地址

初始上电开始运行时，首次扫描标志 P_First_Cycle 为 ON 一个扫描周期。利用这个位形成采样数据存储区尾地址，清除采样数据存储区和数据暂存区。该程序采样周期为 1 s，取内部时钟 P_1s 的上升沿，形成每秒一次的采样脉冲 W0.00。利用 W0.00，先将 D100 单元中的旧数据移入旧数据暂存单元，再将数据存储区中的数据上移一个单元，将新数据移入数据存储区的尾单元，然后从和中减去旧数据，加上新数据，求出算术平均值。其梯形图如图 7.20 所示。

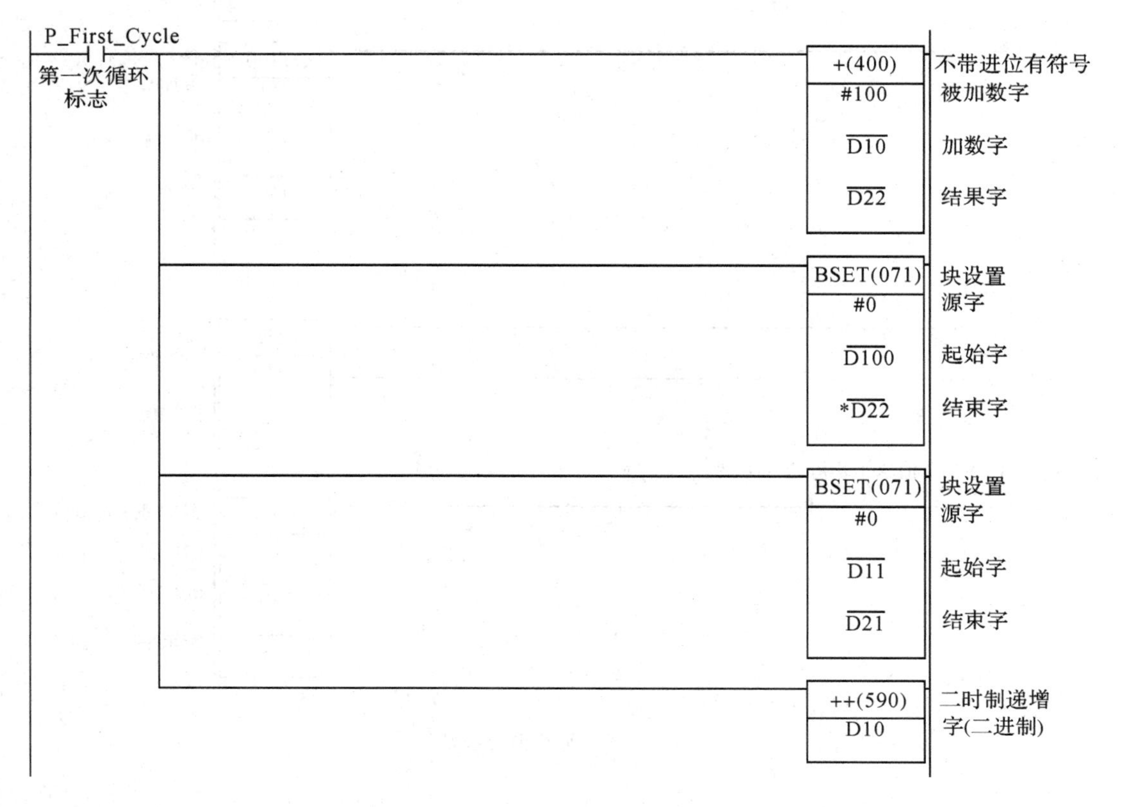

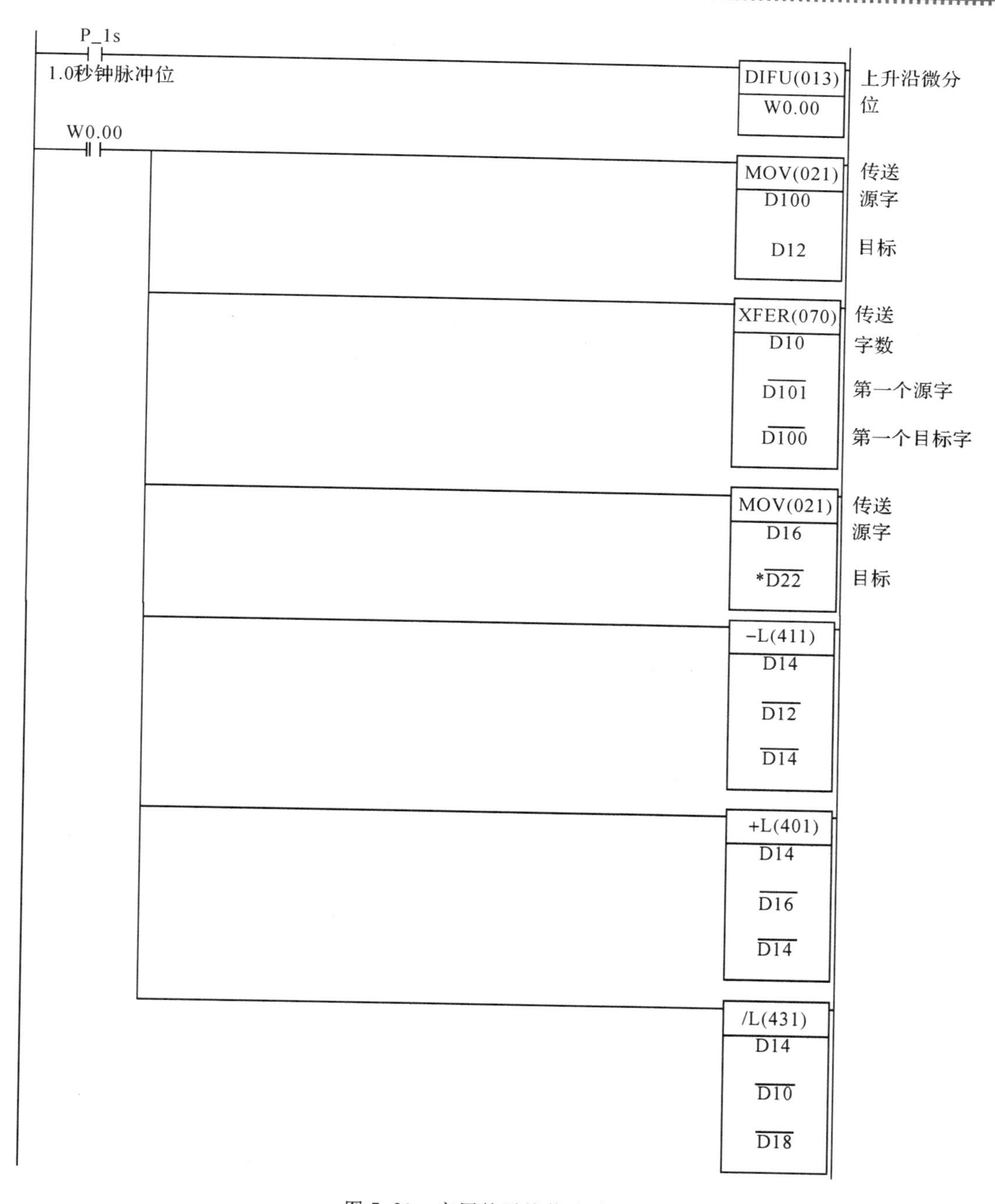

图 7.20 实用的平均值滤波法

方法 3：去极值平均值滤波法。在平均值滤波中不能排除干扰脉冲的成分，只能将其影响削弱，采样后的平均值产生误差。但因为干扰脉冲的采样值明显偏离真实值，所以可以比较容易地将其剔除，不参加平均值的计算。其方法是连续采样 N 次，从中找出最大值和最小值，将其剔除，再将余下的 $N-2$ 个采样数据求平均值。

(3) 边沿信号的采集。

边沿信号的采集可运用 DIFU、DIFD、UP、DOWN 等指令，其具体应用已经在前面有所介绍，这里不再赘述。

2. **故障信号的检测及程序设计**

1）故障检测

可编程控制器本身具有很高的可靠性，在CPU和操作系统的监控程序中有完整的自诊断程序，万一出现故障，借助自诊断功能，可以很快找到故障部位，确定故障所在。但PLC外接的I/O元件就不那么可靠，如行程开关、电磁阀、接触器等元件的故障率就很高，并且当这些元件出现故障时，PLC不会自动停机，直到故障造成诸如机械顶死、控制系统常规保护动作之后才会被发觉。

为了提高维修工作的效率，特别是为了及时发现元件故障，在还没有酿成设备事故之前，使PLC先停机、报警并进行处理。因此，完善的PLC控制系统有必要将故障检测措施作为控制系统设计的一个必要的组成部分，以提高整个设备的可维修性。常用的故障检测方法有以下两种：

(1) 时限故障检测。由于设备在工作循环中，各工步运动在执行时都需要一定的时间，且这些时间都有一定的限度，因此可以用这些时间作为参考，在要检测的工步动作开始的同时，启动一个定时器，时间设定值比正常情况下该动作要持续的时间长20%～30%，而定时器的输出信号可以作用于报警、显示或自动停机装置。当设备某工步动作的时间超过规定时间，达到对应的定时器预置时间，还未转入下一个工步动作时，定时器发出故障信号。该信号使正常工作循环程序停止，启动执行报警和显示程序。如在立体车库中，载车平板提升轿车时，为防止上限位开关失效，可以设计一个定时器，定时时间根据提升速度确定，用于监控提升过程中是否超时，如图7.21所示。

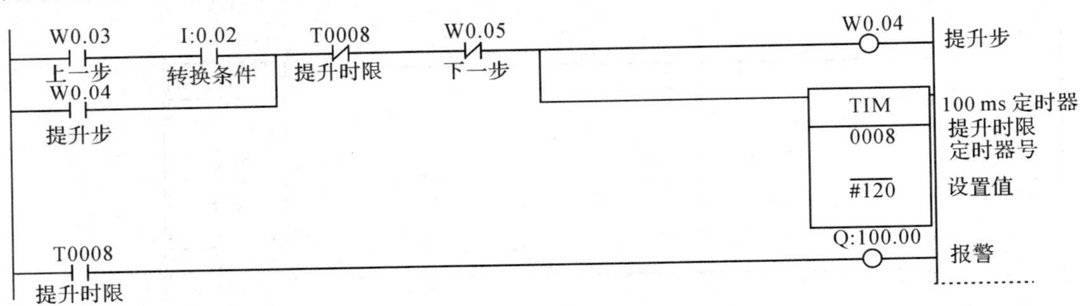

图 7.21　时限故障检测

(2) 逻辑错误检测。在设备正常情况下，控制系统的各I/O信号、中间状态等之间存在着确定的逻辑关系。一旦设备出现故障，这些正常的逻辑关系便被破坏，从而出现异常逻辑关系。反过来说，一旦出现异常逻辑关系，必然是设备出现了故障。因此，可以事先编制好一些常见故障的异常逻辑程序，加进用户程序中。一旦这种逻辑关系出现状态“1”，就必然是发生了相应的设备故障，即可以将异常逻辑关系的状态输出，作为故障信号，用来实现报警、停机等控制。

例如，在正常情况下，机床动力头原位限位开关与向前进给运动的终点限位开关是不会同时被压下的，即两输入信号在正常情况下不可能同时为“1”。如果这两个输入信号的状态同时为“1”，则必然是至少有一个限位开关出现了故障。因此可以在程序中增加一条，这两个信号相与并驱动报警继电器的程序。当报警继电器的状态为“1”时，PLC可以在一个扫描周期的时间里实现停机/报警。

2）故障信号显示

（1）直接分别显示。无论上面哪种形式，具体的故障信号都是由专门的程序分别检测出来的。这些故障信号分别与特定故障一一对应，最简单的显示办法就是分别显示，即每个故障检测信号设置一个显示单元。这样做的好处是清楚、易于分辨故障及故障元件，缺点是要增设很多输出点，这不但在经济上不合适，而且可能因为PLC输出点不够，又不能再扩展而实现不了。

（2）集中共用显示。这种做法是所有的故障检测信号共用一个显示单元或者是几个故障信号共用一个显示点。这种方法只显示故障的具体部位或元件，虽然可以节省PLC的输出点，但要增加判断、寻找故障点的工作量，不利于提高维修工作效率。

（3）分类组合显示。这种做法是将所有的故障检测信号按层次分组，每组各包括几种故障。例如，对于多工位的自动生产线来讲，故障信号可分为故障区域(机号)、故障部件(动力头、滑台、夹具等)、故障元件等几个层次。当具体的故障发生时，检测信号同时分别送往区域、部件、元件等显示组，这样就可以指示故障发生在某区域、某部件、某元件上。

如自动生产线由三台单机组成，每台单机可分为左、右、立式动力头三个部件，每个部件分为原位、终点、进给超时及退回超时四种故障，共有36种故障的组合。采用分类组合显示方法，可以显示到具体的故障元件，使判断、查找方便，不仅可以提高设备的维修效率，而且又可节省输出显示点。分类组合显示程序如图7.22所示，100.00、100.03和101.00有输出时，表示1号机左动力头进给超时故障。

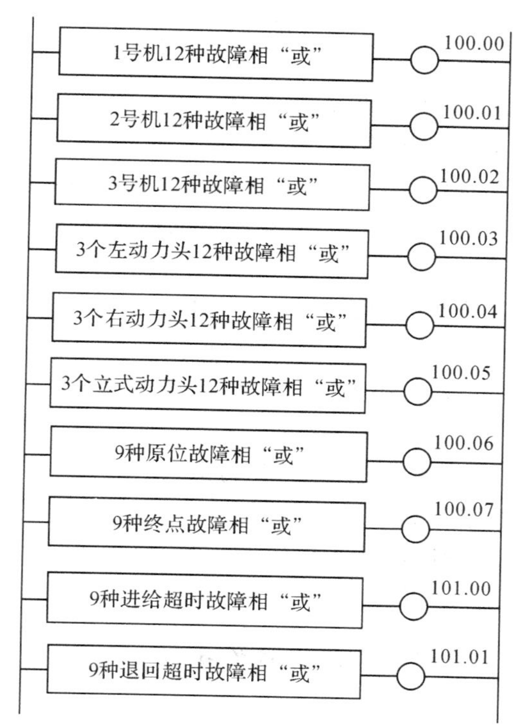

图7.22　分类组合显示程序

（六）控制程序的整体设计

详见本项目案例。

四、PLC控制系统的安装、调试及维护

（一）PLC控制系统的安装

PLC是专门为工业生产环境而设计的控制设备，具有很强的抗干扰能力，可直接用于工业环境。但也必须按照具体型号PLC的《操作手册》说明，在规定的技术指标下进行安装、使用。一般来说应该注意以下几个问题。

1. PLC控制系统对布线的要求

电源是干扰进入PLC的主要途径。除在电源和接地设计中讲到的注意事项外，在具体安装施工时还要做到以下几点：

(1) PLC主机电源的配线应使用双绞线，并与动力线分开。

(2) 接地端子必须接地，接地线必须使用2 mm^2 以上的导线。

(3) 输入/输出线应与动力线及其他控制线分开走线，尽可能不在同一线槽内布线。

(4) 传递模拟量的信号线应使用屏蔽线，屏蔽线的屏蔽层一端接地。

(5) 基本单元和扩展单元间传输要采用厂家提供的专用连接线。

(6) 所有配线必须使用压接端子或单线(多芯线接在端子上容易引起打火)。

(7) 系统的动力线应足够粗，防止大容量设备启动时引起的线路压降。

2. I/O对工作环境的要求

良好的工作环境是保证PLC控制系统正常工作，提高PLC使用寿命的重要因素。PLC对工作环境的要求一般有以下几点：

(1) 避免阳光直射，周围温度为0～55℃。因此安装时不要把PLC安装在高温场所，应努力避免高温发热元件，保证PLC周围有一定的散热空间，并按操作手册的要求固定安装。

(2) 避免相对温度急剧变化而凝结露水，相对湿度控制在10%RH～90%RH，以保证PLC的绝缘性能。

(3) 避免腐蚀性气体、可燃性气体、盐分含量高的气体的侵蚀，以保证PLC内部电路和触点的可靠性。

(4) 避免灰尘、铁粉、水、油、药品粉末的污染。

(5) 避免强烈震动和冲击。

(6) 远离强干扰源，在有静电干扰、电场强度很强、有放射性的地方，应充分考虑屏蔽措施。

（二）PLC控制系统的调试及试运行的操作

1. 调试前的操作

(1) 在通电前，认真检查电源线、接地线、输入/输出线是否正确连接，各接线端子螺丝是否拧紧。接线不正确或接触不良是造成设备重大损失的原因。

(2) 在断电情况下，将编程器或带有编程软件的 PC 等编程外围设备通过通信电缆和 PLC 的通信接口连接。

(3) 接通 PLC 电源，确认"PWR"电源指示 LED 点亮，并用外围设备将 PLC 的模式设定为"编程"状态。

(4) 写入程序，检查控制梯形图的错误和语法错误。

2. 调试及试运行

完成以上工作，进入调试及试运行阶段。调试分为模拟调试和联机调试。PLC 调试流程图如图 7.23 所示。

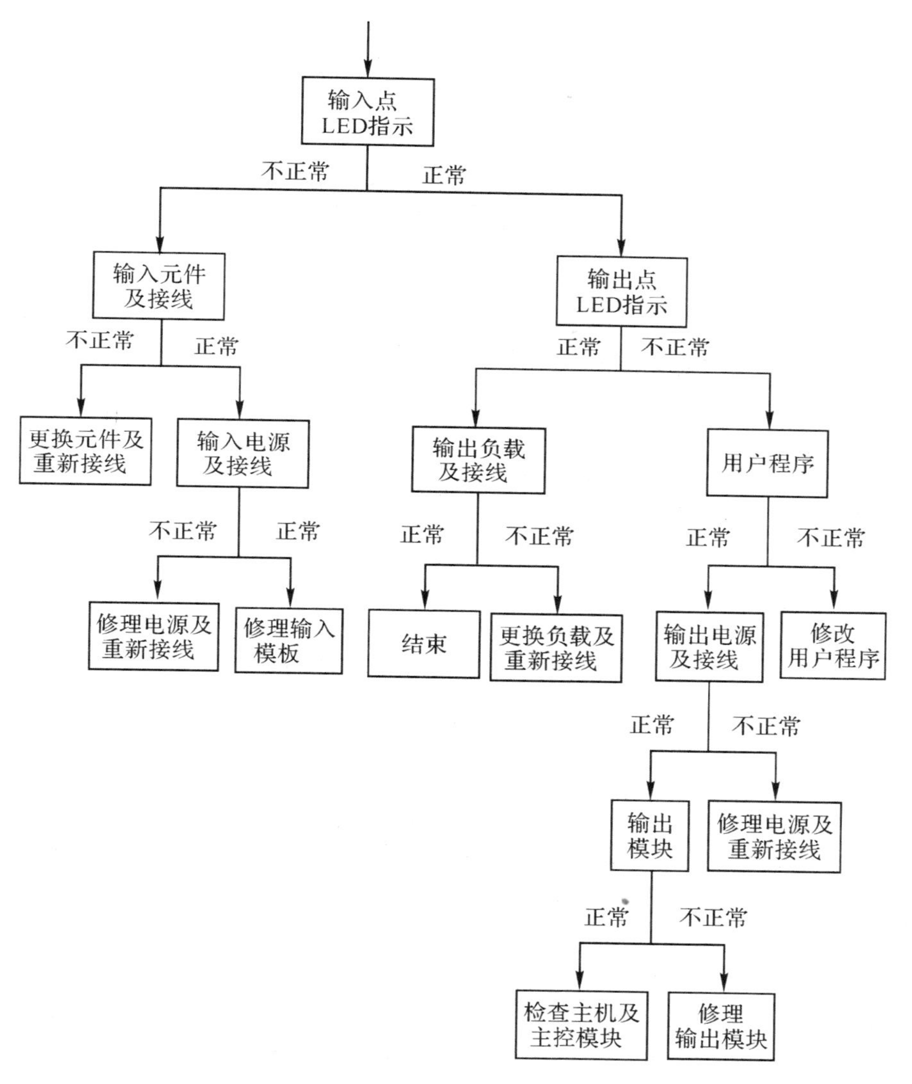

图 7.23　PLC 程序调试流程图

在调试过程中，如果发生故障，则按照图 7.24 所示的流程操作，迅速排除故障。

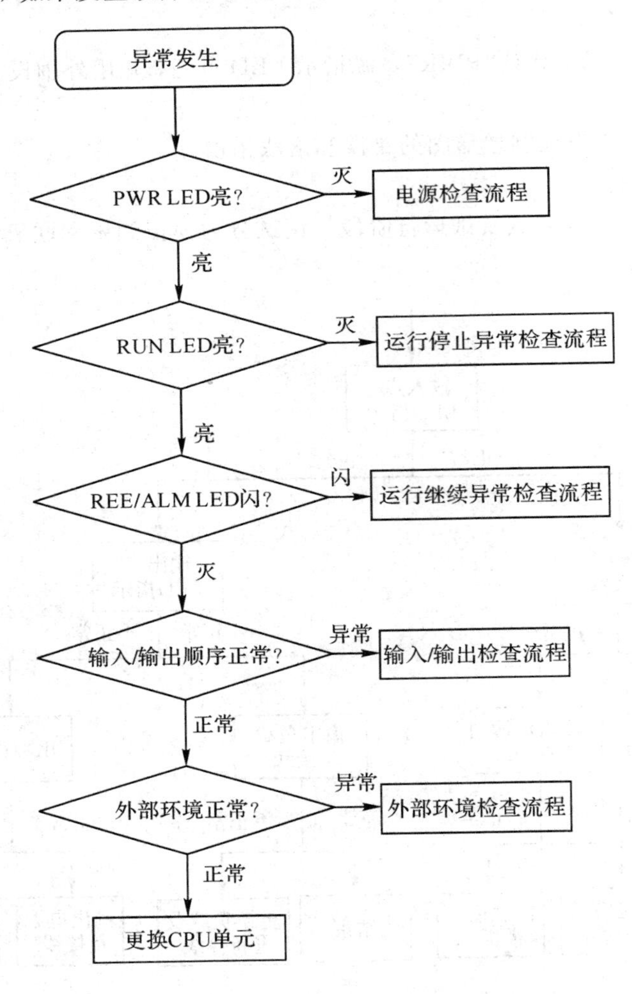

图 7.24　主检查流程图

(三) PLC 控制系统的维护

PLC 内部没有导致其寿命缩短的易耗元件，因此其可靠性很高。但也应做好定期的常规维护、检修工作。一般情况下以每六个月到一年一次为宜，若外部环境较差，可视具体情况缩短检修时间。

PLC 日常维护检修的项目如下：

(1) 供给电源：在电源端子上判断电压是否在规定范围之内。

(2) 周围环境：周围温度、湿度、粉尘等是否符合要求。

(3) 输入/输出电源：在输入/输出端子上测量电压是否在基准范围内。

(4) 各单元是否安装牢固：外部配线螺丝是否松动，连接电缆有否断裂老化。

(5) 输出继电器：输出触点接触是否良好。

(6) 锂电池：PLC 内部锂电池寿命一般为三年，应经常注意检查。

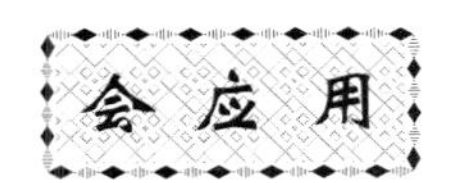

任务 2　可编程控制器控制系统设计应用案例

★案例 1　运料小车 PLC 控制

1. 任务分析

运料小车工作过程如图 7.25(a)所示。如图 7.25(b)所示，小车有四种工作方式：手动、单步、单周期、自动。在执行自动方式之前，要用手动方式将小车调回装料(ST1)处。

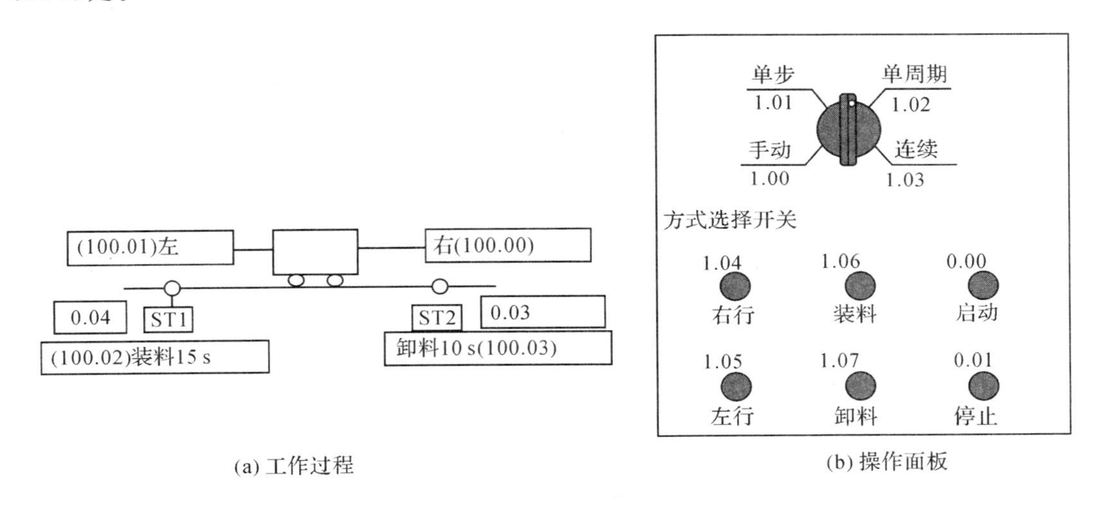

(a) 工作过程　　(b) 操作面板

图 7.25　运料小车工作过程及操作面板

在生产实际中使用的控制设备的工作方式有手动、单步、单周期、连续(自动)等方式。

(1) 手动：与点动相似，按下按钮运行、释放按钮停止，主要应用于设备的安装、调试和维修工作。

(2) 单步：设备启动一次只能运行一个工作步，也主要应用于设备的安装、调试和维修工作。

(3) 单周期：设备启动一次只运行一个工作周期。

(4) 连续：设备启动后连续地、周期性地运行一个过程。

具有多种工作方式的控制程序，常分开设计，再综合起来。

2. 顺序功能图设计

(1) 工作方式 1：单步工作方式。方式开关拨在单步挡，其顺序功能图如图 7.26(a)所示。按一次 00000，小车完成一个工作步。例如，按一次启动按钮 0.00，小车装料，装料结束(T000 ON)即停。再按一次启动按钮 0.00 小车右行，到达卸料处 ST2 (0.03)即停。

再按一次启动按钮 0.00，小车卸料。

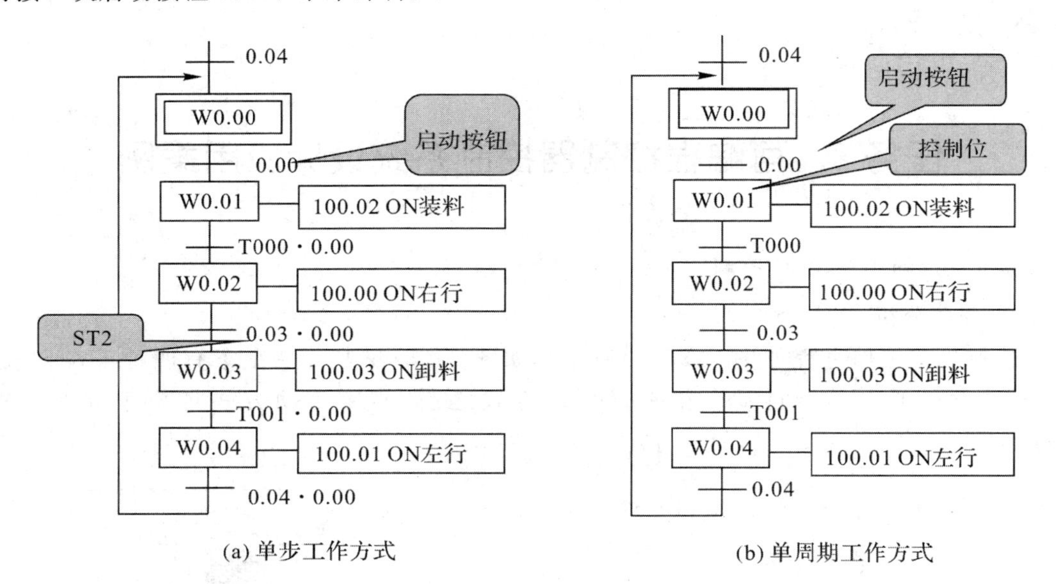

图 7.26　运料小车不同工作模式顺序功能图

（2）工作方式 2：单周期工作方式。方式开关拨在单周期挡，则系统工作于单周期方式，其顺序功能图如图 7.26(b)所示。小车完成一次循环回到 0.04 即停，再启动需按 0.00。

（3）工作方式 3：连续工作方式。方式开关拨在连续挡，则系统工作于连续方式，其顺序功能图如图 7.27 所示。小车完成一次循环回到 0.04 即停，自动循环。

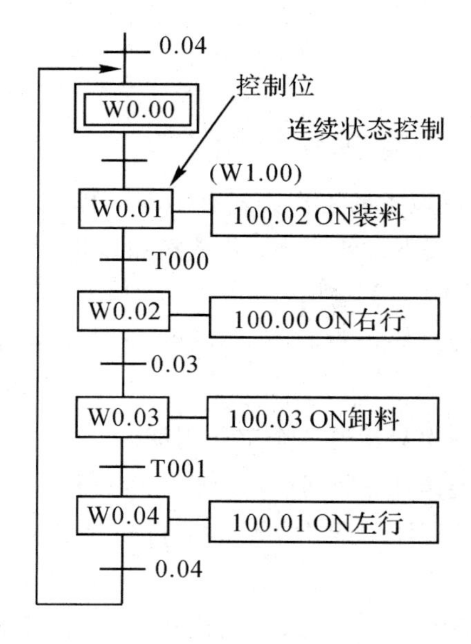

图 7.27　连续工作方式

(4) 多种工作方式：将单步、单周期、连续的顺序功能图进行合并，如图 7.28 所示。

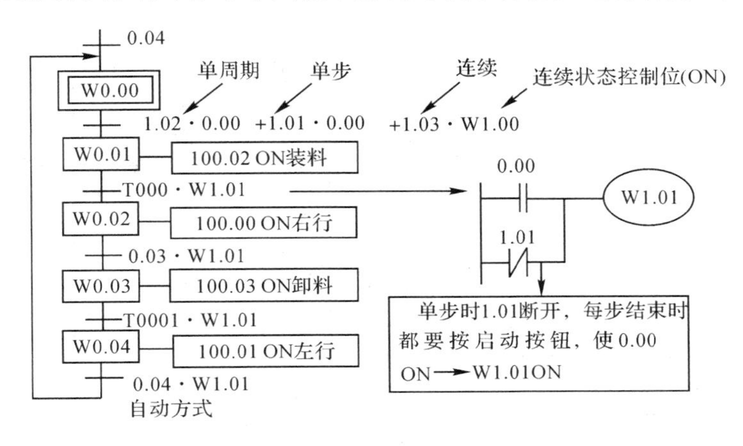

图 7.28 单步、单周期、连续工作方式

3. **程序设计**

程序采用指令 JMP/JME 控制各种工作方式。程序的结构图如图 7.29 所示。1.00 是手动/自动方式转换开关，当方式开关拨在手动方式时，常开触点 1.00 ON，故执行手动程序；方式开关拨在其他自动方式时，常开触点 1.00 OFF，常闭触点 1.00 ON，故执行自动程序。

(1) 手动程序。手动程序如图 7.30 所示。按住右行启动按钮→1.04 ON，线圈 100.00 ON，小车右行；小车右行到位压 ST2→常闭触点 0.03 断开→100.00 OFF→小车停。按住卸料按钮→1.07 ON，常开触点 0.03 ON→1.03 ON→小车卸料。

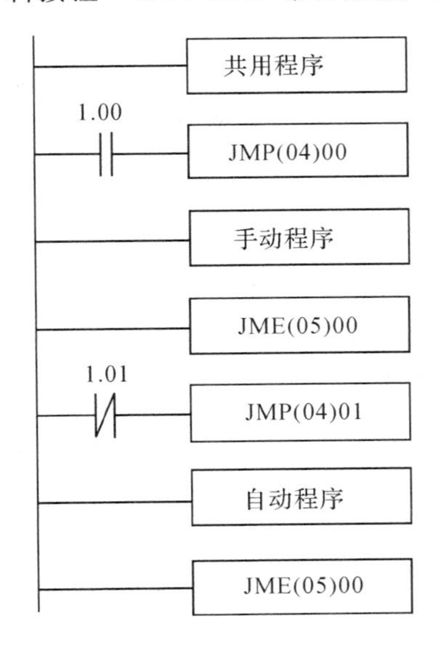

图 7.29 程序结构图

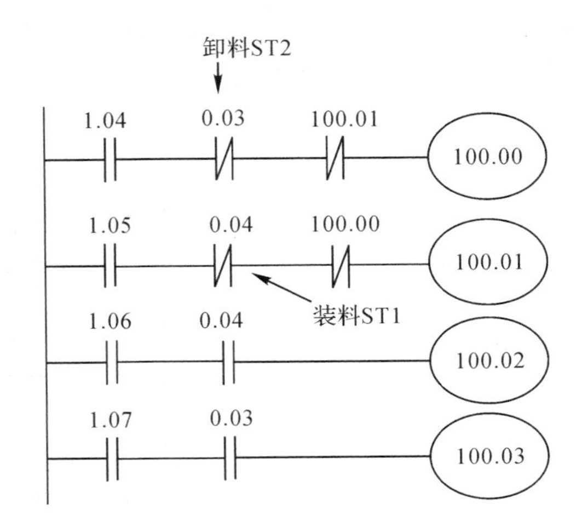

图 7.30 手动程序

按住左行启动按钮→1.05 ON，线圈 100.01 ON，小车左行，小车左行到位压 ST1→常闭触点 0.04 断开→100.001 OFF →小车停。按住装料按钮→1.06 ON，常开触点 0.04 ON→1.02 ON→小车装料。

（2）自动程序。自动程序如图 7.31 所示。

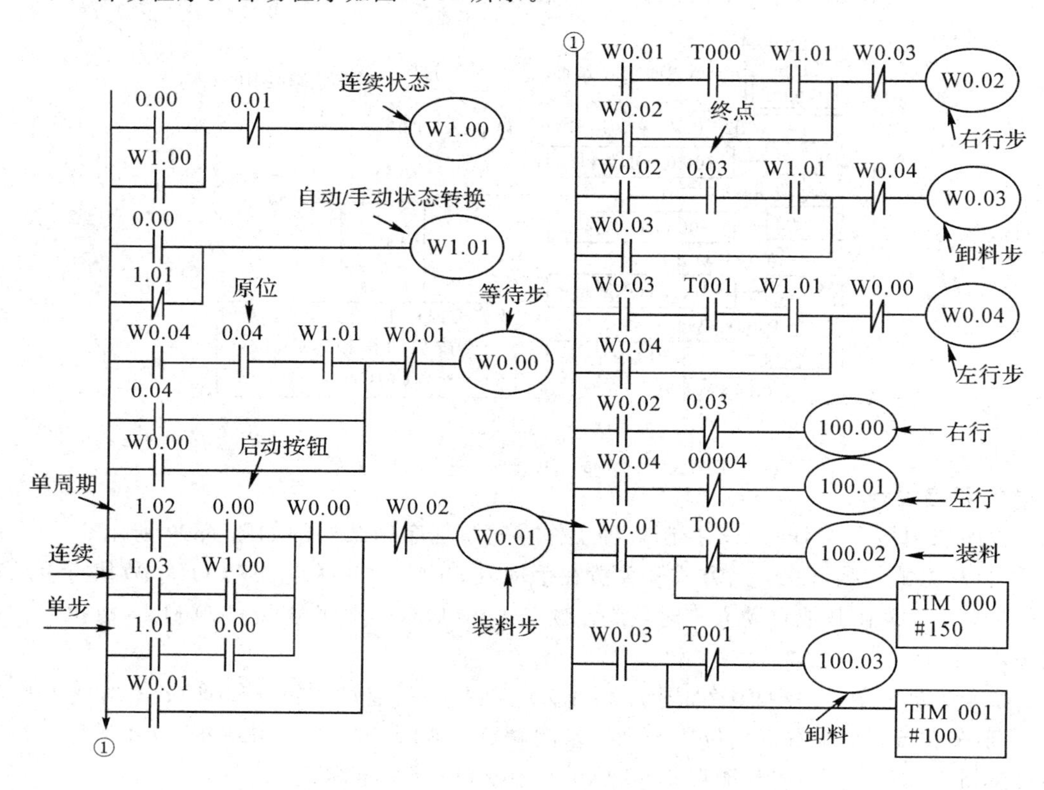

图 7.31 自动程序

（3）公共程序。控制位复位程序，即公共程序。当自动方式转换到手动方式时，应将连续状态位 201.00 和各步的控制位（手动方式不使用这些位）复位，否则在返回到自动方式时会引起误动作。公共程序如图 7.32 所示。

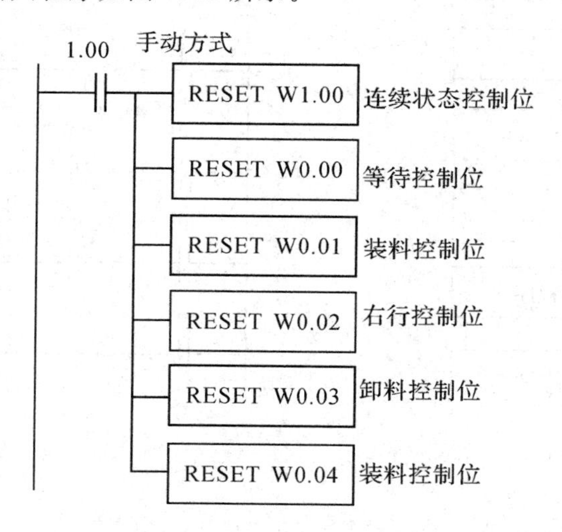

图 7.32 公共程序

注意：多种工作方式的系统编程，一般要用转换开关来完成各种方式之间的转换，并且要用跳转指令实现手动/自动程序的转换；当自动方式转换为手动方式时，要注意编写复位程序，以免在转回自动方式时出现误动作。

4. **系统调试**

将程序下载到 PLC 中，进行调试。

★案例 2 大小球分拣系统

大小球分拣系统的工作原理如图 7.33 所示。通过分拣杆左右移动和电磁铁上下运动，吸引大小球，并有选择地放到相应的容器中。

1. **工作过程和控制要求**

1）工作过程

（1）分拣杆在原位时开始的分拣工作顺序功能图如图 7.34 所示。

（2）磁铁下降时间为 2 s，2 s 后开始吸引铁球，从吸引开始 1 s 后，磁铁上升。

（3）大小球由 SQ5 判断，磁铁碰到大球时，SQ5 尚未压合，碰到小球时 SQ5 压合。

（4）分拣杆的左右移动由电机 M 的正反转控制；电磁铁的上下移动由电磁阀 YV1 控制气缸的运动来完成，当 YV1 得电时电磁铁下降，当 YV1 失电时电磁铁上升；电磁铁 YV2 得电吸引，失电释放。

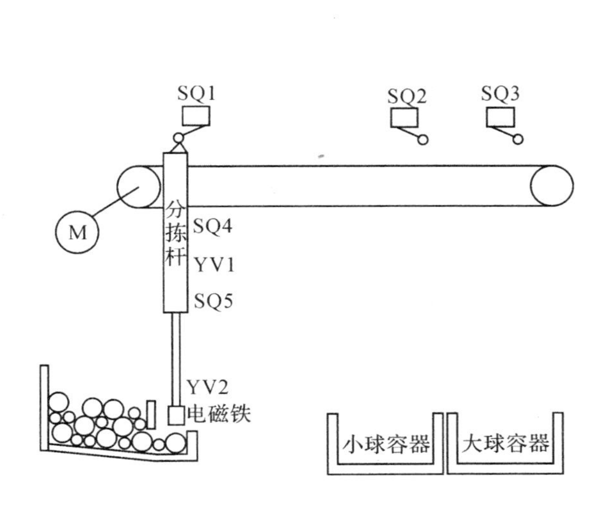

图 7.33 大小球分拣系统的工作原理

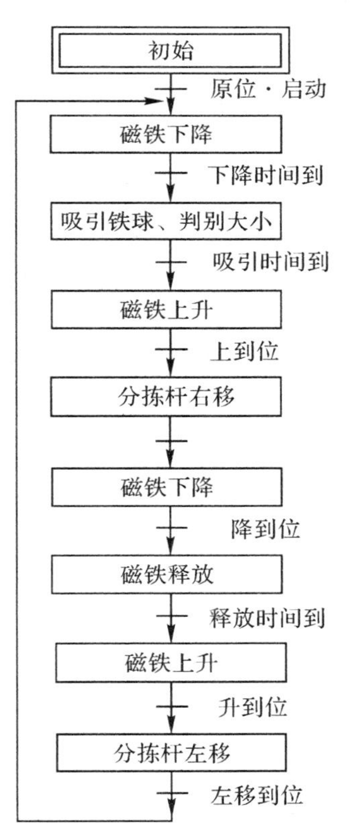

图7.34 分拣工作顺序功能图

2）控制要求

（1）控制分为手动和自动两部分。自动部分执行正常分拣；手动用于位置调整和手动复位。

（2）自动分为多循环和单循环两种。单循环是在按下启动按钮，执行一次分拣循环后，分拣杆回到原位停止；多循环是执行多次循环，直到按下停止按钮才结束。

（3）按下启动按钮时，能完成正常的分拣任务；按下停止按钮时，分拣动作停止。为了安全起见，电磁铁在吸引状态能吸住铁球，不使其掉下发生事故。

控制程序的设计分为两步：第一步是从实际装置和控制要求到顺序功能图；第二步是从顺序功能图到控制梯形图。第一步对没有实际工作经验的设计者来说是最困难的，希望通过实践多加练习。

2. PLC控制系统设计

1）操作面板

首先考虑控制系统的操作面板，操作面板要根据系统的控制要求来设计，系统的简易操作面板如图7.35所示，未考虑电源指示。

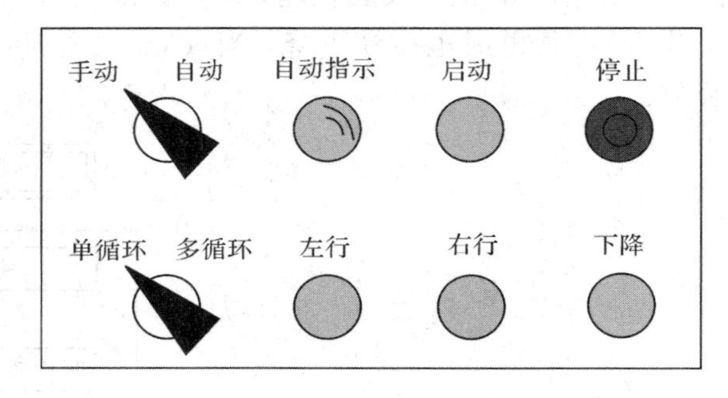

图7.35　大小球分拣系统操作面板示意图

2）I/O分配表

根据系统的输入/输出元件设计系统的I/O分配表，如表7.4所示。

表7.4　大小球分拣系统I/O分配表

输入			输出		
元件	符号	输入地址	元件	符号	输出地址
启动按钮	SB1	0.00	正转接触器	KM1	100.00
停止按钮	SB2	0.01	反转接触器	KM2	100.01
左行按钮	SB3	0.02	电磁阀	YV1	100.02
右行按钮	SB4	0.03	电磁铁	YV2	100.03
下降按钮	SB5	0.04	自动指示灯	H	100.04
单/多循环	SA1	0.05			
左限位开关	SQ1	0.06			
右限位(小)	SQ2	0.07			

续表

输入			输出		
元件	符号	输入地址	元件	符号	输出地址
右限位(大)	SQ3	0.08			
上限位	SQ4	0.09			
下限位	SQ5	0.10			
自/手动选择	SA2	0.11			

3) PLC I/O 接线图

根据 I/O 分配表画出 PLC I/O 接线图，如图 7.36 所示。

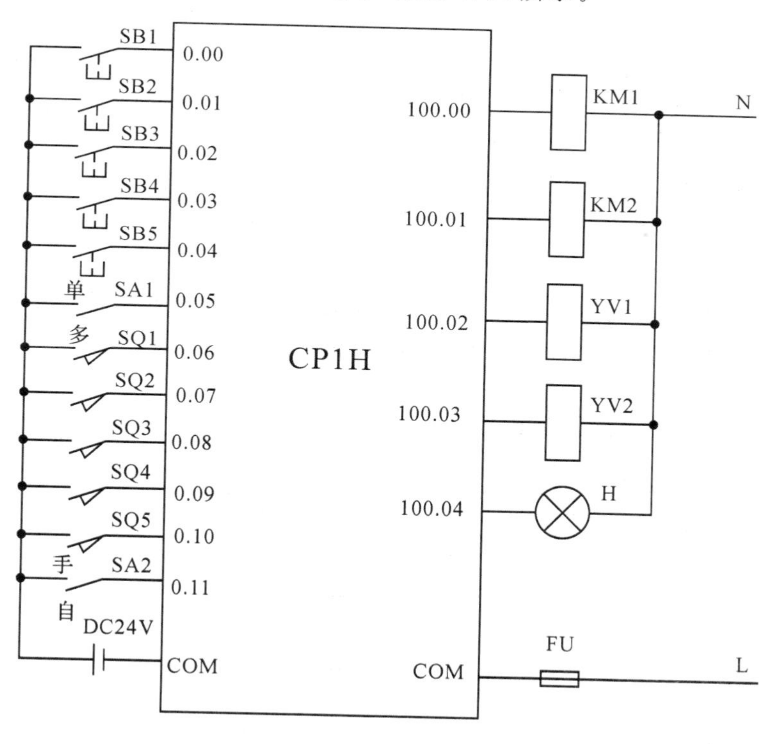

图 7.36　PLC I/O 接线图

4) 控制程序结构图

根据控制要求绘制的控制程序结构图如图 7.37(a)所示。该结构分为三部分：

(1) 自动程序段。当开关 SA2 断开，即常闭触点 0.11 闭合、常开触点 0.11 断开时，同时启动触点 0.00 闭合，线圈 W210.00 得电。触点 W210.00 闭合时，进入自动程序段，停止(常闭触点 0.11 断开)时退出自动程序段。

(2) 手动程序段。当常闭触点 0.11 断开，常开触点 0.11 闭合时进入手动程序段。

(3) 组合输出程序段。将手动和自动的状态在这里进行组合，然后输出。

如果要在停止以后再启动，从停止处继续进行下去，可按图 7.37(b)设计，将一对跳转指令嵌在连锁/解锁指令内。

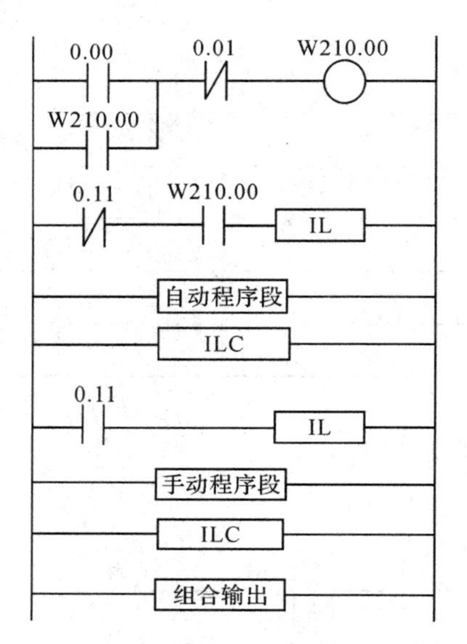

(a) 根据控制要求绘制的结构图

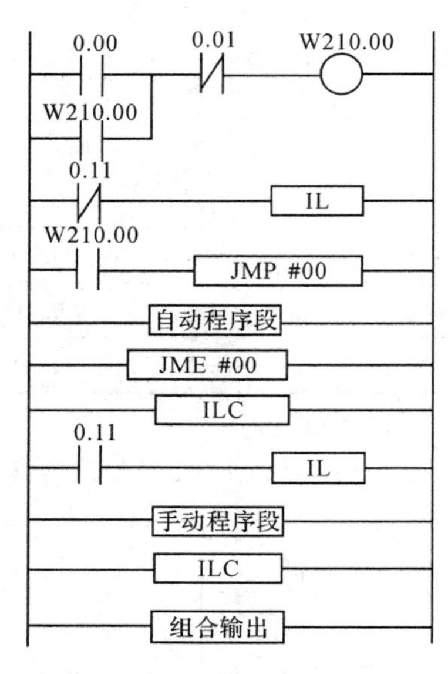

(b) 能从停止处继续进行的结构图

图 7.37　大小球分拣系统控制程序结构图

5）顺序功能图

根据分拣工作顺序功能图绘制的自动分拣状态下的顺序功能图如图 7.38 所示，为讲述方便，图中并未画出启动时不在原位时的处理过程，自动状态指示也未在图中表示。

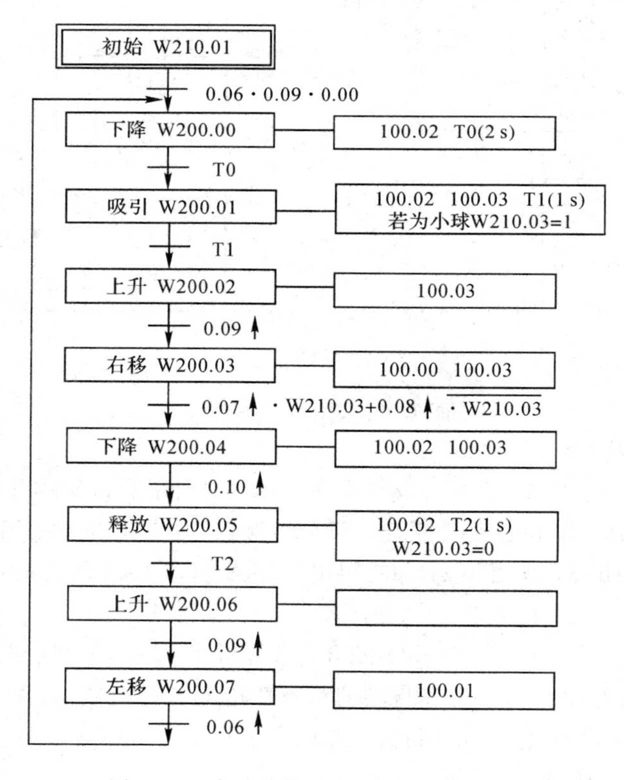

图 7.38　自动分拣状态下的顺序功能图

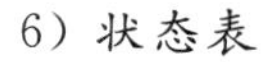

6）状态表

如果说顺序功能图形象地描述了状态转换的过程，状态表则以表格的形式清楚地表示了各步作用的输出情况，这对组合程序段的编写很有帮助。状态表又称动作表，见表 7.5。

表 7.5　自动分拣状态表

状态名称	状态标志	输　出							状态转入条件
		100.00	100.01	100.02	100.03	T0	T1	T2	
初始	W210.01								开始运行
下降	W200.00			+		+			0.06 • 0.09 • 0.00
吸引	W200.01			+	+		+		T0
上升	W200.02				+				T1
右移	W200.03	+			+				0.09 ↑
下降	W200.04			+	+				0.07 ↑ • W210.03 0.08 ↑ • $\overline{\text{W210.03}}$
释放	W200.05			+				+	0.10 ↑
上升	W200.06								T2
左移	W200.07		+						0.09 ↑

7）控制梯形图

根据控制程序结构图和顺序功能图编写的梯形图如图 7.39 所示。在图中：

（1）在进入运行的第一个扫描周期，W210.01 得电，进入初始状态，电磁铁失电。

（2）第一个 IL 到 ILC 之间是自动循环程序段；在 W200.01 步，利用触点 0.10 设置了小球标志 W210.03，作为进入 W200.04 步的条件之一；用各步转换条件的上升沿作触发，使转换更可靠。

（3）在自动循环程序段的第一条（W200.00 步）和最后一条（W200.07 步）中，两个虚线框内的触点是专为“单循环”设计的。常闭触点 0.05 受“单/多循环选择”开关 SA1 的控制。当单循环时，常闭触点 0.05 断开，导致当从 W200.07 步返回时，不能再进入 W200.0 步，只能停在原位，等待再启动。常闭触点 0.06 的目的是在单循环时，分拣杆回原位时能复位 W200.07，使分拣杆左移停止。

（4）两种停止方式，一种是使用停止按钮做紧急停止（急停），另一种是在自动循环时，将单/多循环开关旋转到“单循环”位置，就能达到在执行一个循环后自动停止的目的。

（5）第二个 IL 到 ILC 之间是手动程序段，不直接输出，用 W220.00～W220.02 作过渡，再在组合输出端输出。三条梯形图中的常闭触点做限位保护用。

（6）最后是组合输出。其中有一条用常闭触点 W210.00、W210.01 或 0.11 串联，是为了在初始状态时电磁铁失电，在自动状态停止时，又能保持电磁铁得电，起到安全防护的作用。如要使电磁铁失电，只要将开关打到“手动”即可。

（7）操作说明。上电开机后，可在手动状态将分拣杆用手动按钮移动到原位，电磁铁失电，电磁阀此时已在原位。转换开关转到“自动”“多循环”位，按下“启动”按钮即可进入自动分拣状态，开始自动分拣。正常停止时，只要将转换开关转到“单循环”位即可。

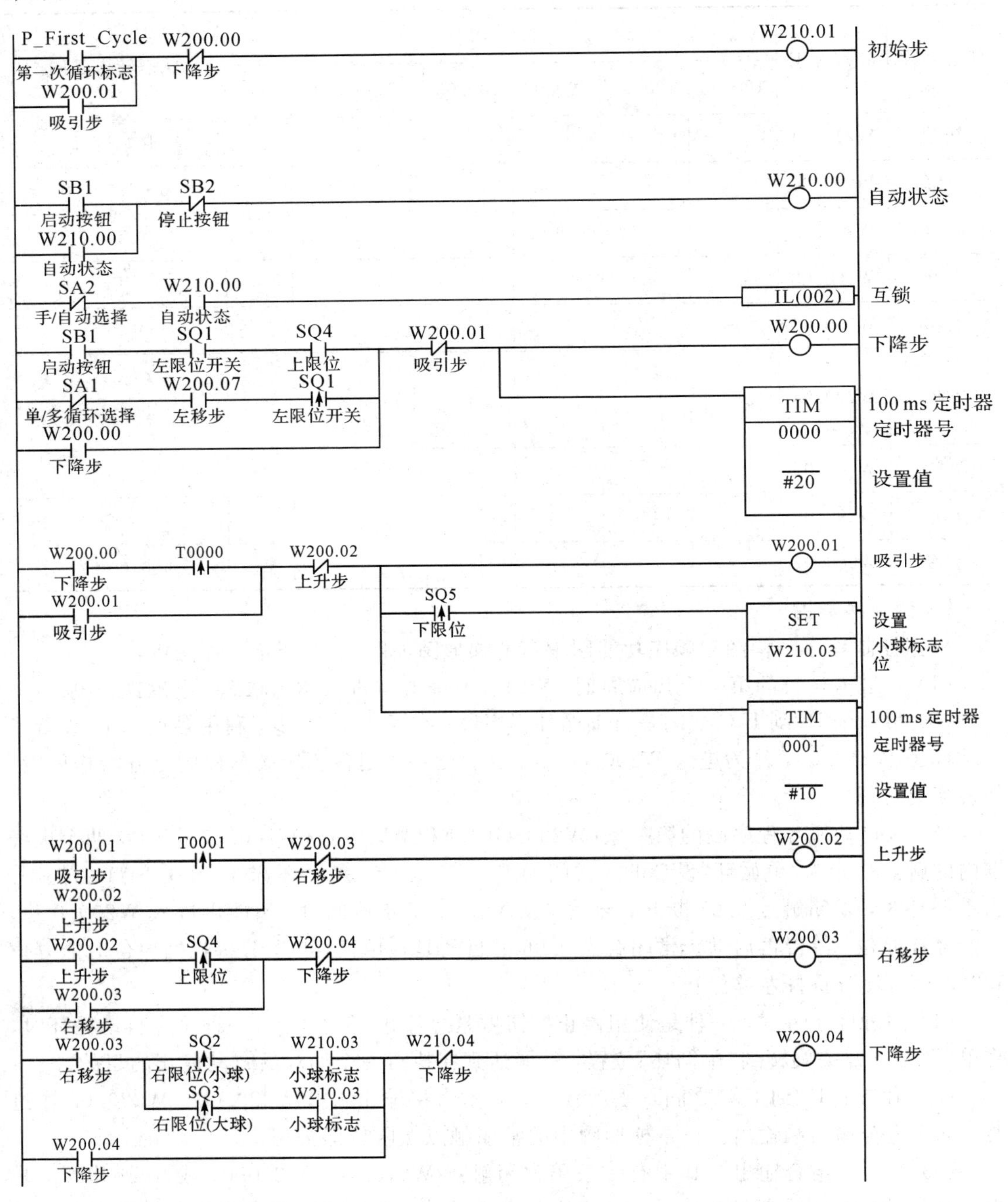

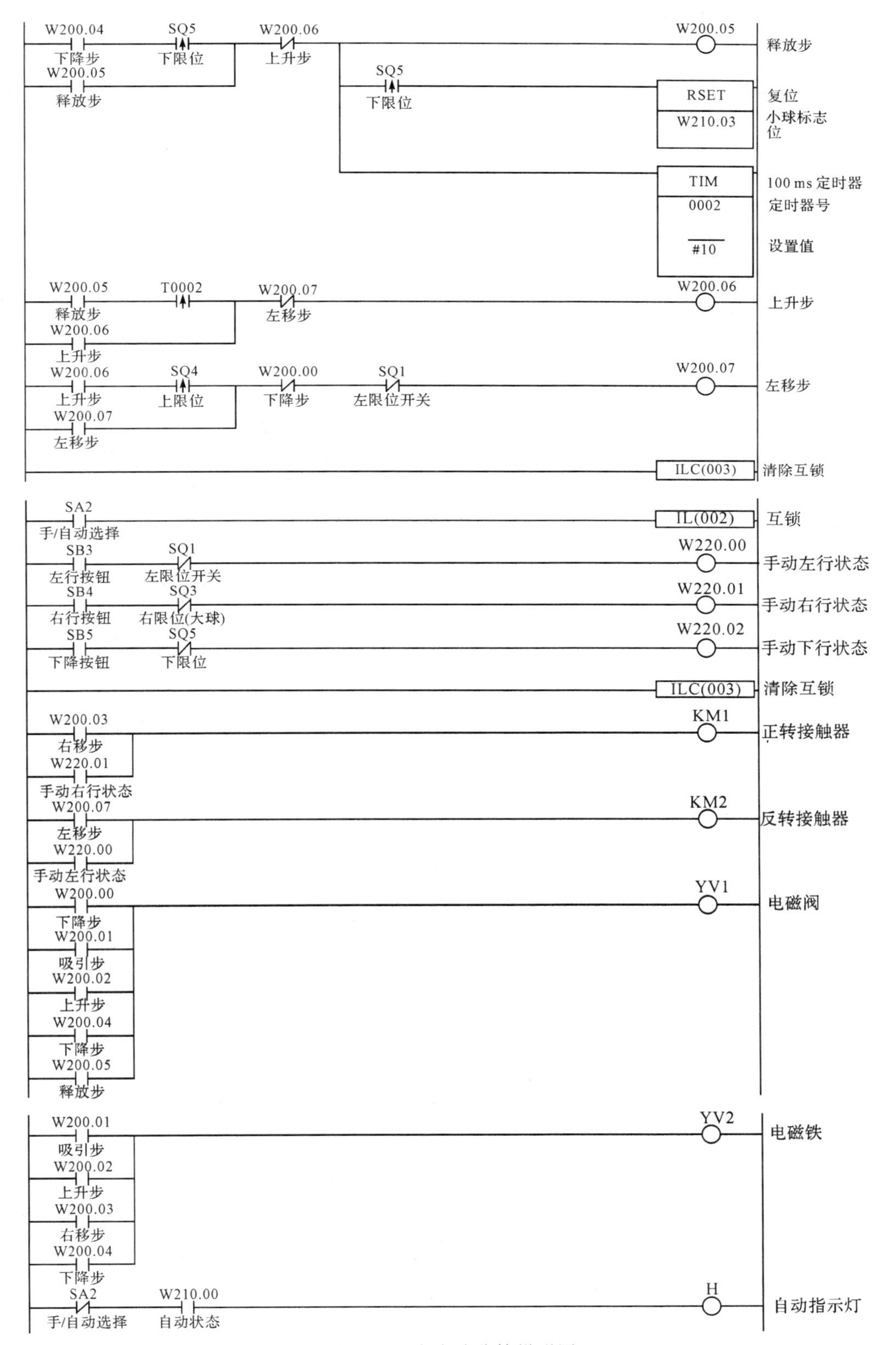

图 7.39　大小球分拣梯形图

项 目 小 结

本项目主要内容：

- 可编程控制系统设计的基本原则；
- PLC 控制系统开发的基本步骤；
- PLC 硬件系统设计步骤，设计结果；
- PLC 硬件软件设计步骤，设计结果；
- 熟记安装、调试及维护的主要事项。

项目七知识结构图如图 7.40 所示。

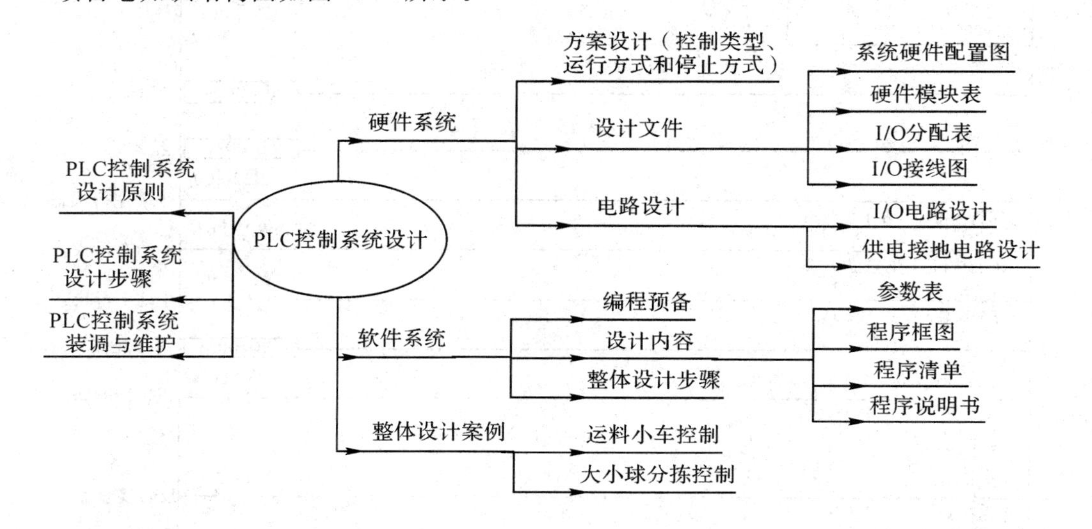

图 7.40　项目七知识结构图

习　题　7

一、简答题

1. 简述 PLC 控制系统的设计步骤。

2. 简述可编程序控制器系统设计的原则和内容。

3. 系统硬件设计的依据是什么？

4. 控制系统中可编程序控制器所需要的 I/O 点数应如何估算？怎样节省所需 PLC 的点数？

5. 如果 PLC 的输出端接有电感性元件，应采取什么措施来保证 PLC 的可靠运行？

6. 布置 PLC 系统电源和地线时，应注意哪些问题？

7. 简述供电系统的保护措施。

8. 完整的系统硬件设计文件一般应有哪些内容？

9. 简述软件设计的基本要求。

10. 简述可编程序控制器系统软件设计的原则和内容。

11. 简述控制程序设计的一般步骤。

12. 简述顺序控制中自动(含多循环、单循环)、手动、急停、循环停的控制方法。

13. 可编程序控制器的主要维护项目有哪些？如何更换 PLC 的备份电池？

二、编程题

1. 设计一个上下班打铃程序，要求每天上午 8:00，中午 11:30，下午 1:00 和 5:00 发出铃声，每次时长 20 s，双休日不打铃。

2. 设计一个简易 6 位密码锁控制程序，具体控制要求如下：

(1) 6 位密码预设为“615290”(可设定 10 个按钮，分别为 0～9)。

(2) 住户按正确顺序输入 6 位密码，按确认键后，门开。

(3) 住户未按正确顺序输入 6 位密码或输入错误密码，按确认键后，门不开同时报警。

(4) 按复位键可以重新输入密码。

3. 用欧姆龙 PLC 设计一个楼梯灯控制装置，控制要求：只用一个按钮控制，当按一次按钮时，楼梯灯亮 6 分钟后自动熄灭；当连续按两次按钮时，灯长亮不灭；当按下按钮的时间超过 3 秒时，灯熄灭。

4. 试用移位指令构成移位寄存器，实现广告牌字的闪耀控制。用 HL1～HL4 四灯分别照亮“欢迎光临”四个字。其控制动作要求见题表 7.1。每步间隔 1 s。

题表 7.1　动作表

步序	1	2	3	4	5	6	7	8
HL1	+				+		+	
HL2		+			+		+	
HL3			+		+		+	
HL4				+	+		+	

5. 物料供应车运行示意图如题图 7.1 所示。

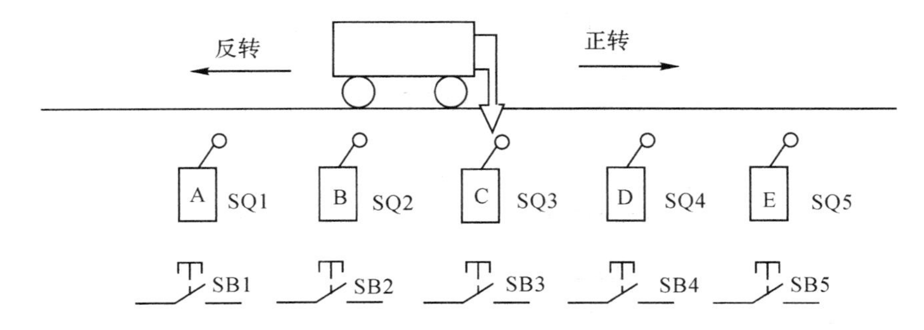

题图 7.1　物料供应车运行示意图

物料供应车有三个状态：向右运动(电动机正转)、向左运动(电动机反转)、停止。SQ 为物料车所处各工位的行程开关，SB 为各工位招呼物料车的召唤按钮。若物料车在 A 位，压合行程开关 SQ1，当 D 位需要物料时，按动其所在位置的召唤按钮 SB4，电动机正转，物料车向右运动，一直运动到 D 位，压合行程开关 SQ4 时停止。I/O 地址分配表如题表 7.2 所示。

题表 7.2　I/O 地址分配表

输入				输出	
元件	输入地址	元件	输入地址	元件	输出地址
SQ1	0.00	SB1	0.05	KM1(正转)	100.01
SQ2	0.01	SB2	0.06	KM2(反转)	100.02
SQ3	0.02	SB3	0.07		
SQ4	0.03	SB4	0.08		
SQ5	0.04	SB5	0.09		

完成以下控制要求：

(1) 控制系统开始投入运行时，不管物料车在何位置，应运行到 E 位，等待召唤。

(2) 物料车应能按照召唤按钮的信号和行程开关的位置，正常地运行和停止。

(3) 物料车运动到召唤位置时，能停留 20 s，等待取料；20 s 后能继续按召唤方向运动。

(4) 在物料车运动时，能接收其他工位的召唤信号，但必须等到本次任务完成后，才能响应下一个工位的召唤。

6. 自动定时搅拌系统如题图 7.2 所示，该搅拌系统的动作过程如下：

初始状态是出料阀门 A 关闭，然后进料阀门 B 打开，开始进料，液面开始上升。当液面上升到传感器 S1 时，其常开触点接通时，搅拌器开始搅拌。搅拌 5 min 后，停止搅拌，打开出料阀门 A。当液面下降到传感器 S2 时，其常开触点闭合。关闭出料阀门 A，又重新打开进料阀门 B，开始进料，重复上述过程。自动定时搅拌系统 I/O 表如题表 7.3 所示。编写该题的梯形图。

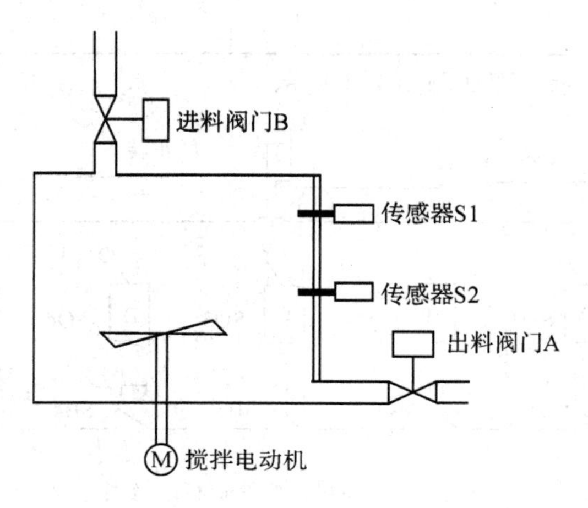

题图 7.2　自动定时搅拌系统

题表 7.3　自动定时搅拌系统 I/O 表

输　入		输　出		步	
启动按钮	0.00	进料阀门 B	100.00	0 步	W0.00
停止按钮	0.01	出料阀门 A	100.01	1 步	W0.01
连续工作开关	0.02	搅拌电动机	100.02	2 步	W0.02
液面传感器 S1	0.05	—	—	3 步	W0.03
液面传感器 S2	0.06	—	—	—	—

7. 一台电动机拖动送料机构，通过脉冲检测装置，控制电动机的减速和停止，实现对原材料的剪切，其 I/O 分配表如题表 7.4 所示。对控制提出的要求如下：

(1) 用多齿凸轮与电动机联动，同时用接近开关(或光电开关)检测齿轮数，产生的脉冲输入至 PLC 的计数器。

(2) 当计数器计到 4900 个脉冲时减速，到 5000 个脉冲时停机。

(3) 当电动机转动了 5000 个脉冲时，刀具下降将材料切断，同时将计数器复位。

题表 7.4　定位及减速控制 I/O 表及步号分配表

输　入		输　出	
启动按钮	0.00	电动机运行	100.00
停止按钮	0.01	电动机减速	100.01
接近开关	0.02	电动机停止	100.02

根据控制要求编写控制梯形图。

8. 试分析以下机械手的控制要求，编写机械手控制的梯形图。机械手工作示意图如题图 7.3(a)所示，题图 7.3(b)为工作方式选择操作面板。

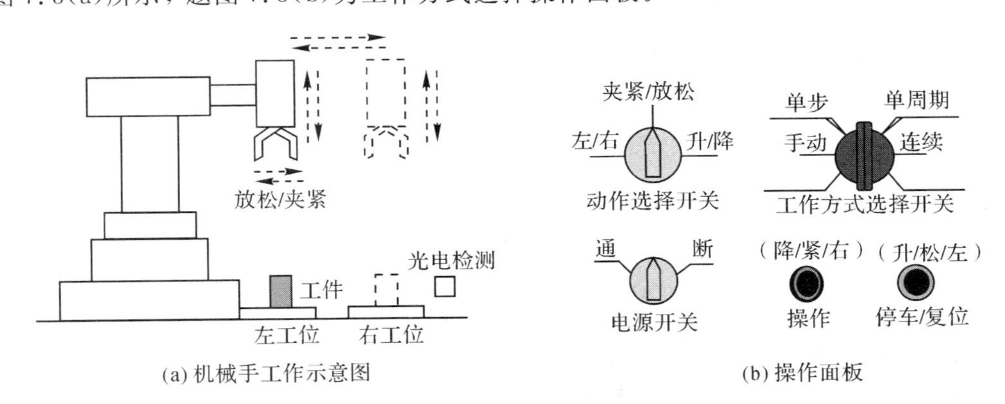

(a) 机械手工作示意图　　(b) 操作面板

题图 7.3　机械手控制

机械手在原位压左限位开关和上限位开关。按一次操作按钮，机械手开始下降，下降到左工位，压动下限位开关后自停；接着机械手夹紧工件后开始上升，上升到原位，压动上限位开关后自停；接着机械手开始右行直至压动右限位开关后自停；接着机械手下降，下降到右工位压动下限位开关(两个工位用一个下限位开关)后自停；接着机械手放松工件后开始上升，直至压动上限位开关后自停(两个工位用一个上限位开关)；接着机械手开始左行直至压动左限位开关后自停。至此，一个周期的动作结束，再按一次操作按钮，则开始下一个周期的运行。

课程实训报告

引言：学习本课程，就要进行实训，完成实训报告的撰写。下面以交通灯控制为例，说明报告的组成、排版要求。

(交通灯)控制

一、报告内容应包含的方面(根据实训内容变化)

一、报告的封面

包含课程名称、实训名称、指导教师姓名、学生班级、姓名等。

二、摘要、关键词

三、报告目录

自动生成报告目录。

四、报告正文(根据实训内容变化)

1. 设计要求

使用PLC实训台的交通灯控制模块，完成交通灯控制。

2. 交通灯控制原理分析

3. 输入/输出地址分配

4. 设计PLC控制电路图

5. 编写PLC控制程序

6. 调试程序

五、实训总结

六、参考文献

二、报告排版要求

(1) 标题：选择为样式中的“标题”。

(2) 节标题：选择为样式中的“标题1”。

(3) 条标题：选择为样式中的“标题2”。

(4) 正文：小4号宋体，单倍行距，首行缩进2字符。

(5) 页码：5号宋体。

(6) 数字和字母：Times New Roman体。

(7) 公式应有公式序号，公式序号按章编排，如第一章第一个公式序号为“(1-1)”，文中引用公式时，一般用“见式(1-1)”或“由公式(1-1)”。

(8) 每个表格应有自己的表序和表题。表序一般按章编排，如第一章第一个插表的序号为“表 1－1”等。表序与表题之间空两格，表题中不允许使用标点符号，表题后不加标点。表序与表题置于表上居中(表题用 5 号宋体加黑，数字和字母用 5 号 Times New Roman 体加黑)。表内文字和数据均用 5 号宋体。

(9) 所有插图均应有图号和图名。图号按章编排，如第一章的第三张图为“图 1－3”。图号和图名应在图的下方居中标出，图号与图名间空两格(图名用 5 号宋体加黑)。一幅图如有若干幅分图，应按顺序编排分图号，分图图名紧跟其后，如“(a)抽油机”。图中及解释文字均用 5 号宋体。

(10) 采用 B5 纸张，上下左右页边距均为 2 cm。

三、参考文献写法

[1] 戴一平. 可编程控制器技术及应用(欧姆龙机型)[M]. 北京：机械工业出版社，2009.

[2] 程周. 电气控制与 PLC 原理及应用(欧姆龙机型)[M]. 北京：电子工业出版社，2013.

[3] 王冬青. 欧姆龙 CP1 系列 PLC 原理与应用[M]. 北京：电子工业出版社，2011.

[4] 苏强，霍罡. 欧姆龙 CP1 系列 PLC 原理与典型案例精解[M]. 北京：机械工业出版社，2016.

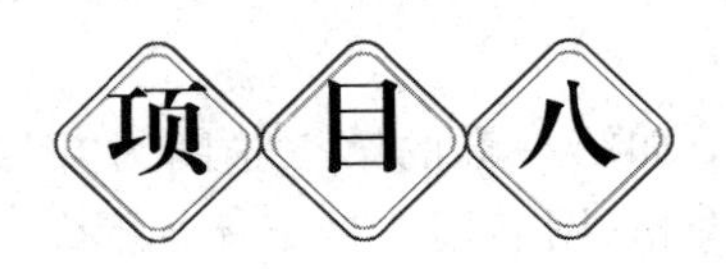

可编程控制器的应用

❖ **项目导读**

PLC 的应用中，除了使用基本的指令、基本模块外，常常需要使用高功能单元，如用高速计数器对光电编码器计数、高速脉冲输出控制步进电机或伺服电机、模拟量输入/输出处理、网络通信等。是否使用这些高功能模块，是控制功能强弱的一个指标。本项目先介绍了几种常用高功能模块基础，然后以变频器控制为案例，综合应用了模拟量输出功能、脉冲输出功能，引导读者学习如何使用高功能单元。

【知识目标】 了解欧姆龙 CP1H 常用的高功能单元：高速计数器、高速脉冲输出、串行通信、模拟量输入/输出等。了解这些功能单元的扩展方法、专用指令的使用方法。

【技能目标】 “能扩(扩展)会编(程序)”：会根据控制的需要查阅相关硬件手册，扩展这些高功能单元，会查阅编程手册，使用专用指令对高功能单元编写控制程序。

【素质目标】 工程师素质(“即插即用”的学习能力、严谨的态度、工程时管理(工期观念))、团队合作。

任务 1　PLC 的高功能单元

欧姆龙 CP1H 具有多种高功能单元，是集成度较高的一种小型 PLC，其主要的高功能单元如表 8.1 所示。

表 8.1　欧姆龙 CP1H 高功能单元

CP1H 的 CPU 类型	XA 型	X 型	Y 型
高速计数功能	100 kHz(单相)/50 kHz(相位差)4 轴		1 MHz(单相)/500 kHz(相位差)2 轴(线性驱动输入)； 100 kHz(单相)/50 kHz(相位差)2 轴 合计 4 轴
高速脉冲输出功能 (只限于晶体管输出型)	100 kHz 2 轴；30 kHz 2 轴，合计 4 轴		1 MHz 2 轴(线性驱动输出)； 30 kHz 2 轴，合计 4 轴
串行通信功能	USB 通信口(外设通信口)，串行通信口(可以在 RS232C 及 RS422A/485 中可选)		

续表

CP1H 的 CPU 类型	XA 型	X 型	Y 型
模拟量输入/输出功能	模拟量输入 4 点和模拟量输出 2 点	—	—
高速处理	基本命令 0.1 μs，MOV 命令 0.3 μs		
输入分配功能： 脉冲捕捉功能(50 μs 以上) 也可以用于 10 kHz(单相)计数	8 点		6 点
最多扩展 I/O 台数	7 台		

一、高速计数功能

普通计数器对外部事件计数的频率受扫描周期及输入滤波器时间常数的限制，其计数最高频率小于 50 Hz。PLC 具有高速计数器功能，它的计数频率不受两者的影响，CP1H 机型单相最高计数频率高达 1 MHz。

高速计数器有递增计数和递减计数两种计数模式；有 Z 相信号＋软件复位和软件复位两种复位方式；有目标比较中断和带域比较中断两种中断功能，与中断功能一起使用，可以实现不受扫描周期影响的目标比较控制和带域比较控制。

（一）概要

通过在内置输入上连接旋转编码器，可进行高速脉冲输入。通过与高速计数器当前值相符的目标值一致或区域比较中断可进行高速处理。通过 PRV 指令，可测定输入脉冲的频率(仅 1 点)。可进行高速计数器的当前值的保持/更新的切换。通过从梯形图程序将高速计数器选通标志置于 ON/OFF，可进行高速计数器当前值的保持/更新的切换。高速计数功能如表 8.2 所示。

表 8.2　高速计数的应用

目　的	使用功能	内　　容
通过增量型旋转编码器输入，检测位置及长度	高速计数器功能	可将内置输入接点作为高速计数器的输入使用。 当前值被保存到特殊辅助继电器。 数值范围模式包括环形模式和线性模式
测量工件的长度及位置(某条件成立时，启动计数器或者保持条件成立时的计数器的当前值)	高速计数器选通标志	利用单元内的程序，在任意条件下将高速计数器选通标志置于 ON/OFF，进行高速计数器的启动/停止(保持当前值)

续表

目　的	使用功能	内　　容
从工件的位置数据来测定其速度（频率测定、转数转换）	PRV （高速计数器当前值读取）指令	通过执行PRV指令，可测定脉冲频率。 • 相位差输入时：0～50 kHz（Y型为0～500 kHz） • 相位差输入以外：0～100 kHz（Y型为0～1 MHz）
	PRV2 （脉冲频率转换指令）	通过执行PRV2指令，可测定脉冲频率，并将测定的频率转换为转速（r/min），或者将计数器当前值累积转换为转数。从每1转的脉冲数来算出结果

（二）规格

1. 欧姆龙CP1H机型的高速计数器主要规格

欧姆龙CP1H机型的高速计数器主要规格如表8.3所示。

表8.3　欧姆龙CP1H机型的高速计数器规格表

<table>
<tr><th colspan="4">项　目</th><th colspan="4">内　　容</th></tr>
<tr><td colspan="4">高速计数器点数</td><td colspan="4">4点（高速计数器0～3）</td></tr>
<tr><td colspan="4">计数器模式
（依据PLC系统设定进行选择）</td><td>相位差输入</td><td>加减法
脉冲输入</td><td>脉冲
＋方向输入</td><td>加法脉冲</td></tr>
<tr><td colspan="4" rowspan="3">输入引脚编号</td><td>A相输入</td><td>加法脉冲输入</td><td>脉冲输入</td><td>加法脉冲输入</td></tr>
<tr><td>B相输入</td><td>减法脉冲输入</td><td>方向输入</td><td>—</td></tr>
<tr><td>Z相输入</td><td>复位输入</td><td>复位</td><td>复位输入</td></tr>
<tr><td colspan="4">输入方式</td><td>相位差4倍频
（固定）</td><td>单相输入×2</td><td>单相脉冲
＋方向</td><td>单相脉冲</td></tr>
<tr><td rowspan="3">响应
频率</td><td>X/XA
型</td><td>高速计数器
0～3</td><td>DC24 V
输入</td><td>50 kHz</td><td>100 kHz</td><td>100 kHz</td><td>100 kHz</td></tr>
<tr><td rowspan="2">Y型</td><td>高速计数器
0、1</td><td>线路驱动
器输入</td><td>500 kHz</td><td>1 MHz</td><td>1 MHz</td><td>1 MHz</td></tr>
<tr><td>高速计数器
2、3</td><td>DC24 V
输入</td><td>50 kHz</td><td>100 kHz</td><td>100 kHz</td><td>100 kHz</td></tr>
<tr><td colspan="4">数值范围模式</td><td colspan="4">线性模式、环形模式（通过PLC系统设定来设定）</td></tr>
</table>

续表

项目		内　　容
计数值		线性模式时：80000000～7FFFFFFF Hex； 环形模式时：00000000～环形设定值； （在 00000001～FFFFFFFF Hex 的范围内，通过 PLC 系统设定来设定环形设定值）； 高速计数器 0：A271CH（高位）/A270CH（低位）； 高速计数器 1：A273CH（高位）/A272CH（低位）； 高速计数器 2：A317CH（高位）/A316CH（低位）； 高速计数器 3：A319CH（高位）/A318CH（低位）； 对于该值，可进行目标值一致比较中断或区域比较中断。 注：共通处理的时间内每周期被更新。 读取最新值的情况下，使用 PRV 指令
高速计数器当前值保存目的地		保存数据形式：16 进制 8 位（BIN）； 线性模式时：80000000～7FFFFFF Hex； 环形模式时：00000000～环形设定值
控制方式	目标值一致比较	登录 48 个目标值及中断任务 No.
	区域比较	登录 8 个上限值、下限值、中断任务 No.
计数器复位方式 （依据 PLC 系统设定进行选择）		• Z 相信号＋软复位 复位标示 ON 时，通过 Z 相输入的 ON 进行复位。 • 软复位 通过复位标志 ON，进行复位。 注：将高速计数器复位时，可选择停止或继续比较动作

2. **存储区域分配**

欧姆龙 CP1H 高速计数器存储区域分配表如表 8.4 所示。

表 8.4　欧姆龙 CP1H 高速计数器存储区域分配表

内容		高速计数器 0	高速计数器 1	高速计数器 2	高速计数器 3
当前值保存区域	保存高位 4 位	A271 CH	A273 CH	A317 CH	A319 CH
	保存低位 4 位	A270 CH	A272 CH	A316 CH	A318 CH

续表

内容		高速计数器 0	高速计数器 1	高速计数器 2	高速计数器 3
区域比较一致标志	与比较条件 1 相符时为 ON	A274.00	A275.00	A320.00	A321.00
	与比较条件 2 相符时为 ON	A274.01	A275.01	A320.01	A321.01
	与比较条件 3 相符时为 ON	A274.02	A275.02	A320.02	A321.02
	与比较条件 4 相符时为 ON	A274.03	A275.03	A320.03	A321.03
	与比较条件 5 相符时为 ON	A274.04	A275.04	A320.04	A321.04
	与比较条件 6 相符时为 ON	A274.05	A275.05	A320.05	A321.05
	与比较条件 7 相符时为 ON	A274.06	A275.06	A320.06	A321.06
	与比较条件 8 相符时为 ON	A274.07	A275.07	A320.07	A321.07
比较动作中标志	与比较条件实行中为 ON	A274.08	A275.08	A320.08	A321.08
溢出/下溢标志	线性模式中，当前值溢出或下溢时为 ON	A274.09	A275.09	A320.09	A321.09
计数方向标志	0：减法计数时　1：加法计数时	A274.10	A275.10	A320.10	A321.10
复位标志	用于当前值的软复位	A531.00	A531.01	A531.02	A531.03
高速计数器选通标志	选通标志为 1(ON)，禁止脉冲输入的计数	A531.08	A531.09	A531.10	A531.11

3. 计数器模式

1）相位差输入(4 倍频)

相位差输入将相位差 4 倍频的 2 相信号(A 相、B 相)用于输入，并根据 2 相信号的分频方式，将计数值相加或相减，如图 8.1 所示。

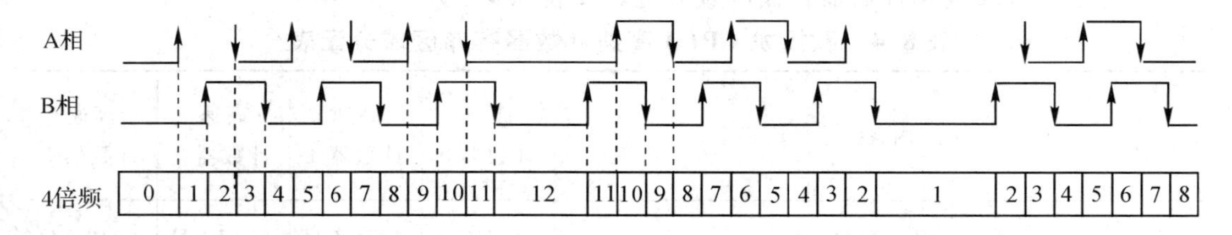

图 8.1　相位差输入(4 倍频)

相位差输入模式计数值加/减法的条件如表 8.5 所示。

表 8.5　相位差输入模式计数值加/减法的条件表

减法脉冲	加法脉冲	计数值	减法脉冲	加法脉冲	计数值
↑	L	加法	L	↑	减法
H	↑	加法	↑	H	减法
↓	H	加法	H	↓	减法
L	↓	加法	↓	L	减法

2）脉冲＋方向

脉冲＋方向使用方向信号输入及脉冲信号输入，根据方向信号的状态(OFF・ON)将计数值相加或相减，如图 8.2 所示。

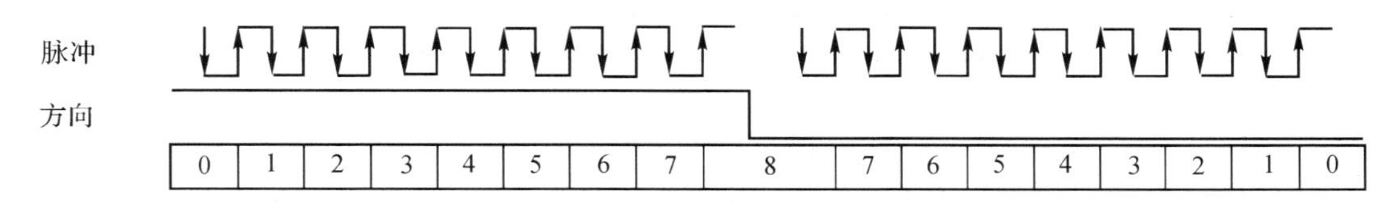

图 8.2　脉冲＋方向模式

脉冲＋方向模式计数值加/减法的条件如表 8.6 所示。方向信号为 ON 时相加，为 OFF 时相减，仅对脉冲的上升沿计数。

表 8.6　脉冲＋方向模式计数值加/减法的条件表

方向信号	脉冲信号	计数值	方向信号	脉冲信号	计数值
↑	L	无变化	L	↑	减法
H	↑	加法	↑	H	无变化
↓	H	无变化	H	↓	无变化
L	↓	无变化	↓	L	无变化

3）加/减法脉冲

加/减法脉冲使用减法脉冲输入及加法脉冲输入 2 种信号，进行计数，如图 8.3 所示。

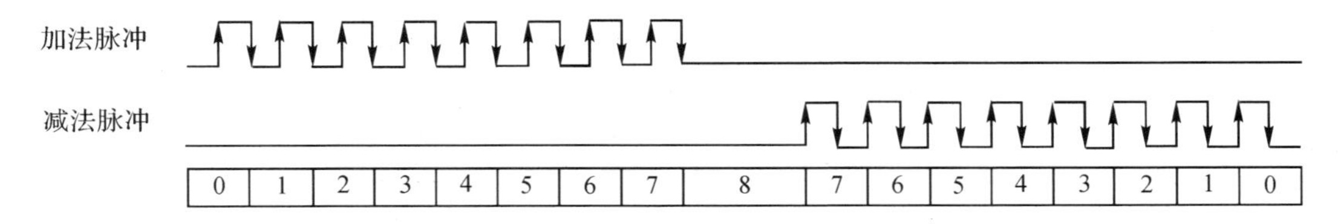

图 8.3　加/减法脉冲

加/减法脉冲计数值加/减法的条件如表 8.7 所示。加法脉冲信号输入时：相加；减法脉冲信号输入时：相减，仅对脉冲的上升沿计数。

表 8.7　加/减法脉冲计数值加/减法的条件表

减法脉冲	加法脉冲	计数值	减法脉冲	加法脉冲	计数值
↑	L	减法	L	↑	加法
H	↑	加法	↑	H	减法
↓	H	无变化	H	↓	无变化
L	↓	无变化	↓	L	无变化

4）加法脉冲

加法脉冲，对单相的脉冲信号输入进行计数，仅限加法，如图 8.4 所示。

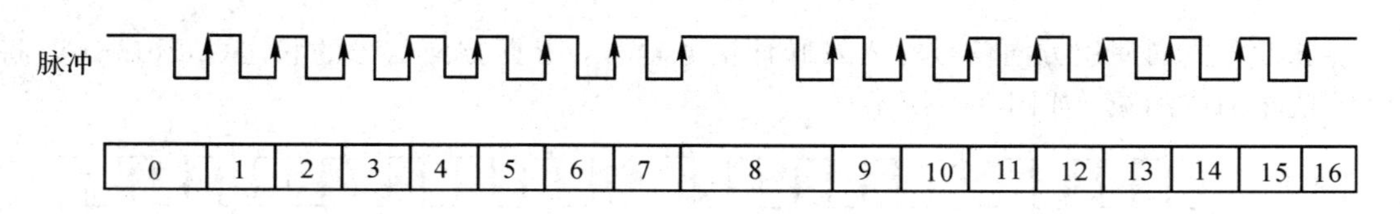

图 8.4　加法脉冲

加法脉冲计数值加法计数的条件如表 8.8 所示，仅对脉冲的上升沿计数。

表 8.8　加法脉冲计数值加法计数的条件

加法脉冲	计数值
↑	加法
H	无变化
↓	无变化
L	无变化

4．计数值范围

1）线性模式

线性模式对从下限值到上限值范围内的输入脉冲进行计数。如输入脉冲超过此上下限，则发生溢出/下溢，停止计数动作，如图 8.5 所示。

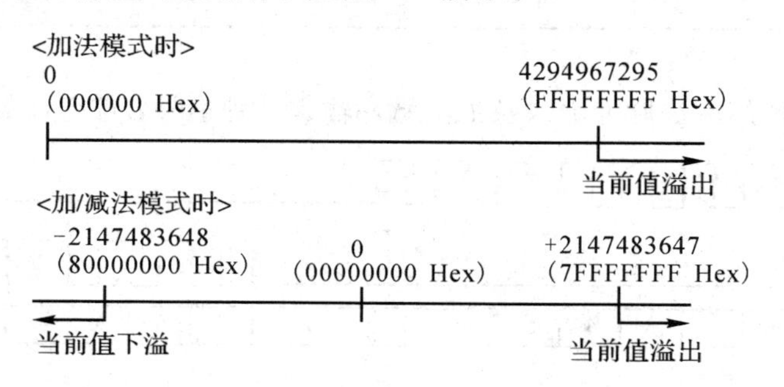

图 8.5　线性模式计数范围

2）环形模式

在设置范围内对输入脉冲进行循环计数，如图 8.6 所示。如计数值从计数最大值开始相加，则归 0 后再继续加法计数；如计数值从 0 开始相减，则先变为最大值再继续减法计

数。因此，在环形模式下不会发生计数上溢/下溢错误。

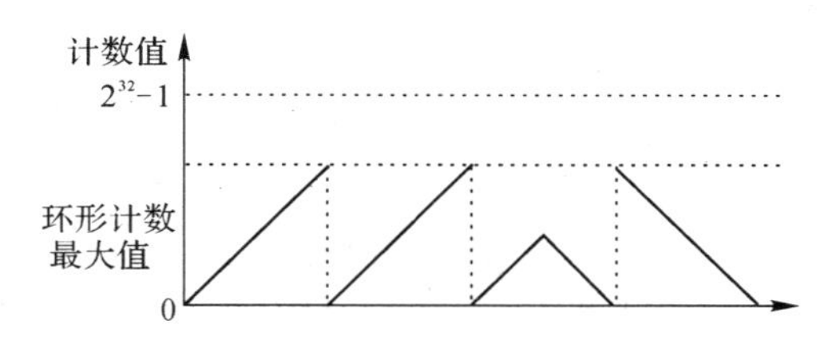

图 8.6 环形模式

输入脉冲的数值范围的最大值通过 PLC 系统来设置。最大值在 00000001～FFFFFFFF Hex 的范围内可任意设置。注意：在环形模式下，不存在负值。通过 PLC 系统将环形计数器最大值设为 0 时，可作为最大值 FFFFFFFF Hex 动作。

5. 复位方式

高速计数器的复位模式有两种。

1）Z 相信号＋软件复位

如图 8.7 所示，高速计数器复位标志为 ON 的状态下，Z 相信号(复位输入)OFF→ON 时，将高速计数器当前值复位。此外，由于复位标志为 ON，1 周期 1 次，仅可在共同处理中判别，因此在梯形图程序内发生 OFF→ON 的情况下，从下一周期开始 Z 相信号转为有效。

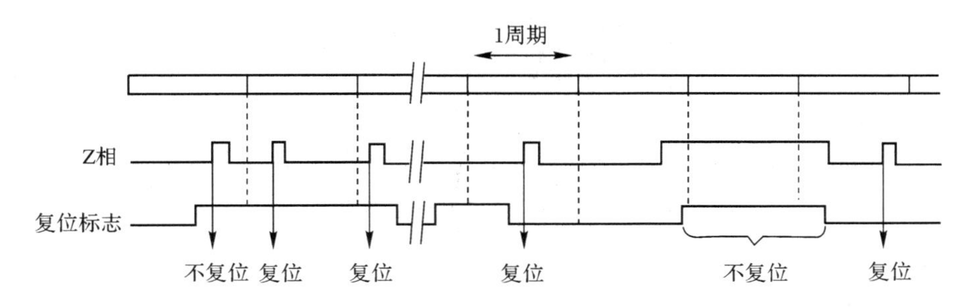

图 8.7 Z 相信号＋软件复位

2）软件复位

如图 8.8 所示高速计数器复位标志 OFF→ON 时，将高速计数器当前值复位。此外，复位标志 OFF→ON 的判定 1 周期 1 次，在共同处理中进行，复位处理也在该时间进行。在 1 周期的变化过程中，无法追踪。

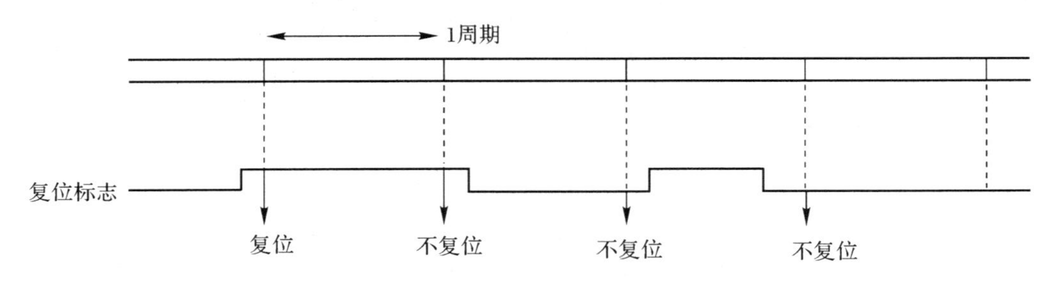

图 8.8 软件复位

（三）高速计数器使用

1. 使用步骤

高速计数器使用步骤如图 8.9 所示。

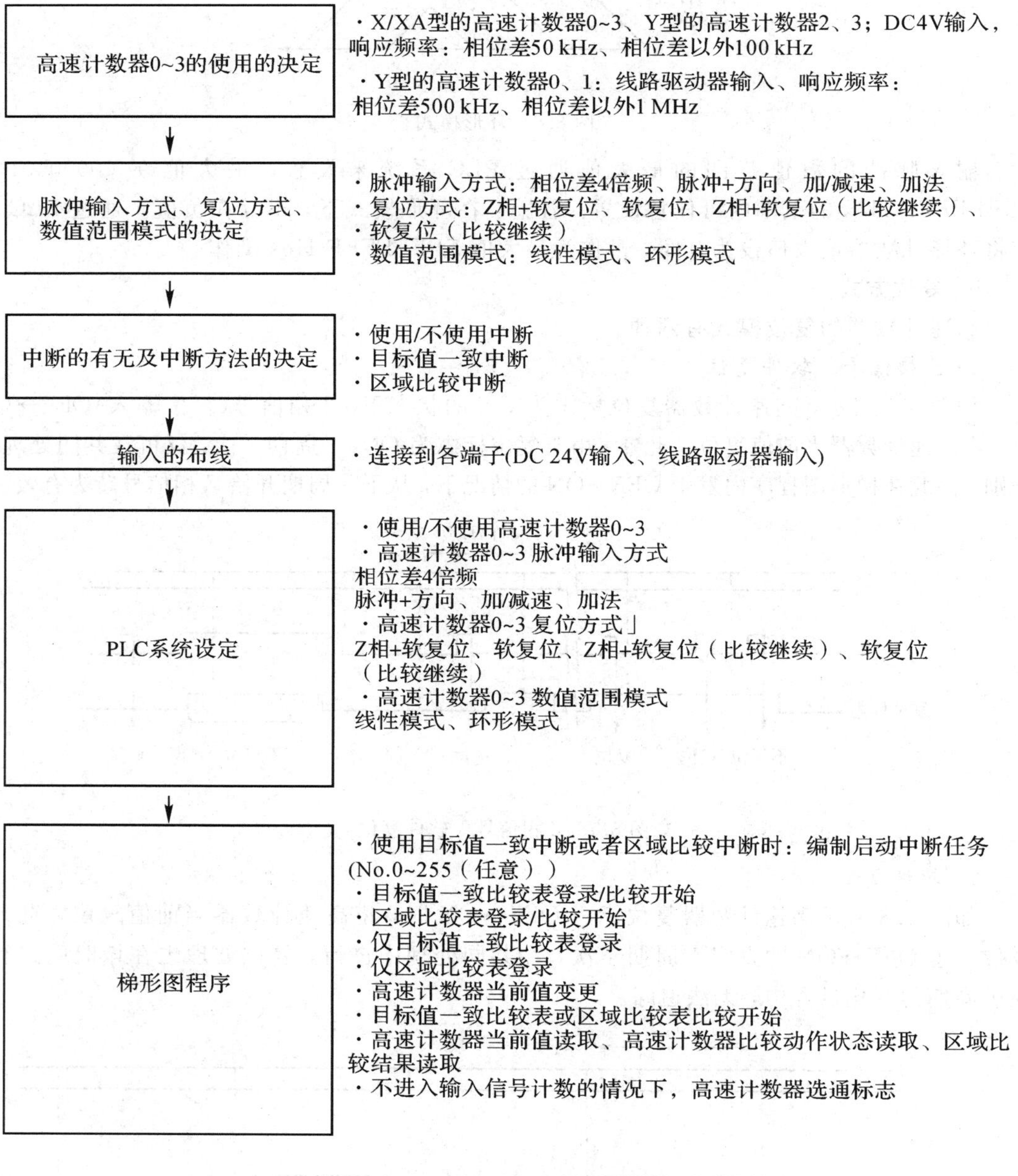

高速计数器0~3的使用的决定	·X/XA型的高速计数器0~3、Y型的高速计数器2、3；DC4V输入，响应频率：相位差50 kHz、相位差以外100 kHz ·Y型的高速计数器0、1：线路驱动器输入、响应频率：相位差500 kHz、相位差以外1 MHz
↓	
脉冲输入方式、复位方式、数值范围模式的决定	·脉冲输入方式：相位差4倍频、脉冲+方向、加/减速、加法 ·复位方式：Z相+软复位、软复位、Z相+软复位（比较继续）、 ·软复位（比较继续） ·数值范围模式：线性模式、环形模式
↓	
中断的有无及中断方法的决定	·使用/不使用中断 ·目标值一致中断 ·区域比较中断
↓	
输入的布线	·连接到各端子(DC 24V输入、线路驱动器输入)
↓	
PLC系统设定	·使用/不使用高速计数器0~3 ·高速计数器0~3 脉冲输入方式 相位差4倍频 脉冲+方向、加/减速、加法 ·高速计数器0~3 复位方式」 Z相+软复位、软复位、Z相+软复位（比较继续）、软复位（比较继续） ·高速计数器0~3 数值范围模式 线性模式、环形模式
↓	
梯形图程序	·使用目标值一致中断或者区域比较中断时：编制启动中断任务(No.0~255（任意）） ·目标值一致比较表登录/比较开始 ·区域比较表登录/比较开始 ·仅目标值一致比较表登录 ·仅区域比较表登录 ·高速计数器当前值变更 ·目标值一致比较表或区域比较表比较开始 ·高速计数器当前值读取、高速计数器比较动作状态读取、区域比较结果读取 ·不进入输入信号计数的情况下，高速计数器选通标志

图 8.9　高速计数器使用步骤

2. PLC 系统设置

在 CX－Programmer 的 PLC 系统设置中，如图 8.10 所示，在“内置输入”设置画面下进行高速计数器 0～3 的动作设置，主要为是否使用高速计数器、计数模式、最大计数值、复位模式和输入方式设置。

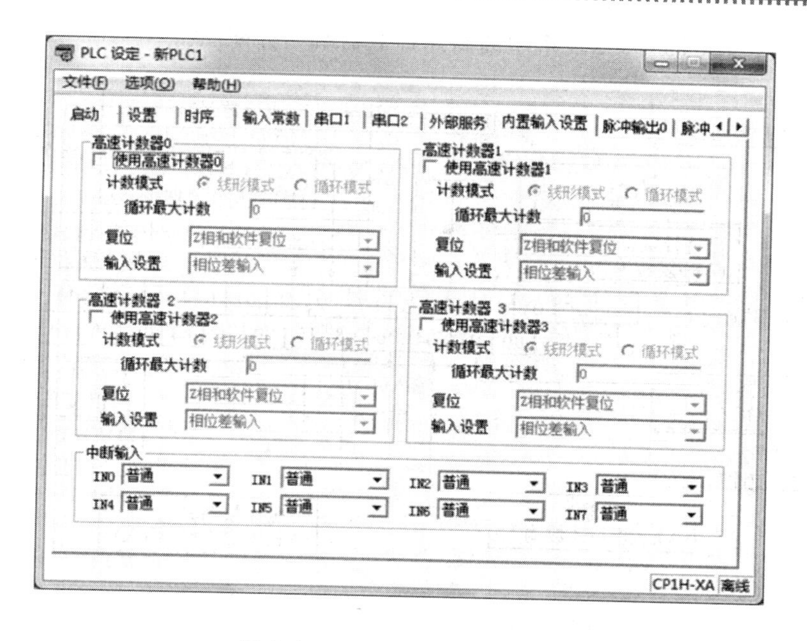

图 8.10　PLC 设置高速计数器

3．高速计数器的分配端子

可作为高速计数器使用的分配端子，根据 CPU 单元类型而互不相同。具体的输入端子地址如表 8.9 所示。

表 8.9　脉冲输入端子地址

输入端子		通过 PLC 系统设定将高速计数器 0、1、2、3 设定为“使用”时的高速计数器输入
通道	编号(位)	
0 CH	00	—
	01	高速计数器 2(Z 相/复位)
	02	高速计数器 1(Z 相/复位)
	03	高速计数器 0(Z 相/复位)
	04	高速计数器 2(A 相/加法/计数输入)
	05	高速计数器 2(B 相/减法/方向输入)
	06	高速计数器 1(A 相/加法/计数输入)
	07	高速计数器 1(B 相/减法/方向输入)
	08	高速计数器 0(A 相/加法/计数输入)
	09	高速计数器 0(B 相/减法/方向输入)
	10	高速计数器 3(A 相/加法/计数输入)
	11	高速计数器 3(B 相/减法/方向输入)
1 CH	00	高速计数器 3(Z 相/复位)
	01～11	—

图 8.11 所示是 CP1H－XA 机型的高速计数器端子分配图。

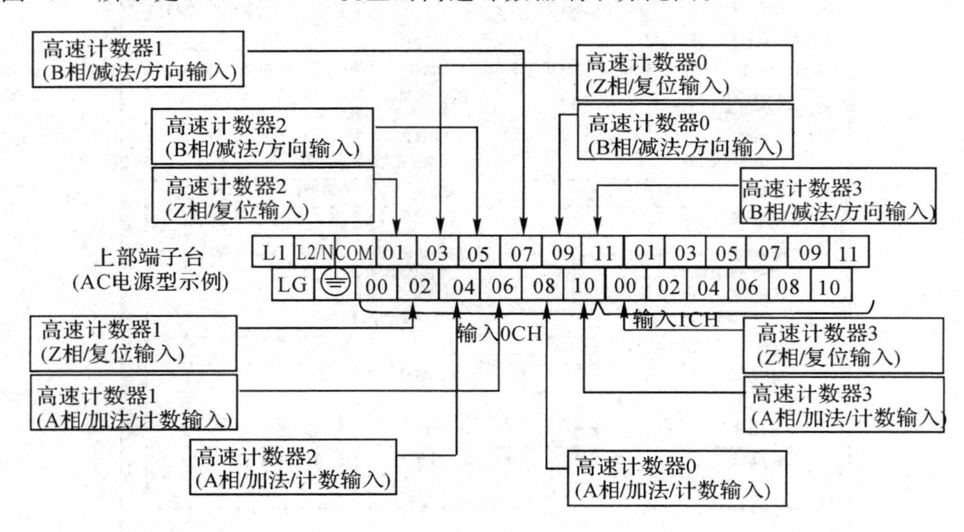

图 8.11　CP1H－XA 机型的端子分配

4. 脉冲输入的连接示例

(1) 编码器(DC24 V)为集电极开路的情况下，脉冲输入的连接如图 8.12(a)所示，显示与带有 A、B、Z 相的编码器的连接。

(2) 编码器为线路驱动器输出(相当于 Am26LS31)的情况下，脉冲输入的连接如图 8.12(b)所示。

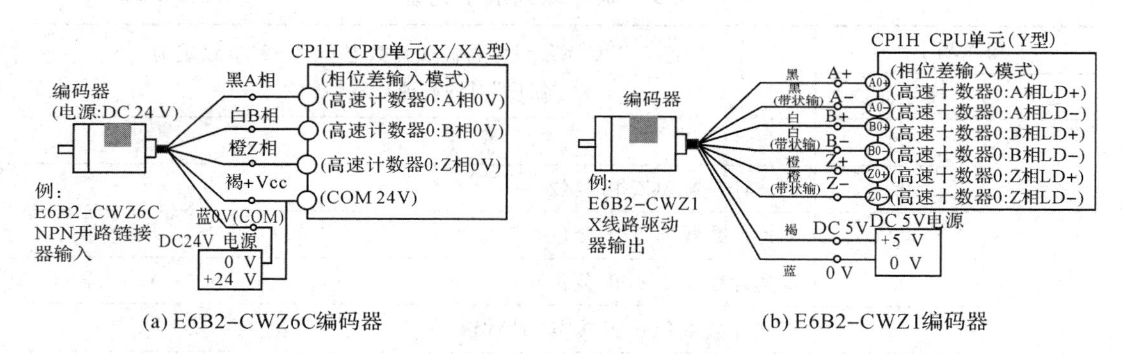

图 8.12　编码器连接

5. 高速计数器指令

高速计数器指令如表 8.10 所示。由于指令格式比较复杂，在使用时查阅编程手册。

表 8.10　高速计数器指令表

序号	指令语句	助记符	FUN
1	动作模式控制	INI	880
2	脉冲当前值读取	PRV	881
3	脉冲频率转换	PRV2	883
4	比较表登录	CTBL	882

（四）高速计数器应用

例 8.1　通过脉冲输入的计数进行的尺寸检查。CP1H 使用 X 型、AC 电源规格。使用高速计数器 0；工件顶端检测：通过 Z 相的当前值的复位；计数值在 30 000～30 300 范围内时为合格，除此以外为不合格。产品合格的情况下，用中断将 OUT100.00 置于 ON，使 PL1 灯亮。不合格的情况下，用中断将 OUT100.01 置于 ON，使 PL2 灯亮。中断程序在中断任务 10 中编制。

1. **输入输出的分配**

（1）尺寸检测项目输入分配，具体的地址如表 8.11 所示。

表 8.9　尺寸检测项目输入分配地址表

输入端子		用　途
字	位	
CI0 0	00	操作按钮开关即开始测量(普通输入)
	01	检测待测物体的后沿(普通输入)
	02	不使用。(普通输入)
	03	用于检测待测物体前沿的高速计数器 0(Z 相/复位输入)(见注)。A531.00 将显示位状态
	04～07	不使用。(普通输入)
	08	高速计数器 0(A 相输入)(见注)
	09	高速计数器 0(B 相输入)(见注)
	10 和 11	不使用。(普通输入)
CI01	00～11	不使用。(普通输入)

注：在 PLC 设置的“Built - in Input”(内置输入)选项页上选定“Use high speed counter 0”(使用高速计数器 0)，即可启用高速计数器输入。

（2）尺寸检测项目输出分配，具体的地址如表 8.12 所示。

表 8.12　尺寸检测项目输出分配地址表

输出端子		用　途	
(通道)	(位)		
100 CH	00	通用输出	PL1：尺寸合格输出
	01	通用输出	PL2：尺寸不合格输出
	02～07	通用输出	—
101 CH	00～07	通用输出	—

(3) 高速计数器0的使用区域如表8.13所示。

表8.13 高速计数器0的使用区域表

内容		高速计数器0
当前值保存区域	保存高位4位	A271 CH
	保存低位4位	A270 CH
区域比较一致标志	与比较条件1相符时为ON	A274.00
比较动作中标志	执行比较动作中为ON	A274.08
溢出/下溢标志	线性模式下，当前值为溢出/下溢时为ON	A274.09
计数方向标志	0：减法计数时　1：加法计数时	A274.10
复位标志	当前值的软复位用	A531.00
高速计数器选通标志	选通标志为1(ON)时，禁止进行脉冲输入的计数	A531.08

(4) 区域比较表。将开始通道地址为D10000～D10039。

2. **PLC设置**

参考图8.10，将高速计数器0设置为“使用”；将数值范围模式设置为“线性模式”；环形计数器最大值不设置；将复位方式设置为“Z相信号＋软复位”；将计数模式设置为“加法脉冲输入”。

3. **输入/输出接线**

(1) 输入接线如图8.13所示。

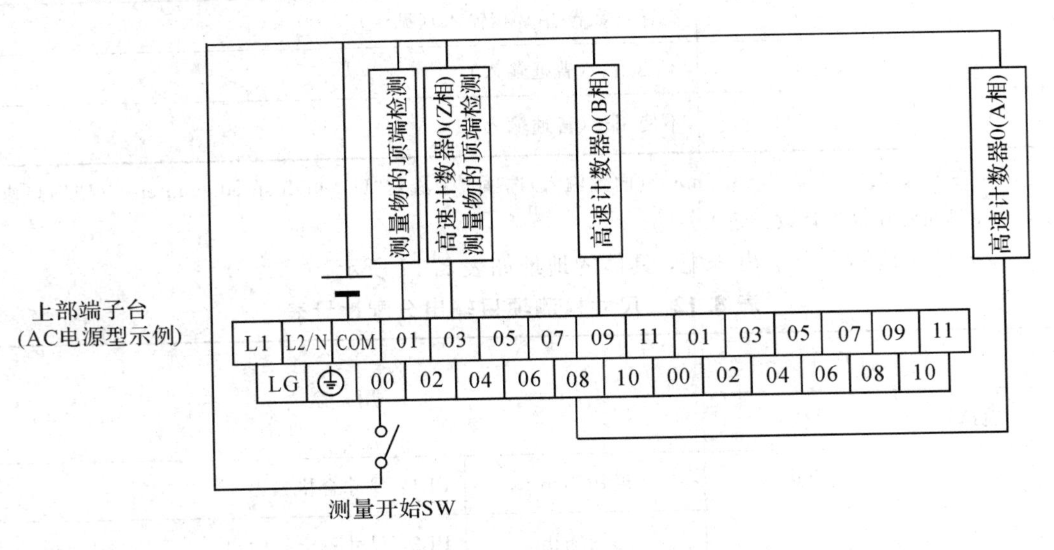

图8.13 输入接线

（2）输出接线如图 8.14 所示。

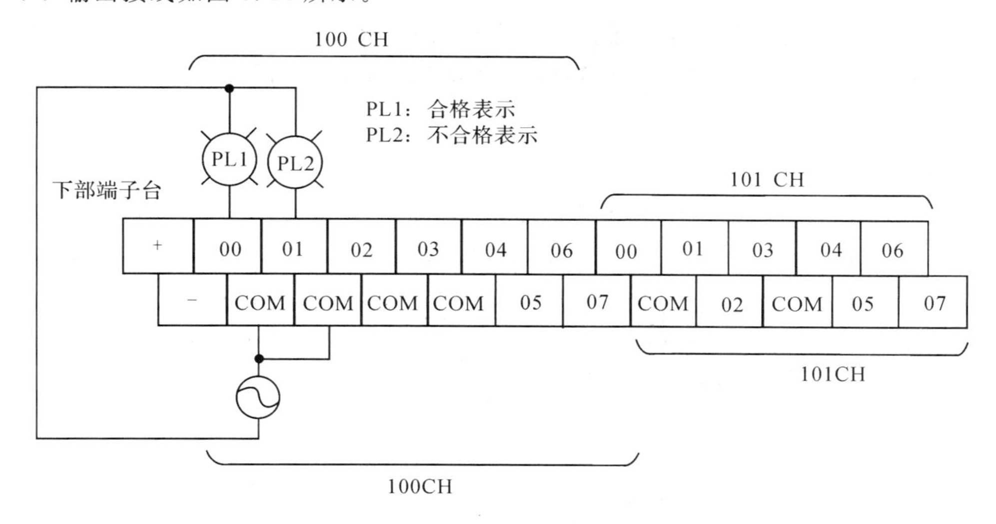

图 8.14　输出接线

4．**区域比较数据的设置**

将判定用数据设置到 D 区域，设置通过 CX－Programmer 进行。注意，在即使仅设置区域 1 的情况下，也要占用 40 字，如表 8.14 所示。

表 8.14　区域比较数据设置表

地址	设定值	内容	
D10000	＃7530	区域 1　下限值的低位 4 位	下限值　30000(BCD)
D10001	＃0000	区域 1　下限值的高位 4 位	
D10002	＃765C	区域 1　上限值的低位 4 位	上限值　30300(BCD)
D10003	＃0000	区域 1　上限值的高位 4 位	
D10004	＃000A	区域 1　中断任务 No.10(A Hex)	
D10005～D10008	全部＃00000	区域 1 的上限/下限数据(因不使用，无需设定)	区域 2 的设定区域
D10009	＃FFFFF	因不使用，设为＃FFFFF	
⋮			
D10014 D10019 D10024 D10029 D10034	＃FFFF	区域 3～7 的第 5 个字的数据(左侧所示)一定要设定＃FFFF	
⋮			
D10035～D10008	全部＃00000	区域 8 的上限/下限数据(因不使用，无需设定)	区域 8 的设定区域
D10039	＃FFFFF	因不使用，设为＃FFFFF	

5. **梯形图编写**

(1) 周期执行任务上的程序。通过 CTBL(比较表)指令(格式比较复杂，详细使用方法见编程手册)，设置高速计数器 0 的比较动作(带域比较登录并启动比较)、中断任务 10 的启动，如图 8.15 所示。

0.00(测量开始)
@CTBL(882)
#0000
#0001
D10000
使用高速计数器0
带域比较方式、比较表的登录
比较动作开始
比较表低位CH
复位标志 被测物顶端
A531.00
0.01
W0.00
W0.00
A531.00
W0.00
W0.01
W0.01

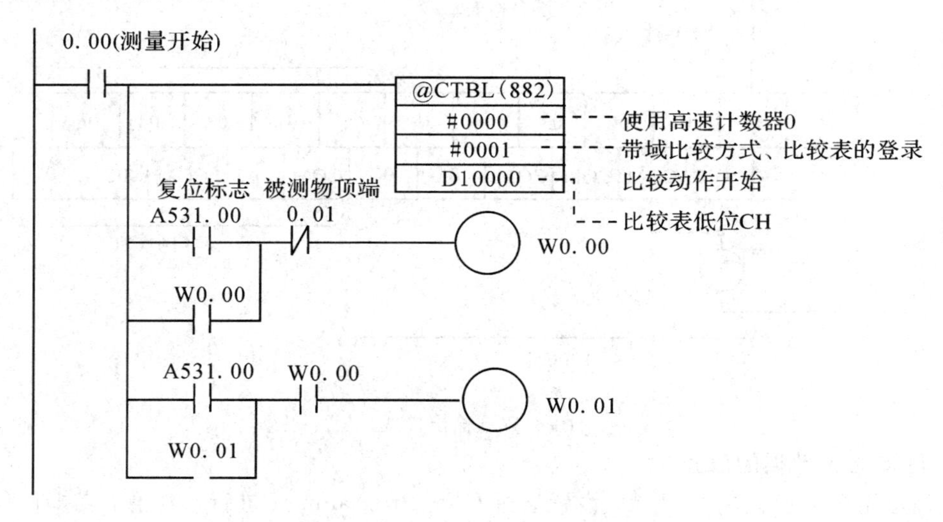

图 8.15 周期执行任务程序

(2) 中断任务 10 的程序。在中断任务 10 中编制中断处理的程序，如图 8.16 所示。

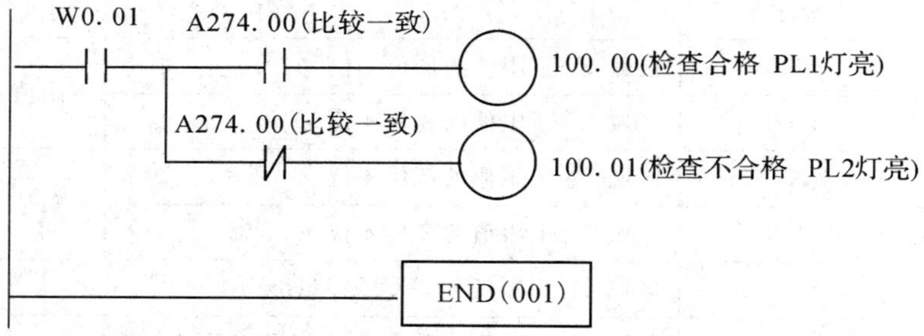

W0.01
A274.00(比较一致)
100.00(检查合格 PL1灯亮)
A274.00(比较一致)
100.01(检查不合格 PL2灯亮)
END(001)

图 8.16 中断任务程序

二、高速脉冲输出

(一) 概要

高速脉冲输出可从 CPU 单元内置输出中发出固定占空比脉冲输出信号，并通过脉冲输入的伺服电动机驱动器进行定位/速度控制。

(二) 规格

1. **规格**

高速脉冲输出的规格如表 8.15 所示。

表 8.15　高速脉冲输出的规格

项　目	规　格
输出模式	连续模式(速度控制用)或单独模式(位置控制用)
定位(单独模式)时的指令	PULS 指令+SPED 指令 PULS 指令+ACC 指令 PLS2 指令
速度控制(连续模式)时的指令	SPED 指令 ACC 指令
原点决定(原点搜索、原点复位)的指令	ORG 指令
输出频率	X/XA 型：1 Hz～100 kHz(1 Hz 单位)4 点(脉冲输出 0、1、2、3)、(单元版本 Ver. 1.0 及以下，1 Hz～100 kHz)(1 Hz 单位)2 点(脉冲输出 0、1)，1 Hz～30 kHz(1 Hz 单位)2 点(脉冲输出 2、3) Y 型：1 Hz～1 MHz(1 Hz 单位)2 点(脉冲输出 0、1)、1 Hz～100 kHz(1 Hz 单位)2 点(脉冲输出 2、3)
频率加/减速比率	X/XA/Y 型共通：1 Hz～65 535 Hz(每 4 ms)，以 1 Hz 单位设定 加/减速的各个设定仅限 PLS2 指令
指令执行中的设定值变更	可进行目标频率、加/减速比、目标位置的变更
占空比	50%固定
脉冲输出方式	[CW/CCW]或[脉冲+方向] 通过指令的操作数进行切换。但是，在脉冲输出 0 及 1 下，需为同一方式
输出脉冲数	相对坐标指定：00000000～7FFFFFF Hex(加法/减法各方向：2147483647) 绝对坐标指定：S0000000～7FFFFFFF Hex(－2147483648～2147483647)
脉冲输出当前值的相对/绝对坐标指定	在 ORG 指令进行的原点搜索或 INI 指令进行的脉冲输出当前值设定时，为原点确定状态，自动变为绝对坐标。原点未确定状态下，为相对坐标
相对脉冲指定/绝对脉冲指定	通过 PULS 指令或 PLS2 指令的操作数，可进行指定。 注：脉冲输出当前值为绝对坐标(原点确定状态)时，可进行绝对脉冲指定，为相对坐标(原点未确定状态)时，不可进行绝对脉冲指定(出现指定执行出错)

续表

项　目	规　格
脉冲输出当前值保存目的地	特殊辅助继电器 脉冲输出0：A277 CH(高位4位)/A276 CH(低位4位) 脉冲输出1：A279 CH(高位4位)/A278 CH(低位4位) 脉冲输出2：A323 CH(高位4位)/A322 CH(低位4位) 脉冲输出3：A325 CH(高位4位)/A324 CH(低位4位) I/O刷新时被更新
加/减速曲线指定	T型加/减速或S型加/减速

2．脉冲输出模式

根据输出脉冲量指定的有无，脉冲输出模式有如下2种：

(1) 单独模式。单独模式在定位时使用，输出被设置的脉冲数的量时，自动停止。也可通过指令，使其停止。

(2) 连续模式。连续模式在速度控制时使用，到通过指令出现脉冲输出停止的指示为止，或者变为"程序"模式为止，一直继续脉冲输出。

3．脉冲输入/输出的分配端子

可作为脉冲输出使用的分配端子，根据CPU单元类型的不同，各不相同。

(1) 输入端子，如图8.17所示为X/XA型的输入端子分配(以晶体管输出为例)。

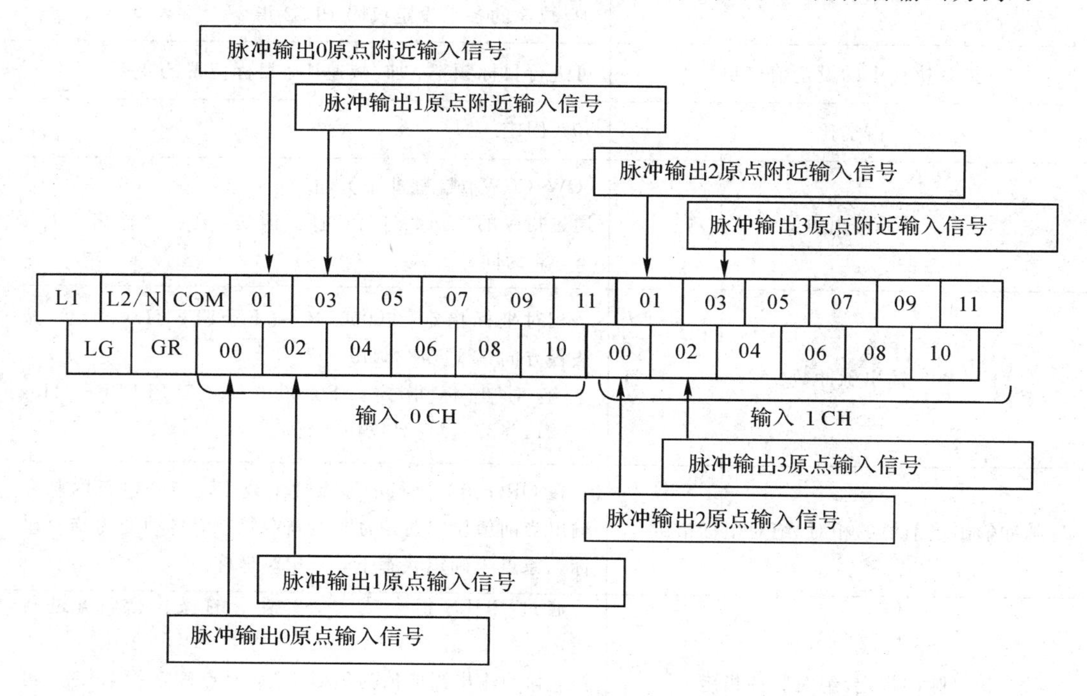

图8.17　晶体管输出类型高速脉冲输入端子分配

PLC系统设置的输入的功能设置如表8.16所示。

表 8.16　PLC 系统设置的输入的功能设置表

输入端子台		输入动作设定			高速计数器动作设定	原点搜索功能
通信	编号(位)	通用输入	输入中断	脉冲接收输入	[使用]高速计数器 0～3	[使用]脉冲输出 0～3 的原点搜索功能
0 CH	00	通用输入 0	输入中断 0	脉冲接收 0	—	脉冲 0 原点输入信号
	01	通用输入 1	输入中断 1	脉冲接收 1	高速计数器 2(Z 相/复位)	脉冲 0 原点附近输入信号
	02	通用输入 2	输入中断 2	脉冲接收 2	高速计数器 1(Z 相/复位)	脉冲 1 原点输入信号
	03	通用输入 3	输入中断 3	脉冲接收 3	高速计数器 0(Z 相/复位)	脉冲 1 原点附近输入信号
	04	通用输入 4	—	—	高速计数器 2(A 相/加法/计数输入)	—
	05	通用输入 5	—	—	高速计数器 2(B 相/减法/方向输入)	—
	06	通用输入 6	—	—	高速计数器 1(A 相/加法/计数输入)	—
	07	通用输入 7	—	—	高速计数器 1(B 相/减法/方向输入)	—
	08	通用输入 8	—	—	高速计数器 0(A 相/加法/计数输入)	—
	09	通用输入 9	—	—	高速计数器 0(B 相/减法/方向输入)	—
	10	通用输入 10	—	—	高速计数器 3(A 相/减法/计数输入)	—
	11	通用输入 11	—	—	高速计数器 3(B 相/减法/方向输入)	—
1 CH	00	通用输入 12	输入中断 4	脉冲接收 4	高速计数器 3(Z 相/复位)	脉冲 2 原点输入信号
	01	通用输入 13	输入中断 5	脉冲接收 5	—	脉冲 2 原点附近输入信号
	02	通用输入 14	输入中断 6	脉冲接收 6	—	脉冲 3 原点输入信号
	03	通用输入 15	输入中断 7	脉冲接收 7	—	脉冲 3 原点附近输入信号
	04～11	通用输入 16～23	—	—	—	—

(2) 输出端子。输出端子分配如图 8.18 所示。通过指令语言及 PLC 系统的功能设置如表 8.17 所示。

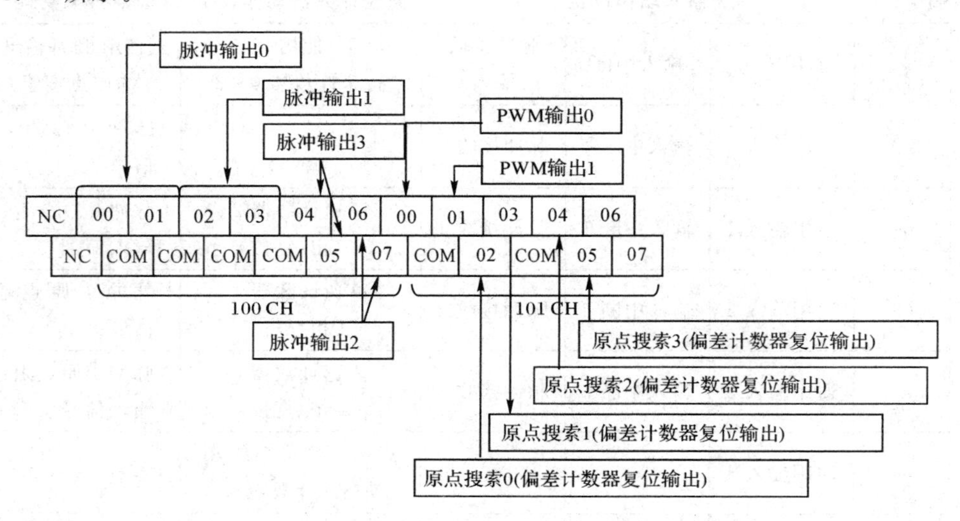

图 8.18 晶体管输出类型高速脉冲输出端子分配

表 8.17 PLC 系统的功能设置表

输入端子台		执行右侧所示指令时以外	脉冲输出指令(SPED、ACC、PLS2、ORG 中的一个)执行时		通过 PLC 系统设定,[使用]原点搜索功能+ORG 指令执行原点搜索时	PWM 指令执行时
通道	编号(位)	通用输出	固定占空比脉冲输出			可变占空比脉冲输出
			CW/CCW	脉冲+方向	+原点搜索功能使用时	PWM 输出
100 CH	00	通用输出 0	脉冲输出 0(CW)	脉冲输出 0(脉冲)	—	—
	01	通用输出 1	脉冲输出 0(CCW)	脉冲输出 1(脉冲)	—	—
	02	通用输出 2	脉冲输出 1(CW)	脉冲输出 0(方向)	—	—
	03	通用输出 3	脉冲输出 1(CCW)	脉冲输出 1(方向)	—	—
	04	通用输出 4	脉冲输出 2(CW)	脉冲输出 2(脉冲)	—	—
	05	通用输出 5	脉冲输出 2(CCW)	脉冲输出 2(方向)	—	—
	06	通用输出 6	脉冲输出 3(CW)	脉冲输出 3(脉冲)	—	—
	07	通用输出 7	脉冲输出 3(CCW)	脉冲输出 3(方向)	—	—

续表

输入端子台		执行右侧所示指令时以外	脉冲输出指令(SPED、ACC、PLS2、ORG 中的一个)执行时		通过 PLC 系统设定,[使用]原点搜索功能+ORG 指令执行原点搜索时	PWM 指令执行时
101 CH	00	通用输出 8	—	—	—	PWM 输出 0
	01	通用输出 9	—	—	—	PWM 输出 1
	02	通用输出 10	—	—	原点搜索 0 (偏差计数器复位输出)	—
	03	通用输出 11	—	—	原点搜索 1 (偏差计数器复位输出)	—
	04	通用输出 12	—	—	原点搜索 2 (偏差计数器复位输出)	—
	05	通用输出 13	—	—	原点搜索 3 (偏差计数器复位输出)	—
	06	通用输出 14	—	—	—	—
	07	通用输出 15	—	—	—	—

(3) 特殊辅助继电器区域的分配(X/XA/Y 型)。特殊辅助继电器区域的分配(X/XA/Y 型)如表 8.18 所示。

表 8.18　特殊辅助继电器区域的分配表

内 容		脉冲输出 0	脉冲输出 1	脉冲输出 2	脉冲输出 3
当前值保存区域 80000000～7FFFFFFF Hex (−2,147 483 648～2,147 483 647 脉冲)	保存高位 4 位	A277 CH	A279 CH	A323 CH	A325 CH
	保存低位 4 位	A276 CH	A278 CH	A322 CH	A324 CH
脉冲输出复位标志 清除脉冲输出当前值区域	0:不清除 1:清除	A540.00	A541.00	A542.00	A543.00
CW 界限输入信号 原点搜索中使用的 CW 界限输入信号	来自外部的输入为 ON 时,ON	A540.08	A541.08	A542.08	A543.08
CCW 界限输入信号 原点搜索中使用的 CCW 界限输入信号	来自外部的输入为 ON 时,ON	A540.09	A541.09	A542.09	A543.09
定位结束信号 原点搜索中使用的定位结束信号	来自外部的输入为 ON 时,ON	A540.10	A541.10	A542.10	A543.10
脉冲输出状态标志 通过 ACC/PLS2 指令使脉冲输出中输出频率发生阶段性变化,并在加/减速中为 ON	0: 恒速中 1: 加减速中	A280.00	A281.00	A326.00	A327.00

续表

内容		脉冲输出0	脉冲输出1	脉冲输出2	脉冲输出3
溢出/下溢标志 计数值为溢出或下溢时，为ON	0：正常 1：发生中	A280.01	A281.01	A326.01	A327.01
脉冲输出量设定标志 通过PLUS指令，设定脉冲量时，为ON	0：无设定 1：有设定	A280.02	A281.02	A326.02	A327.02
脉冲输出结束标志 通过PULS/PLS2指令设定的脉冲量结束输出时，为ON	0：输出未结束 1：输出结束	A280.03	A281.03	A326.03	A327.03
脉冲输出中标志 脉冲输出中时，为ON	0：停止中 1：输出中	A280.04	A281.04	A326.04	A327.04
无原点标志 原点末确定时，为ON	0：原点确认状态 1：原点未确认状态	A280.05	A281.05	A326.05	A327.05
原点停止标志 脉冲输出的当前值与原点(0)一致时，为ON	0：位于原点以外的停止中 1：位于原点的停止中	A280.06	A281.06	A320.06	A327.06
脉冲输出停止异常标志 原点搜索功能中，脉冲输出中发生异常时为ON	0：无异常 1：异常发生	A280.07	A281.07	A326.07	A327.07
停止异常代码 发生脉冲输出停止异常时，该异常代码被保存		A444 CH	A445 CH	A438 CH	A439 CH

4. **脉冲输出形式**

脉冲输出功能中，通过指令的组合，可进行以下动作。

1) 连续模式(速度控制)

(1) 脉冲输出开始的动作如表8.19所示。

表8.19 脉冲输出开始的动作

动作内容	使用示例	频率的变化	说明	使用步骤	
				指令语言	设定内容
速度指定输出	使速度(频率)变为阶跃式时	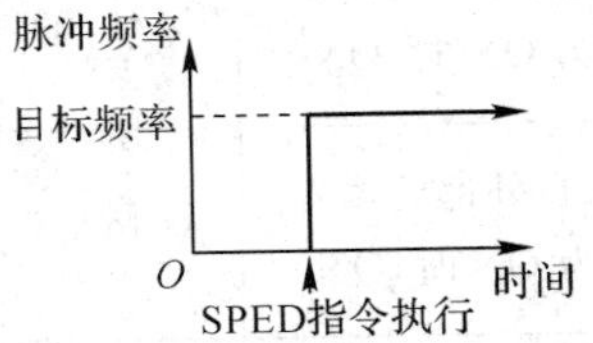 脉冲频率 目标频率 O 时间 SPED指令执行	进行指定频率的脉冲输出	SPED (连续)	• 端口 [CW/CCW]+[脉冲+方向] • 连续 • 目标频率
加速度/速度指定输出	按照一定的比率使速度(频率)加速时	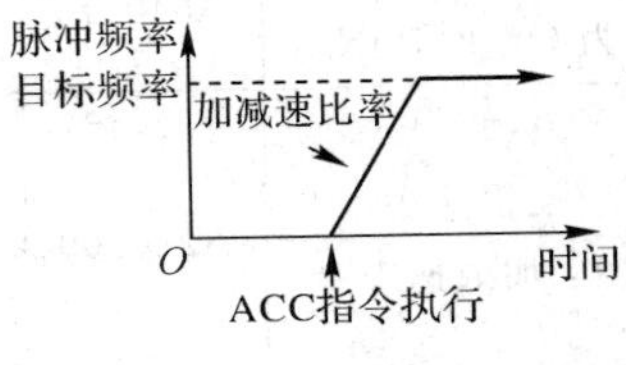 脉冲频率 目标频率 加减速比率 O 时间 ACC指令执行	按照一定的比率使频率变化的脉冲输出	ACC (连续)	• 端口 [CW/CCW]、[脉冲+方向] • 连续 • 加/减速比率 • 目标频率

（2）设置变更的动作如表 8.20 所示。

表 8.20　设置变更的动作

动作内容	使用示例	频率的变化	说明	使用步骤	
				指令语言	设定内容
阶跃式速度变化	希望在运行中变更速度时	脉冲频率 目标频率 当前频率 O 时间 SPED指令执行	将脉冲输出中的频率变更为阶跃式（上方或下方）	SPED（连续） ↓ SPED（连续）	• 端口 • 连续 • 目标频率
斜率式速度变更	希望在运行中使速度变缓时	脉冲频率 目标频率 加/减速比率 当前频率 O 时间 ACC指令执行	从当前的频率开始按照一定的比率使频率加速或减速	ACC（连续） 或 SPED（连续） ↓ ACC（连续）	• 端口 • 连续 • 目标频率 • 加减速比率
	希望以倾角的连续使速度变化时	脉冲频率 目标频率 加/减速比率n 加/减速比率2 加/减速比率1 当前频率 O 时间 ACC指令执行 ACC指令执行 ACC指令执行	加速或减速中，使加速比率或减速比率变更	ACC（连续） ↓ ACC（连续）	• 端口 • 连续 • 目标频率 • 加减速比率
方向变更	不能				
脉冲输出方式的变更	不能				

（3）脉冲输出停止的动作如表 8.21 所示。

表 8.21　脉冲输出停止的动作

动作内容	使用示例	频率的变化	说明	使用步骤	
				指令语言	设定内容
脉冲输出停止	立即停止	脉冲频率 当前频率 O 时间 INI指令执行	即刻停止脉冲输出	SPED（连续） 或 ACC（连续） ↓ INI	• 端口 • 脉冲输出停止
脉冲输出停止	立即停止	脉冲频率 当前频率 O 时间 SPED指令执行	即刻停止脉冲输出	SPED（连续） 或 ACC（连续） ↓ SPED（连续）	• 端口 • 连续 • 目标频率＝0

续表

动作内容	使用示例	频率的变化	说 明	使用步骤	
				指令语言	设定内容
斜率式脉冲输出停止	减速停止	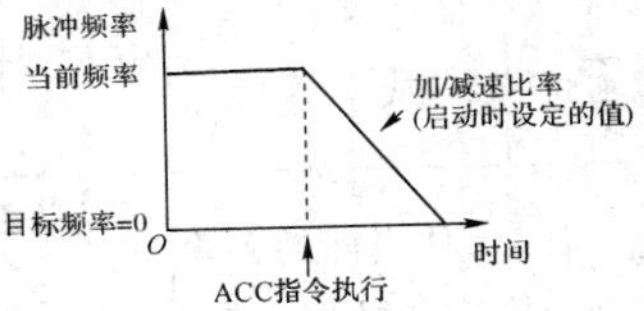 脉冲频率 当前频率 加/减速比率(启动时设定的值) 目标频率=0 O 时间 ACC指令执行	减速停止脉冲输出。 注：ACC 指令执行时的加/ 减速比率，动作中的值保持并转为有效。因此，用 SPED 指令启动的情况下，由于加/减速比率的情况下，由于加/减速比率为无效，出现即刻停止	SPED(连续) 或 ACC(连续) ↓ ACC(连续)	• 端口 • 连续 • 目标频率＝0

2) 单独模式(定位)

(1) 脉冲输出开始的动作如表 8.22 所示。

表 8.22　脉冲输出开始的动作

动作内容	使用示例	频率的变化	说 明	使用步骤	
				指令语言	设定内容
速度指定输出	进行无加/减速的定位时	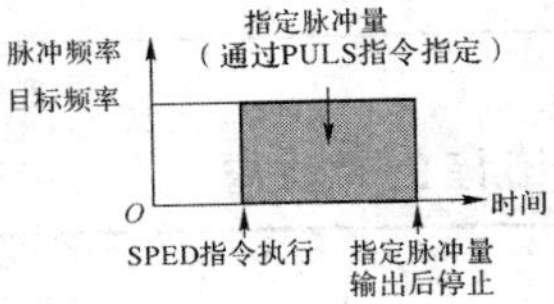 脉冲频率 目标频率 指定脉冲量(通过PULS指令指定) O 时间 SPED指令执行 指定脉冲量输出后停止	按照指定脉冲输出的频率开始，输出指定脉冲量时，使其即刻停止。 注：不可变更定位(脉冲输 出)中的目标位置(脉冲量)	PULS ↓ SPED (单独)	• 脉冲量 • 相对/绝对脉冲指定 • 端口 • [CW/CCW]、[脉冲＋方向] • 单独 • 目标频率
单纯的台型控制	进行台型加/减速的定位时(加速比率与减速比率相同。无启动速度)不可变更定位中的脉冲量	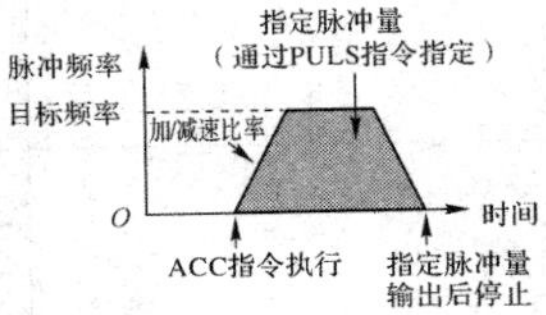 脉冲频率 目标频率 加/减速比率 指定脉冲量(通过PULS指令指定) O 时间 ACC指令执行 指定脉冲量输出后停止	按照一定的比率使频率加速或减速，输出指定的脉冲量时，使其即刻停止。① 注：不可变更定位(脉冲输出)中的目标位置(脉冲量)	PULS ↓ ACC (单独)	• 脉冲量 • 相对/绝对脉冲指定 • 端口 • [CW/CCW]、[脉冲＋方向] • 单独 • 加/减速比率 • 目标频率

续表

动作内容	使用示例	频率的变化	说明	使用步骤	
				指令语言	设定内容
详细的台型控制	进行台型加/减速的定位时(加速比率及减速比率不同,有启动速度)。 可变更定位中的脉冲量无启动速度)不可变更定位中的脉冲量	脉冲频率 目标频率 指定脉冲量 加速比率 减速比率 启动频率 停止频率 O 时间 PLS2指令执行 达到目标频率 减速点 输出停止	按照一定的比率使频率加速,按照一定的比率使频率减速。输出指定的脉冲量时,使其即刻停止。① 注:可变更定位(脉冲输出)中的目标位置(脉冲量)	PLS2	• 脉冲量 • 相对/绝对脉冲指定 • 端口 • [CW/CCW]、[脉冲+方向] • 加速比率 • 加速比率 • 目标频率 • 启动频率

① 三角型控制，仅加速及减速所需要的脉冲量，即使在不满足达到目标频率的脉冲量的情况下(不会出现出错)，也会自动缩短加减速时间，进行仅有加减/速的三角型控制，如图 8.19 所示。

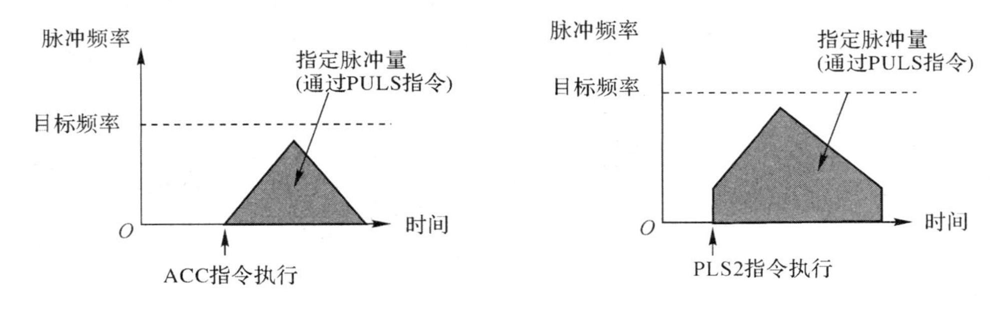

图 8.19　三角形控制

(2) 设置变更的动作如表 8.23 所示。

表 8.23　设置变更的动作

动作内容	使用示例	频率的变化	说明	使用步骤	
				指令语言	设定内容
阶跃式速度变更	希望在运行中将速度变更为阶跃式时	脉冲频率 指定脉冲量(通过PULS指令指定) (PLUS指令的脉冲量不变) 变更后目标频率 目标频率 O 时间 SPED指令(单独)执行 SPED指令(单独)执行 目标频率变更(目标位置不变)	定位中，执行 SPED 指令,将脉冲输出中的频率变更为阶跃式(上方或下方)。该情况下,目标位置(脉冲量)不变	PULS ↓ SPED (单独) ↓ SPED (单独)	• 脉冲量 • 相对/绝对脉冲指定 • 端口 • [CW/CCW]、[脉冲+方向] • 单独 • 目标频率

续表一

动作内容	使用示例	频率的变化	说 明	使用步骤	
				指令语言	设定内容
斜率式速度(加速比率＝减速比率)变更	定位中的目标速度(频率)的变更(加速比率与减速比率相同)	脉冲频率 变更后目标频率 目标频率 加/减速比率 指定脉冲量 (通过PULS指令指定) (PLUS指令的 脉冲量不变) O 时间 ACC指令 (单独)执行 ACC指令(单独)执行 目标频率变更 (目标位置不变。 但是，加/减速比率被更改)	可在定位中，执行 ACC 指令，变更加/减速比率、目标频率。该情况下，目标位置(脉冲量)不变	PULS ↓ ACC (单独) 或 SPED (单独) ↓ SPED (单独) —— PLS2 ↓ ACC (单独)	• 脉冲量 • 相对/绝对脉冲指定 • 端口 • [CW/CCW]、[脉冲＋方向] • 单独 • 加减速比率 • 目标频率
斜率式速度(加速比率≠减速比率)变更	定位中的目标速度(频率)的变更(加速比率与减速比率不同)	脉冲频率 变更后目标频率 目标频率 加/减速比率 指定脉冲量 (通过PULS指令指定) O 时间 ACC指令 (单独)执行 PLS2指令执行 目标频率、加/减速比变更 (目标位置指定为与原来相同的位置)	可在定位中，执行 PLS2 指令，变更加速比率、减速比率、目标频率。 注：为了有目的地不变更目标位置，作为 PLS2 指令的操作数，需要通过绝对指定来指定与原来相同的位置	PULS ↓ ACC (单独) ↓ PLS2 PLS2 —— ↓ PLS2	• 脉冲量 • 相对/绝对脉冲指定 • 端口 • [CW/CCW]、[脉冲＋方向] • 加速比率 • 减速比率 • 目标频率 • 启动频率
目标位置变更	定位中的目标位置的变更(多重启动)	脉冲频率 目标频率 加/减速比率 指定脉冲量 通过PLS2指令 脉冲量变更 O 时间 PLS2指令执行 PLS2指令执行 目标位置变更 (目标频率、加/减速比率变更)	可在定位中，执行 PLS2 指令，变更目标位置(脉冲量)。 注：变更后不能确保等速域的情况下行为出错，忽略执行，继续原来的动作	PULS ↓ ACC (单独) ↓ PLS2 —— PLS2 ↓ PLS2 —— PLS2 ↓ PLS2	• 脉冲量 • 相对/绝对脉冲指定 • 端口 • [CW/CCW]、[脉冲＋方向] • 加速比率 • 减速比率 • 目标频率 • 启动频率

续表二

动作内容	使用示例	频率的变化	说明	使用步骤	
				指令语言	设定内容
目标位置＋斜率式的速度变更	定位中的目标位置、目标速度的变更（多重启动）	脉冲频率 变更后目标频率 目标频率 加/减速比 指定脉冲量 通过PLS2指令脉冲量变更 O 时间 PLS2指令执行 PLS2指令执行 目标位置、目标频率、加减速比变更	可在定位中，执行PLS2指令，变更目标位置（脉冲量）、加速比率、减速比率、目标频率。 注：变更后不能确保等速域的情况下行为出错，忽略执行，继续原来的动作	PULS ↓ ACC （单独） ↓ PLS2	• 脉冲量 • 相对/绝对脉冲指定 • 端口 • [CW/CCW]、[脉冲＋方向] • 加速比率 • 减速比率 • 目标频率 • 启动频率
	定位中的加/减速的变更（多重启动）	脉冲频率 变更后目标频率 目标频率 加减速比0 加/减速比3 加/减速比2 加/减速比1 通过PLS2指令指定的脉冲量 O 时间 PLS2指令执行 PLS2指令执行 PLS2指令执行	可在定位中（加速或减速中），执行PLS2指令，变更加速比率、减速比率	PULS ↓ ACC （单独） ↓ PLS2 PLS2 ↓ PLS2	• 脉冲量 • 加速比率 • 减速比率
方向变更	定位中的方向的变更	脉冲频率 指定脉冲量 目标频率 按频指定减速比率变更方向 通过PLS2指令变更脉冲量(位置) O 时间 PLS2指令执行 PLS2指令执行	可在绝对脉冲指定的定位中，执行PLS2指令，指定绝对位置，变更方向	PULS ↓ ACC （单独） ↓ PLS2 PLS2 ↓ PLS2	• 脉冲量 • 绝对脉冲指定 • 端口 • [CW/CCW]、[脉冲＋方向] • 加速比率 • 减速比率 • 目标频率 • 启动频率
脉冲输出方向的变更	不能				

（3）脉冲输出停止的动作如表 8.24 所示。

表 8.24　脉冲输出停止的动作

动作内容	使用示例	频率的变化	说明	使用步骤	
				指令语言	设定内容
脉冲输出停止（脉冲输出量不保持）	即刻停止	脉冲频率 当前频率 O 时间 SPED 执行 指令 INI指令执行	即刻停止脉冲输出。此时，当前的脉冲输出量被清除	PULS ↓ ACC(单独) 或 SPED(单独) ↓ INI	• 脉冲输出停止
				PLS2 ↓ INI	
脉冲输出停止（脉冲输出量不保持）	即刻停止	脉冲频率 当前频率 O 时间 SPED 执行 指令 SPED指令执行	即刻停止脉冲输出。此时，当前的脉冲输出量被清除	PULS ↓ SPED（单独） ↓ SPED	• 端口 • 单独 • 目标频率＝0
斜率式的脉冲输出停止（脉冲输出量不保持）	减速停止	脉冲频率 当前频率 原加/减速比率 目标频率=0 O 时间 ACC指令执行	将脉冲输出减速停止。 注：ACC 指令执行时的加/减速比率，动作中的值保持并转为有效。因此，通过 SPED 指令启动的情况下，由于加/减速比率为无效，出现即刻停止的情况	PULS ↓ ACC(单独) 或 SPED(单独) ↓ ACC(单独)	• 端口 • 单独 • 目标频率＝0
				PLS2 ↓ ACC(单独)	

（4）连续模式(速度控制)→单独模式(定位)如表 8.25 所示。

表 8.25　连续模式(速度控制)→单独模式(定位)

使用示例	频率的变化	说明	使用步骤	
			指令语言	设定内容
变更为速度控制中的定量进给定位	输出通过PLS2指令指定的脉冲量(可进行绝对脉冲指定、或相对脉冲指定) 脉冲频率 目标频率 O 时间 ACC指令(连续)执行 PLS2指令执行	根据 ACC 指令，在速度控制中，执行 PLS2 指令，变更为定位	ACC (连续) ↓ PLS2	• 端口 • 加速比率 • 减速比率 • 目标频率 • 脉冲量 注：忽略启动频率
中断恒定尺寸进给	脉冲频率 当前频率 O 时间 ACC指令(连续)执行 按照以下设定，执行PLS2指令 · 脉冲量=到停止为止的脉冲量 · 相对脉冲指定 · 目标频率=当前频率 · 加速比率=0以外的值 · 减速比率=目标减速比率			

5. **原点搜索/原点复位功能**

在 CP1H CPU 单元的脉冲输出功能中，作为决定机械原点的方法，可配备以下 2 种功能。

(1) 原点搜索。以原点搜索参数指定的形式为基础，通过执行 ORG 指令实际输出脉冲，使电动机动作，将以下 3 种位置信息作为输入条件，来确定机械原点。

• 原点输入信号；

• 原点附近输入信号；

• CW 极限输入信号、CCW 极限输入信号。

希望将当前位置设为原点的情况下，通过 INI 指令将脉冲输出当前值变更为 0。执行上述中的任何一项时，进入原点确定状态。

(2) 原点复位。从电动机停止的任意位置开始，通过执行 ORG 指令实际输出脉冲，使电动机动作，使其向原点搜索或当前值变更确定的原点位置移动。

6. **脉冲输出的使用步骤**

(1) 无加/减速单相脉冲输出(定位中的脉冲量不能变更)使用步骤。

无加/减速单相脉冲输出通过 PULS/SPED 指令实现控制，其使用步骤如图 8.20 所示。其主要分为设置脉冲输出方式、布线、PLC 设置以及编程等步骤。

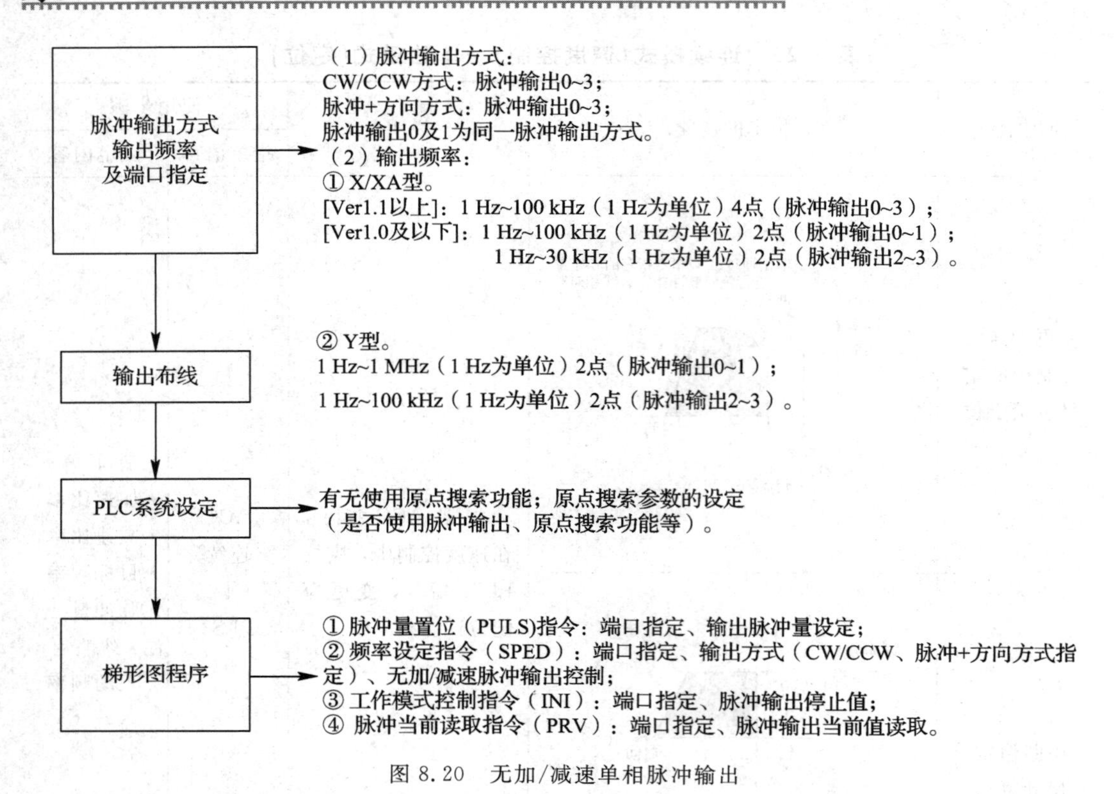

图 8.20　无加/减速单相脉冲输出

(2) 加速或减速脉冲输出的使用步骤(通过 PULS/ACC 指令)如图 8.21 所示。步骤基本一样,指令不同。

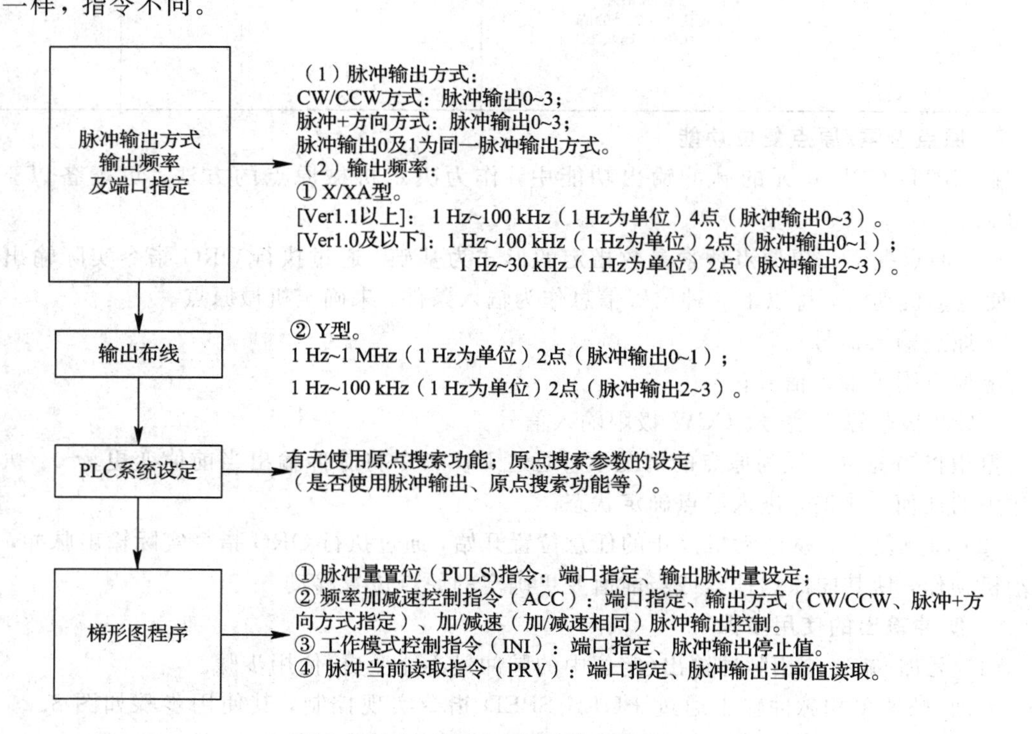

图 8.21　加速或减速脉冲输出的使用步骤

(3) T 型有加/减速脉冲输出的使用步骤(通过 PLS2 指令)如图 8.22 所示，步骤基本相同，指令不同。

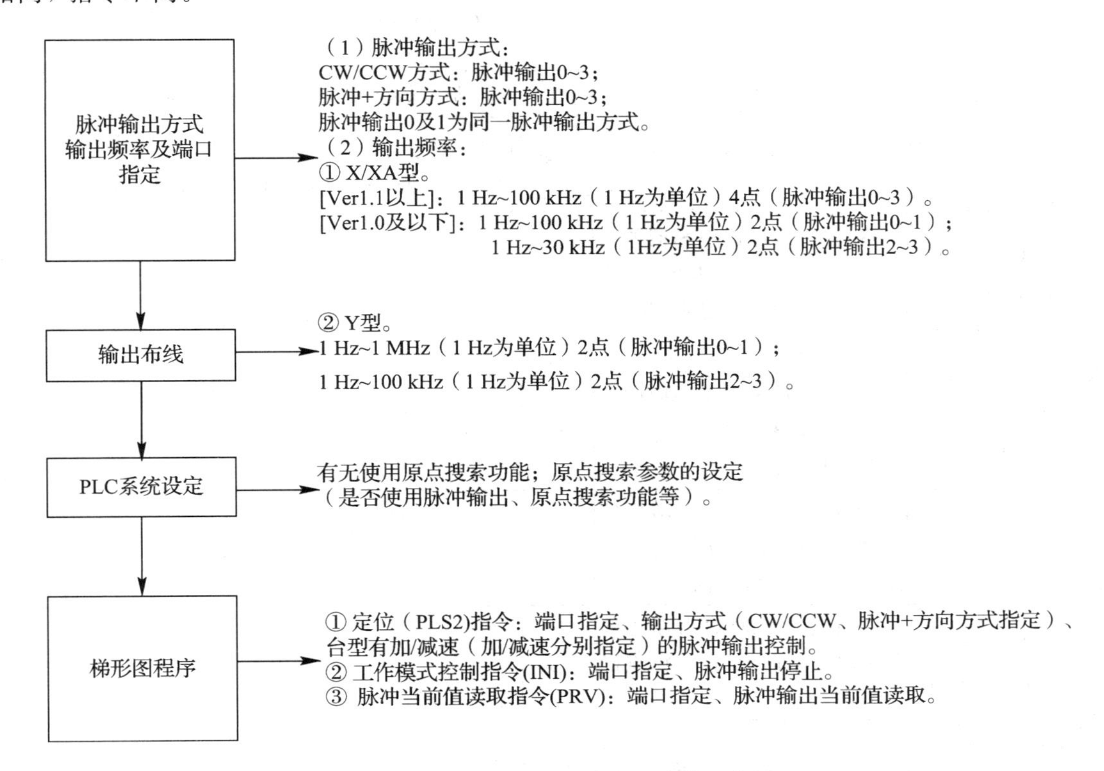

图 8.22　T 型有加/减速脉冲输出的使用步骤

7. 脉冲输出指令

脉冲输出功能可在梯形图程序内通过执行专用的脉冲控制指令来实现，有部分指令需要预先通过 PLC 编程软件来设置一些参数和功能。用户可使用以下 8 个指令语言，实现脉冲输出功能。指令与功能对应关系如表 8.26 所示。高速脉冲输出指令格式比较复杂，具体使用方法请查阅编程手册。

表 8.26　脉冲输出指令与功能对应表

指令语言	控制概要	定位(单独模式)			速度控制(连续模式)		原点搜索
		无加/减速脉冲输出	有加/减速脉冲输出		无加/减速脉冲输出	有加/减速脉冲输出	
			台型、加/减速比率相同	台型、加/减速比率不同			
PULS(886)脉冲输出量置位	设定脉冲输出量	○	—	—	—	—	—
SPED(885)频率设定	进行无加/减速脉冲输出控制(定位时，需要预先通过 PULS 指令将脉冲量置位)	○	—	—	○	—	—

续表

指令语言	控制概要	定位(单独模式)			速度控制(连续模式)		原点搜索
		无加/减速脉冲输出	有加/减速脉冲输出		无加/减速脉冲输出	有加/减速脉冲输出	
			台型、加/减速比率相同	台型、加/减速比率不同			
ACC(888) 频率加/减速控制	进行加/减速比率相同的台型加/减速脉冲输出控制(定位时,需要预先通过 PULS 指令将脉冲量置位)	—	○	—	—	○	—
PLS2(887) 定位	进行加/减速比率不同的台型加/减速脉冲输出控制(进行脉冲量置位)	—	—	○	—	—	—
ORG(889) 原点搜索	通过脉冲输出使电动机实际动作:通过原点附近输入及原点输入,确定机械原点	—	—	—	—	—	○
INI(880) 工作模式控制	变更进行脉冲输出停止的脉冲输出当前值(设为原点确定状态)	○	○	○	○	○	—
PRV(881) 脉冲当前值读取	读取脉冲输出当前值	○	○	○	○	○	—
PWM(891) PWM 输出	进行指定占空比的脉冲输出						

○:使用指令语言　　—:不使用指令语言

(三) 脉冲输出应用举例

例 8.2　从中断输入开始经过一定时间后的脉冲输出。

(1) 动作说明。从中断输入 0.00 为 ON 开始经过一定时间(0.5 ms)后,从脉冲输出 0 输出 100 000 个频率为 100kHz 的脉冲,时序图如图 8.23 所示。程序在输入中断 0 任务(中断任务 No.140)内,启动定时中断时间 0.5 ms 的定时中断。接着,在定时中断任务内执行脉冲输出的指令,同时停止定时中断。

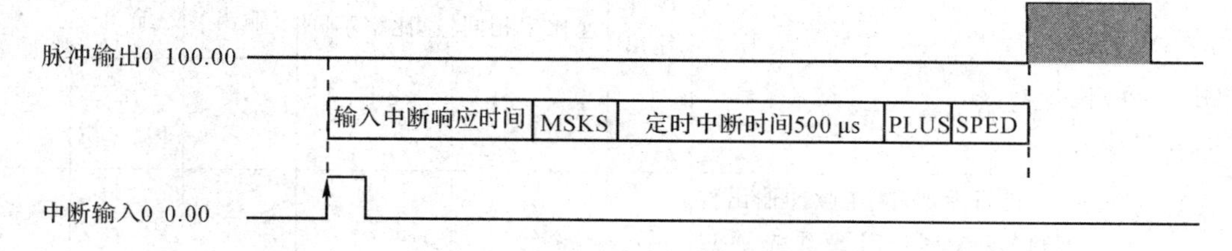

图 8.23　动作时序图

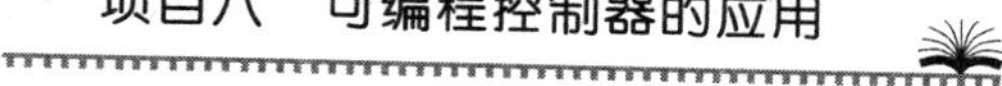

(2) PLC 设置。

• 将 IN0 作为中断，如图 8.24 所示。

• 单击图 8.24 所示的“时序”页框，设置定时中断的时间间隔为 0.1 s。

• 设置脉冲输出 0，如图 8.25 所示。

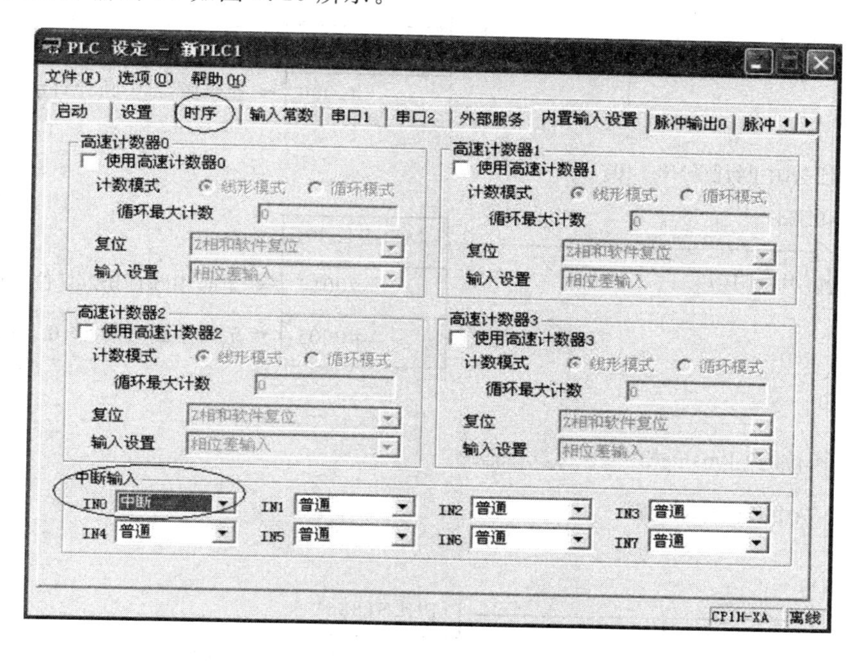

图 8.24 IN0 作为中断

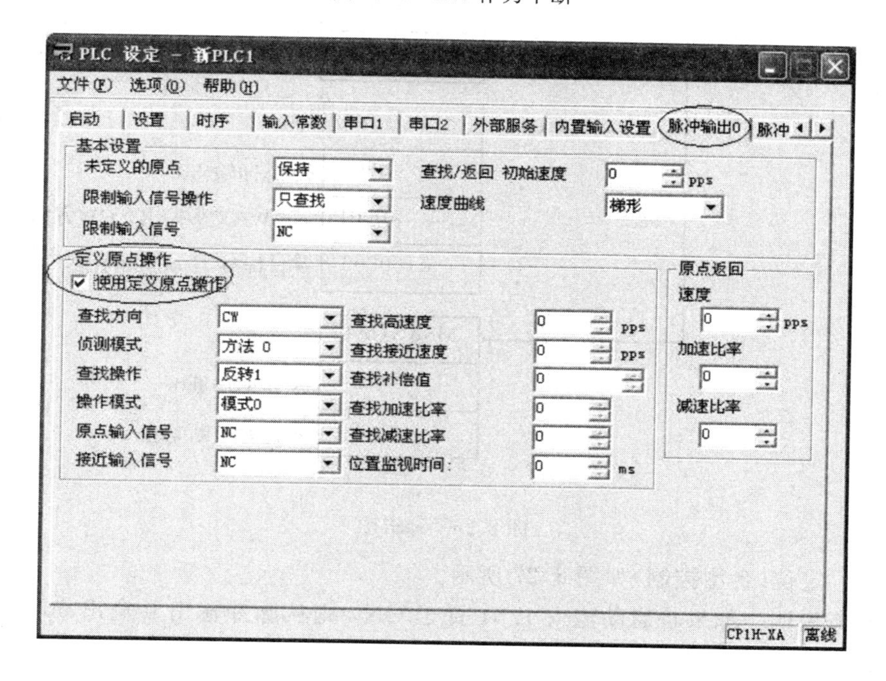

图 8.25 脉冲输出 0 设置

(3) 梯形图程序如图 8.26 所示。

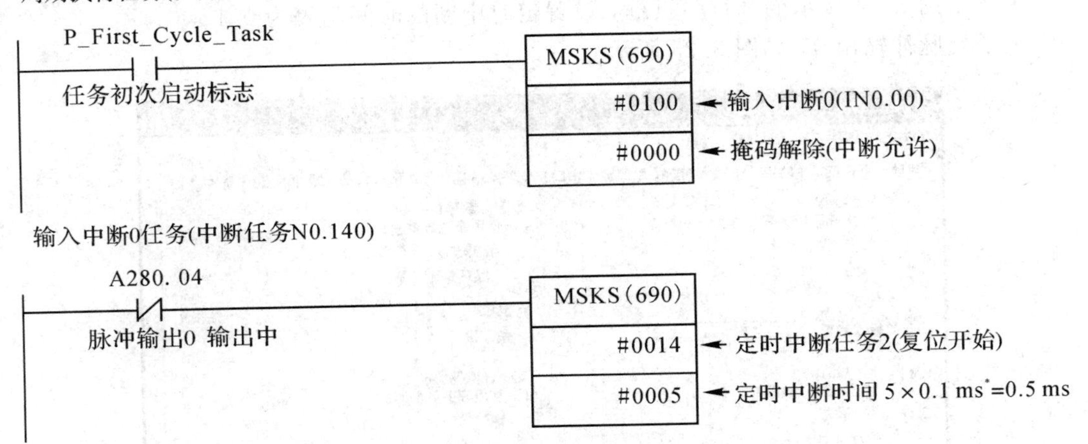

*—设定单位的0.1 ms根据PLC系统设定选择。

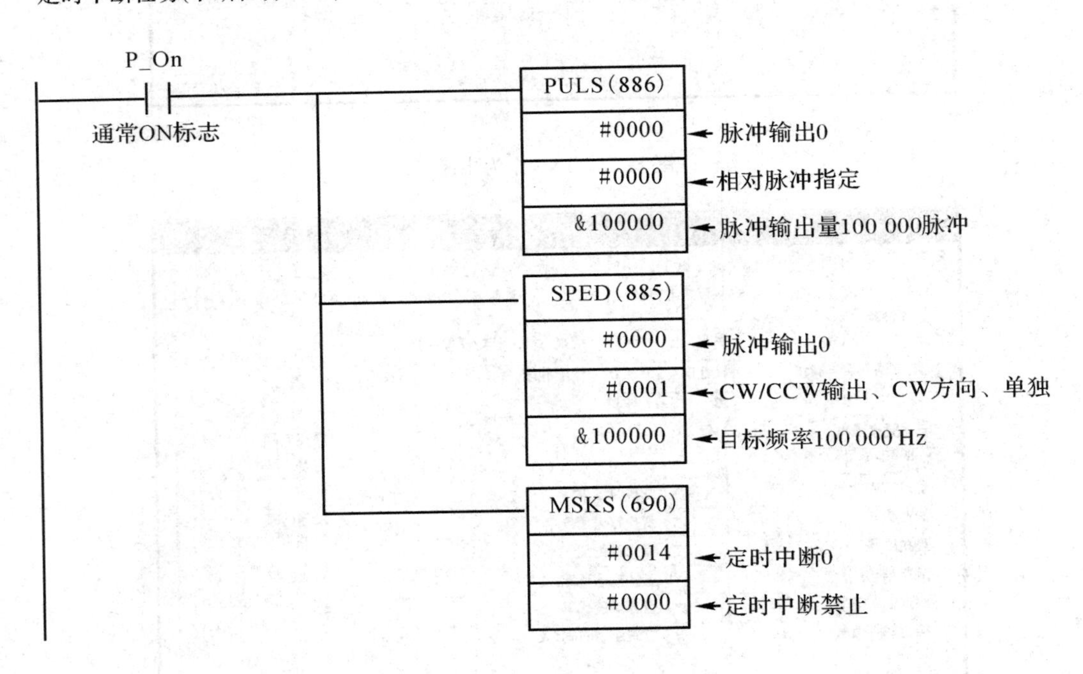

图 8.26 梯形图

例 8.3 定位(台型控制)如图 8.27 所示。

(1) 动作说明。如果将启动输入 1.04 置于 ON，则从脉冲输出 0 输出 600 000 脉冲，使电动机运行。

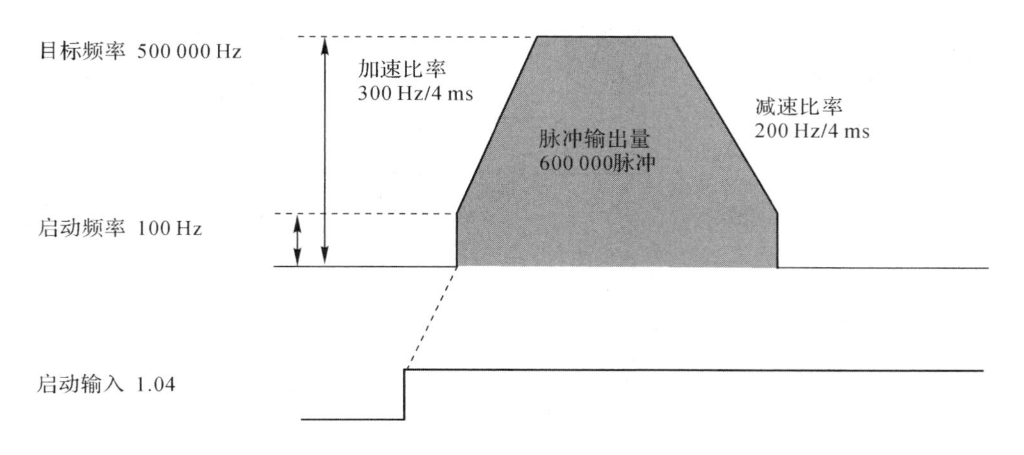

图 8.27　动作说明

(2) PLC 设置。本例题不需进行 PLC 设置，但需要对 PLS2 指令进行设置(D0～D7)，如表 8.26 所示。

表 8.26　PLS2 指令设置表

设定内容	地址	数据
加速比率：300 Hz/4 ms	D0	＃012C
减速比率：200 Hz/4 ms	D1	＃00C8
目标频率：50 000 Hz	D2	＃C350
	D3	＃0000
脉冲输出量设定值：600 000 脉冲	D4	＃27C0
	D5	＃0009
启动频率：100 Hz	D6	＃0064
	D7	＃0000

(3) 梯形图程序。梯形图程序如图 8.28 所示。

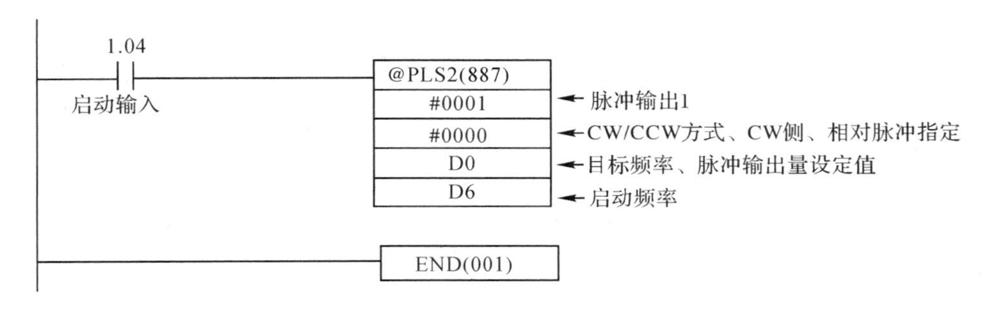

图 8.28　定位控制梯形图

例 8.4　JOG(点动)运行。

(1) 动作说明。

① 输入 1.04 为 ON 期间，在脉冲输出 1 中进行低速的 JOG 动作(CW 方向)。

② 输入 1.05 为 ON 期间，在脉冲输出 1 中进行低速的 JOG 动作(CCW 方向)。

①②动作时序如图 8.29 所示。

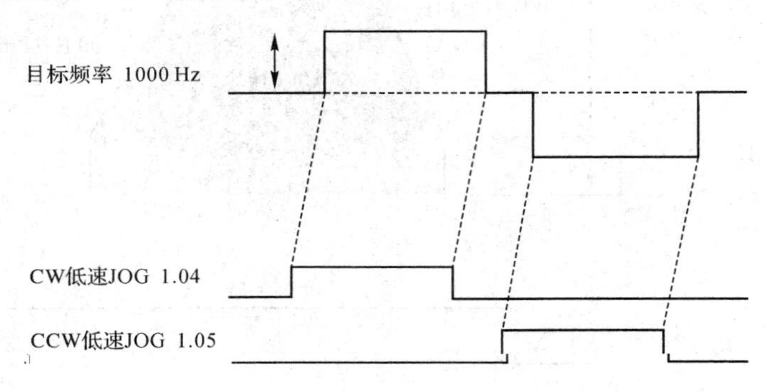

图 8.29 低速动作说明

③ 1.06 为 ON 期间，在脉冲输出 1 中进行高速的 JOG 动作(CW 方向)。

④ 1.07 为 ON 期间，在脉冲输出 1 中执行高速的 JOG 动作(CCW 方向)。

③④动作时序如图 8.30 所示。

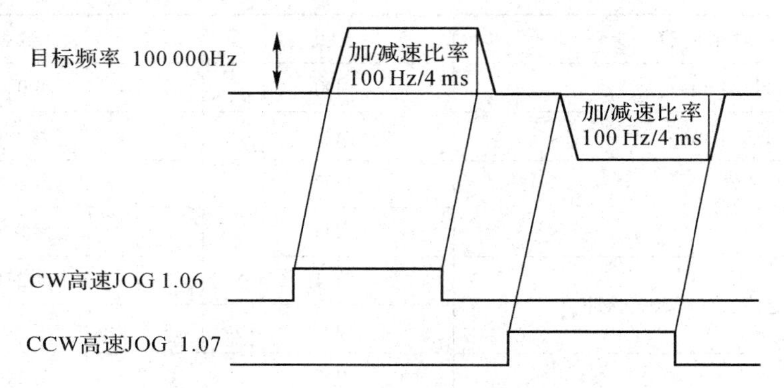

图 8.30 高速动作说明

(2) PLC 设置。本例题不需进行 PLC 设置，但需要对 JOG 指令进行设置(D0～D1、D10～D15)，如表 8.27 所示。

表 8.27 JOG 指令设置表

设定内容	地址	数据
目标频率(低速)：1000 Hz	D0	＃03E8
	D1	＃0000
加/减速比率 100 Hz/4 ms	D10	＃0064
目标频率(高速)100 000 Hz	D11	＃86A0
	D12	＃0001
加/减速比率 100 Hz/4 ms(不使用)	D13	＃0064
目标频率(停止)0 Hz	D14	＃0000
	D15	＃0000

（3）梯形图程序。梯形图程序如图 8.31 所示。

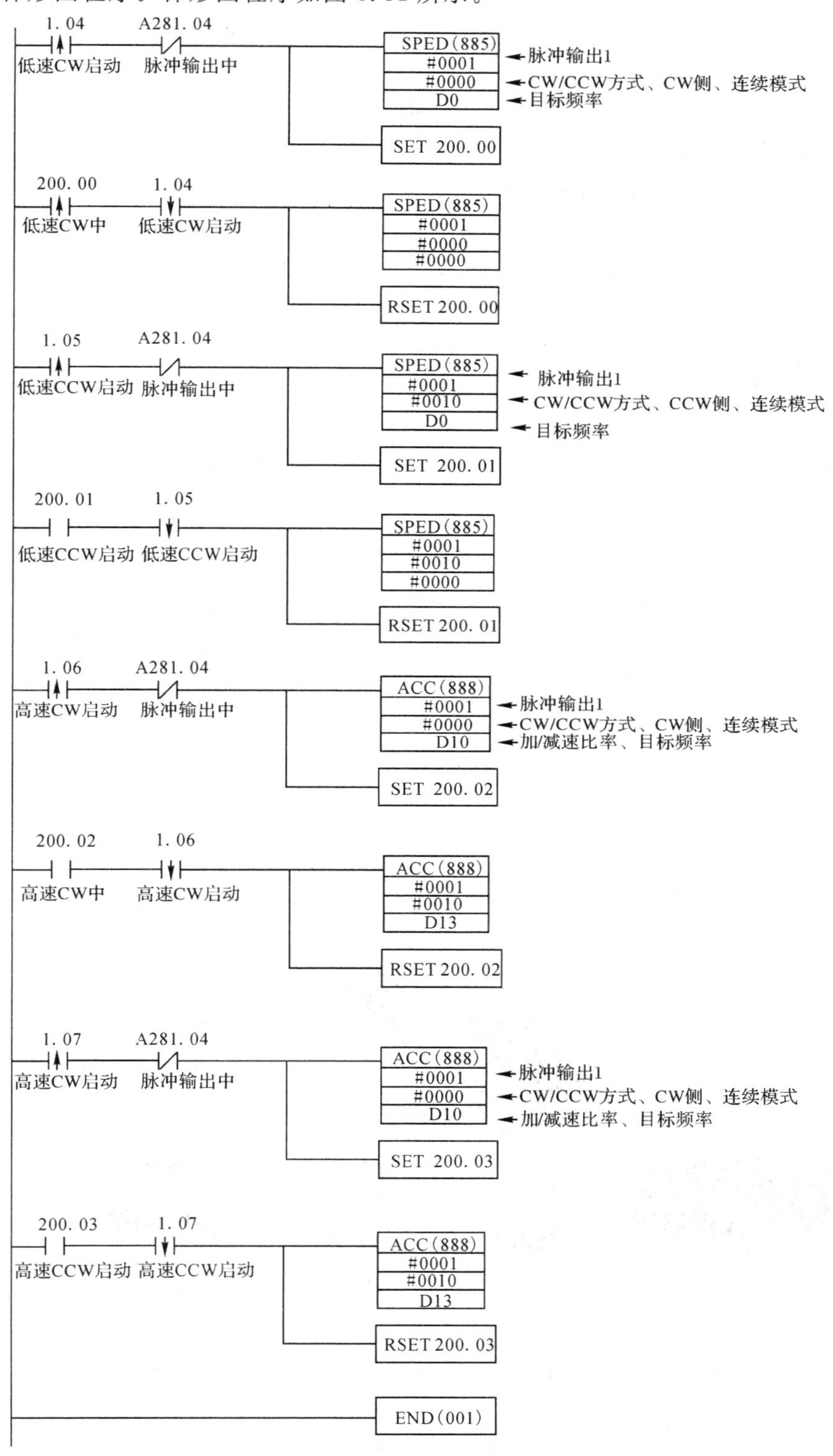

图 8.31　JOG 运行梯形图

注意：需设置启动频率的情况下，或需将加速比率与减速比率设为不同值的情况下，可通过使用PLS2指令实现。但是在PLS2指令中，由于必须指定终点，因此对动作范围有限制。

例 8.5 长物体的定尺寸切断(定尺寸进给)。

(1) 动作说明。

① 首先，通过如图8.32所示的①JOG，进行工件位置调整。然后，重复②一定量的定位。动作的详细内容如下：

• 通过JOG运行开关(IN 1.04)，将工件设置到开始位置。

• 通过定位运行开关(IN 1.05)，按照设置的定位量，进行(相对)定位。

• 定位结束，启动切断机(切断)(OUT 101.00)。

• 通过切割机切断结束(IN 1.06)的输入，开始定位。

• 重复4的动作直到计数器(C0)设置次数(100次)为止。

• 设置次数的切断完成后，切断操作结束(OUT 101.01)置于ON。

此外，通过即刻停止开关(IN 1.07)，中断定位，即刻停止。

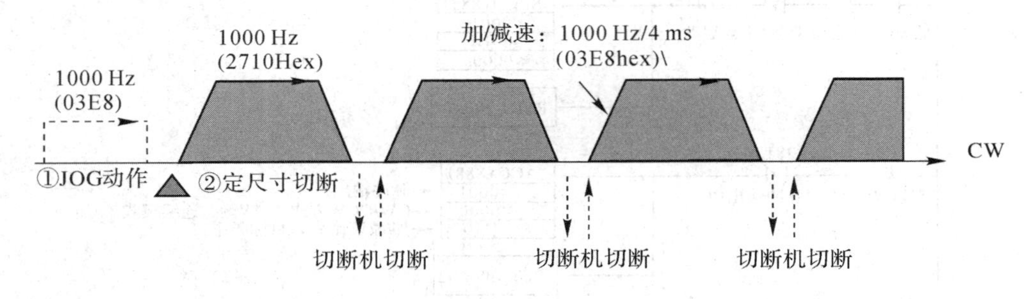

图 8.32 动作说明

② 系统构成。系统构成如图8.33所示。

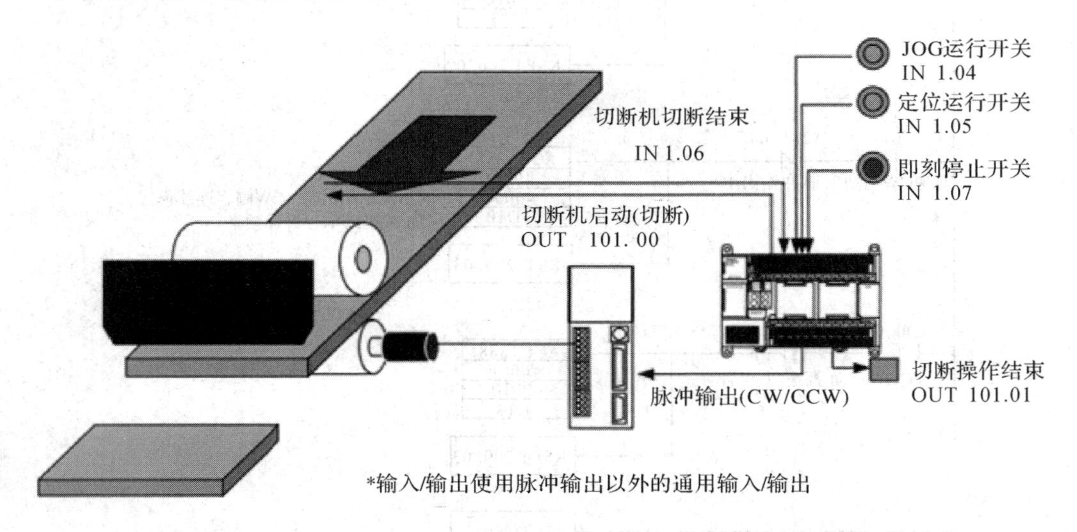

图 8.33 系统构成

(2) PLC设置。本例题不需设置PLC，但需要对JOG运行用速度控制进行设置(D0～D3)，如表8.28所示。

表8.28　JOG运行用速度控制设置

设定内容	地址	数值
目标频率：1000 Hz	D0	#03E8
	D1	#0000
目标频率：0000 Hz	D2	#0000
	D3	#0000

此外，还需要对一定量的定位用PLS2指令进行设置(D10～D20)，如表8.29所示。

表8.29　PLS2指令的设置(D10～D20)

设定内容	地址	数值
加速比率：1000 Hz/4 ms	D10	#03E8
减速比率：1000 Hz/4 ms	D11	#03E8
目标频率：10000 Hz	D12	#2710
	D13	#0000
脉冲输出量设定值：50 000脉冲	D14	#C350
	D15	#0000
启动频率：0000 Hz	D16	#0000
	D17	#0000
计数器设定次数：100次	D20	#0100

(3) 梯形图程序。梯形图程序如图8.34所示。

注意：

(1) 定位指令(PLS2指令)为相对脉冲指定。在该情况下，原点未确定的状态下也可执行。

当前位置(A276 CH/低位4位、A277 CH/高位4位)在脉冲输出之前为“0”，之后，输出指定的脉冲数。

(2) JOG指令，作为代替SPED的指令，也可使用ACC指令。此外，如使用ACC，可进行有加/减速的JOG运行。

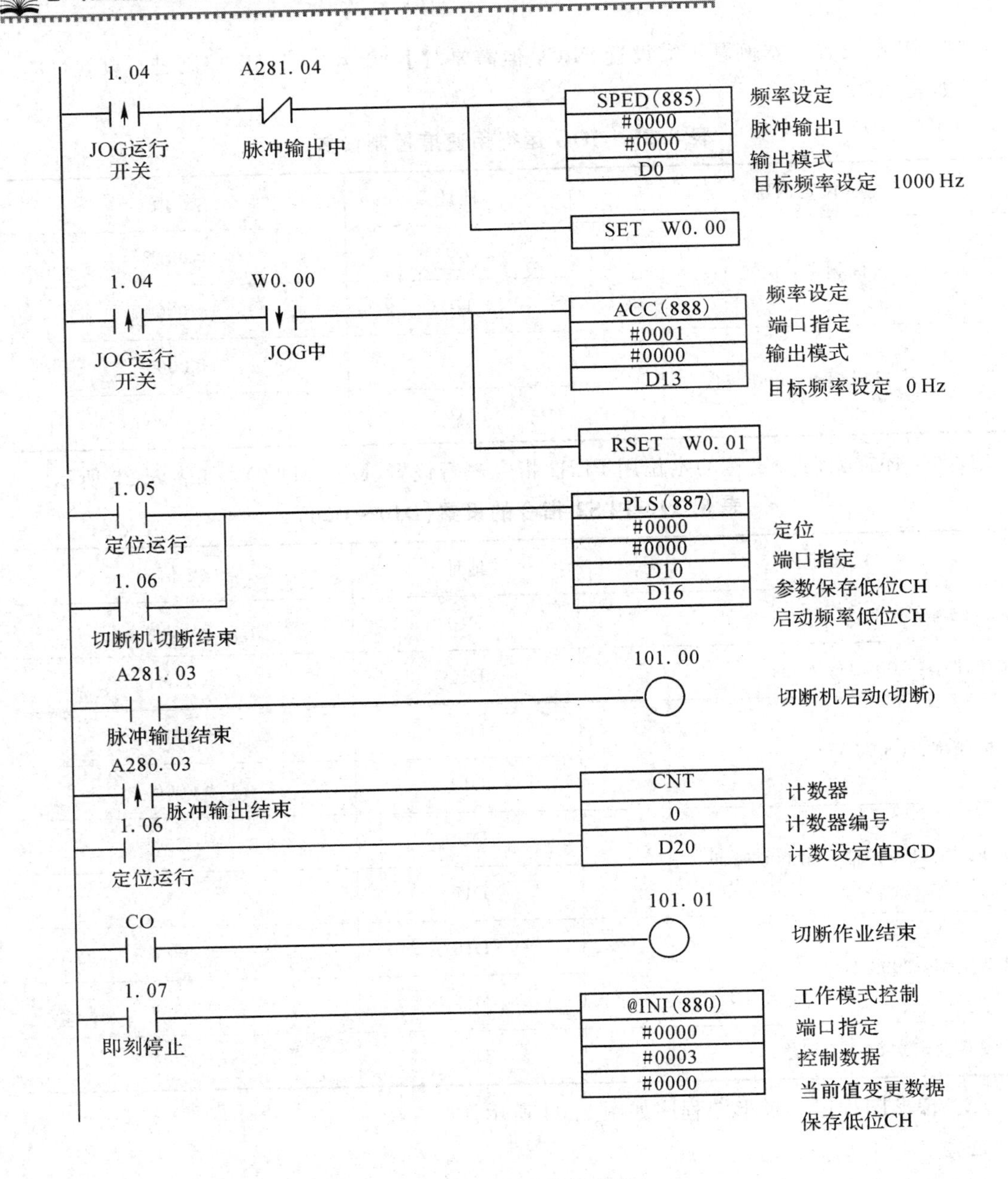

图 8.34　梯形图程序

三、模拟量 I/O 功能

PLC 的模拟量处理单元分为内置式和外置式模拟量单元。

（一）内置模拟量单元

1. XA 型 CP1H 模拟量输入/输出功能

1）XA 型 CP1H 模拟量接线端子

XA 型的 CP1H CPU 单元中有内置模拟输入 4 点及模拟输出 2 点。内置模拟量输入/

输出通过模拟量输入/输出端子台接入，如图 8.35 所示。

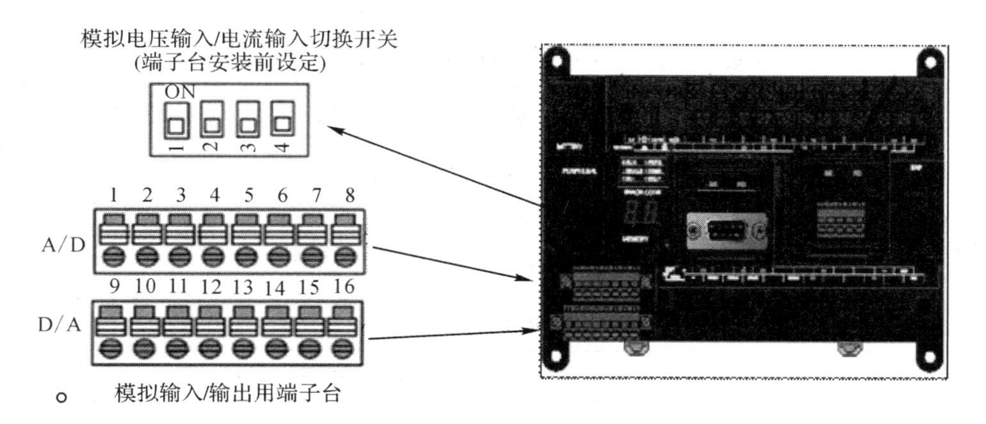

图 8.35　内置模拟量接线端子

图 8.35 中，内置模拟输入切换开关有 4 个，对应切换 4 个输入通道是“电压”还是“电流”输入，ON：电流输入；OFF：电压输入(出厂设置为电压输入)。模拟量每个端子的符号及定义如表 8.30 所示。

表 8.30　模拟量每个端子的符号及定义表

类型	引脚号	符号	含 义
模拟输入	1	VIN0/IIN0	第 0 路模拟量电压/电流输入(接正极)
	2	COM0	第 0 路模拟量输入公共端(接负极)
	3	VIN1/IIN1	第 1 路模拟量电压/电流输入(接正极)
	4	COM1	第 1 路模拟量输入公共端(接负极)
	5	VIN2/IIN2	第 2 路模拟量电压/电流输入(接正极)
	6	COM2	第 2 路模拟量输入公共端(接负极)
	7	VIN3/IIN3	第 3 路模拟量电压/电流输入(接正极)
	8	COM3	第 3 路模拟量输入公共端(接负极)
模拟输出	9	VOUT0	第 0 路模拟量电压输出(接正极)
	10	IOUT0	第 0 路模拟量电流输出(接正极)
	11	COM0	第 0 路模拟量输出公共端(接负极)
	12	VOUT1	第 1 路模拟量电压输出(接正极)
	13	IOUT1	第 1 路模拟量电流输出(接正极)
	14	COM1	第 1 路模拟量输出公共端(接负极)
	15	AG	模拟 0V
	16	AG	模拟 0V

2）内置模拟量单元的主要性能

模拟量输入指标如表 8.31 所示。

表 8.31　欧姆龙 CP1H 模拟量输入指标表

项　目		电压输入/输出①	电流输入/输出①
模拟输入	模拟输入点数	4 点(占用 200～203CH，共 4CH)	
	输入信号量程	0～5 V、1～5 V、0～10 V、－10～10 V	0～20 mA、4～20 mA
	最大额定输入	15 V	30 mA
	外部输入阻抗	1 MΩ以上	约 250 Ω
	分辨率	1/6000 或 1/12 000(FS：满量程)②	
	综合精度	25℃0.3%FS/0～55℃ 0.6%FS	25℃0.4%FS/0～55℃ 0.8%FS
	A/D 转换数据	－10～10 V 时：满量程值 F448(E890)～0BB8(1770)Hex 上述以外：满量程值 0000～1770(2EE0)Hex	
	平均化处理	有(通过 PLC 系统设置来设置各输入)	
	断线检测功能	有(断线时的值 8000 Hex)	
模拟输出	模拟输出点数	2 点(占用 210CH、211CH，共 2CH)	
	输出信号量程	0～5 V、1～5 V、0～10 V、－10～10 V	0～20 mA、4～20 mA
	外部输出允许负载电阻	1 kΩ以上	600 Ω以下
	外部输出阻抗	0.5 Ω以下	—
	分辨率	1/6000 或 1/12 000(FS：满量程)②	
	综合精度	25℃0.4%FS/0～55℃0.8%FS	
	D/A 转换数据	－10～10 V 时：满量程值 F448(E890)～0BB8(1770)Hex 上述以外：满量程值 0000～1770(2EE0)Hex	
转换时间		1 ms/点③	
隔离方式		模拟输入/输出与内部电路间：光电耦合器隔离(但模拟输入/输出间为不隔离)	

注：① 电压输入/电流输入的切换由内置模拟输入切换开关来完成(出厂时设置为电压输入)。

② 分辨率 1/6000、1/12 000 的切换由 PLC 系统设置来进行，所有的输入/输出通道只能用同一个分辨率设置。

③ 合计转换时间为所使用的点数的转换时间的合计，使用模拟输入 4 点＋模拟输出 2 点时为 6 ms。

3）模拟量单元的使用

模拟量单元的使用流程如图 8.36 所示。

(1) 输入切换开关设置。切换 CP1H 的各模拟输入，使其在电压输入下使用或在电流输入下使用。CP1H 的模拟输出有专门的电压输出端和电流输出端，不需要做选择设置。

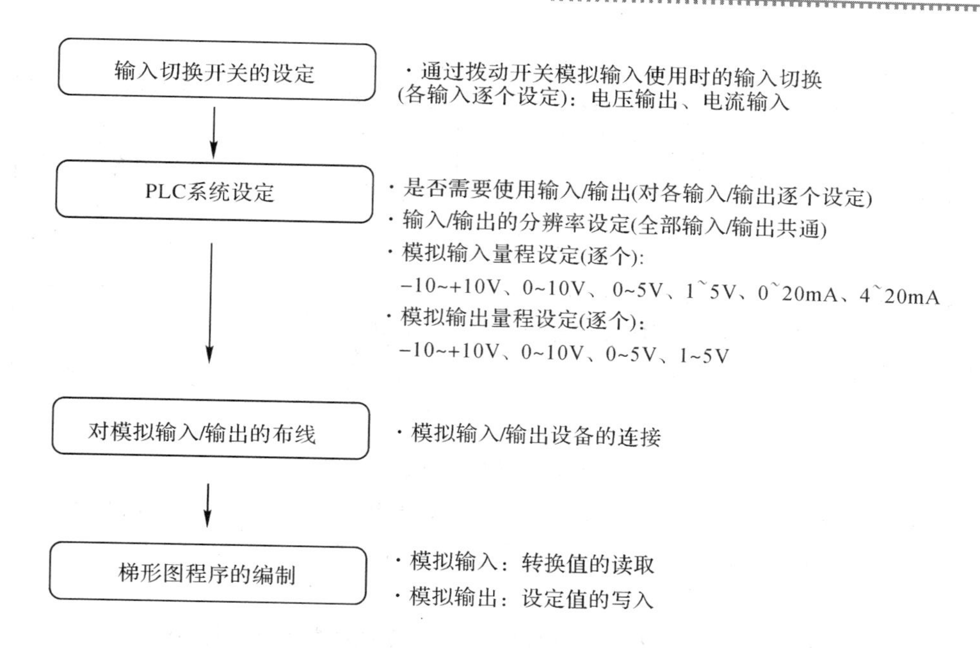

图 8.36　模拟量的使用流程

(2) PLC 系统设置。使用 CP1H 的模拟量输入/输出功能之前必须对 PLC 进行设置。当输入信号为负电压时，转换值为二进制的补码。CP1H 的模拟量输入/输出功能的设置界面如图 8.37 所示。在 CX－P 的工程目录中，双击“设置”，弹出“PLC 设定”对话框，在“内建 AD/DA”选项卡中进行模拟量功能的设置。

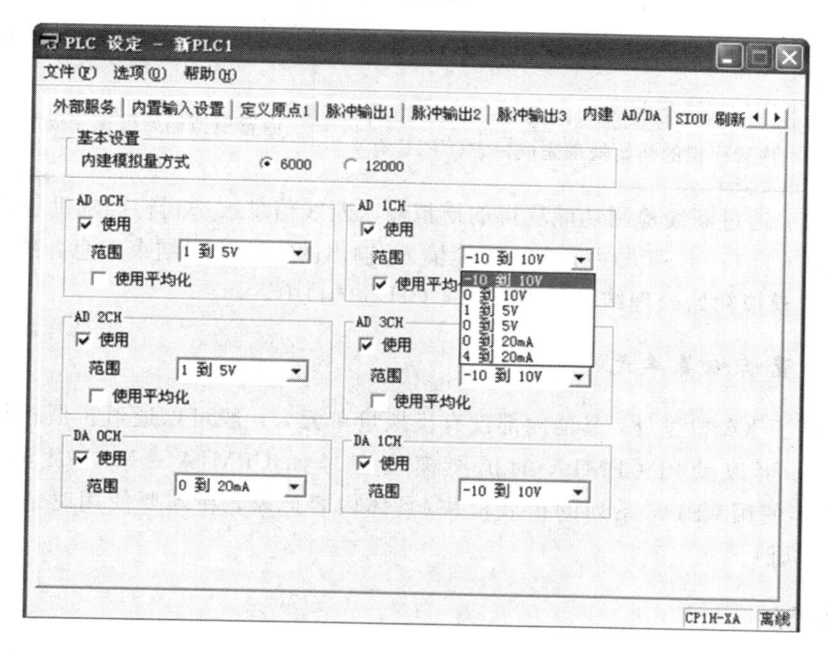

图 8.37　CP1H 的模拟量输入/输出功能的设置图

(3) 输入/输出连线。XA 型 CP1H 输入/输出连线如图 8.38 所示。

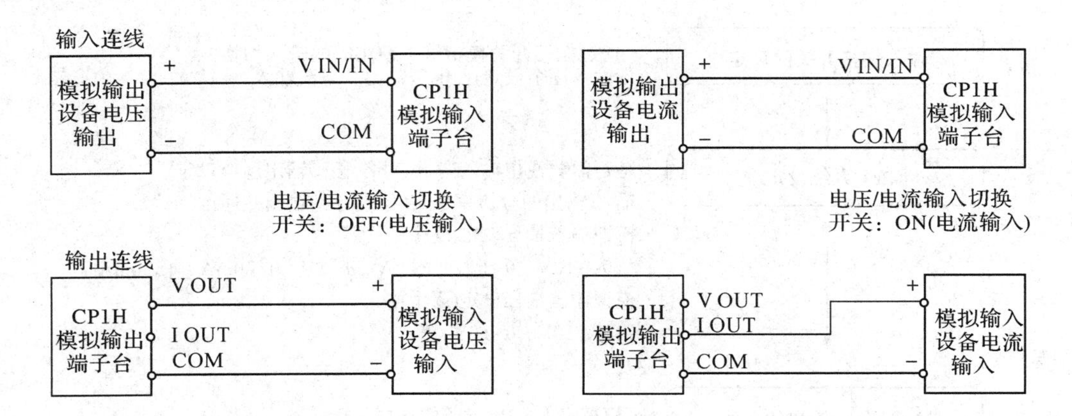

图 8.38 XA 型 CP1H 输入/输出连线

(4) 内置模拟量相关的特殊寄存器区。若输入量程为 1～5 V 且输入信号不足 0.8 V (或输入量程为 4～20 mA 且输入信号不足 3.2 mA)时，系统判断为输入断线，如表 8.32 所示。

表 8.32 CP1H 的内置模拟量模块相关的特殊寄存器区

地址	位	说 明	状 态
A434	00	AD0 断线异常(CP1E 有)	内置模拟发生异常时，为 1(ON)
	01	AD1 断线异常(CP1E 有)	
	02	AD2 断线异常	
	03	AD3 断线异常	
	04	内置模拟的初始处理完成标志(CP1E 有)	内置模拟初始处理完成时，标志为 1

由上表知：通过断线检测功能获得的模拟输入断线信息被送到特殊辅助继电器断线检测标志(A434 CH 位 00～03)中；内置模拟输入/输出的初始处理结束信息，被送到特殊辅助继电器内置模拟初始处理结束标志(A434 CH 位 04)中。

(二) 外置模拟量单元

CP1H 除了 XA 机型外，其他内部没有模拟量单元，一般可以通过扩展模拟量单元来处理模拟量。可以使用 CPM1A 的扩展模块型号如 CPM1A - MAD01 和 CPM1A - MAD02，也能使用 CP1W 系列的扩展模块(具体内容此略，在需要使用时请查阅欧姆龙 CP1H 硬件手册)。

四、通信功能

随着工业以太网、现场总线技术的日趋成熟，PLC 网络技术的应用越来越普及，与其他工业控制局域网相比，它具有高性价比、高可靠性等主要特点，深受用户欢迎。下面介绍网络通信相关基础知识，以及典型的 PLC 网络。

（一）PLC 网络通信的基础知识

1. 通信系统的基本结构

数据通信通常是指数字设备之间相互交换数据信息。数据通信系统的基本结构如图 8.39 所示。

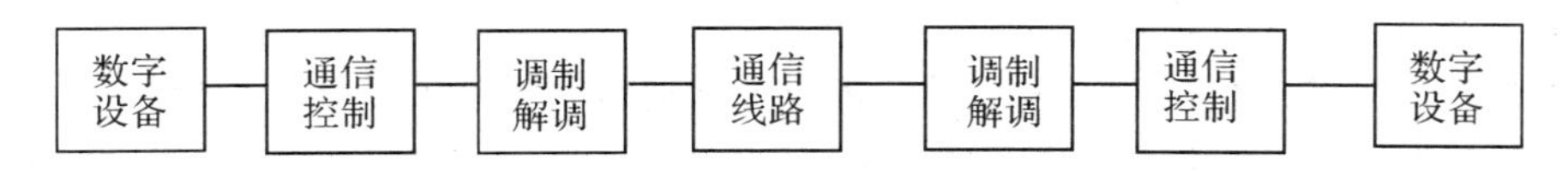

图 8.39　数据通信系统基本结构

该系统包括四类部件：数字设备、通信控制器、调制解调器和通信线路。数字设备为信源或信宿。通信控制器负责数据传输控制，主要功能有链路控制、同步、差错控制等。调制解调器是一种信号变换设备，完成数据与电信号之间的变换，以匹配通信线路的信道特性。通信线路又称信道，包括通信介质和有关中间的通信设备，是数据传输的通道。

2. 通信方式

（1）并行通信与串行通信。并行通信是以字节或字为单位的数据传输方式，传送速度快，传输线数多，成本高，用于近距离的数据传送，如 PC 各种内部总线、PLC 各种内部总线、PLC 与插在其母板上的模块之间的数据传送都是并行方式。

串行通信是以二进制的位(bit)为单位的数据传输方式，串行通信需要的信号线少，最少的只需要两根线，适用于通信距离较远的场合，一般工业控制网络使用串行数据通信。

（2）异步通信与同步通信。按同步方式，可将串行通信分为异步通信和同步通信。

异步通信发送的字符由一个起始位、7 个或 8 个数据位、1 个奇偶校验位(可以没有)和停止位(1 位、1 位半或两位)组成。异步通信传送附加的非有效信息较多，它的传输效率较低，可编程控制器网络一般使用异步通信。

同步通信每次传送 1、2 个同步字符，若干个数据字节和校验字符。由于同步通信方式不需要在每个数据字符中加起始位、停止位和奇偶校验位，只需要在数据块(往往很长)之前加一两个同步字符，所以传输效率高，但对硬件的要求较高，一般用于高速通信。

（3）单工与双工通信方式。

① 单工通信方式只能沿单一方向发送或接收数据。

② 双工方式的信息可沿两个方向传送。双工方式又分为全双工和半双工两种方式，如图 8.40 所示。

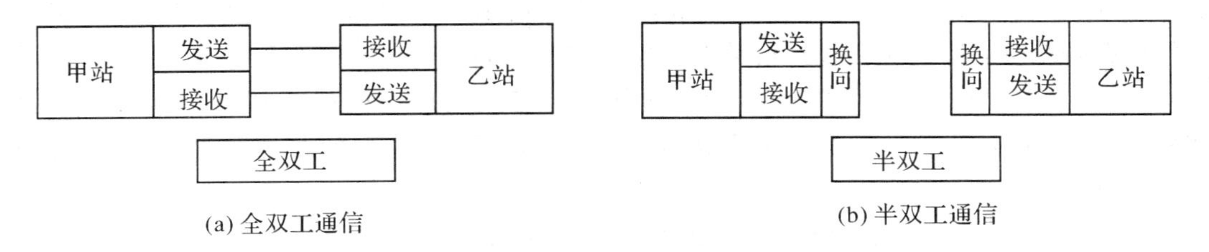

(a) 全双工通信　　(b) 半双工通信

图 8.40　双工通信

图 8.40(a)所示为全双工通信，数据的发送和接收分别由两路或两组不同的数据线传

送，通信的双方都能在同一时刻接收和发送信息。全双工通信效率高，但控制相对复杂，成本较高。PLC 常用的 RS-422A 是全双工通信方式。

图 8.40(b)所示为半双工通信，用同一组线接收和发送数据，通信双方在同一时刻只能发送或接收数据。半双工通信具有控制简单、可靠，通信成本低等优点，PLC 常用的 RS-485 是半双工通信方式。

3. 通信介质

目前普遍使用的通信介质有双绞线、多股屏蔽电缆、同轴电缆和光纤电缆。

(1) 双绞线。双绞线是将两根导线扭绞在一起，可以减少外部电磁干扰，如果用金属织网加以屏蔽，则抗干扰能力更强。双绞线成本低、安装简单，RS-485 通信大多采用这种电缆。

(2) 多股屏蔽电缆。多股屏蔽电缆是将多股导线捆在一起，再加上屏蔽层，RS-232C、RS-422A 通信采用这种电缆。

(3) 同轴电缆。同轴电缆共有四层，最内层为中心导体，导体的外层为绝缘层，包着中心导体，再外层为屏蔽层，继续向外一层为表面的保护皮。同轴电缆可用于基带(50 Ω 电缆)传输，也可以用于宽带(75 Ω 电缆)传输。与双绞线相比，同轴电缆传输的速率高、距离远，但成本相对较高。

(4) 光纤电缆。光纤电缆有全塑光纤电缆(APF)、塑料护套光纤电缆(PCF)和硬塑料护套光纤电缆(H-PCF)。传送距离 H-PCF 最远，PCF 次之，APF 最短。光缆与电缆相比，价格较高，维修复杂，但抗干扰能力强，传送距离远。

4. 介质访问控制

介质访问控制是指对网络通道占有权的管理和控制。局域网的介质访问控制有三种方式：① 载波侦听多路访问/冲突检测(CSMA/CD)(IEEE 802.3)，主要用于总线型网络；② 令牌总线访问控制(Token Bus)(IEEE 802.4)，主要用于总线型网络；③ 令牌环访问控制(Token Ring)(IEEE 802.5)，主要用于环型网络。

5. 数据传输形式

通信网络中的数据传输形式基本上可以分为两种：基带传输和频带传输。

(1) 基带传输。基带传输是利用通信介质的整个带宽进行信号传送，即按数字波形的原样在信道上传输，它要求信道具有较宽的通频带。基带传输不需要调制、解调，设备花费少，可靠性高，但通道利用率低，长距离传输衰减大，适用于较小范围的数据传输。

(2) 频带传输。频带传输是一种采用调制解调技术的传输形式。在发送端，采用调制手段，对数字信号进行某种变换，将代表数据的二进制数“1”和“0”，变换成具有一定频带范围的模拟信号，以适应在模拟信道上传输。在接收端，通过解调手段进行相反变换，把模拟的调制信号复原为“1”或“0”。频带传输把通信信道以不同的载频划分为若干通道，在同一通信介质上同时传送多路信号。具有调制、解调功能的装置称为调制解调器，即 Modem。

由于 PLC 网络使用范围有限，故现在 PLC 网络大多采用基带传输。

6. 校验

在数据传输过程中，因为干扰引起误码是在所难免的，所以通信中的误码控制能力就成为衡量一个通信系统质量的重要指标。在数据传输过程中，发现错误的过程叫检错。发现错误之

后，消除错误的过程称为纠错。在基带通信控制规程中一般采用奇偶校验(Parity Check)检错，以反馈重发方式纠错。在高级通信控制规程中一般采用循环冗余校验(Cyclic Redundancy Check，CRC)检错，以自动纠错方式纠错。CRC 具有很强的检错能力，并可以用集成芯片电路实现，是目前计算机通信中最普遍的校验码之一，PLC 网络中广泛使用 CRC 码。

7. 数据通信的主要技术指标

(1) 波特率。波特率是指单位时间内传输的信息量。信息量的单位可以是比特(bit)，也可以是字节(Byte)；时间单位可以是秒(s)、分(min)甚至小时(h)等。

(2) 误码率。误码率 $P_c = N_c / N$。N 为传输的码元(一位二进制符号)数，N_c 为错误码元数。在数字网络通信系统中，一般要求 P_c 为 $10^{-5} \sim 10^{-9}$，甚至更小。

(二) 典型 PLC 网络

网络化、智能化是自动化技术的发展方向。PLC 网络经过多年的发展，已成为具有 3、4 级子网的多级分布式网络。近年来，在我国各类企业中，PLC 网络技术的应用越来越普及，与 PLC 网络相关的技术也引起了人们的重视，特别是 PLC 网络与其他工业控制局域网相比，具有高性价比、高可靠性等主要特点，深受用户欢迎。

1. A-B 的 PLC 网络

Rockwell(罗克韦尔)旗下的 A-B 公司是美国最大的 PLC 及网络产品制造商，其产品在国际市场上很有竞争力。NetLinx 开放式网络架构是 Rockwell 自动化公司采用开放的联网技术，实现从车间层到顶层无缝的解决方案。NetLinx 架构的三层网络 DeviceNet、ControlNet 和 EtherNet/IP 采用统一的网络协议，共享一组相同的通信服务。该协议就是众所周知的通用工业协议(Common Industrial Protocol，CIP)，它能够使用户在任何 NetLinx 网络上方便地实现控制、系统组态和数据采集。NetLinx 结构将所有的元件无缝地集成在一个自动化系统内，从最简单的设备到因特网，帮助用户增进灵活性，减少安装费用，提高生产率。

A-B 公司网络产品分类：

(1) DH+网络。如图 8.41 所示为该公司的 DH+网络典型配置。

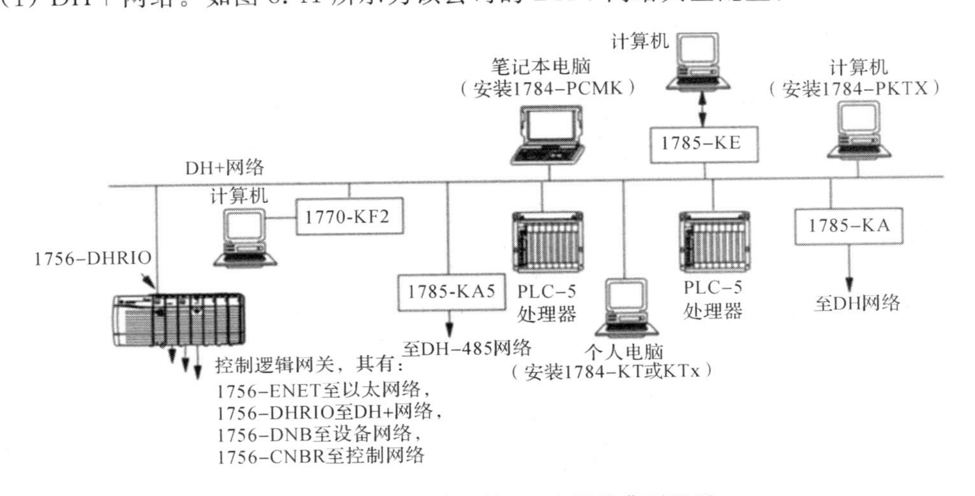

图 8.41 A-B 公司的 DH+网络典型配置

(2) DH-485网络。

(3) 设备网。

(4) 控制网。

(5) 以太网。

(6) 其他网络。

2. 西门子的PLC网络

德国的西门子(SIEMENS)公司是欧洲最大的电子电气制造商。在大中型PLC领域中，德国西门子与美国的A-B占据着同样重要的地位。西门子S7系列PLC在功能与性能上比S5 PLC有许多的发展与改变，但是S7的PLC网络与S5的PLC网络比较，变化不大。S7系列的两个核心PLC网络为工业以太网与PROFIBUS现场总线。

(1) PROFIBUS现场总线。PROFIBUS现场总线适合所有工业自动化任务的现场总线。该通信总线基于模块化概念，可适应大量不同应用，并广泛应用于离散式自动化和过程工业的所有工段。该通信总线在全世界的广泛应用中久经验证，可用于所有生产和过程步骤。采用统一的PROFIBUS解决方案，可极大地降低投资、运行和维护成本，显著提高生产力。

(2) PROFINET工业以太网。PROFIBUS已成为一种普遍采用的机器与工厂现场总线。PROFIBUS现场总线基于串行总线技术，它在20世纪80年代时使自动化领域发生了革命性改变，首次奠定了今天常见的分布式结构的基础。20世纪90年代，以太网已遍布于IT及工业领域。如果将这两种系统的优势结合在一起，生产效率又会达到怎样的提升呢？答案是PROFINET！PROFINET将PROFIBUS工业应用的丰富经验与以太网的开放性和灵活性完美结合在一起。图8.42所示为某汽车生产车间工业以太网。通过该网络，PLC(S7-1516F3-PN/DP)连接了工作站、机器人、无线移动面板、变频器、工控机(IPC)等设备。

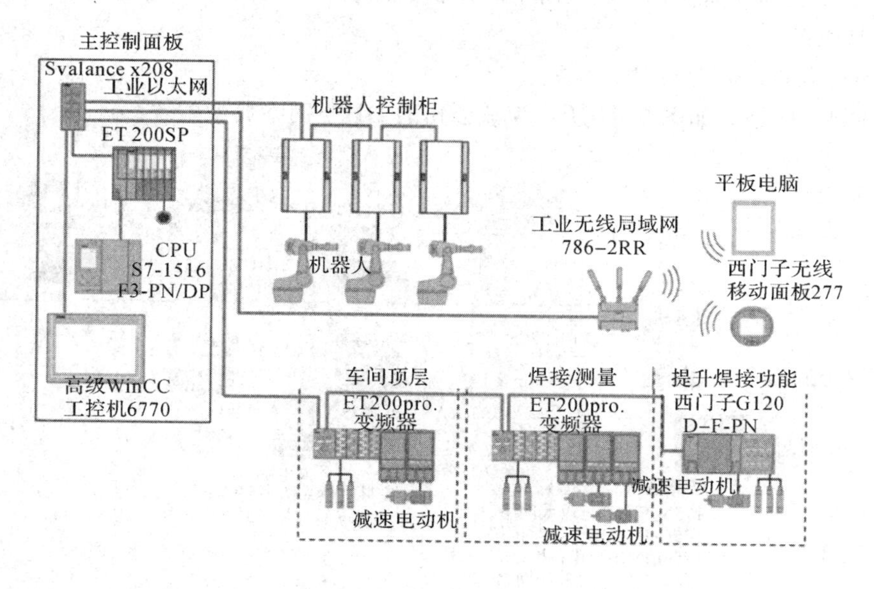

图8.42 汽车生产车间工业以太网

3. OMRON 的 PLC 网络

OMRON 推出了种类齐全的 PLC 网络，如 SYSMAC NET、SYSMAC Link、Controller Link、CompoBus/D、CompoBus/S、HOST Link、PC Link、Remote I/O、Ethernet 等。

1) OMRON PLC 网络分类

目前，在信息层、控制层和器件层这三个网络层次上，OMRON 主推如下三种网：Ethernet、Controller Link 和 CompoBus/D。

(1) Ethernet 网。Ethernet 网(以太网)属于大型网，它的信息处理功能很强，是 OMRON的信息管理高层网络。以太网支持 FINS 协议(Factory Interface Network Service，FINS，由 OMRON 公司自己开发)，使用 FINS 命令可以进行 FINS 通信、TCP/IP 和 UDP/IP 的 Socket(接驳)服务、FTP 服务。通过以太网，可与国际互联网连接，实现最为广泛的节点间信息的直接交换。以太网中的 PLC 节点有三种类型：CS1 机、CV 机和 C200Hα 机。

(2) Controller Link 网。Controller Link(控制器网)是 SYSMAC Link 网的简化，使用 FINS 指令进行信息通信。其功能与 SYSMAC Link 网大致相同。

网络的节点为 CQM1H、C200HZ/HX/HG/HE、CS1 系列、CV 系列 PLC 和个人计算机。网络中的每一节点需安装相应的通信单元，PLC 上安装 Controller Link(CLK)单元，个人计算机在扩展槽上插上 Controller Link 支持卡。

(3) CompoBus/D 网。CompoBus/D 是一种开放多主控的设备网。开放性是其特色，它采用了 DeviceNet 通信规约，其他厂家的 PLC 等控制设备，只要符合 DeviceNet 标准，就可以接入其中。它的主要功能有远程开关量和模拟量的 I/O 控制及信息通信。这是一种较为理想的控制功能齐全、配置灵活、实现方便的分散控制网络。

2) 典型的 OMRON PLC 网络

CP1H 在 PT(可编程终端)及 NT 链接(1∶N 模式)下可进行通信，如图 8.43 所示。

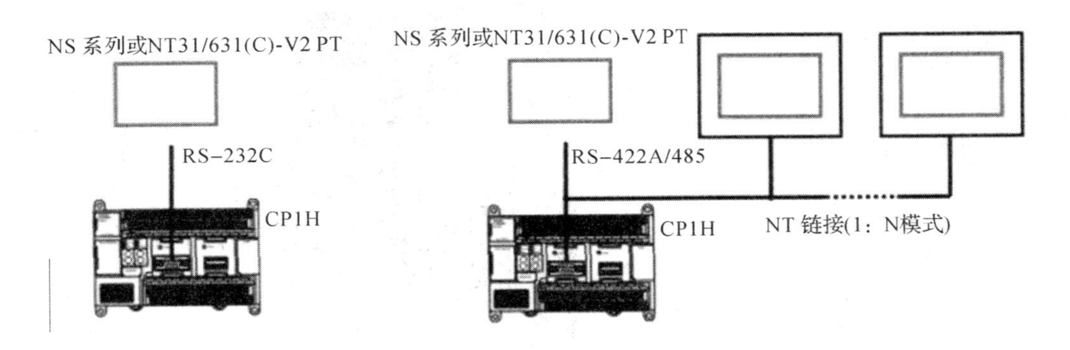

图 8.43　欧姆龙 PLC NT 链接(1∶N 模式)

任务 2 PLC 应用案例——变频恒压供水控制

一、PLC 对变频器的控制

在项目二中，我们知道变频调速通过改变电机定子绕组供电的频率来达到调速的目的。变频器是把工频电源(50 Hz 或 60 Hz)变换成各种频率的交流电源，以实现电机的变速运行的设备。

变频电路主要由控制电路、整流电路、直流中间电路和逆变电路组成。其中，控制电路完成对主电路的控制；整流电路将交流电变换成直流电；直流中间电路对整流电路的输出进行平滑滤波；逆变电路将直流电再逆变成交流电。对于矢量控制变频器这种需要大量运算的变频器来说，有时还需要一个进行转矩计算的 CPU 以及一些相应的电路。

变频器的分类方法有很多种，按照主电路工作方式分类，可以分为电压型变频器和电流型变频器；按照开关方式分为 PAM 控制变频器、PWM 控制变频器和高载频 PWM 控制变频器；按照工作原理分类，可以分为 V/F 控制变频器、转差频率控制变频器和矢量控制变频器等；按照用途分类，可以分为通用变频器、高性能专用变频器、高频变频器、单相变频器和三相变频器等。

欧姆龙 3G3MV 系列变频器是一种操作简便的变频器，它采用独特的电压矢量控制，实现了高精度、高力矩，并设置了串行通信口，其外形如图 8.44(a)所示，各部分的名称与功能如图 8.44(b)所示。

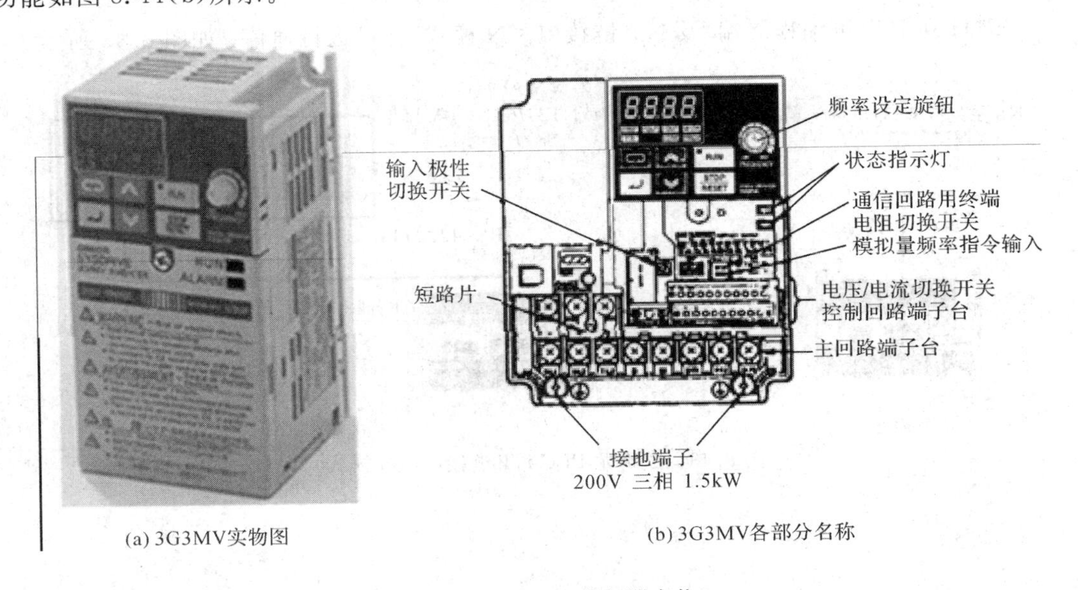

图 8.44 3G3MV 变频器实物

下面以欧姆龙 3G3MV 变频器为例介绍 PLC 对变频器输出频率的控制方法。

变频器的操作方式有面板控制、多功能端子控制和通信控制三种方式。下面主要介绍利用多功能端子控制变频器输出频率的方式，其中包括开关量控制、模拟量控制和脉冲序列控制等。

1. 简单的开关量控制

1）控制要求

如图 8.45 所示，按下启动按钮，变频器所驱动的电动机开始转动，当同步转速达到 2400 转/分(r/min)，即 40 Hz 时，转速保持不变，加速时间为 6 s；按下停止按钮，变频器所驱动的电动机开始减速，直到停止，减速时间为 3 s。

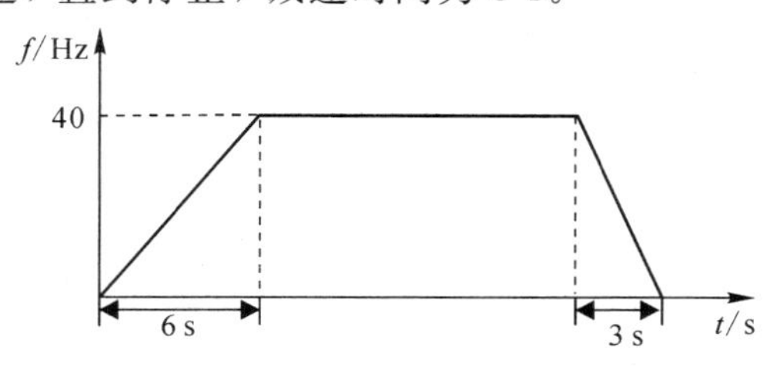

图 8.45　变频器启停控制示意图

2）控制过程

变频器开关量控制接线图如图 8.46 所示。其工作过程如下：

(1) 设置正转启动按钮 SB1、反转启动按钮 SB2 和停止按钮 SB3，接在 PLC 的输入端。

(2) PLC 输出点的动作通过继电器 KA1、KA2 过渡，用其动合触点来控制变频器。

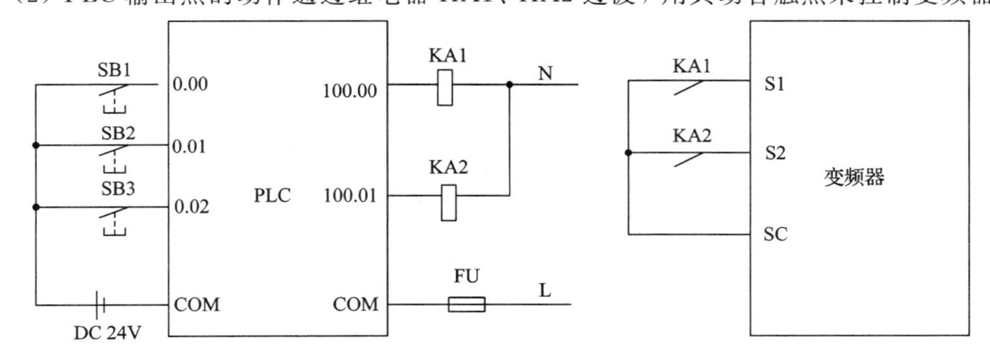

图 8.46　PLC 开关量控制接线图

(3) 变频器开关量控制的参数设置如表 8.33 所示，除表中参数外，均按出厂设置。

表 8.33　变频器开关量控制的参数设置

参数设置	说 明	参数设置	说 明
n003=1	多功能端子控制	n018=1	时间精度 0.01 s
n004=1	频率指令	n019=6.00	加速时间 6 s
n011=40.0	最高输出频率	n020=3.00	减速时间 3 s
n013=40.0	最大电压输出频率		

(4) 程序设计。变频器开关量控制梯形图如图8.47所示。当按下SB1，0.00为ON，输出继电器100.00得电，由继电器KA1的动合触点闭合，变频器的S1和SC端子接通，电动机正转；当按下SB2，0.01为ON，100.01得电，电机反转。电机转动时，按下SB3，电机停止。

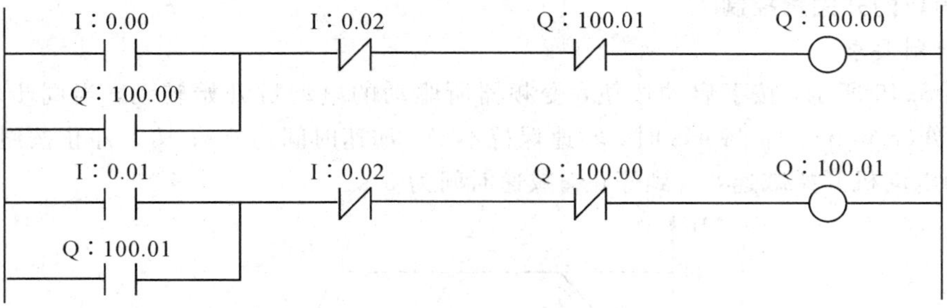

I：0.00　I：0.02　Q：100.01　Q：100.00
Q：100.00
I：0.01　I：0.02　Q：100.00　Q：100.01
Q：100.01

图8.47　变频器开关量控制梯形图

这种控制方法简单可靠，但不够灵活，输出的最高频率、加/减速时间都要通过模板上的操作键来完成，不利于连续操作。利用多功能端子实现多段速控制，虽然能改变输出频率，也不能实时改变加/减速时间。

2. **模拟量控制**

如果按照图8.45，控制要求不变，用模拟量来控制，能灵活地改变变频器的输出频率和加/减速时间。

1) 变频器模拟量控制接线图

PLC的模拟量控制接线图如图8.48所示。

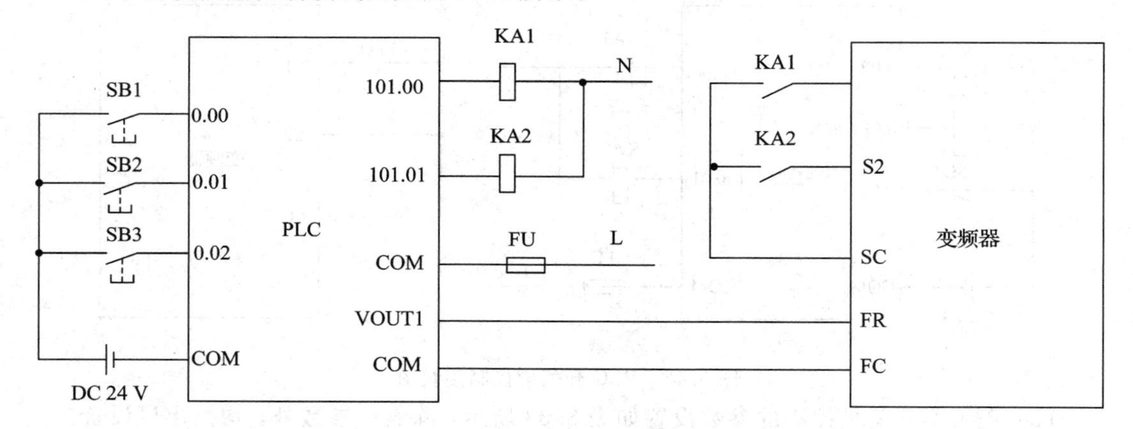

图8.48　变频器模拟量控制接线图

2) 工作过程

如图8.48所示，其工作过程如下：

(1) SB1为正转启动按钮，SB2为反转启动按钮，SB3为停止按钮，用101.00和101.01输出，通过继电器KA1和KA2切换，控制正、反转。

(2) 模拟量输出端子VOUT1接“主速度频率指令”FR端，模拟量输出的公共端COM接到“频率指令共用”FC端，用模拟量的大小来控制转速的快慢，用模拟量的变化率来控

制加/减速时间。

3）参数设置

变频器模拟量控制的参数设置如表 8.34 所示，除表中参数外，均按出厂设置。加速时间 0 s，是指转速的变化与模拟量的变化同步。

表 8.34　变频器模拟量控制的参数设置

参数设置	说 明	参数设置	说 明
n003＝1	多功能端子控制	n018＝1	时间精度 0.01 s
n004＝2	0～10 V 电压控制	n019＝0.00	加速时间 0 s
n011＝50.0	最高输出频率	n020＝0.00	减速时间 0 s
n013＝50.0	最大电压输出频率		

4）程序设计

变频器模拟量控制梯形图如图 8.49 所示。控制思路如下：

(1) 模拟量输出分辨率：6000(1770H)；D/A 输出设置 0CH、0～10 V。

(2) 输出电压值和变频器参数 n004 设置对应，如表 8.35 所示。即模拟量输出为 10 V 时，输出频率为 50 Hz。即要求变频器输出频率为 40 Hz 时，PLC 输出的模拟量为 8 V，对应数字量十六进制 12C0H(十进制为 4800)。

表 8.35　数字量、模拟量和变频器输出频率的对应关系表

数字量 D(十六进制数)	模拟量 A/V	变频器输出频率/Hz
1770H	10	50
12C0H	8	40
0E10H	6	30
0960H	4	20
04B0H	2	10

(3) 用加速时间除以脉冲周期得到脉冲个数，用最大值除以脉冲个数得到每次的加/减数值。设置时钟脉冲周期为 10 ms，用加速时间 6 s(6000 ms)除以 10 ms 等于 600 个脉冲，用 4800 除以 600 等于 8，即在加速时间(6000 ms)内每 10 ms 加 8。加 600 次，正好等于 4800(12C0H)，达到了控制要求。由此推导，减速时间为 3 s，应该每次减 16，即 10H。如果需改变加/减速时间，只要改变加/减数值的大小，数值增大，加/减速时间减小。

(4) 如需改变输出频率，只要改变被比较的最大值，最大值增大，输出频率增加，使输出频率的控制非常方便。

注意：梯形图最后一条是模拟量输出(控制通道 210CH)；D1 和输出模拟量数值对应。要求变频器输出频率为 40 Hz 时，PLC 输出的模拟量为 8 V，对应数字量十六进制 12C0H(十进制为 4800)，所以梯形图中加法计算时被比较的最大值为＃12C0。

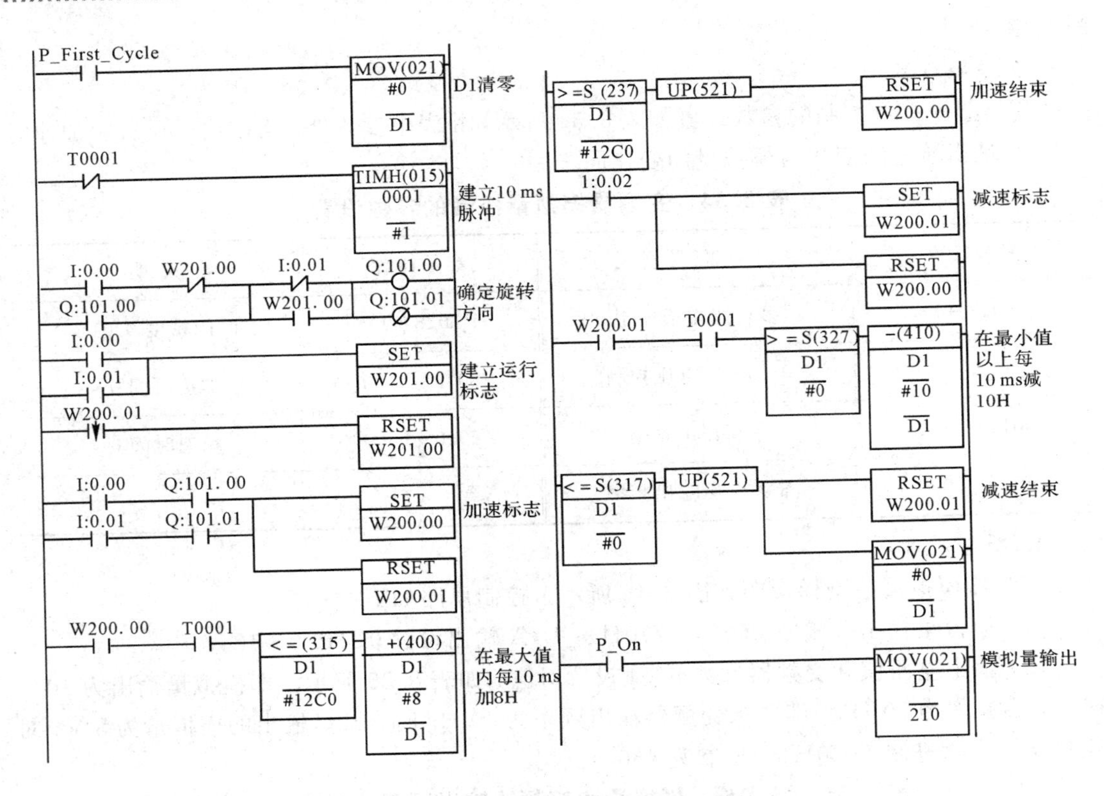

图 8.49　变频器模拟量控制梯形图

3. 脉冲序列控制

如果按照图 8.45，控制要求不变，用脉冲序列来控制，也能灵活地改变变频器的输出频率和加/减速时间。

1）变频器脉冲序列控制接线图

PLC 的脉冲序列控制接线图如图 8.50 所示。

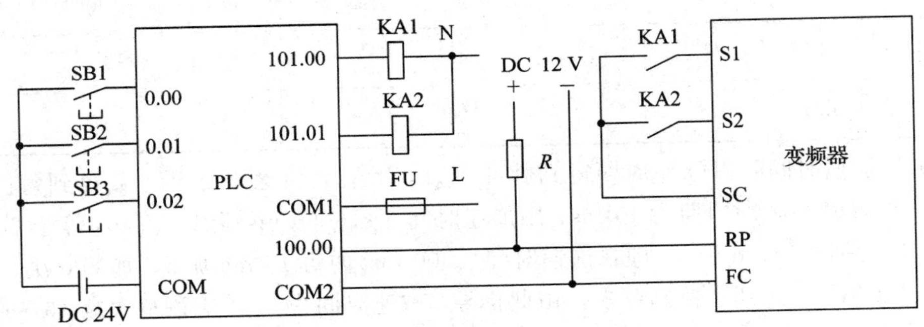

图 8.50　变频器脉冲序列控制接线图

2）工作过程

如图 8.50 所示，其工作过程如下：

（1）SB1：正转启动按钮，SB2：反转启动按钮，SB3：停止按钮。101.00 和 101.01 通过继电器 KA1 和 KA2 切换，来控制正、反转。

(2) 100.00 输出脉冲序列，上接负载电阻 R 连接到变频器的“脉冲输入”端，COM2 接到“频率指令共用”FC 端，用脉冲频率的大小来控制转速的快慢，用脉冲频率的变化率来控制加/减速时间。

3）参数设置

变频器脉冲序列控制的参数设置如表 8.366 所示，除表中参数外，均按出厂设置。加速时间 0 s，是指转速的变化与脉冲序列的变化同步。

表 8.36　变频器脉冲序列控制的参数设置

参数设置	说 明	参数设置	说 明
n003=1	多功能端子控制	n018=1	时间精度 0.01 s
n004=5	脉冲序列指令有效	n019=0.00	加速时间 0 s
n011=50.0	最高输出频率	n020=0.00	减速时间 0 s
n013=50.0	最大电压输出频率	N149=300	最高脉冲频率为 3000 Hz

4）程序设计

变频器脉冲序列控制梯形图如图 8.51 所示。

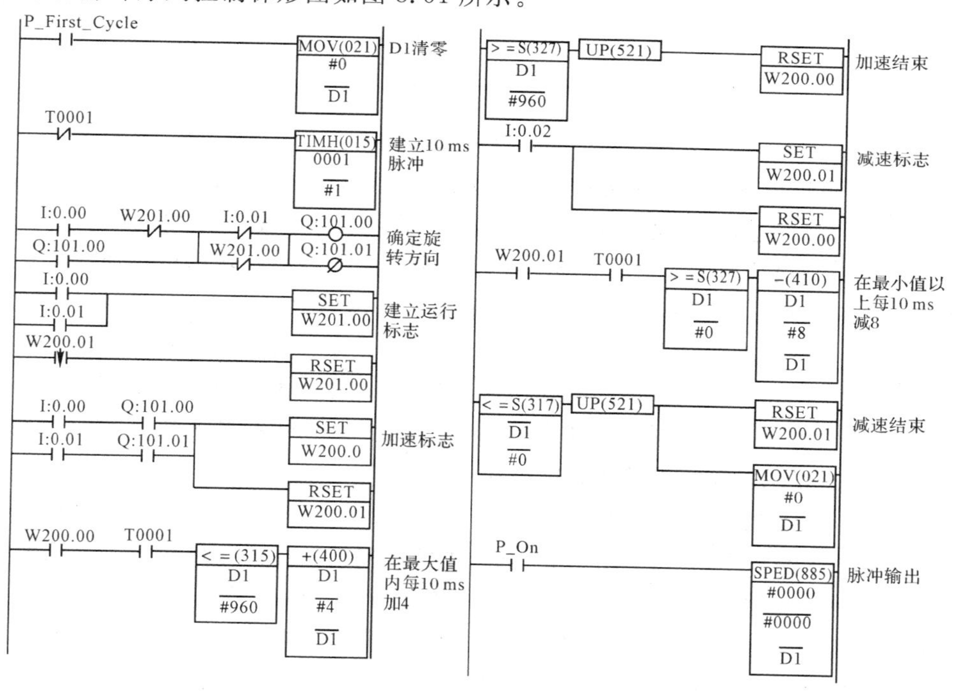

图 8.51　变频器脉冲序列控制梯形图

比较图 8.49 和图 8.51，发现两个程序非常相似，不同的是，SPED 是脉冲输出指令，从 100.00 端子输出脉冲，脉冲频率由 D1 中的数值决定。最大值设为 960H，即十进制 2400。

变频器的输出频率=(脉冲序列频率/最高脉冲频率)×最高输出频率

那么脉冲序列频率为 2400 Hz 时，变频器的输出频率=(2400/3000)×50 Hz=40 Hz。

为什么每 10 ms 加 4，每 10 ms 减 8？因为加速时间为 6 s，6 s/10 ms=600 次，2400/

600＝4；因为减少时间为 3 s，3 s/10 ms＝300 次，2400/300＝8。

二、变频器恒压供水控制

1. 变频恒压供水的原理与模型

采用变频恒压供水是为了节能。该系统的供水部分主要由水泵、电动机、管道和阀门等构成。该供水系统通常由鼠笼式异步电动机驱动水泵旋转来供水，并且把电动机和水泵做成一体，通过变频器调节异步电动机的转速，从而改变水泵的出水流量来实现恒压供水。因此，变频供水系统的实质是对异步电动机进行变频调速。

变频恒压供水系统的控制，以供水出口管网水压为控制目标，在控制上实现出口总管网的实际供水压力跟随设置的供水压力。设置的供水压力可以是一个常数，也可以是一个时间分段函数，在每一个时间段内是一个常数。所以在某个特定的时间段内，恒压控制的目的就是使出口总管网的实际供水压力维持在设置的供水压力上，其原理如图 8.52 所示。

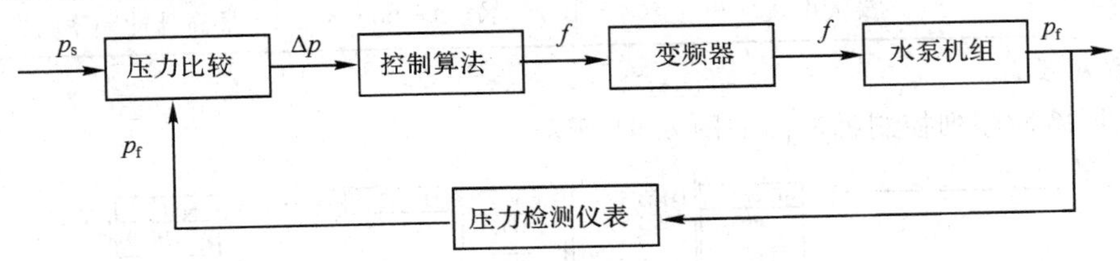

图 8.52　变频恒压供水控制原理图

从图 8.52 可以看出，在系统运行过程中，如果实际供水压力低于设置压力，控制系统将得到正的压力差，这个差值经过计算和转换，计算出变频器输出频率的增加量，该值就是实际供水压力与设置压力的差值，将这个增量和变频器当前的输出量相加，得出的值即为变频器当前应该输出的频率。该频率使水泵机组转速增大，从而使实际供水压力提高，在运行过程中，该过程将被重复，直到实际供水压力和设置压力相等为止。如果运行过程中实际供水压力高于设置压力，情况刚好相反，变频器的输出频率将会降低，水泵机组的转速减小，实际供水压力因此而减小，同样最后调节的结果是实际供水压力和设置压力值相等。

2. 变频恒压供水控制系统控制方案简介

从变频恒压供水的原理分析可知，该系统主要由压力传感器、压力变送器、变频器、恒压控制单元、水泵机组以及低压电器组成。系统主要的设计任务是利用恒压控制单元使变频器控制一台水泵或循环控制多台水泵，实现管网水压的恒定和水泵电动机的软启动，以及变频水泵与工频水泵的切换，同时还要能对运行数据进行传输。根据系统的设计任务要求，结合系统使用的场所，有以下三种方案可供选择：

(1) 有供水基板的变频器＋水泵机组＋压力传感器。这种控制系统结构简单，它将 PID 调节器和 PLC 可编程控制器等硬件集成在变频器供水基板上，通过设置指令代码，实现 PLC 和 PID 等电控系统的功能。它虽然微化了电路结构，降低了设备成本，但压力设置值和压力反馈值的显示比较麻烦，无法自动实现不同时段的不同恒压要求。在调试时，PID 调节参数寻优困难，调节范围小，系统的稳定、动态性能不易保证。其输出接口的扩展功能缺乏灵活性，数据通信困难，并且限制了带负载的容量，因此仅适合于要求不高的小容量场合。

（2）通用变频器＋单片机（包括变频控制、调节器控制）＋人机界面＋压力传感器。这种控制方式精度高、控制算法灵活、参数调整方便，具有较高的性价比，但开发周期长，程序一旦固化，修改较为麻烦，因此现场调试的灵活性差。同时变频器在运行时将产生干扰，变频器的功率越大，产生的干扰越大，所以必须采取相应的抗干扰措施来保证系统的可靠性。该系统适合于某一特定领域的小容量的变频恒压供水系统。

（3）通用变频器＋PLC（包括变频控制、调节器控制）＋人机界面＋压力传感器。这种控制方式灵活方便，具有良好的通信接口，可以方便地与其他系统进行数据交换，通用性强。由于PLC产品的系列化和模块化，用户可灵活组成各种规模和不同要求的控制系统。在硬件设计上只需确定PLC的硬件配置和I/O的外部接线，当控制要求发生改变时，可以方便地修改PLC程序满足控制要求的变化，所以现场调试方便。同时因为PLC的抗干扰能力强、可靠性高，所以系统的可靠性大大提高。因此该系统适用于各类不同要求的恒压供水场合，并且与供水机组的容量大小无关。

以上三种方案，在实际的变频恒压供水系统中都有应用，方案(3)使用得更为广泛，这种控制方案具有扩展功能灵活方便、便于数据传输的优点，而且又能达到系统稳定性和控制精度的要求。

此外，实际的工程项目方案应该包含初步的硬件设计、软件设计，以及项目预算、项目进度安排等要求。双方认可，需签订合同，按合同施工。

3．变频恒压供水系统的硬件设计

由于变频恒压供水系统主要适用于生活用水、工业用水以及消防等场合的供水，下面以四台水泵（三台主泵和一台附属小泵）组成的供水系统为例进行介绍，其原理图如图8.53所示。从原理图中我们可以看出，变频调速恒压供水系统主要由执行机构、信号检测、控制系统、人机界面、通信接口以及报警装置等部分构成。

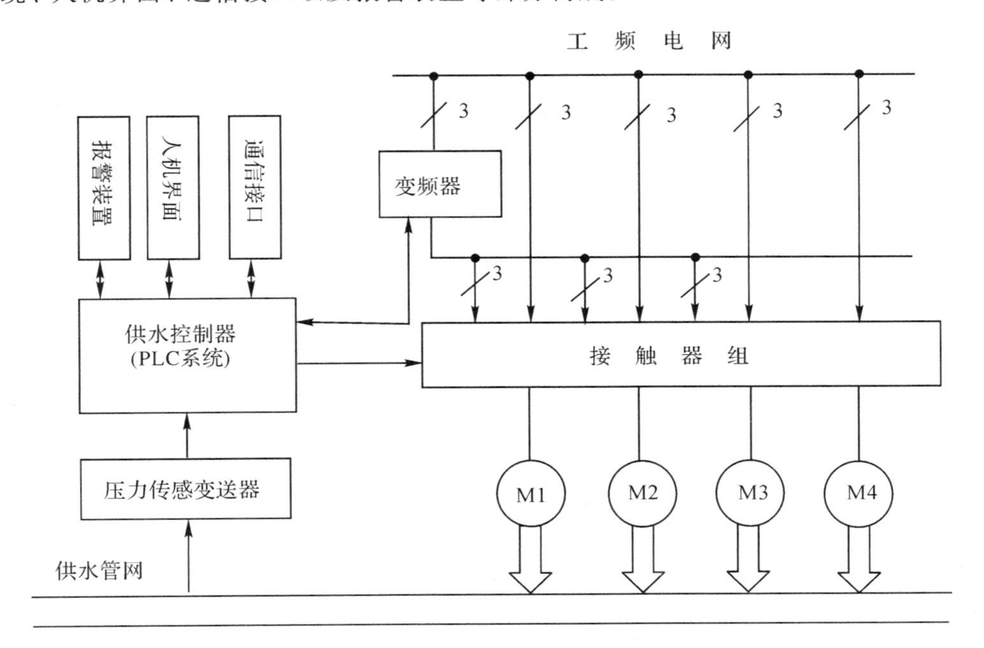

图8.53 变频恒压供水系统组成原理图

1）执行机构

执行机构是由一组水泵组成，它们用于将水供入用户管网，图中的水泵共分三种类型。

（1）调速泵：可以进行变频调整的水泵由变频器控制，可以根据用水量的变化，改变电动机的转速，以维持管网的水压恒定。

（2）恒速泵：只能运行在工频状态，速度恒定，用于用水量增大而调速泵的最大供水能力不足时，对供水量进行定量的补充。当水泵采用循环的控制方式时，M1、M2、M3既可以用做调速泵，也可以用做恒速泵；如果水泵采用固定的控制方式时，M1、M2、M3中只有一台为调速泵，其余两台为恒速泵。

（3）附属小泵：只能运行于启、停两种工作状态，用于用水量很小的情况下（如夜间）对管网用水量进行少量的补充。

这样的水泵组成基于以下几个原因：

• 用几个小功率的水泵代替一台大功率的水泵，使得水泵选型容易，这种结构更适合于大功率的供水系统。

• 供水系统的增容和减容更容易，无需更换水泵，只需再增加恒速泵即可。

• 以小功率的变频器代替大功率的变频调速器，降低系统成本，增加系统运行的可靠性。

• 附属小泵的加入，是系统在用水量很低时（如夜间）可以停止所有的主泵，用小泵进行补水，降低系统的运行噪声。

• 当用水量不太大时，系统中不是所有的水泵都在运行，这样可以提高水泵的运行寿命，同时也能降低系统的功耗，达到节能的目的。

2）信号检测

在系统控制过程中，需要检测的信号包括水压信号、液位信号和报警信号。

（1）水压信号。水压信号反映的是用户管网的水压，是恒压供水控制的主要反馈信号。水压信号是模拟信号，读入PLC时需要进行A/D转换。另外，为加强系统的可靠性，还需对供水的上限压力或下限压力，用电接点压力表进行检测，检测结果可以送入PLC作为开关量输入。

（2）液位信号。液位信号反映水泵的进水水源是否充足，来自安装于水源处的液位传感器。信号有效时，控制系统要对系统实施保护控制，以防止水泵空抽而损坏电动机和水泵。

（3）报警信号。报警信号反映系统是否正常运行、水泵电动机是否过载、变频器是否有异常，该信号为开关量信号。

3）控制系统

供水控制系统一般安装在供水控制柜中，包括供水控制器（PLC系统）、变频器和电控设备三个部分。

（1）供水控制器。供水控制器是整个变频恒压供水控制系统的核心。供水控制器直接对系统中的水压、液位、报警信号进行采集，对来自人机接口和通信接口的数据信息进行分析、实施，得出执行机构的控制方案，通过变频调速器和接触器对执行机构（即水泵）进行控制。

(2) 变频器：变频器是对水泵进行转速控制的单元。变频器根据供水控制器送来的控制信号来改变调速泵的运行频率，完成对调速泵的转速控制。根据水泵机组中水泵被变频器拖动的情况不同，变频器有两种工作方式：

方式一：变频循环式。变频器拖动某一台水泵作为调速泵，当这台水泵运行在 50 Hz 时，其供水量仍不能达到用水要求，需要增加水泵机组时，系统先将变频器从该水泵电动机组中脱出，将该泵切换为工频的同时，用变频器去拖动另一台水泵电动机。

方式二：变频固定式。变频器拖动某一台水泵做调速泵，当这台水泵运行在 50 Hz 时，其用水量仍不能达到用水要求，需要增加水泵机组时，系统直接启动另一台恒速水泵，变频器不做切换，变频器固定拖动的水泵在系统运行前可以选择。

(3) 电控设备。电控设备由一组接触器、保护继电器、转换开关等电器元件组成，用于在供水控制器的作用下，完成对水泵的切换、手/自动切换等工作。

4) 人机界面

人机界面是人与机器进行信息交流的场所。通过人机界面，使用者可以更改设置压力，修改一些系统设置，以满足不同工艺的要求。人机界面还可以对系统的运行过程、设备工作状态进行监视，对报警进行显示。

5) 通信接口

通信接口是本系统的一个重要组成部分，通过该接口，系统可以和组态软件以及其他的工业监控系统进行数据交换；同时通过通信接口，还可以将现代先进的网络技术应用到本系统中来，例如可以对系统进行远程诊断和维护等。

6) 报警装置

由于本系统适用于不同的供水领域，所以为了保障系统安全、可靠、平稳地运行，防止因电动机过载、变频器报警、电网波动过大、供水水源中断等造成故障，系统必须要对各种报警量进行监测，由 PLC 判断报警类别，进行显示和保护动作控制，以免造成不必要的损失。

综上，列出硬件清单，以备后期设备采购。

4. 变频恒压供水系统的软件设计

1) 变频恒压供水控制流程

整个变频恒压供水控制系统要根据检测到的输入信号的状态，按照系统的控制流程，通过变频调速器和执行元件，对水泵组进行控制，实现恒压供水的目的，其控制流程如图 8.54 所示。

其控制流程如下：

(1) 系统上电，接收到有效的自控系统启动信号后，首先启动变频器，拖动水泵 M1 (也可以是 M2 和 M3，这里以 M1 为例)，通过恒压控制器，根据用户管网实际压力和设置压力的误差，调节变频器的输出频率，控制 M1 的转速。当输出压力达到设置值，其供水量与用水量相平衡时，转速才稳定到某一值，这期间 M1 工作在调速运行状态。

(2) 当用水量增加、水压减小时，通过压力闭环和恒压控制器，增加水泵的转速到另一个新的稳定值；反之，当用水量减少、水压增加时，通过压力闭环和恒压控制器，减小水泵的转速到另一个新的稳定值。

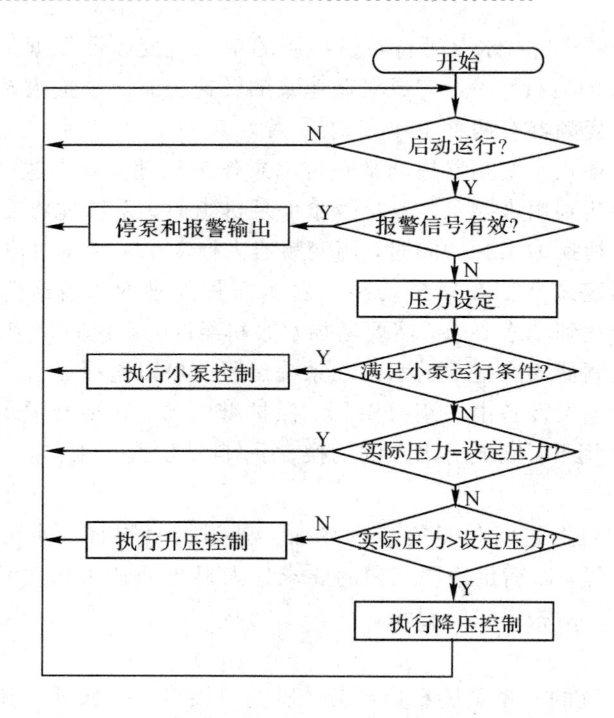

图 8.54　变频恒压供水系统控制流程

(3) 当用水量继续增加，变频器的输出频率达到上限频率 50 Hz 时，若此时用户管网的实际压力还未达到设置压力，并且满足增加水泵的条件时，在变频固定式的控制方式下，系统将变频器的输出频率下降为下限频率的同时，启动一台恒速水泵。在变频循环式的控制方式下，系统将电动机 M1 切换至工频电网供电后，M1 恒速运行，同时使第二台水泵 M2 投入变频器并变速运行，系统恢复对水压的闭环调节，直到水压达到设置值为止。如果用水量继续增加，满足增加水泵的条件，将继续发生如上转换，并有新的水泵投入并联运行。当最后一台水泵 M3 投入运行，变频器输出频率达到上限频率 50 Hz 时，压力仍未达到设置值时，控制系统就会发出水压低于下限的报警。

(4) 当用水量下降水压升高，变频器的输出频率降至下限频率，用户管网的实际水压力仍高于设置压力值，并且满足减少水泵的条件时，系统将先运行的那台恒速水泵关掉，恢复对水压的闭环调节，使压力重新达到设置值，当用水量继续下降，并且满足减少水泵的条件时，将继续发生如上转换，直到剩下一台变频器运行为止。

(5) 当系统中只有调速泵在工作，而调速泵的运行频率已降至下限频率时，且满足关泵条件，此时关闭调速泵。系统进入附属小泵运行少量补水的状态。在这种情况下，如果实际压力低于设置压力，则延时后启动附属小泵进行补水，附属小泵启动后，若实际压力高于附属小泵的工作压力(设置压力＋附属小泵启、停压力误差)，则关掉附属小泵。若实际压力再次低于设置压力，重复上述过程。在附属小泵启动后，压力达不到设置压力，则经过一定的延时后，关掉附属小泵，启动调速泵进行控制，工作过程如同(2)、(3)、(4)。

2) 变频恒压供水系统的软件设计

本系统的程序是建立在变频恒压供水的方案和控制流程的基础上，按照 PLC 应用的开发步骤设计完成的，程序控制的目的是实现整个供水系统的恒压运行，为此，必须控制

变频器的频率，以及四台水泵的顺序投入与切除，使得供水量的变化与用户用水量的变化基本保持同步，以此保证水网水压的恒定，同时还要保障系统的安全性与可靠性。在系统的开发过程中需要注意以下几点：

• 不管使用变频循环式还是变频固定式的控制方式，要确保水泵的平均使用量一致，损耗大致相同。

• 系统运行的任何时刻，变频器只对当前控制的水泵负责。

• 对于每一台水泵，任何时刻都只能工作在一种状态(变频或工频)，或者处于停止状态。

• 触摸屏的主画面要显示 PLC 与变频器或其他系统的通信情况、压力设置值、压力反馈值、泵的工作状态等。

采用结构化的设计方法，供水系统的软件设计分为故障检测、数字 PID 控制、泵的切换控制、系统对外通信控制、定时修改压力设置值等几部分，下面，逐一对各部分程序进行介绍。

(1) 系统运行主程序。系统运行主程序首先要进行一系列的初始化工作，并使扩展模块(通信模块、A/D 模块等)、触摸屏、变频器等设备与 PLC 的数据传输正常。在系统运行过程中，要及时进行故障检测，以防止设备损坏和意外发生；当出现故障时，要在触摸屏上及时显示并进行报警输出，方便维修人员维修，有利于系统恢复正常工作。在无故障状态下，触摸屏上显示设置压力和实际压力，系统自动启动后，进行恒压控制。系统运行主程序的流程图如图 8.55(a)所示。

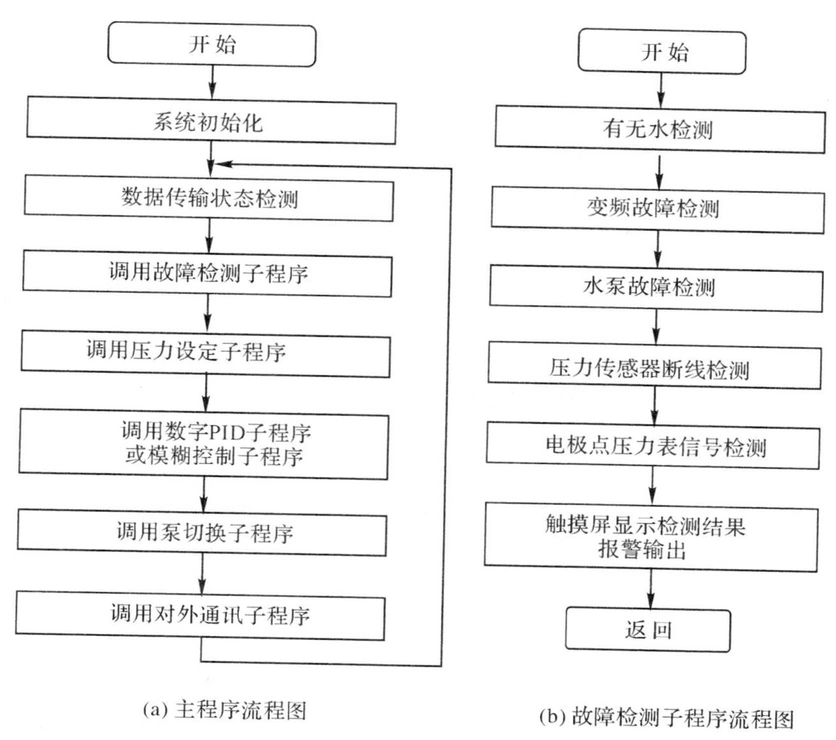

图 8.55　变频恒压供水程序流程图

(2) 故障检测子程序。故障检测是保证系统安全、可靠地运行的一个重要环节，在下面的自控系统中，检测量主要有原水池液位、变频器故障、水泵故障、压力传感器断线故障、水泵出水压力脱离正常范围等信号，其流程图如图8.55(b)所示。

(3) 数字PID子程序。数字PID子程序通过定时中断来调用，通过此程序实现对水泵转速的调节，使得系统输出的压力恒定。数字PID子程序，可直接采用PLC的PID指令编写，也可以用运算指令编写。

(4) 泵切换程序。在以下5种情况下需调用泵切换程序。

• 情况1：增加水泵条件成立。

• 情况2：减少水泵条件成立。

• 情况3：换辅助小泵条件成立。

• 情况4：辅助小泵切换主泵条件成立。

• 情况5：系统只有一台主泵在运行，且该泵的连续运行时间已达8小时，进行主泵间的切换。

(5) 定时修改压力设置值。为了提供更好的供水效果，将每天24小时按用水曲线分成几个时段，不同的时段采用不同的压力设置值，程序根据PLC提供的实时时钟，自动修改设置值。

(6) 通信子程序。当系统作为另一个控制系统的子系统时，需要和上一级建立通信关系，进行数据交换，以便上一级系统对它进行监控和管理，这时需要编写对外通信子程序。通信时，可以采用有线方式，也可以采用无线方式，该子程序采用定时中断的方式来调用。

5. 变频恒压供水控制系统的安装调试

(1) 完成硬件系统的采购、布线、安装等工作。

(2) 完成控制软件的开发和仿真调试工作。

(3) 将控制程序下载到PLC中。

(4) 先进行手动、单步、单周期等工作方式的调试，最后调试自动控制。

6. 变频恒压供水系统的交付使用

(1) 新、旧系统并行运行。

(2) 编制系统使用说明书(提供硬件电路图、装配图、连接图等图纸资料和I/O地址分配、软件代码以及操作说明)。

(3) 系统切换，换到新的控制系统，并观察测试。

(4) 培训操作人员。

项目小结

本项目主要内容：

• 欧姆龙CP1H常用的高功能单元：高速计数器、高速脉冲输出、串行通信、模拟量输入/输出等的扩展方法、专用指令的使用方法。

• 查阅编程手册，使用专用指令对高功能单元编写控制程序。

项目八知识结构图如图8.56所示。

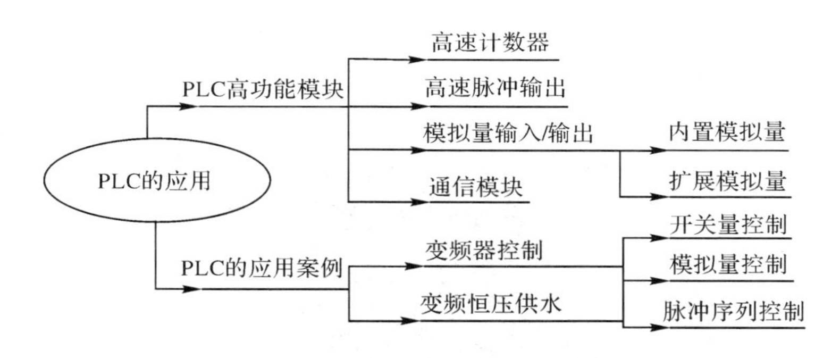

图 8.56　项目八知识结构图

习　题　8

简答题

1. 欧姆龙 CP1H－XA 机型有 4 个高速计数器(0～3)，它们有哪 2 种计数方式？它们有哪 4 种输入设置？它们有哪 2 种复位方式？

2. 简述高速计数器的使用步骤。

3. 高速脉冲输出有什么作用？有哪 3 种输出模式？

4. 简述加速或减速脉冲输出的使用步骤。

5. CP1H 的内置模拟量输入功能，分别有哪几种电压、电流信号输入量程？

6. 简述 CP1H 的内置模拟量使用步骤。

7. 串行通信按同步方式分为哪两种？

8. 目前常用的通信介质有哪几种？

9. 变频器的操作器操作方式有哪几种？控制变频器输出频率的方式有哪几种？

编　码　器

1. 什么是编码器

编码器是将信号或数据进行编制，转换为可用以通信、传输和存储的信号形式的设备。编码器把角位移或直线位移转换成电信号，前者称为码盘，后者称为码尺。编码器是工业中常用的电机定位设备，可以精确地测试电机的角位移和旋转位置。图 1 所示为欧姆龙 E6C2－CWZ1X 编码器实物图。

2. 编码器分类

按照工作原理分类，编码器可分为增量式和绝对式两类。增量式编码器是将位移转换成周期性的电信号，再把这个电信号转变成计数脉冲，用脉冲的个数表示位移的大小。绝对式编码器的每一个位置对应一个确定的数字码，因此它的示值只与测量的起始和终止位置有关，而与测量的中间过程无关。

图 1　欧姆龙 E6C2 - CWZ1X 编码器

1）增量式

增量式编码器通常有 3 个输出口，分别为 A 相、B 相、Z 相输出，A 相与 B 相之间相互延迟 1/4 周期的脉冲输出，根据延迟关系可以区别正反转，而且通过取 A 相、B 相的上升和下降沿可以进行 2 或 4 倍频；Z 相为单圈脉冲，即每圈发出一个脉冲。

增量测量法的光栅由周期性栅条组成。位置信息通过计算自某点开始的增量数(测量步距数)获得。由于必须用绝对参考点确定位置值，因此圆光栅码盘还有一个参考点轨。

2）绝对式

绝对式编码器就是对应一圈，每个基准的角度发出一个唯一与该角度对应二进制的数值，通过外部记圈器件可以进行多个位置的记录和测量。

编码器通电时就可立即得到位置值并随时供后续信号处理电子电路读取，无需移动轴执行参考点回零操作。绝对位置信息来自圆光栅码盘，它由一系列绝对码组成。单独的增量刻轨信号通过细分生成位置值，同时也能生成供选用的增量信号。

单圈编码器的绝对位置值信息每转一圈重复一次。多圈编码器也能区分每圈的位置值。

增量式与绝对式编码器最大的区别：在增量式编码器的情况下，位置是从零位标记开始计算的脉冲数量确定的，而绝对式编码器的位置是由输出代码的读数确定的。在一圈里，每个位置的输出代码的读数是唯一的，因此当电源断开时，绝对式编码器并不与实际的位置分离。如果电源再次接通，那么位置读数仍是当前的、有效的，不像增量式编码器那样，必须寻找零位标记。

3．编码器工作原理

编码器工作原理：一个中心有轴的光电码盘，其上有环形通、暗的刻线，由光电发射和接收器件读取，获得四组正弦波信号组合成 A、B、C、D，每个正弦波相差 90°相位差(相对于一个周波为 360°)，将 C、D 信号反向，叠加在 A、B 两相上，可增强稳定信号；另每转输出一个 Z 相脉冲以代表零位参考位。

由于 A、B 两相相差 90°，可通过比较 A 相在前还是 B 相在前，以判别编码器的正转与

反转，通过零位脉冲，可获得编码器的零位参考位。编码器码盘的材料有玻璃、金属、塑料，玻璃码盘是在玻璃上沉积很薄的刻线，其热稳定性好、精度高，金属码盘直接以通（透光）和不通（透光）刻线，不易碎，但由于金属有一定的厚度，精度就有限制，其热稳定性就要比玻璃的差一个数量级，塑料码盘是经济型的，其成本低，但精度、热稳定性、寿命均要差一些。

分辨率-编码器以每旋转 360°提供的通或暗刻线数称为分辨率，也称解析分度，或直接称多少线，一般每转分度 5～10 000 线。

4. **位置测量及反馈控制原理**

在电梯、机床、材料加工、电动机反馈系统以及测量和控制设备中，编码器占领着极其重要的地位。编码器运用光栅和红外光源通过接收器将光信号转换成 TTL（HTL）的电信号，通过对 TTL 电平频率和高电平个数的分析，直观地反映出电机的旋转角度和旋转位置。

由于角度和位置都可以精确的测量，所以可以将编码器和变频器组成闭环控制系统，将控制更加精确化，这也是为什么电梯、机床等能这么精确使用的原因所在。

综上所述，我们了解到编码器按结构划分为增量式和绝对式两种，它们也都是将其他信号，比如光信号，转换成可以分析控制的电信号。而我们生活中常见的电梯、机床都刚好是基于电机的精确调节，通过电信号的反馈闭环控制，编码器配合变频器也就理所当然的实现了精确控制。

习题参考答案

习　题　1

一、填空题

1. 1200 V、1500 V。
2. 保险；空开。
3. 闭合、闭合、断开。
4. 闭合、断开。
5. 通电延时、断电延时；闭合、断开。
6. 闭合、断开。
7. 电流、灭弧罩。
8. 自动切断电路故障。
9. 过电流、欠电流；过电压、欠电压。
10. 380；220；36；24。

二、选择题

1. B　2. A；B；D　3. A；C；D　4. B
5. A；B；D　6. A；B；D

三、填题

	字母代号	电路图符号(略)	用途(略)
熔断器	FU		
空开	QF		
刀开关	QS		
交流接触器	KM		
中间继电器	KA		
热继电器	FR		
时间继电器	KT		
速度继电器	KV		
按钮开关	SB		

四、简答题

1. 熔断器、空开、刀开关、交流接触器、中间继电器、热继电器、时间继电器、按钮开关、速度继电器、电流继电器、电压继电器等中的五个即可。

2. 当开关接通，线圈通电，静铁心被磁化产生磁场，并把动铁芯(衔铁)吸上，带动转轴使主触点闭合，从而接通电路，电机转动；在接通主触点的同时，接触器的辅助常开触点闭合、辅助常闭触点断开。当开关断开，线圈断电时，线圈失电，磁场消失，主触点断开，电机停止转动；辅助常开触点断开、辅助常闭触点闭合。

3. 当接通低压电源开关，电磁铁上的线圈得电，产生磁场，吸附衔铁，从而闭合常开触点，接通右侧的电动机。当低压电源开关断开，线圈失电，衔铁在弹簧的作用下复位，常开触点复位，电机停止转动。

习　题　2

一、填空题

1. 符号要素、一般符号、限定符号。

2. 基本文字符号、辅助文字符号。

3. 4 kW；380 V；8.8 A；三角形(△)；1440 r/min；S1。

4. 1500 r/min；750 r/min。

5. 按钮(机械)、接触器(电气)。

6. Y；△；△

二、选择题

1. A；B；C　　2. A；B　　3. A；C　　4. A；B；C　　5. B；C

三、问答题

1. 使用了刀开关、熔断器、交流接触器、按钮、中间继电器。

电路的工作原理是：合上刀开关 QS。

点动：SB3$^{\pm}$－KM$^{\pm}$－M$^{\pm}$(运转、停止)

长动：SB2$^{\pm}$－KM$^{+}_{自}$－KM^{+}－M^{+}(运转)

2. 使用了刀开关、熔断器、交流接触器、热继电器、按钮。

电路的工作原理是：合上刀开关 QS。

正转：SB2$^{\pm}$－KM2^{-}(互锁)

　　　SB2$^{\pm}$－KM1$^{+}_{自}$－M^{+}(正转)

反转：SB3$^{\pm}$－KM2$^{+}_{自}$－M^{+}(反转)

　　　SB3$^{\pm}$－KM1^{-}(互锁)－M^{-}(停止)

3. 使用了刀开关、熔断器、交流接触器、热继电器、按钮、行程开关。

电路的工作原理是：合上刀开关 QS。

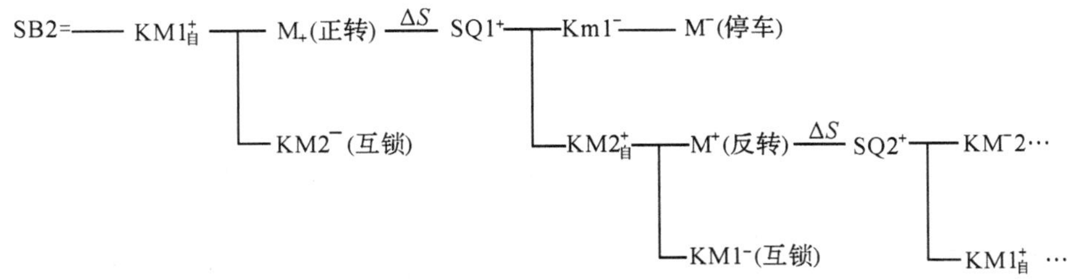

4. 同时启动、同时停止；顺序启动、同时停止；同时启动、顺序停止。

5. 使用了刀开关、熔断器、交流接触器、热继电器、按钮、通电延时时间继电器。

该电路的工作原理是：合上刀开关 QS。按下启动按钮 SB2，KM1、KM3 线圈得电吸合，电动机星形启动。同时通电延时时间继电器 KT 线圈得电，经过延时后，其常闭触点 KT 断开，使得 KM3 线圈失电，常开触点 KT 闭合，接通 KM2 线圈并自锁，电动机切换成三角形方式运行。

6. 反接制动的优点是制动迅速，但制动冲击大，能量消耗也大。故常用于不经常启动和制动的大容量电动机。

能耗制动的优点是制动准确、平稳、能量消耗小，但需要整流设备。故常用于要求制动平稳、准确和启动频繁的、容量较大的电动机。

7. 变频调速的功能是将电网电压提供的恒压恒频交流电变换为变压变频的交流电，它是通过平滑改变异步电动机的供电频率 f 来调节异步电动机的同步转速 n，从而实现异步电动机的无级调速。

按变频器的变频原理来分，它可分为交-交变频器和交-直-交变频器。随着现代电力电子技术的发展，PMW(输出电压调宽不调幅)变频器已成为当今变频器的主流。

习　题　3

一、填空题

1. 机械能；机械能。

2. 定子；转子。

3. 改变电枢电流的方向。

4. 反接制动；能耗制动。

5. 限速保护、励磁保护。

二、判断题

1. × 2. × 3. × 4. √ 5. ×

三、选择题

1. D 2. B 3. B

四、问答题

1. 使用了交流接触器、断电延时时间继电器、按钮，刀开关和电阻。

该电路工作原理是：

$Q2^{+}$ ┬ $KT1^{+}$ — $KM2^{-}$, $KM3^{-}$ ┬ $SB2^{\pm}$ — $KM1_{自}^{+}$ — ①
　　　└ $KT2^{+}$ — $KM3^{-}$ ────┘

① ┬ M^{+}(串 $R1$、$R2$ 启动)
　├ $KT1^{-}$ $\xrightarrow{\Delta t1}$ $KM1^{+}$ — $R2$(先切除 $R2$) — M^{+}(串 $R1$ 启动)
　└ $KT2^{-}$ $\xrightarrow{\Delta t2}$ $KM3^{+}$ — $R1^{-}$(后切除 $R1$) — M^{+}(全压运行)

2. (1) 他励直流电动机正反转控制，可有两种方法实现，其一是改变励磁电流的方向，其二是改变电枢电流的方向。

(2) 使用了行程开关、二极管 VD、电阻、交流接触器、断电延时时间继电器、过电流继电器、欠电流继电器。

该电路工作原理是：接通电源后，按下启动按钮前，欠电流继电器 KA2 得电动作，断电型时间继电器 KT1 线圈得电，接触器 KM3、KM4 线圈断电。

按下正转启动按钮 SB2，接触器 KM1 线圈得电，时间继电器 KT1 开始延时。电枢电路直流电动机电枢电路串入 $R1$、$R2$ 电阻启动。

随着启动的进行，转速不断提高，经过 KT1 设置的时间后，接触器 KM3 线圈得电。电枢电路中的 KM3 动合主触点闭合，短接掉电阻 $R1$ 和时间继电器 KT2 线圈。$R1$ 被短接，直流电动机转速进一步提高，继续进行降压启动过程。时间继电器 KT2 被短接，相当

于该线圈断电。KT2 开始进行延时，经过 KT2 设置时间值，其触点闭合，使接触器 KM4 线圈得电。电枢电路中 KM4 的动合主触点闭合，电枢电路串联启动电阻 $R2$ 被短接。正转启动过程结束，电动机电枢全压运行。

3. 使用了交流接触器、按钮和电阻。

该电路的工作原理是：按下启动按钮 SB2，接触器 KM1 线圈得电，其自锁和互锁触点动作，分别对 KM1 线圈实现自锁、对接触器 KM2 线圈实现互锁。电枢电路中的 KM1 主触点闭合，电动机电枢接入电源，电动机运转。

按下制动按钮 SB1，其动断触点先断开，使接触器 KM1 线圈断电，解除 KM1 的自锁和互锁，主回路中的 KM1 主触点断开，电动机电枢惯性旋转。SB1 的动合触点后闭合，接触器 KM2 线圈得电，电枢电路中的 KM2 主触点闭合，电枢接入反方向电源，串入电阻进行反接制动。

习　题　4

一、填空题

1. 主机、输入/输出接口。　　2. 输入。

3. 可编程控制器。　　4. 24；16。

5. 继电器、晶闸管、晶体管。　　6. 继电器、晶闸管、晶体管。

7. I/O 的点数、用户存储器的容量。

二、选择题

1. A　2. ABC　3. ABC　4. ABCD　5. ABCD　6. ABCD

三、问答题

1. (1) 可编程控制器(Programmable Controller，PC)，但由于 PC 容易和个人计算机(Personal Computer)混淆，故人们仍习惯地用 PLC 作为可编程序控制器的缩写。1982年，国际电工委员会将可编程序控制器定义为：可编程控制器是一种专为在工业环境下应用而设计的数字运算操作的电子系统。

(2) PLC 通常由主机、I/O 接口、电源、编程器扩展器接口和外部设备接口等几个主要部分组成。

2. 开关、按钮、位置开关、继电器和传感器。

3. PLC 所控制的现场执行元件有电磁阀、继电器、接触器、指示灯、电热器、电动机等。

4. (1) 0CH，1CH；100CH，101CH

(2) 2CH，3CH；102CH，103CH

(3) 4CH、5CH，6CH、7CH；104CH，105CH

(4) 8CH、9CH

5. (1) CPU 单元的选择；

(2) 容量的选择；

(3) I/O 模块的选择；

(4) 其他方面的选择，主要涉及性价比、产品系列、售后服务。

习　题　5

一、填空题

1. 24、0.00～0.11、1.00～1.11；　16、100.00～100.07、101.00～101.07。
2. W0.00～W511.15。
3. CX－PROGRAMMER
4. 左母线；最右边。
5. 指令助记符。
6. 操作对象。
7. 0～4095、0～9999、0.1、0.01。
8. 闭合、断开。
9. 0～4095、0～9999。
10. 闭合、断开。

二、选择题

1. A　2. D　3. A、B、C　4. C　5. D　6. D　7. A　8. B

三、问答题

1. (1) 梯形图(Ladder Diagram，LD)。
   (2) 语句表(Instuction List，IL)。
   (3) 功能块图(Function Block Diagram，FBD)。
   (4) 结构文本(Structured Text，ST)。
   (5) 顺序功能图(Sequential Function Chart，SFC)。

2. 双线圈输出是指梯形图的输出使用了同一个线圈地址。可以采用以下两种方法处理：

方法1：将控制同一个线圈的控制逻辑并联。

方法2：将控制同一个线圈的不同控制逻辑分别使用辅助继电器，然后再将辅助继电器触点并联输出。

3. (1) 每梯级(在欧姆龙PLC编程软件中称为条)都起始于左母线，线圈或指令应画在最右边。

(2) 必须与左母线相连的线圈或指令，可通过P_ON连接。

(3) 用OUT指令输出时，要避免双线圈输出的现象。

(4) 梯形图必须遵循从左到右、从上到下的顺序，不允许两行之间垂直连接触点。

(5) 程序结束一定要安排END指令，否则程序不被执行。

四、编程题

1～15题参考程序请在教材网站下载，参考其中的程序5.1～5.15。

习　题　6

一、问答题

1. (1) 图形转换法。
   (2) 经验法。

(3) 时序图法。

(4) 顺序功能图法

(5) 逻辑设计法

2. (1) 在控制系统中，把这种进行特定机械动作的步骤称为“工步”或“状态”。

(2) 当系统正处于某一步所在的阶段时，该工步处于有效状态，称该工步为“活动步”。

(3) 系统从一个原来的状态进入另一个新的状态，称为状态的转换。导致状态转换的原因称为转换条件。常见的转换条件有按钮、行程开关、传感器信号的输入、内部定时器和计数器触点的动作等。

3. 顺序功能图由步、有向连线、转换条件、动作说明等组成。

4. 顺序(单列)结构、选择结构、并行结构和循环结构四种。

二、编程题

1～15 题参考程序请在教材网站下载，参考其中的程序 6.1～6.15。

习 题 7

一、问答题

1. (1) 分析被控对象，明确控制要求；

(2) 制定电气控制方案；

(3) 确定输入/输出设备及信号特点；

(4) 选择可编程序控制器；

(5) 分配输入/输出点地址；

(6) 设计电气线路；

(7) 设计控制程序；

(8) 调试；

(9) 技术文件整理等几个步骤。

2. (1) 设计一个以可编程序控制器为核心的控制系统，必须要考虑三个问题：一是保证设备的正常运行；二是合理、有效的资金投入；三是在满足可靠性和经济性的前提下，应具有一定的先进性，能根据生产工艺的变化扩展部分功能。

(2) 硬件设计和软件设计。

3. 主要依据是被控对象的负载特性、被控对象的运行环境、控制要求和操作方式。

4. (1) 分别计算控制系统需要接入 PLC 的 I/O 元件，留有一定余量(10%左右)。

(2) 可以采用以下方法节省所需 PLC 点数：

① 某些具有相同性能和功能的输入触点可串联或并联后再输入 PLC；

② 某些功能比较简单，与系统控制部分关系不大的输入信号可放在 PLC 之外；

③ 合理利用系统具有不同的工作方式；

④ 利用软件；

⑤ 用矩阵输入的方法扩展输入点。

5. 在输出上连接了感性负载时，在负载并联连接浪涌抑制器或续流二极管。

6. 为了不发生因其他设备的启动电流及浪涌电流导致的电压降低，电源电路应与动力电路分别布线。使用多台 PLC 时，为了防止浪涌电流导致电压降低及断路器的误动作，推荐用其他电路进行布线。为防止电源线发出的干扰，将电源线扭转后使用。

7. 在可编程序控制器供电系统中一般可采取隔离变压器、交流稳压器、UPS电源、晶体管开关电源等。

8. 一般硬件系统的设计文件应包括系统硬件配置图、模块统计表、I/O地址分配表和I/O接线图。

9. 软件设计的基本要求是由可编程序控制器本身的特点及其在工业控制中要求完成的控制功能决定的，基本要求有紧密结合生产工艺、熟悉控制系统硬件结构和具备计算机和自动化方面的知识。

10. 设计原则是符合可编程序控制器本身的特点，符合控制系统要求完成的控制功能。

设计的基本内容一般包括参数表的定义、程序框图绘制、程序的编制和调试、程序说明书编写四项内容。

11. （1）了解系统概况；
（2）熟悉被控对象；
（3）制定系统运行方案；
（4）定义I/O信号表；
（5）框图设计；
（6）程序编写；
（7）程序测试；
（8）编写程序说明书。

12. 结构如下图：

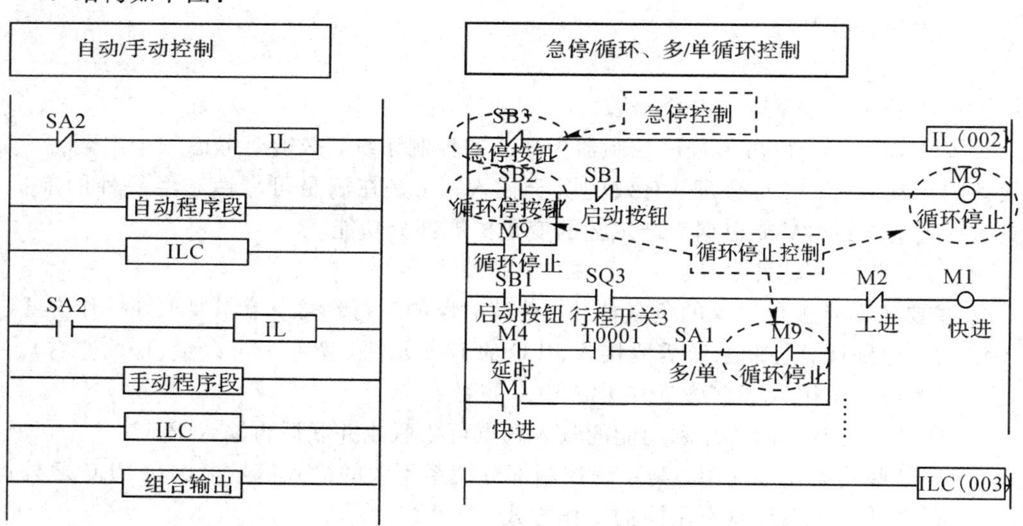

13. PLC日常维护检修的项目为

（1）供给电源　在电源端子上判断电压是否在规定范围之内。

（2）周围环境　周围温度、湿度、粉尘等是否符合要求。

（3）输入/输出电源　在输入/输出端子上测量电压是否在基准范围内。

（4）安装状态　各单元是否安装牢固，外部配线螺丝是否松动，连接电缆有否断裂老化。

(5) 输出继电器　输出触点接触是否良好。

(6) 锂电池　PLC 内部锂电池寿命一般为三年，应经常注意。

更换 PLC 的备份电池时应根据操作手册的要求步骤：取下电池盖；取出电池；卸下电池连接器；检查更换电池连接器；插入连接器；将电池插入电池舱；关上电池盖。以上步骤在 5 分钟内完成。

二、编程题

1～6 题参考程序请在教材网站下载，参考其中的程序 7.1～7.6。

习　题　8

简答题

1. 有线性和环形两种计数方式；有相位差输入、脉冲＋方向、加/减法脉冲和加法脉冲 4 种输入设置；有 Z 相信号＋软件复位、软件复位两种复位方式。

2. (1) 先进行脉冲输入方式、复位方式、数值范围模式的决定；

(2) 进行中断的有无及中断方法的决定；

(3) 进行输入布线；

(4) PLC 系统设置；再编写梯形图程序。

3. (1) 高速脉冲输出可从 CPU 单元内置输出中发出固定占空比脉冲输出信号，并通过脉冲输入的伺服电动机驱动器进行定位/速度控制。

(2) 有连续模式(速度控制)、单独模式(定位)、连续模式(速度控制)→单独模式(定位)。

4. 设置脉冲输出方式、布线、PLC 设置以及梯形图编程等步骤。

5. 电压输入信号量程：0～5 V、1～5 V、0～10 V、－10～10 V；电流输入信号量程：0～20 mA、4～20 mA。

6. 输入切换开关的设定；PLC 系统设定；对模拟 I/O 的布线；梯形图编写。

7. 按同步方式，可将串行通信分为异步通信和同步通信。

8. 目前普遍使用的通信介质有双绞线、多股屏蔽电缆、同轴电缆和光纤电缆。

9. (1) 变频器的操作器操作方式有面板控制、多功能端子控制和通信控制三种方式。

(2) 控制变频器输出频率的方式，可以采用开关量控制、模拟量控制和脉冲序列控制等方式，也可以用通信方式进行控制。

参考文献

[1] 戴一平. 可编程控制器技术及应用(欧姆龙机型)[M]. 北京：机械工业出版社，2009.
[2] 程周. 电气控制与 PLC 原理及应用(欧姆龙机型)[M]. 北京：电子工业出版社，2013.
[3] 罗文. 电气控制与 PLC 技术[M]. 西安：西安电子科技大学出版社，2008.
[4] 王冬青. 欧姆龙 CP1 系列 PLC 原理与应用[M]. 北京：电子工业出版社，2011.
[5] 苏强，霍罡. 欧姆龙 CP1 系列 PLC 原理与典型案例精解[M]. 北京：机械工业出版社，2016.
[6] 张兵，韩霞. 电气控制与 PLC 应用[M]. 北京：电子工业出版社，2015.
[7] 何军，谢大川. 电气控制与 PLC 实用技术教程[M]. 北京：电子工业出版社，2016.
[8] 钟晓. 电气控制与 PLC 应用技术(西门子机型)[M]. 北京：电子工业出版社，2016.
[9] 王兆明. 电气控制与 PLC 技术[M]. 北京：清华大学出版社，2010.
[10] 孙平. 电气控制与 PLC. 3 版[M]. 北京：高等教育出版社，2014.